NATURA

Biologie für Gymnasien

bearbeitet von

Andrea Manger
Jochen Manger
Helmut Moßner
Johann Staudinger

Bayern 9

Ernst Klett Schulbuchverlage
Stuttgart • Leipzig

1. Auflage

1 5 4 3 2 | 2011 2010 2009 2008 2007

Alle Drucke dieser Auflage sind unverändert und können im Unterricht nebeneinander verwendet werden. Die letzte Zahl bezeichnet das Jahr des Druckes.

Internetadresse: www.klett.de

Autoren
Andrea Manger, Untermeitingen
Jochen Manger, Untermeitingen
Dr. Helmut Moßner, Weißenhorn
Johann Staudinger, Augsburg

unter Mitarbeit von
Dr. Horst Bickel, Jürgen Christner, Roman Claus, Claudia Dreher, Roland Frank, Gert Haala, Martin Lüdecke, Alexander Maier, Dr. Jürgen Schweizer, Günther Wichert, Dirk Zohren

Redaktion
Olaf Bieck

Mediengestaltung
Ingrid Walter

Layoutkonzeption und Gestaltung
Prof. Jürgen Wirth; Visuelle Kommunikation, Dreieich
unter Mitarbeit von Matthias Balonier, Evelyn Junqueira, Nora Wirth

Umschlaggestaltung
normal Industriedesign, Schwäbisch Gmünd; unter Verwendung zweier Fotos von Okapia (Patricio Robles-Gil) und Getty images (stone/Ian O'Leary)

Reproduktion
Meyle + Müller, Medien-Management, Pforzheim

Druck
Firmengruppe APPL, aprinta druck, Wemding

Printed in Germany

ISBN: 978-3-12-045540-0

Gefahrensymbole und Experimente im Unterricht

Experimente im Unterricht

Eine Naturwissenschaft wie Biologie ist ohne Experimente nicht denkbar. Auch in diesem Natura-Band finden sich eine Reihe von Versuchen.

Experimentieren mit Chemikalien ist jedoch nie völlig gefahrlos. Deswegen ist es wichtig, vor jedem Versuch mit dem Lehrer die möglichen Gefahrenquellen zu besprechen. Insbesondere müssen immer wieder die im Labor selbstverständlichen Verhaltensregeln beachtet werden. Die Vorsichtsmaßnahmen richten sich nach der Gefahr durch die jeweils verwendeten Stoffe.

Daher sind in jeder Versuchsanleitung die verwendeten Chemikalien mit den Symbolen der Gefahrenbezeichnung gekennzeichnet, die ebenfalls auf den Etiketten der Vorratsflaschen angegeben sind. Dabei bedeuten:

C = ätzend, *corrosive:*
Lebendes Gewebe und Material, das mit diesen Stoffen in Berührung kommt, wird an der betroffenen Stelle zerstört.

F = leicht entzündlich, *flammable:*
Stoffe, die durch das kurze Einwirken einer Zündquelle entzündet werden können.

Xi = reizend, *irritating* (X für Andreaskreuz):
Stoffe, die reizend auf Haut, Augen oder Atemorgane wirken können.

Xn = gesundheitsschädlich, *noxious* (schädlich):
Stoffe, die beim Einatmen, Verschlucken oder bei Hautkontakt Gesundheitsschäden hervorrufen können.

Zu diesem Buch

Im 8. Schuljahr hast du viel über Bakterien, Zellen und Wirbellose Tiere erfahren. Außerdem hast du dich mit den Themen *Evolution* und *Fortpflanzung und Entwicklung des Menschen* beschäftigt.

In diesem Band erarbeitest du dir das Zusammenspiel von *Nerven, Sinnen und Hormonen,* lernst die *Grundlagen der Genetik* zu verstehen und setzt dich kritisch mit *Ethischen Fragen zur Gentechnik* auseinander. Im Kapitel *Gesundheit - Krankheit* erfährst du, welche Krankheiten von Bakterien verursacht werden, warum AIDS so schwer zu behandeln ist und wie *Allergien* entstehen. Außerdem beschäftigst du dich mit *Drogen* und der Frage, warum Menschen „süchtig" werden. Zum Schluss beschäftigst du dich mit Aspekten der *Bio- und Reproduktionsmedizin.*

Informationsseiten und besondere Seiten

Für jede Naturwissenschaft gibt es bestimmte *Methoden*, die helfen, Aufgaben zu bewältigen. Sie zeigen, wie Biologen das Leben erforschen. Das Buch beginnt deshalb mit den **Methodenseiten**.

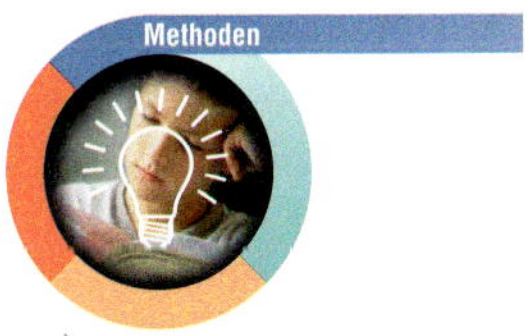

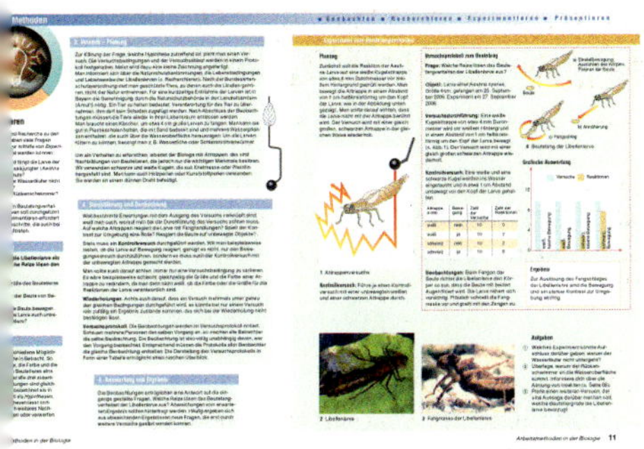

Auf einer **Informationsseite** findest du einen **Informationstext**, der alles Wesentliche zu einem Thema enthält. Zusätzlich sind **Aufgaben** vorhanden, die dazu anregen sollen, das Gelesene zu vertiefen und anzuwenden. Manchmal greift ein **Zettelkasten** einen neuen Aspekt des Themas auf.

Darüber hinaus gibt es Seiten, die durch ihre besondere Gestaltung auffallen.

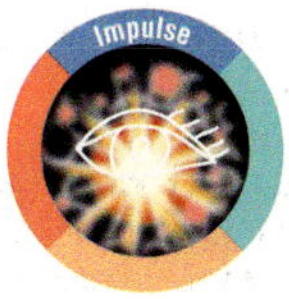

Die **Impulseseiten** geben Anstöße und werfen Fragen auf. Sie sollen dazu dienen, dass du dich selbstständig – manchmal in Form eines kleinen Projekts – mit dem Thema beschäftigst.

Auf den **Praktikumsseiten** werden umfangreiche Vorschläge gemacht, wie du dich anhand von Experimenten mit dem Thema beschäftigen kannst.

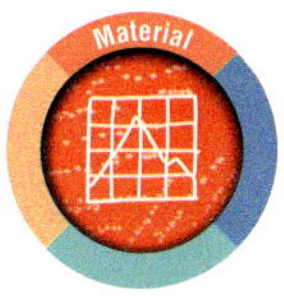

Mithilfe der **Materialienseiten** kannst du mit anderen zusammen wesentliche naturwissenschaftliche Methoden erarbeiten. Am Ende eines Kapitels dienen besondere Materialseiten und die darin enthaltenen Fragen zum vorhergehenden Stoff der *Festigung* und *Vertiefung* des Gelernten.

Als **Lexikon** werden solche Seiten bezeichnet, die über den normalen Unterrichtsstoff hinaus Zusatzinformationen zu einem Thema geben.

Auf **Leitthemenseiten** werden in der Regel grundsätzliche **Prinzipien der Biologie** herausgestellt und im Überblick besprochen. So spielt sich beispielsweise das Leben bei Tieren und Pflanzen auf verschiedenen Organisationsebenen ab, die vom Atom über die Zelle bis zum Organismus reichen.

Ganz kurz gefasst ist der wichtigste Stoff dieses und der vorausgehenden Schuljahre in den **Grundwissenseiten**. Dieses grundlegende Wissen solltest du jederzeit parat haben. Überprüfe am besten gleich, was du aus den letzten Jahrgangsstufe noch weißt.

Dein Bio-Buch lernst du kennen, wenn du die folgende Aufgabe löst. Suche in der angegeben Reihenfolge die Seiten auf. Wähle aus den Überschriften im Buch den unten angegebenen Buchstaben aus.

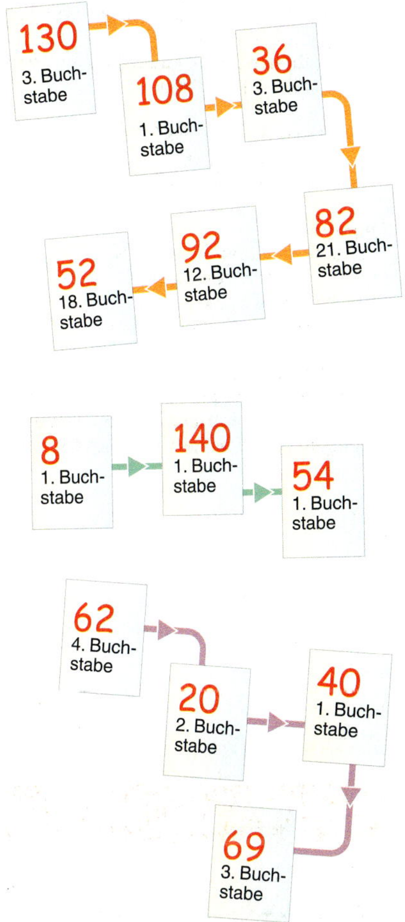

Schreibe dir auf, welchen Seitentypen du jeweils aufgesucht hast.

Suche weitere Beispiele zu deinen gefundenen Seitentypen.

Wie lautet der Lösungssatz?

Methoden: Schüler fragen – Experten antworten 6
Methoden: Debattieren – pro und contra 8
Methoden: Ihre Meinung bitte! – Wir planen eine Umfrage 10
Methoden: Ein Referat erstellen 12

Nerven, Sinne und Hormone

1 Nervensystem
Vom Reiz zur Reaktion 16
Die Nervenzellen – Bau und Funktion 18
Reflexe und Rückenmark 20
Bau und Funktion des menschlichen Gehirns 22
Material: Entwicklungsstufen der Nervensysteme 24
Lernen: speichern – abrufen 26
Erkrankungen des Nervensystems 28

2 Sinnesleistungen
Bau des Auges 30
Das Auge – physikalisch betrachtet 31
Bau und Funktion der Netzhaut 32
Das Farbensehen 33
Räumliches Sehen und Bewegung 34
Vom Reiz zum Sinneseindruck 35
Material: Optische Täuschung und Wahrnehmung 36
Das Ohr – Aufbau und Funktion 38
Material: Hören 40
Lexikon: Wenn das Gehör krank wird 41
Lexikon: Sinne bei Mensch und Tier 42

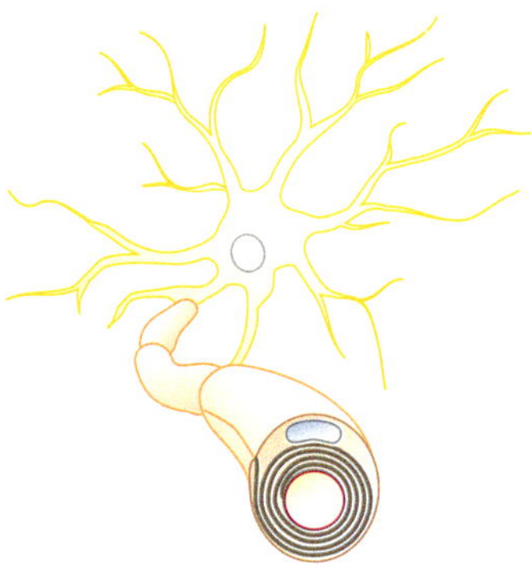

3 Hormone
Hormone in Tieren 44
Hormone in Pflanzen 45
Botenstoffe im Körper 46
Der Blutzucker muss stimmen! 48
Störungen bei der Blutzuckerregulation 49
Stress und Vegetatives Nervensystem 50
Die Stressreaktion 51
Leitthema: Steuerung und Regulation 52
Abschlussmaterial: Sinne, Nerven und Hormone 54

Genetik

1 Grundlagen der Genetik
Bau der Proteine 58
Bedeutung der Proteine 59
DNA – der Stoff, aus dem die Gene sind 60
Vom Gen zur roten Blüte 62
Leitthema: Information und Kommunikation 64
Chromosomensätze in Körper- und Keimzellen 66
Mitose 68
Abläufe im Zellkern – von Zellteilung zu Zellteilung 69
Meiose 70
Material: Mitose und Meiose 71
Down-Syndrom 72
Material: Leben mit dem Down-Syndrom 73
Früherkennung von genetisch bedingten Krankheiten 74
Material: Genetisch bedingte Krankheiten 75
Abschlussmaterial: Grundlagen der Genetik 76

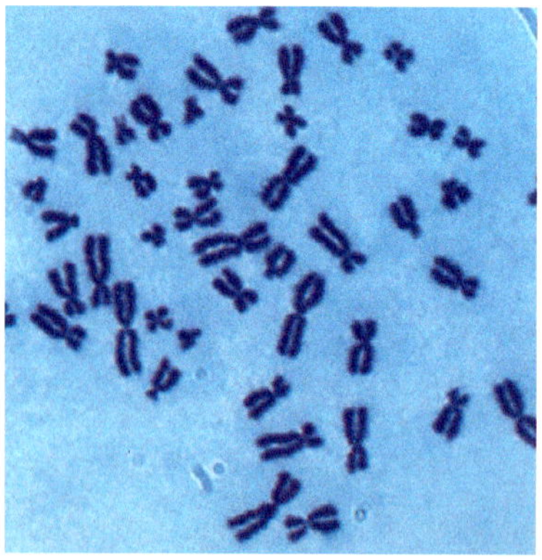

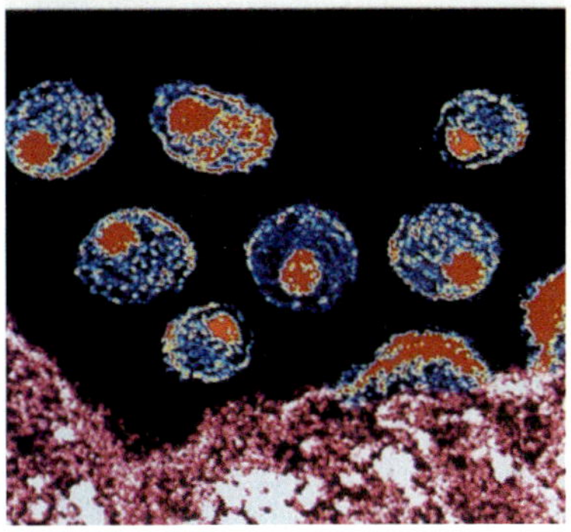

Gesundheit – Krankheit

1 **Infektionskrankheiten und Abwehr**
Kampf gegen winzige Feinde 80
Arzneimittel gegen Bakterien 81
Praktikum: Mikrobiologische Versuche 82
Grippe – eine Viruserkrankung 84
Der Körper wehrt sich 86
AIDS – ein Virus überlistet das Immunsystem 88
Aktive und passive Immunisierung 90
Lexikon: Infektionskrankheiten 92
Leitthema: Struktur und Funktion 94
Überreaktion des Immunsystems: Allergien 96
Blutgruppen und Bluttransfusion 98
Organspende und Organtransplantation 100
Material: Meilensteine der Medizin 102

2 **Suchtgefahren**
Drogen und Sucht 104
Eine Pille und man fühlt sich wohl? 105
Material: Teste deine Persönlichkeit 106
Alkohol – Alltagsdroge Nr. 1 108
Rauchen – nein danke! 110
Hanf – Drogen von der Nutzpflanze 112
Praktikum: Drogen – ohne mich! 113
Sucht ohne Drogen 114
Material: Gefährdung durch Drogen 115
Impulse: Keine Macht den Drogen 116
Abschlussmaterial: Gesundheit – Krankheit 118

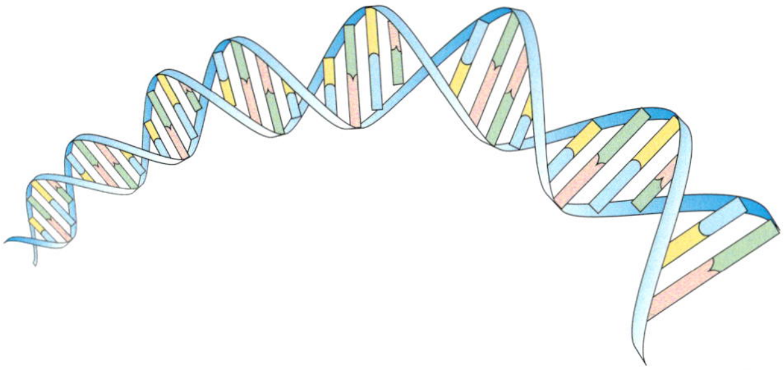

Angewandte Biologie

1 **Gentechnik**
Biotechnologie – Gentechnologie 122
Produktion von Humaninsulin 123
Material: Gentechnik 124
Material: Ethische Fragen der Gentechnik 126

2 **Reproduktionsbiologie**
Geschlechtliche und ungeschlechtliche Fortpflanzung 128
Eingriffe in die Fortpflanzung – Reproduktionstechniken 130
Material: Informationen zur Reproduktionstechnologie 131
Biomedizin und Reproduktionsmedizin 132
Material: Klonen 133
Material: Ethische Aspekte der Biomedizin 134

3 **Seuchen und Infektionskrankheiten**
Mücken und Zecken übertragen Krankheitserreger 136
Material: Krankheiten beeinflussen die Welt 138
Material: Antibiotika 140

Grundwissen Klasse 5 – 8 142
Grundwissen Klasse 9 144

Basiskonzepte im Überblick
Reproduktion 148
Stoff- und Energieumwandlung 148
Struktur und Funktion 149
Organisationsebenen 149
Steuerung und Regelung 150
Information und Kommunikation 150
Variabilität und Angepasstheit 151
Entwicklung 151

Register 152
Bildnachweis 156

Schüler fragen – Experten antworten

1 Was sind eigentlich Experten?

Nicht immer könnt ihr alle Informationen, die ihr braucht, nur in Büchern finden. Dann solltet ihr einen Experten befragen. Experten sind Spezialisten in einem Fachgebiet. Sie verfügen über einen großen Erfahrungsschatz und kennen die neuesten Forschungsergebnisse.

2 So wird eine Expertenbefragung vorbereitet.

Sammelt zuerst alle Fragen, die euch einfallen, ordnet sie nach Themenschwerpunkten und schreibt sie auf. Vielleicht sind auch im Unterricht Fragen immer wieder aufgetaucht. Solche Fragen solltet ihr euch gleich aufschreiben. Überlegt, wie ihr die Befragung durchführen wollt und verteilt die Aufgaben. Einer von eurer Gruppe stellt die Fragen, ein anderer schreibt die Antworten der Expertin oder des Experten auf. Bei einem längeren Gespräch könnt ihr euren Gesprächspartner fragen, ob ihr seine Antworten aufnehmen dürft. Die Aufnahme könnt ihr dann später in Ruhe anhören und auswerten. Vielleicht braucht ihr auch jemanden, der Fotos macht.

Ganz ohne Vorwissen hat es aber wenig Sinn, einen Experten zu „löchern". Versucht, die Antworten zuerst in eurem Biologiebuch zu finden, vielleicht hilft auch das Internet weiter.

3 Auf Expertensuche.

Hört euch zuerst in eurem Heimatort um. Fragt Eltern oder Bekannte, ob sie jemanden kennen, der eure Fragen beantworten kann. Nicht nur Ärzte sind Experten für Gesundheit und Krankheit, auch Rettungsdienste, Krankenkassen oder Beratungsstellen können euch weiterhelfen. Experten kann man auch über das Internet finden. Gebt in eine Suchmaschine den gesuchten Begriff, zum Beispiel die Krankheit, ein und schaut, wer zu diesem Thema etwas veröffentlicht hat.

4 Kontaktaufnahme

Wenn ihr nur wenige Fragen habt, reicht es, wenn ihr die Informationen per Telefon einholt. Überlegt euch alle Fragen vorher genau und schreibt sie sorgfältig auf. Notiert die Antworten des Experten, damit ihr nichts vergesst. Wenn ihr möchtet, dass alle Klassenkameraden erfahren sollen, was der Experte erzählt, solltet ihr ihn in die Schule einladen. Entwerft dazu einen höflichen Brief, in dem ihr den Experten bittet, Fragen zum Thema zu beantworten. Sicher hat der Experte auch eine eMail-Adresse, dann könnt ihr ihm eine Mail schreiben und einen Termin und Treffpunkt für den Besuch ausmachen. Begrüßt die Experten höflich und stellt sie der Klasse vor. Einer von euch muss die Moderation übernehmen, das heißt, das Gespräch in der Gruppe leiten.

Ihr könnt den Experten auch an seinem Arbeitsplatz besuchen. Vielleicht geht ihr zu zweit hin – vier Ohren hören mehr als zwei. Vergesst nicht, Fotoapparat und Diktiergerät mitzunehmen. Macht euch Notizen und lasst euch Material mitgeben, dann erinnert ihr euch zu Hause besser an Einzelheiten. Manchmal sprechen Experten ein richtiges „Fachchinesisch" mit vielen Fremdwörtern. Wenn ihr die komplizierte Expertensprache nicht versteht, fragt sofort nach. Lasst es euch noch einmal mit einfachen Worten, eventuell an einem Beispiel, erklären. Nach jedem Gespräch mit Experten werdet ihr selbstbewusster und mutiger im Befragen!

Wo wird die Befragung durchgeführt? Welche Sitzordnung ist günstig?

Leitfaden für die Vorbereitung

Notiert euch:
- wie der Kontakt aufgenommen werden soll,
- welche Informationen, Erfahrungen, Einschätzungen oder Bewertungen erfragt werden sollen,
- wie die Fragen aufgebaut werden sollen:
  – z. B. vom Allgemeinen zum Besonderen,
  – von offenen zu geschlossenen Fragen,
- wie das Gespräch beendet werden soll.

Klärt auch die folgenden Punkte vor der Befragung:

- Konkrete Fragen sollten am besten schriftlich vorformuliert werden,
- Legt fest, wer die Fragen stellt,
- Wo wird die Befragung durchgeführt? (Welche Sitzordnung ist günstig?)
- Soll die Befragung aufgezeichnet werden? (Video, Tonband, Mitschrift)
- Vor allem wenn Video- oder Tonbandmitschnitte geplant sind, ist es sinnvoll, eine Testbefragung durchzuführen (simulieren), um sicher zu stellen, dass die Technik auch das gewünschte Ergebnis liefert.

Können Sie uns dies näher erläutern?

Fragetechnik

- **Begrüßung**: Man begrüßt den Gast, und stellt sich vor. Der Ablauf und das Ziel der Befragung werden vorgestellt.
- **Eröffnungsfragen** führen zum Thema hin. (z. B.: „Wir haben uns im Unterricht mit Borreliose beschäftigt ...")
- **Informationsfragen** legen die Grundlage für das Gespräch. (z. B.: „Wir haben uns im Internet informiert, dass... Stimmen Sie dem zu?" „Im Unterricht wurde gesagt ... Sehen Sie das auch so?")
- **Sondierungsfragen** führen in die Einschätzungsphase. (z. B.: „Können Sie uns dies näher erläutern?")
- **Einschätzungsfragen** beleuchten die Meinung des Experten. (z. B.: „Was halten Sie von ...?" „Woran liegt das Ihrer Meinung nach?", „Welche Erfahrungen haben Sie auf diesem Gebiet?")
- **Bewertungsfragen** stehen am Ende des Gesprächs. Hier geht es in die Bewertung des Problems und um das Aufzeigen von Lösungsmöglichkeiten. (z. B.: "Wie beurteilen Sie den Vorschlag ...?" „Welche Vorschläge können Sie machen?")
- **Rhetorische Fragen** können die Skepsis gegenüber bestimmten Aussagen verdeutlichen. (z. B.: „ Sind Sie davon wirklich überzeugt?")
- **Dank**: Am Ende darf man nicht vergessen, sich für das Gespräch zu bedanken. Ist der Experte Gast in der Schule könnte man ein kleines Geschenk bereithalten. Ist eine Veröffentlichung geplant (z. B. in der Schülerzeitung), muss der Experte sein Einverständnis geben.

Mögliche Fragen an den Experten

1. Welche Krankheiten können durch einen Zeckenbiss übertragen werden?
2. Wo in Deutschland kann man sich mit Borreliose infizieren?
3. Wo leben die Zecken und wer ist gefährdet?
4. In welcher Jahreszeit muss man besonders aufpassen?
5. Wie entfernt man Zecken am besten?
6. Wie kann man sich vor Zeckenbissen und damit vor einer Borreliose schützen?
7. Was versteht man unter der Wanderröte?
8. Warum ist die Diagnose bei Borreliose so schwierig?
9. Kann man auch sehr spät eine genaue Diagnose stellen?
10. Welcher Unterschied besteht zwischen FSME und Borreliose?
11. Wie lange dauert es vom Biss bis zur Infektion?
12. Wie ist der Krankheitsverlauf?
13. Kann Borreliose tödlich verlaufen?
14. Wie häufig ist die Erkrankung?
15. Wie behandelt man die Borreliose?
16. Gibt es einen Impfstoff gegen FSME für Kinder?
17. ....

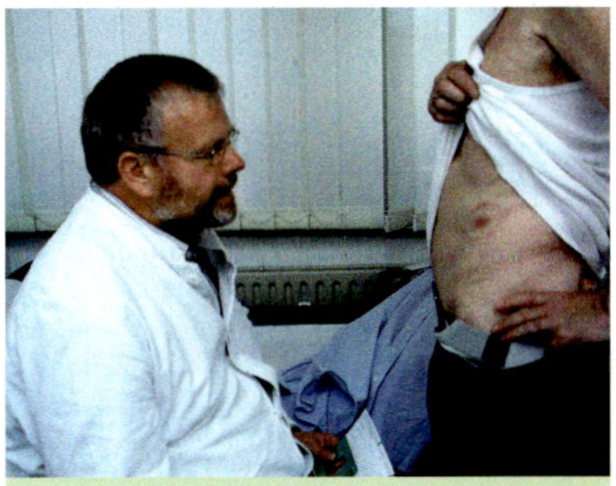

Diagnose: Borreliose?

5 Auswertung

Zielsetzung der Befragung, Leitfaden und Ergebnisse sollten zusammengefasst werden und können als Poster präsentiert werden. Ihr könnt nach folgenden Kriterien vorgehen:

- **Beschreiben:** Ziele, Rahmenbedingungen, Inhalt.
- **Untersuchen:** Sind Fragen offen geblieben? Ist der Experte Fragen bewusst ausgewichen?
- **Beurteilen:** Aussagewert der Expertenbefragung. Welche Interessen hat der Experte vertreten? War er zu einseitig? Sollte man eine weitere Expertenbefragung durchführen, um eine andere Meinung beurteilen zu können?

Debattieren – pro und contra

Debattieren und Diskutieren will gelernt sein. Nicht bei jedem Thema kann man sofort mitreden. Ohne Informationen kann man z.B. schwer entscheiden ob es sich bei der Präimplantationsdiagnostik (PID) um eine Methode handelt, die den Eltern die Sorge nimmt, dass ihre Kinder unter einer genetisch bedingten Erbkrankheit leiden oder ob sie am Anfang eines Prozesses steht, der über Leben und Tod entscheidet. Aber wie stellt man das *Für* und *Wider* eines Themas in einer Debatte richtig dar?

1 Sammeln von Daten und Fakten

Zunächst müssen Informationen aus den Medien gesammelt werden, z. B.:
- Was versteht man unter der PID?
- Welche Risiken birgt die PID?
- Auf welchen wissenschaftlichen Grundlagen beruht die PID?
- Wann kommt eine PID in Frage?
- Was versteht man unter dem Embryonenschutzgesetz?
- Gibt es Stellungnahmen von Politik, Kirchen, Verbänden, Forschung und Wissenschaft?
- ...

2 Bilden von Expertengruppen

Nicht jede Teilnehmerin, nicht jeder Teilnehmer an einer Debatte muss und kann alles wissen. Bei komplexen Themen kann die Vielzahl der einzelnen Informationen je nach Interesse auf verschiedene Personen verteilt werden. Bildet Expertengruppen, die sich mit Teilaspekten des Themas beschäftigen und ihre Argumente im Plenum vortragen können.
Leitfragen für die Expertengruppen sind:

- Wie funktioniert die PID? Welche Risiken für Frau und Kind sind damit verbunden?
- Welche vorgeburtlichen Diagnosemöglichkeiten gibt es? Wie können Gene untersucht werden?
- Wie viele Neugeborene haben eine Erbkrankheit?
- Wie viele Schwangerschaften werden heute abgebrochen, weil aufgrund einer vorgeburtlichen Diagnose eine genetisch bedingte Krankheit festgestellt wurde?
- Welche rechtlichen Grundlagen gibt es in der BRD und in anderen Ländern zur PID?
- Wie beurteilen bestimmte Gruppen, z. B. Kirchen oder der Ethikrat die PID?
- Welche Argumente sprechen für die PID?
- Sammle Argumente gegen die PID!

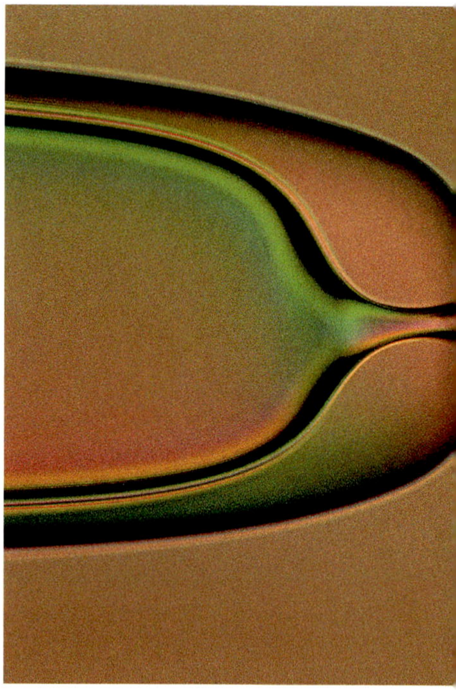

Die wichtigsten Ergebnisse eurer Arbeitsgruppe könnt ihr auf einem Plakat z. B. in Form eines Thesenpapiers, festhalten. Das Thesenpapier sollte so gestaltet sein:

- Die **Einleitung** führt zum Thema und versucht das Interesse der Diskussionsteilnehmer zu gewinnen.
- Im **Hauptteil** werden die Kernthesen vorgestellt:
  - führt zunächst einige Fakten auf, welche eure Thesen unterstützen,
  - nennt die Quellen dieser Fakten,
- Am **Ende** dokumentiert ihr eure Schlussfolgerungen.

Internetseiten zum Thema PID

Deutsche Forschungsgemeinschaft
http://www.dfg.de

http://www.bundesaerztekammer.de
http://www.wissenschaft-online.de

Deutsche Bischofskonferenz
http://www.dbk.de

Deutsches Referenzzentrum für Ethik in den Biowissenschaften
http://www.drze.de

Daten und Fakten zur PID

Bei der PID wird die Eizelle in der Petrischale künstlich befruchtet, man spricht von einer In-vitro-Fertilisation. Im Achtzellenstadium wird dem Embryo eine Zelle entnommen und auf genetische Schäden untersucht. Es stehen 2 Verfahren zur Verfügung: die Chromosomenuntersuchung und die direkte Untersuchung der Gene (PCR). Bei der Chromosomenuntersuchung kann man Schäden an einzelnen Chromosomen oder auch überzählige oder fehlende Chromosomen feststellen. Die zweite Methode (PCR) erlaubt bei bekannten Erbkrankheiten Fehler in den Genen aufzuspüren.

(PCR = molekulargenetische Diagnostik durch Polymerase Kettenreaktion)

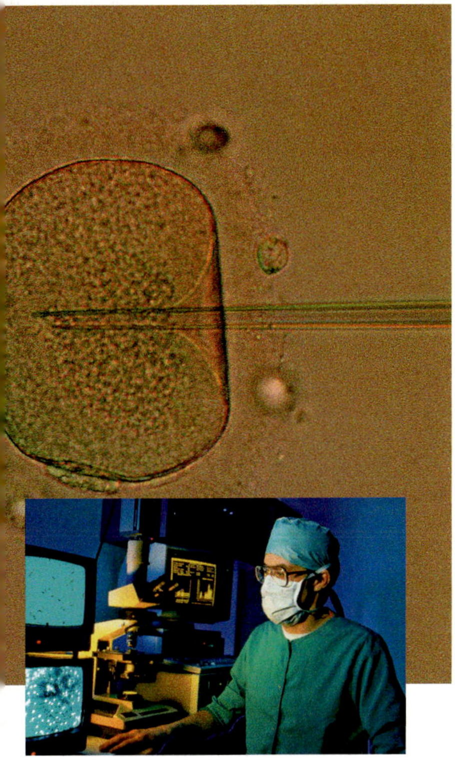

In-vitro-Fertilisation

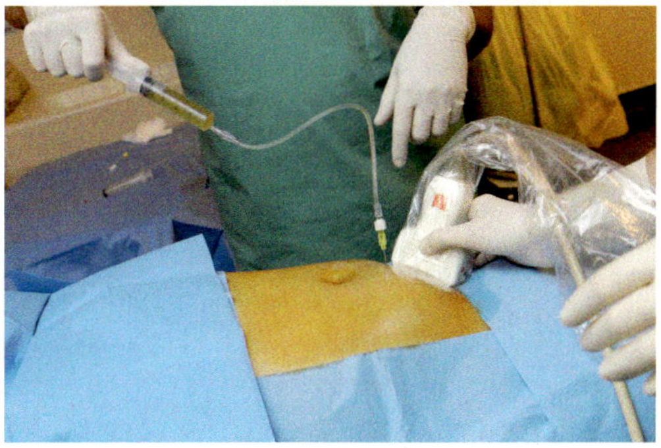

Fruchtwasser-
untersuchung

Wissenswertes in Schlagzeilen

Andere pränatale Diagnosemöglichkeiten sind z. B.: Untersuchung des Plazentagewebes oder die Fruchtwasseruntersuchung. 1999 wurden in der BRD ca. 7000 Untersuchungen durchgeführt. In fast 700 Fällen kam es nachfolgend zu einer Fehlgeburt.

Embryonenschutzgesetz: Da die PID an embryonalen Zellen geschieht, darf sie in Deutschland, Österreich und der Schweiz nicht angewendet werden. In Amerika und anderen europäischen Ländern ist die PID erlaubt. Bis Mitte 2001 sind weltweit ca. 700 Kinder nach Durchführung einer PID geboren worden.

Stellungnahme des Ethikrates (8 Mitglieder aus Ärzten, Juristen und Ethikern): „Bei der PID werden Embryonen vernichtet, dies verstößt gegen das Embryonenschutzgesetz. Es besteht jedoch ein Widerspruch zum zulässigen Schwangerschaftsabbruch. Es ist daher in Frage zu stellen, ob das Embryonenschutzgesetz ethisch noch vertretbar ist."

Pro und Kontra PID

Pro
- Kinderwunsch eines Paares bei dem das Risiko besteht, dass beim Kind eine Erbkrankheit auftritt,
- Möglichkeit bereits vor der beginnenden Schwangerschaft festzustellen, ob eine Erbkrankheit vorliegt,
- Ein späterer Schwangerschaftsabbruch ist für die Mutter psychisch sehr belastend.

Kontra
- Menschliches Leben darf nicht zerstört werden,
- „Kinder auf Bestellung",
- Behinderte werden diskriminiert,
- Der Embryo kann durch den Eingriff geschädigt werden,
- Diagnosefehler können auftreten.

3 Debattieren im Plenum

Beim Debattieren im Plenum tragen die einzelnen Expertengruppen ihre Argumente vor. Man erkennt, welche Vorteile und welche Nachteile mit der PID verbunden sind. Legt für eure Gruppe einen Sprecher fest.

4 Urteilsfindung

Formuliert im Plenum ein Urteil oder Gutachten, dem eure Analysen und Bewertungen zugrunde liegen und mit dem alle einverstanden sind.

Ihre Meinung bitte! – Wir planen eine Umfrage

Umfragen sind eine gute Möglichkeit sich ein Bild über Einstellungen, Kenntnisse und Meinungen der Befragten zu machen. Im Unterricht überlegt ihr euch Fragen zu einem Thema. Aber um eine Umfrage sinnvoll zu gestalten solltet ihr einige wichtigen Dinge beachten. Prinzipiell gibt es 2 Typen: Das wenig strukturierte Interview und die stark strukturierte Umfrage mithilfe eines Fragebogens. Beim Interview ist der Gestaltungsspielraum für ein Gespräch groß. Man sollte aber trotzdem einen Leitfaden erstellen um das Gespräch in die gewünschte Richtung lenken zu können. Eine Auswertung ist jedoch schwierig. Für klar umgrenzte Themen eignet sich der Fragebogen daher besser.

Die Themenauswahl könnte sich aus dem Unterrichtsstoff ergeben. Beispiele wären: Segen und Fluch der Gentechnik? AIDS — Ist die Krankheit noch gefährlich? Sind Impfungen heutzutage noch nötig?

1 Regeln für das Entwerfen eines Fragebogens

- Wichtig ist es, klare und verständliche Fragen zu formulieren.
- Weniger ist mehr, also den Fragebogen nicht überfrachten, meist genügen 10 — 12 Fragen. Das erhöht die Bereitschaft der Befragten mit zu machen und erleichtert die spätere Auswertung.
- Fragen sollten möglichst **neutral formuliert** werden.
- Bei der Fragestellung muss darauf geachtet werden, dass dem Befragten keine Antworten „in den Mund gelegt" werden.
- Konkrete Fragen sind meist besser als allgemeine Fragen.

Äußere Form des Fragebogens:
- Fragen übersichtlich anordnen,
- Genügend Platz für Antworten vorsehen,
- Kästchen zum Ankreuzen vorsehen.

2 Verhalten bei der Umfrage

Jede Umfrage ist eine Kommunikation zwischen Fragesteller und Befragtem. Wichtig ist es daher, eine Atmosphäre der Kommunikation herzustellen, die den Befragten ermuntert und ermutigt, seine Meinung frei zu äußern. Ihr müsst euch zuerst vorstellen und erläutern, um was es in der Befragung geht und welchen Zweck ihr damit verfolgt. Ihr solltet dann das Einverständnis des Befragten einholen, dass die anonyme Auswertung erfolgen darf. Auf keinen Fall sollte der Fragesteller die eigene Meinung äußern, bzw. Zustimmung oder Missbilligung zeigen. Bei Fragebögen sollten keine zusätzlichen Erläuterungen gegeben werden, die Fragen müssen so präzise gestellt werden, dass sie nicht missverstanden werden können. Denkt bei der Befragung daran, dass eure Ergebnisse umso zuverlässiger werden, je gößer die Anzahl der Befragten ist. Am Schluss der Umfrage solltet ihr euch höflich für die Mitarbeit bedanken.

Es gibt verschiedene Frageformen:

- **Alternativfragen:** ja/nein oder richtig/falsch.
- **Auswahlfragen:** Aus einer Anzahl vorgegebener Aussagen soll die Antwort ausgewählt werden , die am ehesten zutrifft.
- **Schätzskalen:** Trifft voll zu — trifft überwiegend zu — trifft kaum zu — trifft nicht zu.
- **Weiterführende Fragen:** Diese lassen frei formulierte Antworten zu. Man erhält so zusätzliche Informationen.

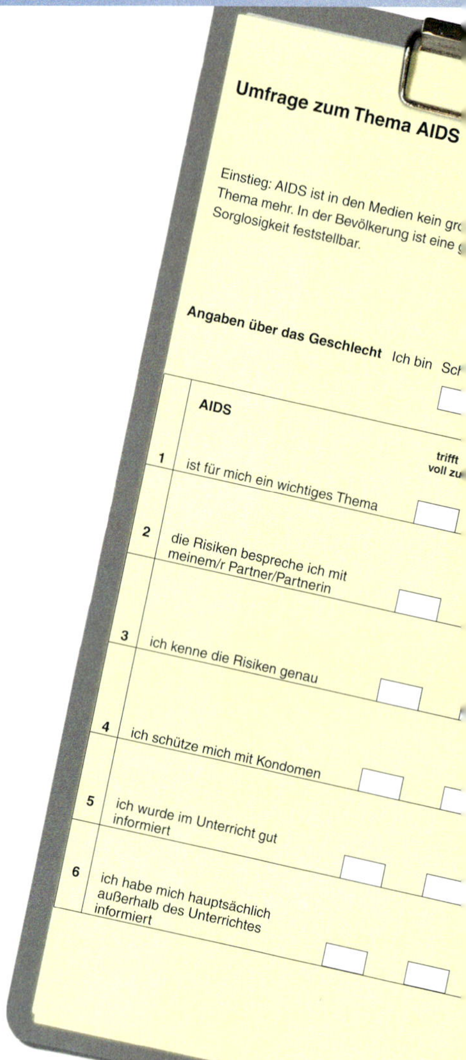

Umfrage zum Thema AIDS

Einstieg: AIDS ist in den Medien kein großes Thema mehr. In der Bevölkerung ist eine gewisse Sorglosigkeit feststellbar.

Doch seit dem Jahr 2000 nimmt die Anzahl der HIV-Infizierten wieder zu. Die Klasse 9a möchte dazu eine Umfrage durchführen.

Angaben über das Geschlecht Ich bin Schülerin 44 Schüler 56

	AIDS	trifft voll zu	trifft überwiegend zu	trifft kaum zu	trifft nicht zu	kann ich nicht beantworten
1	ist für mich ein wichtiges Thema	37	56	5	1	1
2	die Risiken bespreche ich mit meinem/r Partner/Partnerin	4	43	23	4	26
3	ich kenne die Risiken genau	40	50	5	2	0
4	ich schütze mich mit Kondomen	59	26	5	0	10
5	ich wurde im Unterricht gut informiert	13	54	17	11	1
6	ich habe mich hauptsächlich außerhalb des Unterrichtes informiert	15	18	22	24	24

Anzahl der an der Umfrage teilnehmenden: 106 Schülerinnen und Schüler der Klassen 9a – c
Anzahl der abgegebenen Fragebögen: 100 das entspricht 94,3%

So könnte euer fertig ausgefüllter Fragebogen nach der Befragung aussehen. Mit diesen Daten ist nun eine Auswertung möglich.

3 Präsentieren der Ergebnisse

Diagramme oder grafische Darstellungen der Ergebnisse sind besonders übersichtlich und können in Plakaten mithilfe des Overheadprojektors oder des Beamers der Klasse präsentiert werden. Das Tortendiagramm stellt Anteile oder eine Aufteilung im Rahmen des Ganzen dar. Dadurch werden auch Unterschiede deutlich. Übrigens: Die 12-Uhr-Position springt besonders ins Auge.

Schüler oder Schülerin?

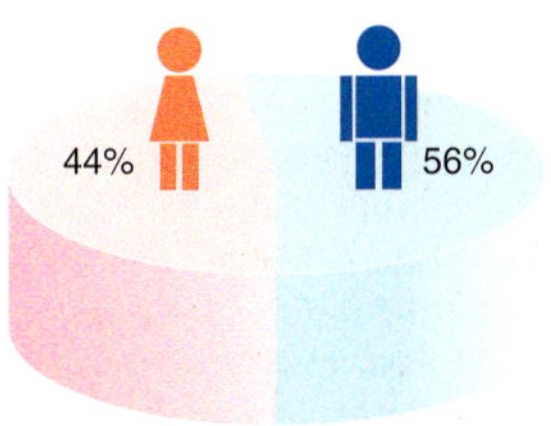

AIDS ist für mich ein wichtiges Thema

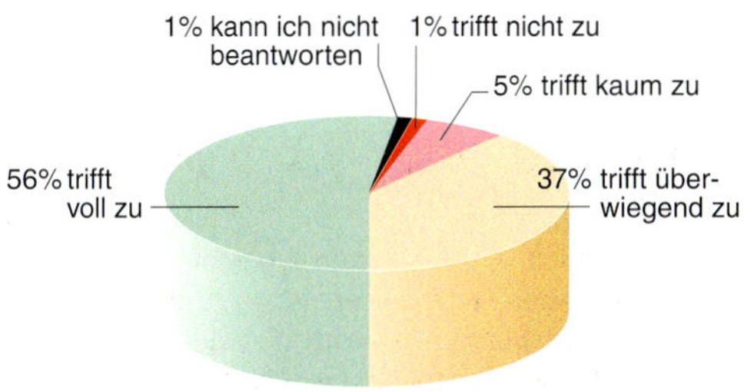

Ein Referat erstellen

Du hast den Auftrag bekommen über die Grundlagen der Gentechnik ein Referat zu halten. Um diese Aufgabe bewältigen zu können, solltest du eine sinnvolle zeitliche Abfolge einhalten.

1 Informationen zusammentragen

Beginne rechtzeitig, Informationen zusammenzutragen und Anschauungsmaterial zu sammeln. Dazu kannst du das Internet nutzen, dich in Schulbüchern und Zeitschriften oder Bibliotheken informieren.

2 Informationen verarbeiten

Wenn du genügend Material gesammelt hast, musst du alles durchlesen und anschließend sichten, welche Unterlagen du benutzen willst. Falls du Inhalte nicht verstanden hast, kannst du im Lexikon oder im Internet nach Erklärungen suchen.

Da das Referat eine Kurzfassung ist, darfst du Texte nicht wörtlich übernehmen. Wenn du Fotokopien hast, kannst du wichtige Aussagen unterstreichen. Längere, sehr ausführlich geschriebene Sätze, kannst du mit eigenen Worten zusammenfassen (= exzerpieren). Bei einer großen Menge an Informationsmaterial ist es wichtig, eine Auswahl zu treffen.

Beispiel für eine Gliederung

Gentechnik — was ist das?

1	Einstieg: Karikatur eines geklonten Menschen. Einleitung: Kurzer Abriss der historischen Entwicklung
2	Hauptteil
2.1	Definitionen: - Was ist ein Gen? - Was versteht man unter Gentechnik?
2.2	Gentechnik an Bakterien
2.2.1	Was sind Plasmide?
2.2.2	Werkzeuge des Gentechnikers - Restriktionsenzyme - Ligasen - Vektoren - Sonden
2.3	Anwendungsbeispiel: Insulinherstellung mithilfe von Bakterien.
3	Schluss: Zusammenfassung, Ausblick: Heilung durch Gentherapie.

Meist wirst du das Referat vor der Klasse halten und die wichtigsten Inhalte in Form einer *Kurzfassung* deinen Mitschülern zur Verfügung stellen. Füge der Kurzfassung stets eine Literaturliste bei, damit überprüfbar ist, welche Quellen du verwendet hast.

3 Das Referat schreiben

- Du hast nun einen Überblick über den gewählten Themenbereich und kannst ein genaueres Thema *formulieren.*
- Schreibe eine *Einleitung*, in der du das Thema nennst und begründest.
- Verfasse eine *Gliederung,* damit deine Zuhörer wissen, was sie erwartet.
- Im *Hauptteil* nennst du die wichtigsten Inhalte aus der Literatur.
- Im *Schlussteil* fasst du deine Ausführungen noch einmal kurz zusammen und gibst einen allgemeinen Ausblick.

4 Für den Vortrag: Stichwortzettel schreiben

Auch wenn die Klassenkameraden die wichtigsten Inhalte auf der Kurzfassung mitlesen können, solltest du bei deinem Vortrag eine schriftliche Stütze für dich verwenden. Es gibt drei Möglichkeiten:

- **Text von der Kurzfassung ablesen**: Dabei nimmst du die Kurzfassung als Grundlage. Begriffe, die du erklären musst, kannst du farbig markieren, Zusatzinfos können am Rand ergänzt werden. Auf keinen Fall darfst du nur die Kurzfassung wörtlich ablesen! Deshalb ist es wichtig,

Pausen einzulegen, den Blickkontakt mit den Zuhörern zu suchen und möglichst andere Wörter und Sätze zu verwenden als die, die auf dem Zettel stehen.

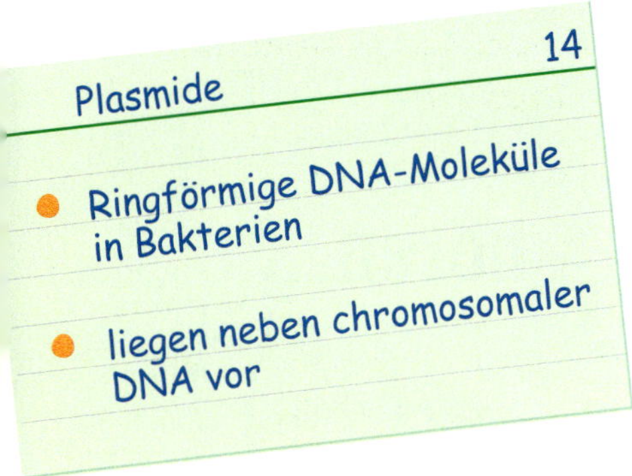

- **Kärtchentechnik**: Hier schreibst du alles auf DIN A5 oder DIN A6 große Kärtchen. Die Karten sollten nur auf einer Seite beschrieben und durchnumerieret sein. Am Rand steht jeweils das Stichwort, daneben dann die Ausführungen dazu. Schreibe möglichst groß, so dass du noch alles gut lesen kannst! Auch hier kannst du wichtige Aspekte und Begriffe farbig hervorheben. Vorteil bei dieser Methode ist, dass du dich vom Text löst und relativ frei sprichst.
- **Kombinationstechnik**: Hierbei unterteilst du ein DIN A 4 - Blatt nach Stichwörtern (links) und Ergänzungen dazu (rechts). Der Vorteil ist, du kannst aus dem Text zitieren. Solltest du den „roten Faden" verloren haben, kannst du den Text ablesen.

Die Multi-Media-Präsentation

1 Erstellen einer Präsentation

Im Informatik-Unterricht hast du wahrscheinlich schon gelernt, mit dem Computer Multi-Media-Präsentationen zu erstellen.
Hier noch einige Tipps, worauf du achten solltest:

- Gestalte die Überschriften in den Folien möglichst einheitlich.
- Gestalte die Textzeilen übersichtlich und in großer Schrift. Achte auf einen ruhigen Hintergrund.
- Animationen sollten nur sparsam eingesetzt werden.
- Grafiken oder Bilder können zur Veranschaulichung eingefügt werden.

2 Vorführen der Präsentation

- Beim Vorführen solltest du die in den Präsentationsfolien gezeigten Punkte auf keinen Fall nur ablesen.
- Wichtig ist auch, dass du stets in Richtung Zuhörer sprichst. Bildschirm oder einen zusätzlichen Laptop musst du entsprechend ausrichten.

5 Der Vortrag

- Stelle dich aufrecht vor die Klasse und nimm Blickkontakt mit den Zuhörern auf.
- Beginne erst, wenn es still ist.
- Mache in der Einleitung klar worum es geht. Oft bieten sich zum Einstieg Anekdoten oder Karikaturen an, um die Aufmerksamkeit der Mitschüler zu gewinnen.
- Lies dein Referat nicht ab, sondern versuche frei zu sprechen. Schaue deine Mitschüler beim Vortag an, die Zuhörer fühlen sich dann angesprochen und sind aufmerksamer.
- Rede laut und nicht zu schnell.
- Teile dein Referat in Absätze ein, die der Gliederung entsprechen. Die Gliederung kannst du als Plakat, Folie oder in Form einer Multimedia-Präsentation vorbereiten.
- Um schwierige Sachverhalte darzustellen oder zu verdeutlichen, bietet sich der Einsatz von Anschauungsmaterial an: z. B. Overheadfolien, Dias, Modelle, Tafelanschriften, Zeichnungen, Filmausschnitte, Beamer.
- Sprich in kurzen Sätzen, nutze Vergleiche zur Veranschaulichung und vermeide zu viele Fachbegriffe. Neue Absätze können mit Sätzen wie: „Ein weiterer wichtiger Punkt ist ... oder als Nächstes gehe ich auf ... ein", eingeleitet werden.
- Rede nicht zu lang, da die Aufmerksamkeit deiner Mitschüler nach 10 — 15 Minuten nachlässt.
- Am Schluss fasst du die wichtigsten Gedanken und Aussagen nochmals kurz zusammen.
- Übe dein Referat vorher zu Hause, indem du es deinen Eltern oder Freunden vorträgst. So gewinnst du Sicherheit und stellst fest, wo noch Schwierigkeiten auftreten.

Fehler beim Vortrag

- Du benutzt eine komplizierte Sprache.
- Du redest zu schnell, undeutlich oder monoton.
- Anschauungsmaterial fehlt.
- Inhaltliche oder zeitliche Gliederung sind nicht erkennbar.
- Du liest den Vortrag ab.
- Folien oder Tafelanschriften sind zu klein, oder undeutlich beschrieben.
- Kontakt zu den Zuhörern (z. B. Blickkontakt, Rückfragen) fehlt.
- Die wichtigsten Punkte werden am Ende nicht zusammengefasst.

Sinne

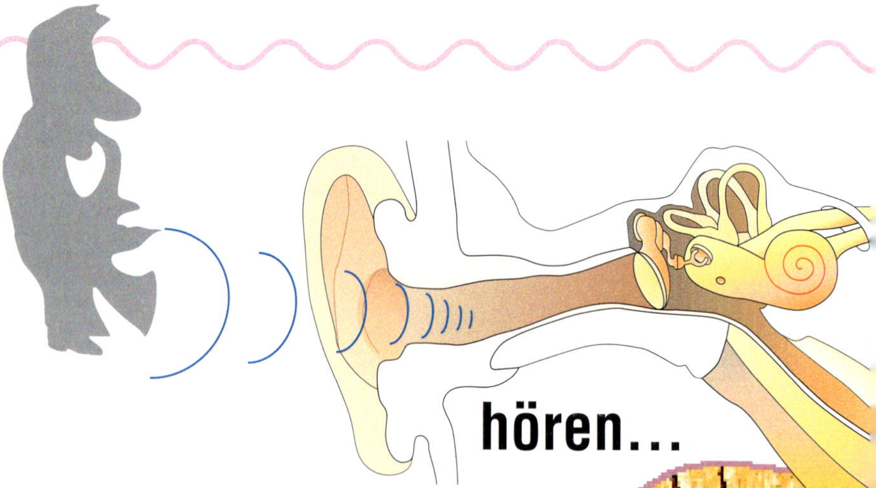

hören...

sehen...

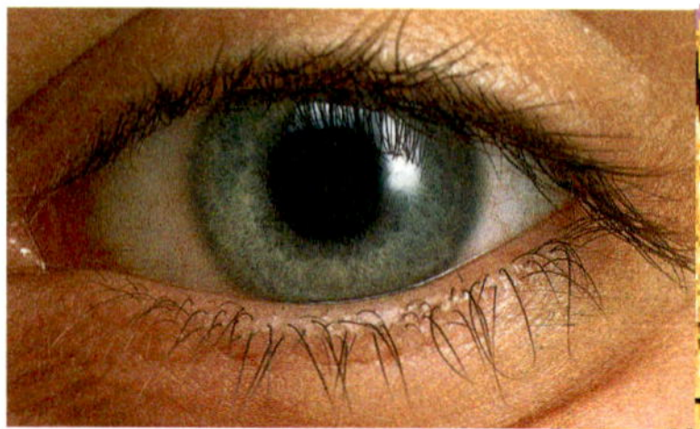

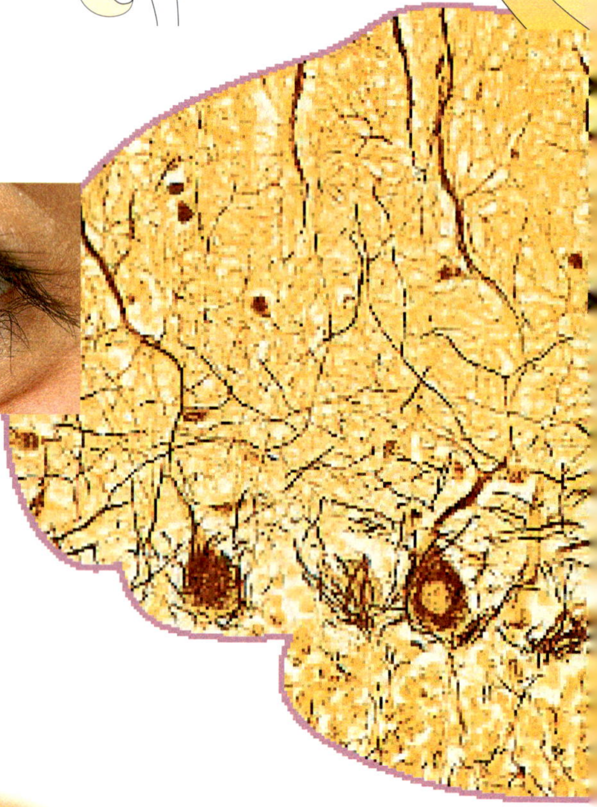

... so erleben wir mit den Sinnen die Umwelt

Unsere Sinnesorgane gleichen vielfältigen Antennen. Sie sind für die Aufnahme unterschiedlichster Signale, wie etwa Licht, Schall oder Wärme, spezialisiert. Existiert für einen Umwelteinfluss ein passendes Sinnesorgan, so bezeichnet man diesen Einfluss als Reiz. Mit dem Zustrom von Reizen erhält der Organismus Informationen über die Umwelt. Von den Sinnesorganen werden sie durch Nervenzellen ins Gehirn geleitet und ausgewertet. Das Ergebnis der Auswertung bestimmt, ob wir beispielsweise auf der Straße ein Auto erkennen, es schön finden oder gar als Gefahr wahrnehmen.

Nerven Hormone

Das Nervensystem leitet auch Signale, die zur Regulation der Tätigkeit der inneren Organe notwendig sind. Diese Vorgänge bleiben uns meist unbewusst, ebenso wie die Arbeit der Hormondrüsen. Ihre Botenstoffe werden mit dem Blut im gesamten Körper verteilt und regulieren lebenswichtige Stoffwechselvorgänge.

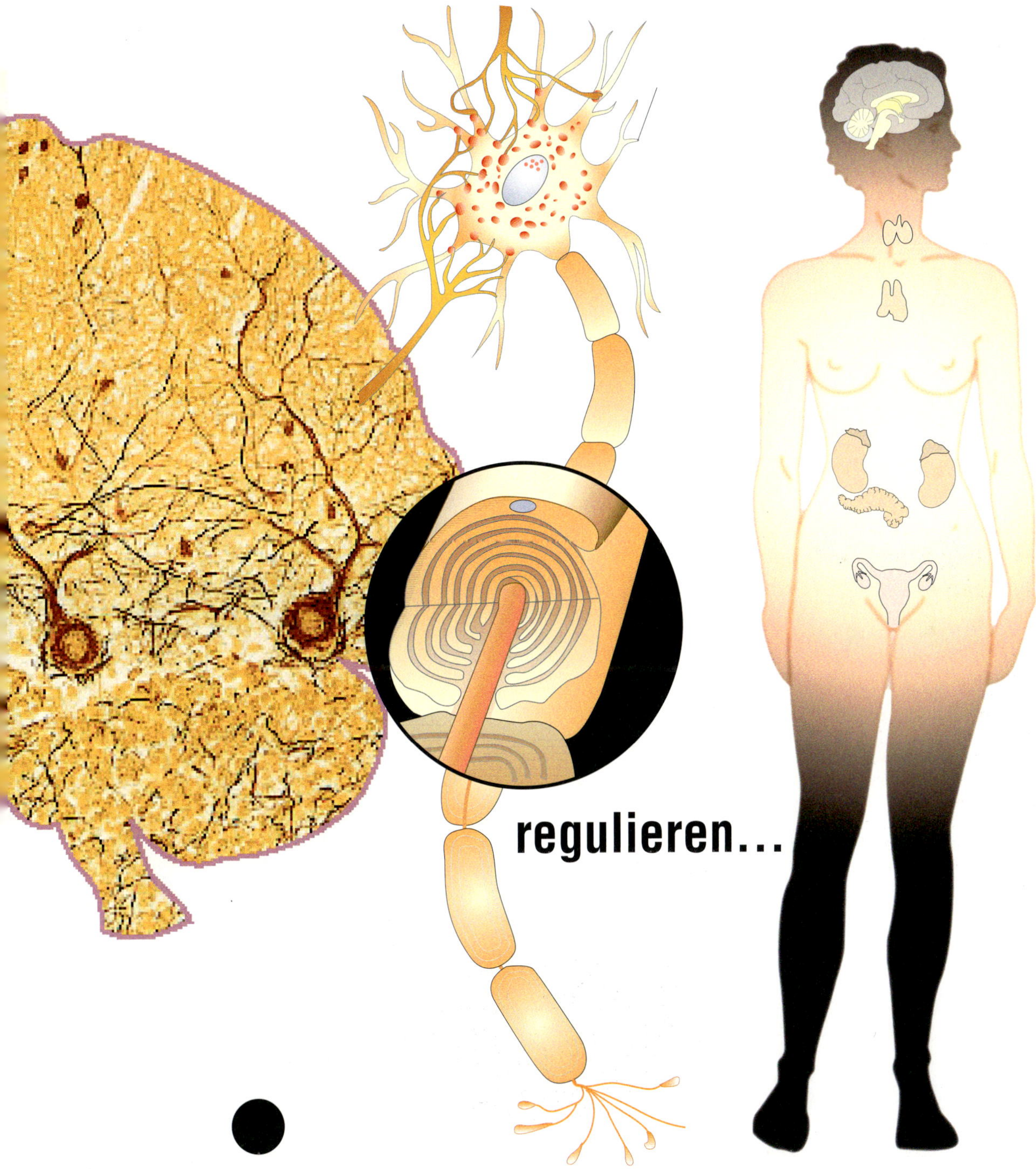

regulieren...

Vom Reiz zur Reaktion

Reiz
Information physikalischer oder chemischer Art, die meist aus der Umwelt, aber auch aus dem Körper stammt und über Sinneszellen (Rezeptoren) aufgenommen werden.

Rezeptor
Strukturen, die Reize aufnehmen können. Sie sind auf bestimmte Reizqualitäten spezialisiert (Licht, Schall, Duft, ...)

sensorisch
von Sinnesorganen kommend

motorisch
zu Muskeln führend

Tiere sind zu erstaunlichen Leistungen fähig. Sandskorpione jagen Schaben, die im Sand eingegraben sind, Eulen jagen Mäuse und orten sie, selbst wenn sie unter einer Laubdecke leben.

Die Sinnesorgane von Tieren sind offensichtlich extrem leistungsfähig. Die Verschiebungen durch „Beben" des Untergrunds, das Sandskorpione erkennen, liegen im Bereich von 0,1 Nanometer und damit in der Größenordnung von Atomradien. Klapperschlangen reagieren auf Erhöhungen der Temperatur um einige Millikelvin. Eulen bzw. Fledermäuse sind in der Lage, Zeitunterschiede im Bereich von Milli- oder gar Mikrosekunden zu analysieren.

Aus Sicht der Biologie aber noch viel erstaunlicher ist die Interpretation dieser Messungen. Richtung, Entfernung sowie Typ des Verursachers werden ausgewertet und als Beute oder Nicht-Beute eingestuft. Sowohl das genaue Erfassen der Daten als auch deren rasche, möglichst fehlerfreie Auslegung entscheiden über Leben und Tod.

Auch beim Menschen kann man schier unglaubliche Sinnesleistungen und Reaktionen feststellen. So benötigt ein Tischtennisball etwa nur eine Zehntelsekunde, um von einem Spieler zum anderen zu fliegen. Da selbst bei höchster Konzentration die Reaktionszeit eben diese Zeit umfasst, ist es erstaunlich, dass ein Spieler noch reagieren und den Ball zurückschlagen kann. Dies ist wohl nur deshalb möglich, da bereits während des Spielens die Bewegungen von Arm und Hand sowie die Schlägerstellung beobachtet werden. Das Gehirn (▶ S. 144) berechnet die erwartete Flugbahn und ermittelt, noch während der Gegenspieler schlägt, die entsprechenden Befehle für den hoffentlich erfolgreichen Rückschlag.

Das Fangen eines langsam und gezielt zugeworfenen Balls soll das Geschehen nochmals beleuchten. Der Ball stellt den Reiz dar, das Fangen ist die Reaktion. Zum Erfassen des Reizes benötigt der Körper *Rezeptoren* (Sinneszellen), die auf die physikalischen oder chemischen Eigenschaften des Reizes ansprechen. Auf größere Entfernung sind das

1 Tiere orten mit ganz unterschiedlichen Sinnesorganen ihre Beute

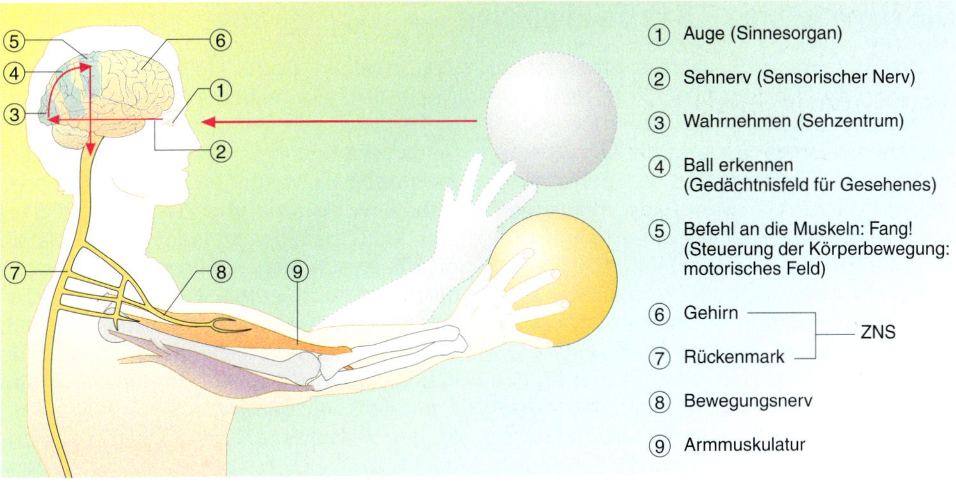

1 Reiz-Reaktionszusammenhang

Größe, Geschwindigkeit und Bewegungsrichtung des Balles, die über das Auge analysiert (▶ S. 144) werden. Ergänzend liefert die Haut der Hände bei Berührung mit dem Ball Informationen zur Oberflächenbeschaffenheit und damit letztlich der Art des Zupackens um den Ball schließlich in den Händen zu halten.

Zunächst wandeln die Rezeptoren die Reizinformationen in elektrische Signale um. Diese wandern über *sensorische Nerven (Sinnesnerven)* zum Rückenmark (▶ S. 144) und in der Regel zum Gehirn. Ohne diese Zentrale wäre die gesamte Aktion zum Scheitern verurteilt. Verschiedene Gedächtnis- und Auswertestellen im Gehirn vergleichen die von den Rezeptoren in Auge bzw. Haut gelieferten Informationen (Leitthema S. 64) mit Erfahrungen, die bereits früher bei ähnlichen *Reiz-Reaktionskombinationen* gemacht wurden. Mit dieser Auswertung können Befehle für die Reaktion wiederum in Form elektrischer Signale über *motorische Nerven (Befehlsnerven)* an die ausführenden Organe geschickt werden. Diese „Effektoren“ sind in den meisten Fällen Muskeln, können aber auch Drüsen sein, die daraufhin Flüssigkeiten abgeben. Man braucht nur seine Lieblingsspeise (Reiz) zu sehen und schon läuft einem das Wasser im Mund zusammen (Reaktion).

Der gesamte Vorgang hat durchaus Ähnlichkeiten mit Vorgängen in der Technik. In vielen Räumen ist z. B. ein Brandschutz nötig. Dazu wird als spezifisches Messgerät, auch Sensor genannt, ein Rauchmelder installiert. Er bestimmt die Menge gefährlicher Substanzen in einem Raum, wobei er aufgrund seiner Konstruktion allein auf wenige Stoffkomponenten anspricht. Die Informationen werden auch hier in der Regel in elektrische Signale umgewandelt und zu einer Datenverarbeitungsanlage transportiert. Diese schickt abhängig von der Auswertung der Stoffmenge und der Programmierung Signale los, die etwa alle Lichter einschalten oder eine Sprinkleranlage in Gang setzen.

Aufgaben

① Stelle in einer Tabelle den allgemeinen Begriffen (im Text kursiv gedruckt), das Beispiel aus der Technik (Rauchmelder) und eine weitere vergleichbare Situation aus deinem Leben gegenüber.
② Versuche alltägliche Situationen im Sinne von Reiz-Reaktionszusammenhängen zu beschreiben.
③ Nimm kritisch Stellung zur Aussage: „Man sieht mit den Augen.“
④ Ähnlich der Situation beim Tischtennisspiel ist die Lage des Torwarts beim Elfmeter. Ballgeschwindigkeiten von 100 km/h sind durchaus üblich. Berechne die für eine Reaktion des Tormanns zur Verfügung stehende Zeit und schätze seine Fangchancen ab. Der Text auf Seite 16 kann dir bei der Lösung der Aufgabe helfen.
⑤ Stelle Reizqualitäten zusammen, die der Mensch mit seinen Rezeptoren erfassen kann.
⑥ Stelle Reizqualitäten zusammen, für die der Mensch keine körpereigenen Rezeptoren besitzt, die aber von Tieren oder technischen Messgeräten erfasst werden können.

Die Nervenzellen – Bau und Funktion

In der Mitte des 19. Jahrhunderts setzte sich langsam die Einsicht durch, dass alle Lebewesen aus Zellen bestehen, die in den Grundzügen ihres Baues übereinstimmen. Für das *Nervensystem* (▶ S. 144) schien dies nicht zu stimmen. Im Mikroskop konnte man keine eindeutigen Zellgrenzen erkennen, es schien ein vielfach verschlungenes Geflecht an Fasern vorzuliegen. Erst mit ständig verbesserten Geräten und der Vorbehandlung von *Gehirn* (▶ S. 144) und *Rückenmark* (▶ S. 144) durch Schwermetallsalze entdeckten die Forscher Strukturen, die mit gewisser Regelmäßigkeit auftraten und als Nervenzellen interpretiert wurden. Sie waren alle gekennzeichnet durch eine Vielzahl von Zellfortsätzen. Dabei stellt die Gruppe der *Dendriten* („Bäumchen") oft reich verzweigte Fortsätze von selten mehr als 2mm Länge dar. Sie sind in der Nähe des Zellkörpers meistens dick, verjüngen sich aber mit jeder Gabelung wie Äste und Zweige eines Baumes. Außerdem besitzt jede Nervenzelle ein oft wesentlich längeres *Axon* (Achsenstab) mit gleich bleibendem Durchmesser. Dieses zweigt sich meist am Ende mehrfach auf, wobei jeder „Finger" in einer kleinen Verdickung endet. Diese Verdickungen werden Endknöpfchen genannt. Nervenzellen sind stets von Hüllzellen umgeben, die besonders bei Säugetieren sehr regelmäßig angeordnet sind.

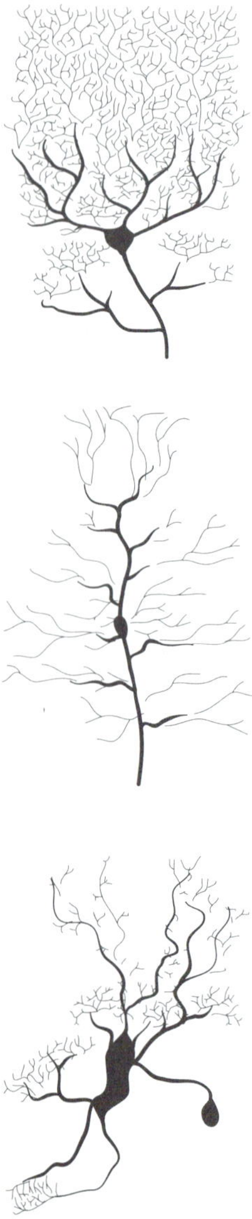

Unterschiedliche Verzweigungen bei Nervenzellen

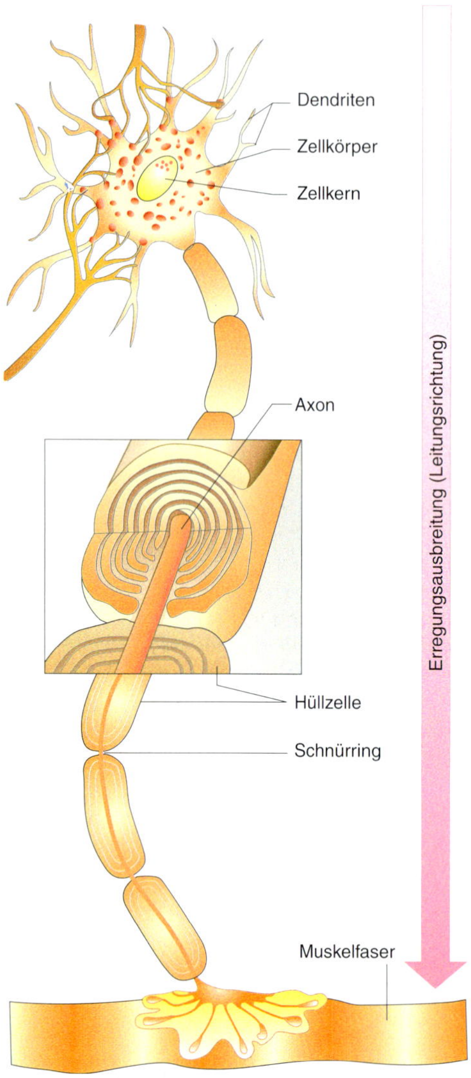

1 Schema einer Nervenzelle

Axon
Bis 1 m langer Ausläufer der Nervenzelle mit einem Durchmesser von 0,01 bis 0,02 mm. Leitet Informationen zu Nervenzellen, Muskeln oder Drüsen weiter.

Dendrit
Feinfädiger, buschartig verzweigter Fortsatz. Dendriten sind Verbindungsstellen zu anderen Nervenzellen und zu Sinneszellen. Dendriten nehmen Informationen auf und leiten sie zum Zellkörper weiter.

Zellkörper
Ort der Informationsverabeitung. Hier werden alle Signale der Dendriten gesammelt und miteinander verrechnet.

Hüllzelle
Bildet eine elektrisch isolierende Hülle um das Axon. Mehrere von Hüllzellen umgebene Axone heißen Nervenfaser.

Schnürring
Zwischen aufeinander folgenden Hüllzellen ist ein ringförmiger Bereich des Axons unbedeckt. Bei mikroskopischer Betrachtung sieht man Einschnürungen.

Endknöpfchen
Die verdickten Endknöpfchen enthalten in kleinen Bläschen einen Überträgerstoff (Transmitter).

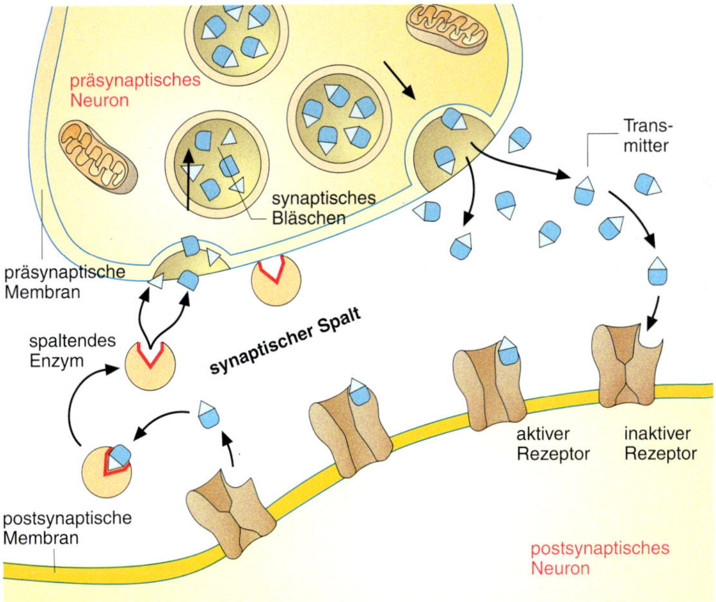

1 Funktionsschema einer Synapse

Die Erkenntnis, dass es kein durchgängiges Nervennetz gibt, sondern jede Zelle klare Grenzen hat, führte allerdings zum Ende des 19. Jahrhunderts zu einem neuen Problem. Bereits seit mehr als 100 Jahren war damals bekannt, dass sich Nervenaktivität durch Fließen von Strom zeigt. Wie sollte dieser von einer Zelle zur nächsten gelangen? Mehrere Forscher stellten hierzu Versuche an, entdeckten die Beteiligung von Substanzen *(Transmitter)* und damit die Übertragung der Informationen auf chemischem Weg. So experimentierte OTTO LOEWI mit isolierten Froschherzen, die in Schalen mit Kochsalzlösung lagen. Ein Herz regte er zu langsamerem Schlagen an und entnahm nach einiger Zeit eine kleine Menge der umgebenden Flüssigkeit. Beim Beträufeln eines normal arbeitenden Herzens mit dieser Flüssigkeit verringerte sich dessen Herzschlag. Die Information dazu konnte nur in chemischer Form in der Flüssigkeit vorgelegen haben.

Damit ergibt sich folgendes Bild für die Informationsweitergabe im Nervensystem:
Die Nervenzelle kann man stark vereinfacht mit einem aufgeladenen Kondensator vergleichen. Kommt es zu einer Erregung der Zelle, entlädt sich dieser in einem kurzen elektrischen Impuls, der längs des Axons weiter geleitet wird. Im Bereich eines Endknöpfchens bewirkt er, dass einige *synaptische Bläschen* zur Zellmembran (*präsynaptische Membran)* wandern und ihren Inhalt in den *synaptischen Spalt*. Sie treffen auf Rezeptorproteine, welche in die Membran der nächsten Nervenzelle eingelagert sind. Aufgrund ihrer Molekülgestalt passen die Transmittermoleküle genau in Taschen dieser Rezeptoren, die darauf hin ihre Gestalt verändern. Über eine Reihe von weiteren Prozessen entsteht ein neuer elektrischer Impuls, der sich über die Nervenzelle und das Axon ausbreitet. Um eine Dauererregung zu verhindern wird der Transmitter durch ein weiteres Protein zerlegt und unwirksam. Die Bruchstücke passen nicht mehr in die Bindungsstelle am Rezeptor, er ist inaktiv. Die Spaltprodukte des Transmitters werden wieder in das Axonendknöpfchen aufgenommen und zusammen gesetzt, um bei einer erneuten Erregung wieder in den synaptischen Spalt entlassen werden zu können.

Dieser Mechanismus erlaubt Dauer und Stärke eines Reizes zu verschlüsseln. Wirkt auf eine Sinneszelle etwa ein sehr starker Reiz (grelles Licht, lauter Ton) ein, so wandelt bereits die Rezeptorzelle die Information in eine hohe Zahl an Impulsen um. Dies führt an der Synapse zur Abgabe von großen Mengen der Transmittermoleküle und entsprechend an der nächsten Nervenzelle wieder zu einer hohen Zahl an elektrischen Impulsen.

Aufgaben

① Informiere dich über die Beiträge folgender Forscher bei der Aufklärung des Nervensystems:
OTTO LOEWI
RAMÓN Y CAJAL
LUIGI GALVANI

② Ein Forscher isoliert Froschschenkel und befeuchtet sie mit Kochsalzlösung. Anschließend bringt er mit einem Pinsel Nikotin auf die Kontaktstelle Nerv-Muskel, worauf sich der Muskel zusammenzieht. Behandelt er vorher diese Kontaktstelle mit dem Nervengift Curare bleibt der Muskel bei Nikotineinwirkung schlaff. Reizt er ihn jedoch mit elektrischen Impulsen, kommt es auch dann zu einer Verkürzung.
Erkläre die Wirkung von Nikotin alleine.
Entwirf eine Hypothese zur Wirkung von Curare!
Welche Bedeutung hat die direkte elektrische Reizung?

③ In den Endknöpfchen der Nervenzellen finden sich überraschend viele Mitochondrien. Erkläre diesen Befund.

④ Vergleiche den Rezeptorbegriff auf dieser Seite mit der auf den Seiten 16 und 17.

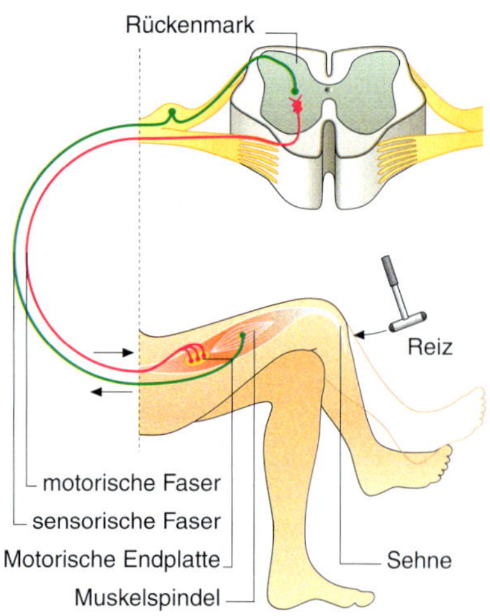

1 Erregungsverlauf beim Reflex

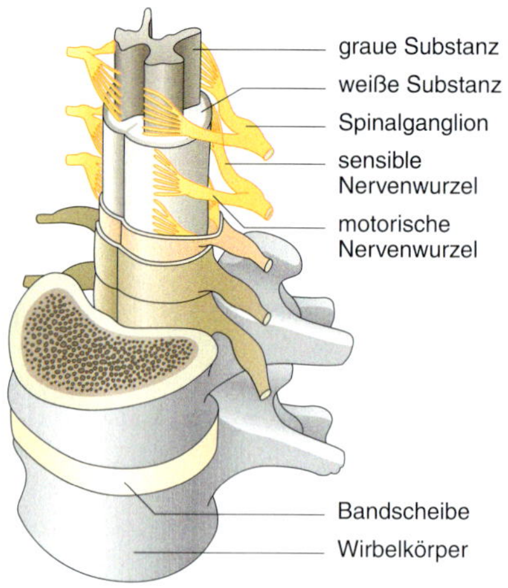

2 Lage und Bau des Rückenmarks

Reflexe und Rückenmark

Barfuss am Strand laufen – ein richtiger Genuss, und gesund dazu. Und plötzlich ein Schmerz in der Fußsohle, das Bein knickt ein, man gerät ins Stolpern. Die zu diesen simplen *Reiz-Reaktionsbeziehungen* gehörigen Nervenzellverschaltungen zählen zu den einfachsten denkbaren Möglichkeiten. Es sind nur wenige Zellen beteiligt, die Reaktionen laufen sehr rasch und immer nach einem sehr ähnlichen Muster ab und lassen sich nicht verhindern. Sie werden zu den *Fluchtreflexen* („Weg von der schmerzenden Einwirkung") bzw. den Stolperreflexen gezählt. Letztere setzen Ärzte auch bei Untersuchungen zur Funktionstüchtigkeit des *Nervensystems* ein. Am bekanntesten ist der so genannte *Kniesehnenreflex*.

Der Schlag auf die Kniesehne bewirkt ein plötzliches Dehnen des Unterschenkelstreckers im Oberschenkel. Dieser Reiz wird von Rezeptoren im Muskel aufgenommen. Sie senden Erregungen über sensorische Nervenzellen ins *Rückenmark*. Dort bilden sie Synapsen (▶ S. 144) mit motorischen Nervenzellen. In diesen laufen elektrische Impulse, die über eine spezielle Synapsenkonstruktion auf die Muskelzellen übertragen werden. Diese verkürzen sich daraufhin und wirken der Dehnung entgegen. Da *Reiz* und *Reaktion* im selben Organ auftreten spricht man von einem *Eigenreflex*. Weil die Informationen nur über kurze Strecken übertragen werden verlaufen sie sehr rasch. Zu vergleichbaren, allgemein als Muskeldehnungsreflexen bezeichneten Reaktionen, sind alle Skelettmuskeln fähig. Die Bedeutung ist, Muskeln oder auch Sehnen vor Überdehnung oder gar einem Reißen zu bewahren. Nebenbei helfen sie in unerwarteten Situationen, etwa wenn beim Laufen ein Fuß hängen bleibt.

Ähnlich schnell reagiert ein Mensch auch, wenn er mit der Hand unvermutet eine sehr heiße Herdplatte berührt. Der Arm wird zurückgezogen. Hier liegt der Rezeptor in der Haut der Hand, die „Effektoren" sind Muskeln im Oberarm- und Schulterbereich. Deshalb spricht man hier auch von einem *Fremdreflex*. Ähnlich einzustufen sind der Lidschluss bei Berühren der Hornhaut im Auge oder das Husten bzw. Niesen bei Fremdkörpern in Rachen oder Nase.

Die Information, dass man auf einen spitzen Gegenstand getreten ist und blitzartig das Bein hochgezogen hat, gelangt nach Ablauf der Reaktion auch zum Gehirn (▶ S. 144). Die nötige Längsverbindung im Körper bildet das *Rückenmark*. Es ist 40 – 50 cm lang, etwa fingerdick und liegt im *Wirbelkanal* der Wirbelsäule. Im Querschnitt zeigen sich zwei Bereiche. Innen befindet sich die *graue Substanz*. Sie enthält überwiegend Zellkörper und Dendriten. Außen liegt die *weiße Substanz*, die vorwiegend aus Nervenfasern besteht. Vom Rückenmark zweigen 31 Paar Rückenmarksnerven ab. Sie verlassen die Wirbelsäule jeweils zwischen zwei Wirbeln und erreichen mit ihren Verästelungen jeweils einen bestimmten Teil des Körpers. So zieht der Ischiasnerv in das Bein und überträgt die Bewegungsbefehle. Umgekehrt transpor-

motorische Endplatte
Große Synapsen an Muskelfasern

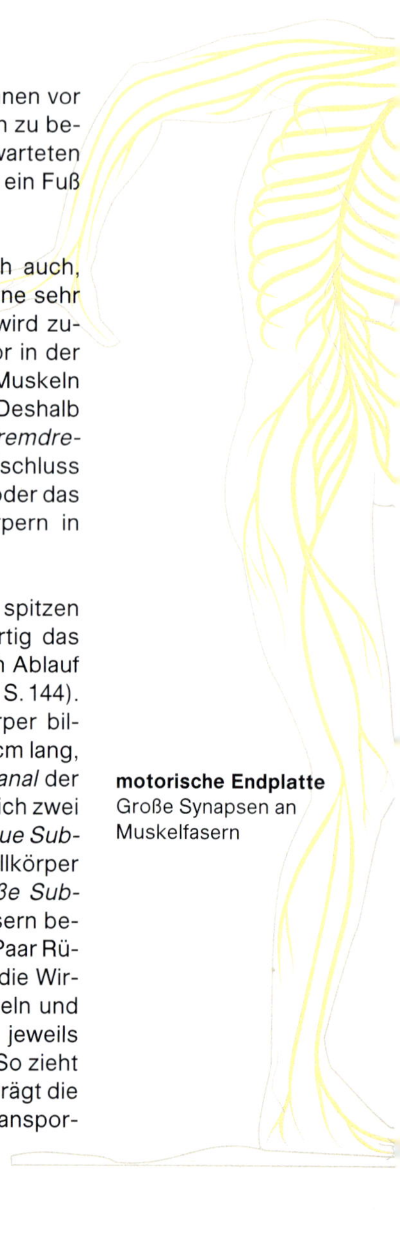

tiert er auch die in Rezeptoren erzeugten Erregungen zum Rückenmark. So einfach sich das Geschehen scheinbar erklären lässt, so wenig stellt die Interpretation bei genauerem Nachdenken zufrieden. Muss nicht beim Stolpervorgang auch bedacht werden, dass die heftige Reaktion des einen Muskels zwangsweise seinen Gegenspieler kräftig dehnt? Dieser müsste sich ebenfalls kräftig verkürzen und würde den ersten Muskel wieder dehnen. Diese Kette muss unterbrochen werden. Gleichzeitig ist es auch wichtig, das andere Bein auf die größere Belastung nach dem raschen Hochheben vorzubereiten.

Die Lösung dieser Probleme liegt darin, dass die Informationen des motorischen Nerves zusätzlich zum Gegenmuskel bzw. dem anderen Bein geschickt wird. Damit lässt sich etwa durch ein Zwischenneuron die Information „Dehnung“ aufheben. Wichtig ist dabei, dass es auch Synapsen gibt, die mit Transmittern arbeiten, die eine elektrische Impulsentstehung verhindern oder zumindest erschweren können.

Aufgaben

① In Kino oder Theater kann man Menschen beobachten die offensichtlich müde sind. Der Kopf sinkt ganz langsam nach vorne, fällt dann plötzlich rasch nach unten und schnellt sofort wieder in die aufrechte Position. Die Menschen schauen sich dann meist überrascht um und versuchen dem Geschehen wieder zu folgen. Oft ist dies vergebens, der Kopf sinkt wieder.
Erkläre diese Beobachtung auf zellulärer Ebene!

② Gerade für Babys sind in den ersten Monaten nach der Geburt Reflexe lebenswichtig. Recherchiere in der Schulbücherei oder einer Bibliothek! Wähle die richtige Fachliteratur.

③ Nach einem Unfall kann ein Mensch zwar noch problemlos seinen Fuß bewegen. Berührungen der Haut im Fußsohlenbereich erkennt er nur, wenn er die Ursache sehen kann. Erkläre!

④ Was bedeutet Querschnittslähmung?

⑤ Analysiere die Verschaltungsmuster von Nervenzellen (Abb. 1), indem du die Zahl der Impulse in den Axonen abschätzt. Eine erregende Synapse könnte etwa bedeuten, dass für zehn ankommende Impulse acht neue weitergeschickt werden. Eine hemmende Synapse vermindert die Impulsbildung um z. B. fünf Einheiten. Suche auch nach biologischen Bedeutungen der Verschaltungen!

⑥ Im Gehirn befindet sich die graue Substanz mit ihren Nervenzellen und mit ihren Dendriten zu einem großen Teil außen an der Oberfläche des Gehirns. Bei der Betrachtung dieser Großhirnrinde fällt auf, dass sie in viele Windungen und Falten gelegt ist, sodass die Gehirnoberfläche von vielen mehr oder weniger tiefen Furchen durchzogen wird.
Weiter innen befindet sich die weiße Substanz mit ihren Axonen. Sie vermittelt zwischen den einzelnen Bereichen (Feldern) der Großhirnrinde. Den Feldern der Großhirnrinde sind bestimmte Aufgaben zugeordnet.
Warum ist es von großem Vorteil, wenn die graue Substanz in der Großhirnrinde liegt?

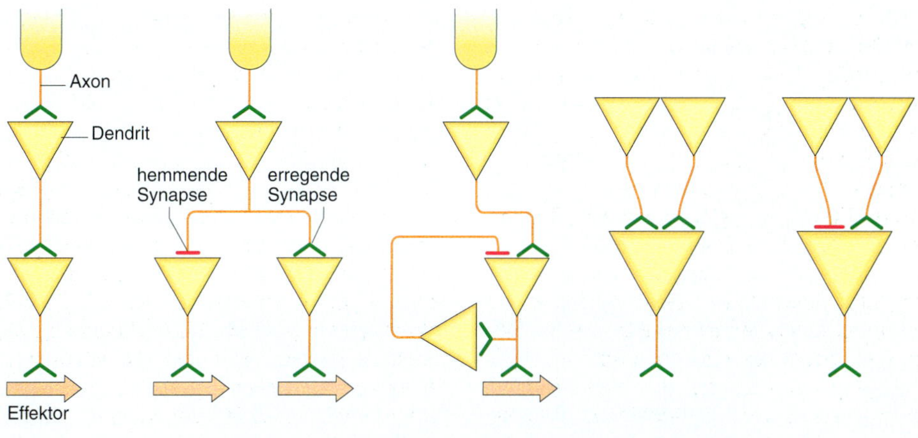

1 Nervenzellverschaltungen

Bau und Funktion des menschlichen Gehirns

1 Das Großhirn

Das *Großhirn* des Menschen nimmt ca. 80 % des Hirnvolumens (Gehirn, S. ▶ 144) ein. Es besteht aus der *Hirnrinde (Cortex)*, die beim Menschen eine enorme Oberflächenvergrößerung durch Furchung erfahren hat und aus Milliarden von *Nervenzellen* besteht. Darunter liegt die weiße Masse. Diese ist ein Geflecht der *Axone* und *Dendriten*, das die Kommunikation der einzelnen Bereiche der Hirnrinde untereinander ermöglicht. Die Hirnrinde besteht aus zwei Hälften, den *Hemisphären*. Diese sind beim Menschen von der Funktion her nicht gleichwertig. Bei den meisten Menschen ist die rechte Hirnhälfte mehr für den nichtsprachlichen, ganzheitlichen Informationsinhalt verantwortlich, die linke für den sprachgebundenen und für Detailanalysen.

z.B. motorische Steuerung der Körpermuskeln

Die *Hirnrinde* lässt sich funktionell in verschiedene Areale aufteilen. In ihnen werden von den *Sinnesorganen* einlaufende Informationen kombiniert und mit gespeicherten Informationen (Erfahrungen) verglichen. Im Stirnbereich liegen Bereiche für die Eigeninitiative, Handlungsplanung, Sozialverhalten und die Verarbeitung von Inhalten des Kurzzeitgedächtnisses. Hier liegen auch die Sprachregion und die Steuerung der Mundmuskulatur. Die Inhalte des zeitlichen Gedächtnisses und des Wissensgedächtnisses werden hier ebenfalls gespeichert. Im seitlichen Bereich werden Sprache und Töne wahrgenommen und verarbeitet. Dieser Bereich spielt eine entscheidende Rolle beim Speichern und Festigen von Informationen. Im hinteren Schädelbereich liegt die Verarbeitung der visuellen Reize.

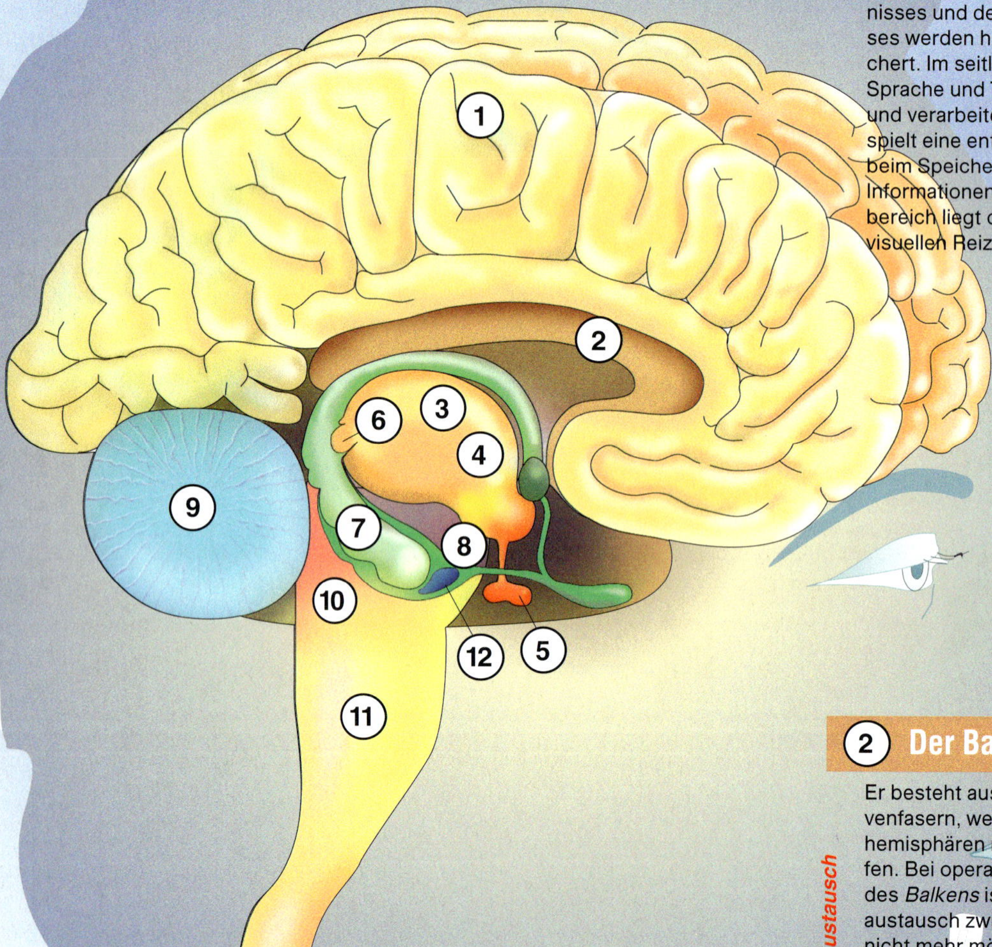

2 Der Balken

Er besteht ausschließlich aus Nervenfasern, welche die beiden Hirnhemisphären miteinander verknüpfen. Bei operativer Durchtrennung des *Balkens* ist ein Informationsaustausch zwischen den Hirnhälften nicht mehr möglich. Wird solchen Patienten ein Gegenstand so im linken Gesichtsfeld gezeigt, dass die Informationen von der Netzhaut nur in die rechte Hirnhemisphäre gelangen, kann der Patient den Gegenstand nicht benennen, da das Sprachzentrum in der linken Hirnhälfte liegt.

z.B. Informationsaustausch

3 – 6 Das Zwischenhirn

Es besteht aus dem *Thalamus* mit der *Epiphyse* (*Zirbeldrüse*) als Anhängsel und dem darunter liegenden *Hypothalamus* mit der *Hypophyse*.

Im oben gelegenen **Thalamus (3)** befindet sich eine wichtige Umschaltstelle für alle sensorischen Bahnen der Sinnesorgane (außer dem Geruchssinn) zum Großhirn. Hier erfolgt eine Verschaltung der Erregungen, bevor sie dem Großhirn zugeleitet und damit bewusst werden. Man nennt den Thalamus daher auch das Tor zur Hirnrinde.

z.B. Verschaltung der Erregungen

4 Hypothalamus

Der darunter gelegene **Hypothalamus (4)** ist die Steuerzentrale für das *autonome Nervensystem* und das Hormonsystem. Seine zentrale Aufgabe ist die Regelung der Biorhythmik des Körpers. So gibt der Hypothalamus Freisetzungshormone an die untergeordnete Hypophyse ab. Auch Verhaltensweisen werden hier geregelt.

z.B. Hormonsystem

5 Hypophyse

Die kirschkerngroße **Hypophyse (5)** setzt unter der Kontrolle des Hypothalamus *Hormone* frei, die man als *stimulierende Hormone* bezeichnet. Sie ist mitverantwortlich für Körperfunktionen wie Wärmehaushalt oder Sexualität. Die Hormone steuern auch Eireifung, Schwangerschaft, Wachstum, Wasserhaushalt und Grundumsatz. Im Falle der Eireifung nennt man das spezifische Hypophysenhormon beispielsweise *Follikel stimulierendes Hormon* (FSH).

z.B. Steuerungshormone

6 Epiphyse

Die **Epiphyse (6)**, auch *Zirbeldrüse* genannt, ist bei einigen Wirbeltierklassen ein lichtempfindliches Organ, dessen Hormone am Farbwechsel der Haut beteiligt sind. Bei Säugern gibt sie das Hormon *Melatonin* ab. Melatonin steuert Funktionen, die mit dem Licht und dem jahreszeitlichen Wechsel zusammenhängen, z.B. auch den Schlafrhythmus.

z.B. Tag-Nachtrhythmus

11 Das Nachhirn

Das *Nachhirn (Verlängertes Mark)* ist ein sehr ursprünglicher Gehirnteil. Es ist die Zentrale für lebenswichtige *Reflexe*, wie Speichelfluss, Schlucken, Erbrechen, Husten und Niesen sowie Automatiezentrum für Atmung, Herzschlag und Blutdruck. Werden diese lebenswichtigen Funktionen zum Beispiel bei einem Genickbruch gestört, tritt unmittelbar der Tod ein. Das Nachhirn wird zusammen mit der Brücke und dem Mittelhirn auch als *Stammhirn* bezeichnet.

z.B. Herzschlag und Blutdruck

9 Das Kleinhirn

Es steuert Motorik- und Gleichgewichtsfunktionen. Über das Kleinhirn laufen die Erregungen von und zu den motorischen Zentren der Großhirnrinde, die für Körperhaltung oder Gleichgewicht notwendig sind. Das Kleinhirn gibt seine Erregungen entweder direkt an die motorischen Zentren der Großhirnrinde oder über Bahnen der weißen Substanz des Rückenmarks weiter. Hier sind auch erlernte Handlungsabläufe und Koordinationen, wie Autofahren und Fahrradfahren gespeichert. Ein Funktionsausfall des Kleinhirns führt nicht zum Ausfall konkreter Bewegungsabläufe, sondern zum Verlust der Bewegungskoordination.

z.B. Informationen zum Raumgefühl

7 Der Hippocampus

Er liegt als Teil der Hirnrinde am inneren Rand des Schläfenlappens und hat eine große Funktionsvielfalt, wie Aufmerksamkeit, Neuigkeit der Information, Kurzzeitgedächtnis, Sozialverhalten, Furchtverarbeitung oder Verarbeitung räumlicher Zusammenhänge. Er spielt jedoch auch eine Rolle in der Wahrnehmung unseres Gefühls für Körperlichkeit. Sein Name ist auf die seepferdchenartige Gestalt zurückzuführen.

z.B. Lernprozesse

12 Das Limbische System

Es ist eine Sammelbezeichnung für Teile des Großhirns sowie für Teile des Zwischenhirns. Zum Limbischen System gehören z.B. der *Hippocampus* (**7**) und der *Mandelkern* Es spielt die entscheidende Rolle bei der Übertragung von Informationen ins Langzeitgedächtnis. Es liefert die emotionale Bewertung der aufgenommenen Informationen und bewertet diese für die Übertragung ins Langzeitgedächtnis. Durch seine emotionale Bewertung spielt es eine entscheidende Rolle bei Lernvorgängen und beim Abrufen dieser Informationen aus der Hirnrinde.

z.B. Gedächtnis und Sprache

8 Das Mittelhirn

Es leitet Impulse aus Auge, Ohr und Oberflächenrezeptoren an andere Hirnzentren weiter. Es ist zuständig für eine schnelle Orientierung im optischen Bereich. Hier geht es um das Bewegungssehen, das „Wo"-Sehen. Was man sieht, wird erst in der Großhirnrinde verarbeitet. Auch die Wahrnehmung über das Ohr und Schmerzwahrnehmung werden hier verschaltet.

z.B. Impulse aus dem Auge

10 Die Brücke

Die *Brücke (Pons)* verbindet die Kleinhirnhemisphären und leitet Erregungen von den Großhirnhälften zum Kleinhirn. Sie ist mitverantwortlich für Schlaf und Aufwachen sowie Motorikfunktionen. Während des Träumens ist sie aktiv.

z.B. Erregungsleitung

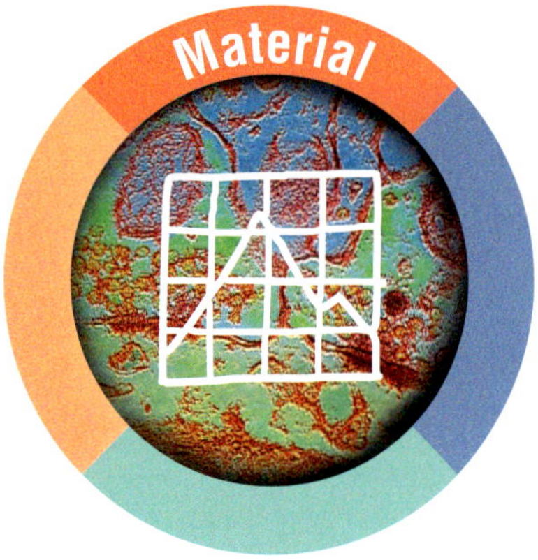

Entwicklungsstufen der Nervensysteme

Die Verarbeitung von Information ist eine Grundaufgabe aller Organismen und in ihrer Wichtigkeit vergleichbar dem Stoffwechsel und der Energieversorgung. Lebewesen benötigen günstige Umweltbedingungen und sollten ungünstige Bereiche meiden. Entsprechend finden sich Reiz-Reaktionszusammenhänge von den Bakterien über die Einzeller, Pilze und Pflanzen bis hin zu den Tieren.

Bakterien und Einzeller

Als einzellige Organismen haben sie selbstverständlich noch kein Nervensystem (▶ S. 144), können aber passend auf Umweltbedingungen reagieren. Sie besitzen etwa Rezeptormechanismen für chemische Substanzen, die als Nahrung dienen können. Die Organismen halten sich dann bevorzugt im Bereich dieser Stoffe auf und ernähren sich von ihnen.

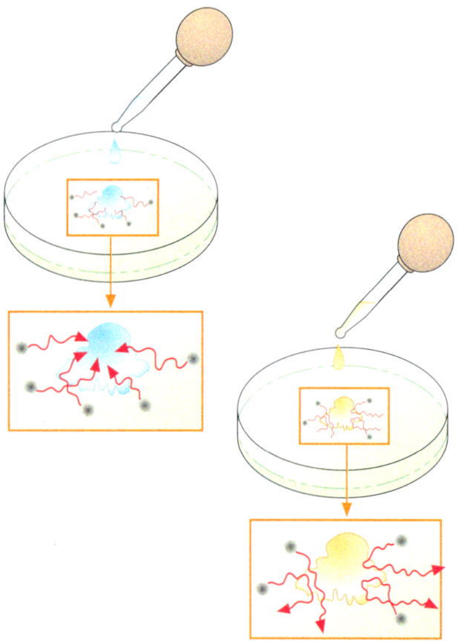

Einzeller reagieren auf Substanzen

Aufgabe

① Beschreibe die gezeigten Verhaltensweisen auf Teilchenebene. Vergleiche mit den Vorgängen an Synapsen!

Hohltiere

Einfache Nervensysteme besitzen die Hohltiere. Bei den fest sitzenden Polypen durchziehen Nervenzellen netzartig den gesamten Körper. Damit kann beispielsweise von einem Fangarm die Information weitergeleitet werden, dass die Nesselzellen ein Beutetier getötet haben. Andere Fangarme kommen daraufhin hinzu und gemeinsam wird die Beute in die Mundöffnung gestopft. Bei plötzlicher Erschütterung oder heftiger Berührung der Fangarme kann sich andrerseits das gesamte Tier zusammenziehen.

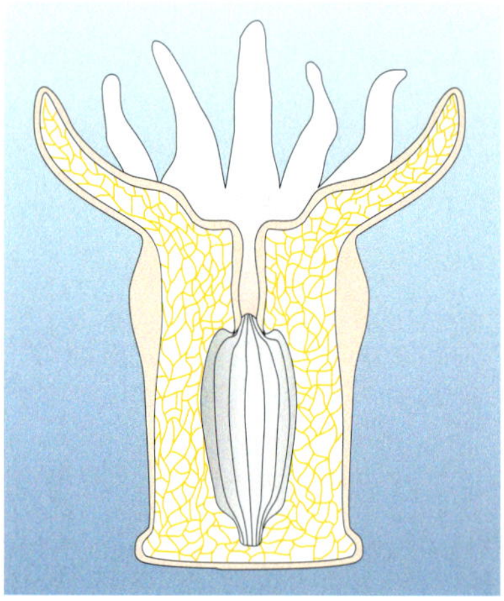

Nervennetz eines Polypen

Nervennetz einer Qualle

Aufgaben

② Vergleiche den Bau der Nervennetze von Polyp und Qualle.

Ringelwurm

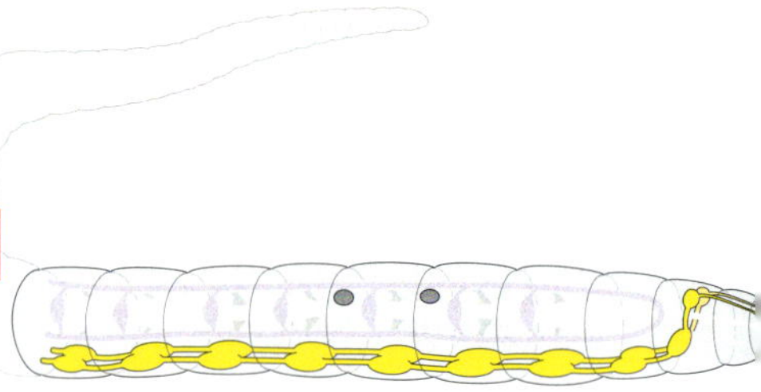

Nervensystem eines Regenwurms

Würmer kriechen üblicherweise auf einer Unterlage und suchen nach Nahrung. Damit wird ein Körperteil eindeutig zum Vorderende. Es ist von Vorteil, an diesem Ende die Nahrung aufzunehmen. Damit ist es weiter günstig, wenn die Rezeptoren zum Prüfen der Nahrung (Geschmack, Berührung) in der Nähe zum Mund liegen. Daraus ergeben sich Zellansammlungen am Körpervorderende, eine Zentrale des Nervensystems (▶ S. 144) ist entstanden – das Gehirn (▶ S. 144). Gleichzeitig wird es wichtig, für die Weitergabe der Informationen entlang der Körperlängsachse zu sorgen. Bei den meisten Tieren entwickelt sich ein *Bauchmark*.

Aufgabe

③ Entgegen der weit verbreiteten Meinung können durch Teilen eines Regenwurms in der Mitte keine zwei lebensfähigen Tiere entstehen. Bei Polypen dagegen können Teile sogar nach mehrfacher Zerstückelung regenerieren. Erkläre den Unterschied.

Gliederfüßer

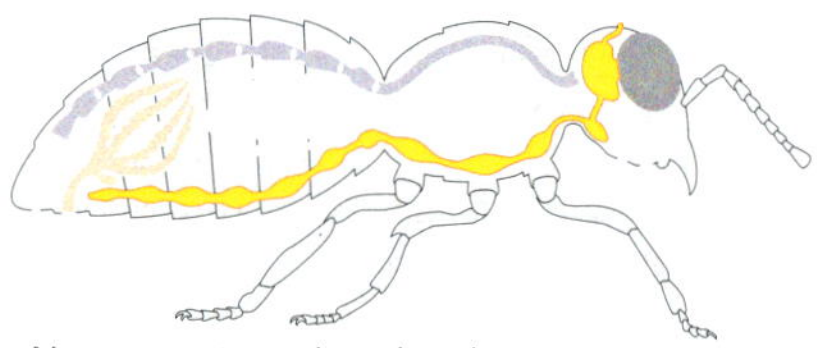

Nervensystem eines Insekts

Aufgabe

④ Vergleiche das Nervensystem von Regenwurm und Insekt! Wie lassen sich die Gemeinsamkeiten bzw. die Unterschiede erklären?

Wirbeltiere

Alle Wirbeltiere (▶ S. 142) stammen von fischartigen Tieren ab, die sich aktiv im Wasser bewegten und ein eindeutiges Körpervorderende besaßen. Die Organe der Nahrungsaufnahme und die Konzentration der Sinnesorgane in diesem Bereich führten im Zuge der Evolution zu einer Anhäufung von Nervenzellen und der Ausbildung eines Gehirns. Das Rückenmark stellt als Längsstruktur die Verbindung zum übrigen Körper her und bildet zusammen mit dem Gehirn das *Zentralnervensystem (ZNS)*.

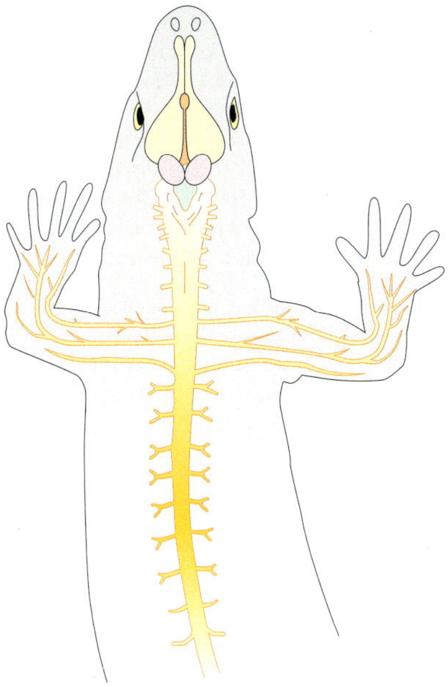

Nervensystem eines Reptils

Alle übrigen Nervenzellen umfassen das *periphere Nervensystem*. Dieses ist zum Beispiel im Bereich der Verdauungsorgane netzartig aufgebaut. Dabei umspinnt das Geflecht alle Organe einzeln, so können sie optimal angesteuert werden. Meist ist aber auch eine klare Zuordnung der sensorischen und motorischen Nerven zu den versorgten Organen erkennbar. Dabei ist ein Teil des Nervensystems nur zuständig für die inneren Organe *(vegetatives Nervensystem)*. Seine Tätigkeit ist willentlich kaum beeinflussbar und reguliert ständig die Tätigkeit von Herz, Lunge und Darm in Abhängigkeit von der körperlichen Belastung. Dabei wirken zwei Anteile als Gegenspieler. Der *Sympathikus* aktiviert alle Organe, deren Tätigkeit die körperliche Leistungsfähigkeit steigert. Er ist auf augenblickliche Höchstleistung eingestellt. Der *Parasympathikus* wirkt aktivierend auf die Organe, die der Erholung, der Energieeinsparung und dem Körperaufbau dienen.

Arbeitsteilung im Gehirn des Menschen

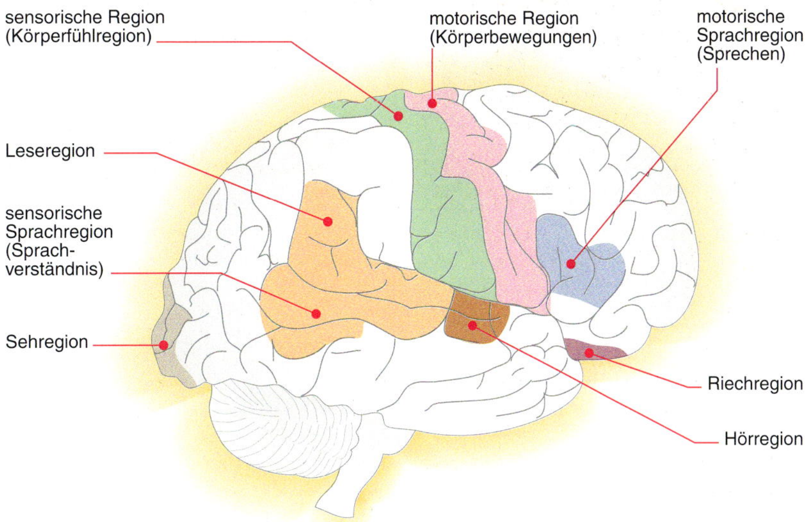

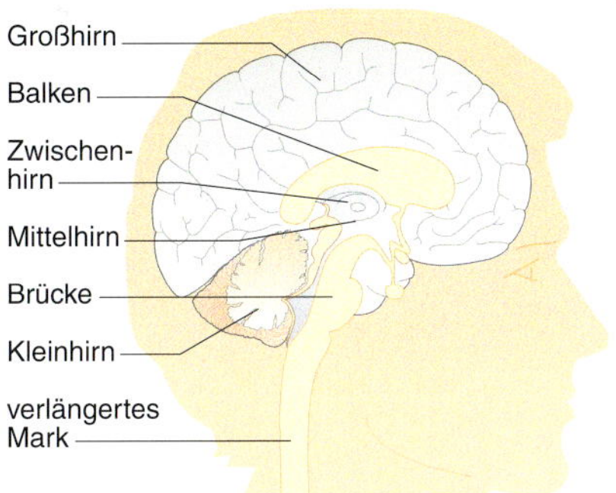

Das Gehirn als Steuerzentrale des Nervensystems muss unterschiedliche Aufgaben erledigen:

- Einlaufende Informationen von Rezeptoren aus allen Körperbereichen sind auszuwerten.
- Skelettmuskulatur für willkürliche Bewegungen aber auch Herzschlag und Atemtätigkeit müssen angeregt werden.
- Erinnern, abstraktes Denken und ethisches Bewerten kennzeichnen v. a. menschliches Verhalten.

Ausgehend vom Rückenmark und im Bau diesem durchaus ähnlich übernimmt der Hirnstamm aus *Nachhirn* und *Mittelhirn* die Steuerung der lebensnotwendigen Vorgänge wie Atmung und Herzschlag. Für Reflexe wie Husten oder Schlucken liegen hier die Zentren.

Das *Zwischenhirn* kontrolliert den Informationsaustausch zwischen Sinnesorganen und Großhirn und führt eine erste Bewertung durch. Daneben ist es an der Entstehung von Gefühlen beteiligt. Zusätzlich stellt es die Verbindung zum Hormonsystem her.

Der beim Menschen zweitgrößte Gehirnteil, das *Kleinhirn*, ist für das Gleichgewicht und die Koordination von Bewegungen zuständig.

Den größten Abschnitt bildet das *Großhirn*, dessen Oberfläche vielfach gefaltet ist. Dadurch ergeben sich charakteristische *Rindenfelder*, die mit bestimmten Aufgaben in Beziehung gebracht werden können. Beim Menschen besonders auffällig ist der große Bereich an Assoziationsfeldern im Stirnbereich. Dies scheint mit dem ausgeprägten Denkvermögen des Menschen zusammenzuhängen.

Aufgaben

⑤ Bei kleineren Verletzungen des Großhirns kommt es oft zu klar abgrenzbaren Teilausfällen. Erkläre dies und zeige seine Bedeutung für die Erforschung des Gehirns.

⑥ Vergleiche in einer Präsentation vor deiner Klasse die zentralen Nervensysteme aller Wirbeltierklassen miteinander. Betrachte dabei besonders die Entwicklung des Großhirns. Finde eine Erklärung für seine Entwicklung.

⑦ Vögel haben ein relativ zum gesamten Hirn großes Kleinhirn. Bringe dies mit der Lebensweise in Beziehung.

⑧ Bei Geigenspielern ist der Bereich der motorischen Rinde, der für die Finger zuständig ist, größer als bei Sängern. Stelle eine Vermutung auf, wie dieser Unterschied zu erklären ist. Mache zusätzlich einen Vorschlag für ein Experiment, das diese Vermutung bestätigen könnte.

Lernen: speichern – abrufen

Beim Lernen denkt man meist an Unterricht und Schule. Lernvorgänge laufen jedoch ununterbrochen in unserem Gehirn ab. Wir merken uns Wege, den Geschmack von Nahrungsmitteln oder das Gesicht von Menschen.

Reize aus der Umwelt werden in den Sinnesorganen ständig in Erregungen umgewandelt und über *Nervenzellen* zum *Gehirn* (▶ S. 144) geleitet. Die eintreffende Informationsmenge ist von der Art des Reizes abhängig: Olfaktorische Reize (Geruch) können etwa 20 Bit pro Sekunde enthalten, visuelle hingegen ca. 10 Millionen Bit. Diese Informationsflut könnte das Gehirn auf Dauer blockieren. Die Datenfülle, die schließlich das *Langzeitgedächtnis* erreicht und hier gespeichert wird, verringert sich in den vorgeschalteten Gedächtnissystemen.

Sensorisches Gedächtnis

Das *sensorische Gedächtnis* speichert die aufgenommenen Informationen nur innerhalb der Sinnesorgane. Aufgenommene Reize werden in Erregungen umgewandelt und eine halbe bis mehrere Sekunden zur weiteren Verarbeitung bereitgestellt.

Arbeitsgedächtnis

Im *Arbeitsgedächtnis*, das aus zeitlicher Sicht als *Kurzzeitgedächtnis* bezeichnet wird, bleiben die Informationen ca. 10 Sekunden bis Minuten. Die Aufnahmefähigkeit des Kurzzeitgedächtnisses bleibt jedoch nur auf wenige Informationseinheiten beschränkt. Hier können sie mit bereits gespeicherten Informationen verknüpft werden. Je nach Interessenlage und Stimmung werden die Informationen bewertet und erhalten mit bereits gespeicherten Informationen eine Bedeutung. Diese neuen Informationen werden besonders dann weitergeleitet, wenn bereits gespeicherte Informationen dazu vorhanden sind. Werden diese Informationen im Arbeitsgedächtnis nicht mit Inhalten aus dem Langzeitgedächtnis verknüpft (assoziiert), sind sie für immer verloren. Das Arbeitsgedächtnis befindet sich in der Hirnrinde des Großhirns. Bei Übereinstimmungen mit bereits vorhandenen Informationen werden sie in der Hirnrinde abgespeichert. Hierbei ist die linke Hirnhälfte für Informationen zu neutralem Wissen zuständig, die rechte Hirnhälfte für Erlebnisse und emotionsbetonte Informationen. Damit eine Information aus dem Arbeitsgedächtnis ins Langzeitgedächtnis vordringen kann, muss sie gefestigt werden, d. h. mit Assoziationen verknüpft oder solange wiederholt werden, bis eine kritische Schwelle zum Langzeitgedächtnis überschritten ist.

Langzeitgedächtnis

Die neue Information wird im *Langzeitgedächtnis* dauerhaft verankert. Erinnern wir uns nicht mehr an hier gespeicherte Informationen, kann dies daran liegen, dass sie von anderen Informationen überlagert werden oder der Vorgang des Abrufens gehemmt wird. Eine wichtige Rolle beim Einspeichern ins Gedächtnis spielt das *Limbische System* mit dem *Mandelkern (Amygdala)*. Dort werden die Erregungen auf biologische und soziale Bedeutsamtkeit geprüft und mit bereits vorhandenen Informationen verglichen. Gleichzeitig werden sie mit Emotionen verbunden. Der Lernprozess und auch das Abrufen der gespeicherten Informationen ist an Emotionen gebunden. Personen mit einer nicht funktionierenden Amygdala können weder Emotionen erkennen (am Gesichtsausdruck Freude oder Trauer) noch Fakten richtig einordnen. Emotionen spielen eine wichtige Rolle bei der Einschätzung der aufgenommenen *Reize*.

Gedächtnissysteme

Das *Langzeitgedächtnis* wird ausgehend von den Erkenntnissen der Hirnforschung unterteilt in einen unbewussten Informationsspeicher mit dem *prozeduralen Gedächtnis* und *Priming*, sowie einen bewussten Informationsspeicher mit dem Wissensgedächtnis, *episodischen Gedächtnis* und *perzeptuellen Gedächtnis* (Abb. 27.1). Wissen wird im Gehirn nicht als Ganzes, also nicht in fest umrissenen Schubladen abgelegt. Wissen wird verstreut im Gehirn gespeichert. Bevorzugt werden individuell besonders beeindruckende Eckwerte des Wissens gespeichert und zwar je nach Qualität an verschiedenen Orten des Gehirns. Farbeindrücke an anderen Stellen als Eindrücke über Form und Materialbeschaffenheit oder als Gerüche oder Töne. Beim Erinnern setzt das Gehirn das Gelernte aus den abgelegten Eckwerten wieder neu zusammen. Alles was wir wiedergeben, wird auf der Grundlage persönlicher Lernerfahrungen neu zusammengesetzt, also interpretiert. Somit sind Erinnerungen nicht identisch mit ursprünglichen Lerngegenständen.

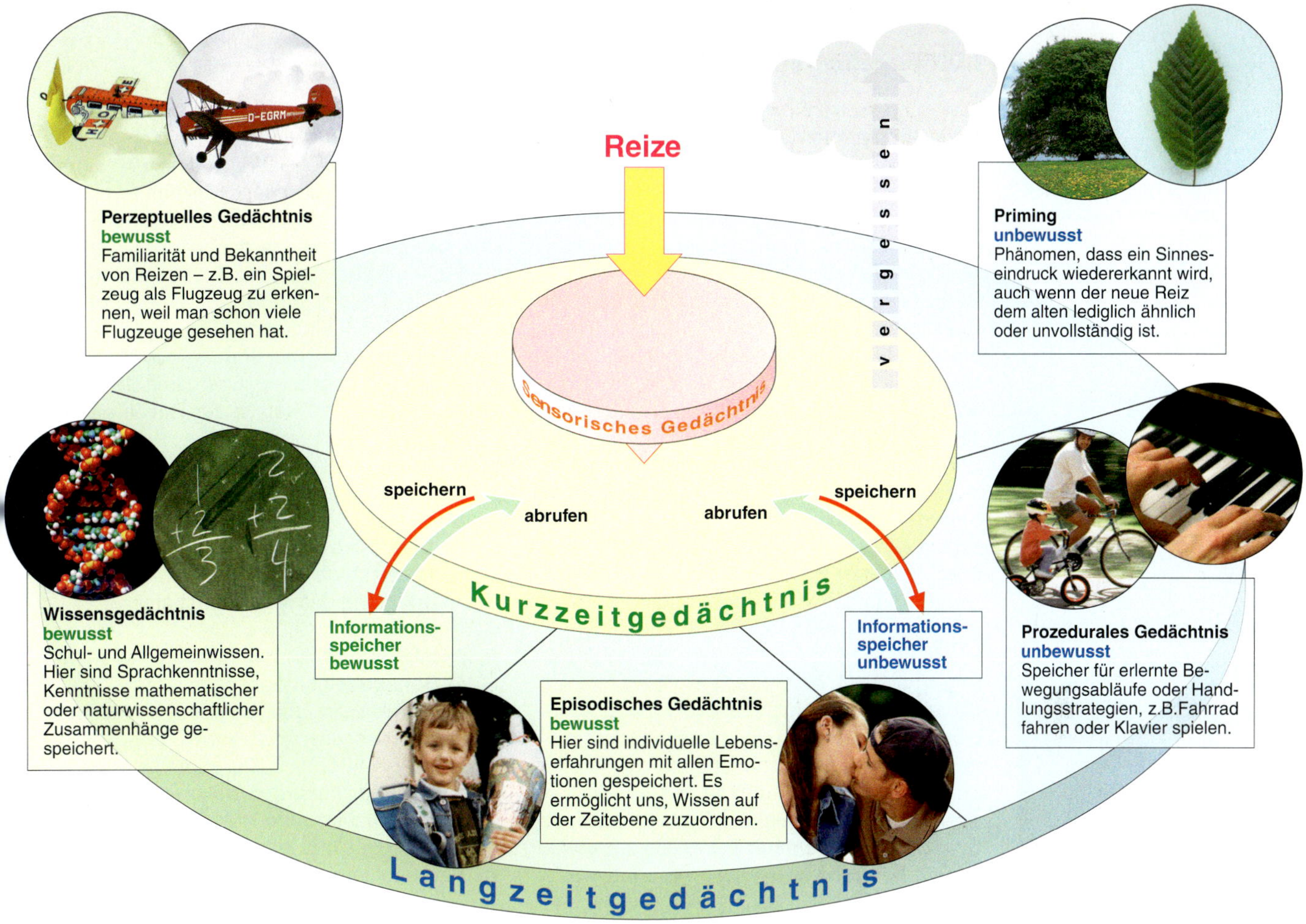

Zettelkasten

Lernen – Trampelpfade im Gehirn

Eine Jugendgruppe bezieht auf einer großen Wiese ein Lager. Neben den vielen Gruppenzelten werden auch Küchen- und Esszelt aufgeschlagen und am Rande stehen ein Waschhäuschen und Sanitäranlagen bereit. Nach getaner Arbeit informieren sich die Jugendlichen über ihre Nachbarn, die Zelte von Freunden und die Gemeinschaftsanlagen. Es entwickelt sich ein weit verzweigtes Netz an Wegen, die nur spärlich begangen werden. Dies ändert sich im Laufe weniger Tage: Bestimmte Orte wie Esszelt oder Sanitäranlagen werden häufig angestrebt, bestimmte Wege ausgetreten und andere kaum benutzt. Es entsteht ein Netz, in dem bestimmte Punkte deutlich verknüpft werden. Einige Wege sind nur schwach ausgeprägt und manche Verbindungen zwischen Zelten weisen einige Umwege auf.

Dieses Geschehen ist ein Bild für den Vorgang des Lernens. Die Zelte entsprechen dabei den Zellkörpern der Nervenzellen, die Wege den Axonen und Dendriten mit den Synapsenausbildungen. Sind mehrere Zellen, die miteinander verbunden sind, gleichzeitig aktiv, werden die Kontakte verstärkt. Es entsteht im Laufe der Zeit ein Netz unterschiedlich fest verknüpfter Zellen. Es stellt in seiner Gesamtheit das Ergebnis eines Lernvorgangs dar und erreicht nie einen endgültigen Zustand. Werden z.B. Zellen und damit Synapsenkontakte seltener aktiviert, schwächen sich die Verbindungen ab, der Prozess des Vergessens setzt ein.

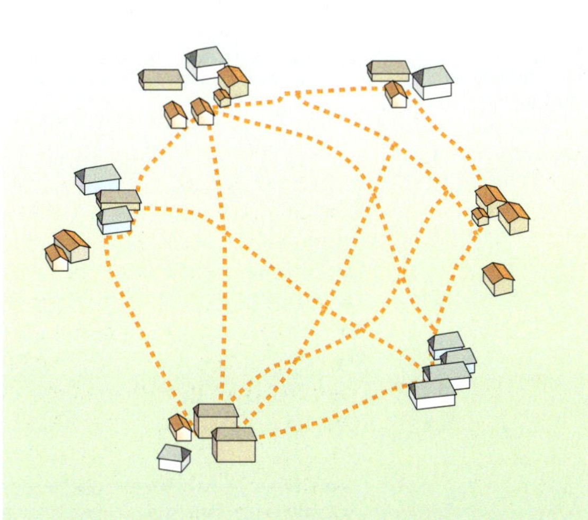

Erkrankungen des Nervensystems

WHO:
World Health Organisation, Weltgesundheitsorganisation

Kopfschmerzen, ein Kribbeln im kleinen Finger nach einem heftigen Stoß auf den „Musikknochen“ oder ein „eingeschlafener Arm“ sind nahezu alltägliche Störungen, die mit dem Nervensystem in Verbindung stehen. Es gibt aber auch schwerwiegende Erkrankungen. Bei *Multipler Sklerose* etwa verliert der Betroffene die Kontrollfähigkeit über seine Bewegungen, hat zunehmend Schwierigkeiten mit alltäglichen Abläufen. Schließlich ist er auf den Rollstuhl angewiesen, bleibt aber geistig fit. Viele Erkrankungen des Nervensystems führen aber zu Problemen, die das Erinnerungsvermögen oder die Fähigkeit zur genauen Auswertung von Informationen betreffen. Zu diesen *Demenzerkrankungen* zählen Chorea Huntington, Alzheimersche Krankheit oder Parkinson.

Polio

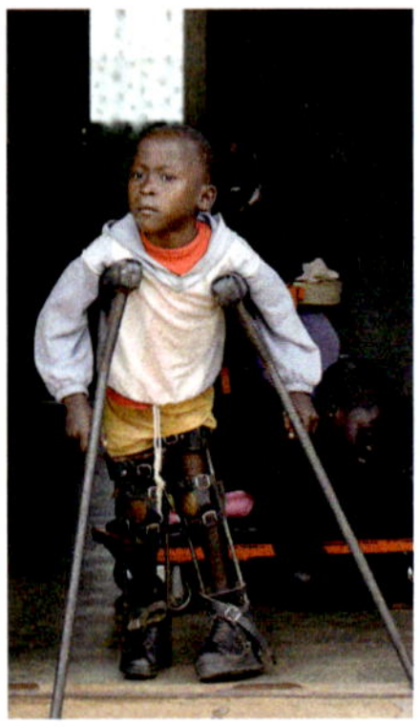

Poliomyelitis/Kinderlähmung
typische Krankheitszeichen:
- grippeähnliches Anfangsstadium
- Hirnhautentzündung
- Lähmungen durch unkontrollierbare starke Muskelkontraktionen
- Gelenkschäden
- Verformungen der Wirbelsäule und Füße

Peter hatte mit seinen Eltern einen interessanten und beeindruckenden Urlaub in Indien verbracht. Zum Schulbeginn nach den Ferien waren sie wieder zurück. Nach einigen Tagen klagte er über Kopf- und Gliederschmerzen, hatte leichtes Fieber und einen Schnupfen. Der Urlaub war vielleicht etwas zu anstrengend gewesen – er hatte sich wohl eine „Grippe“ geholt. Bald fühlte er sich besser und ging wieder in die Schule. Allerdings kehrten die Schmerzen kurz darauf wieder zurück, verstärkt um Nackensteifheit bei gleichzeitiger allgemeiner Schlaffheit. Hinzu kamen Übelkeit, Erbrechen und Durchfall. Der zugezogene Hausarzt äußerte einen Verdacht: Kinderlähmung.

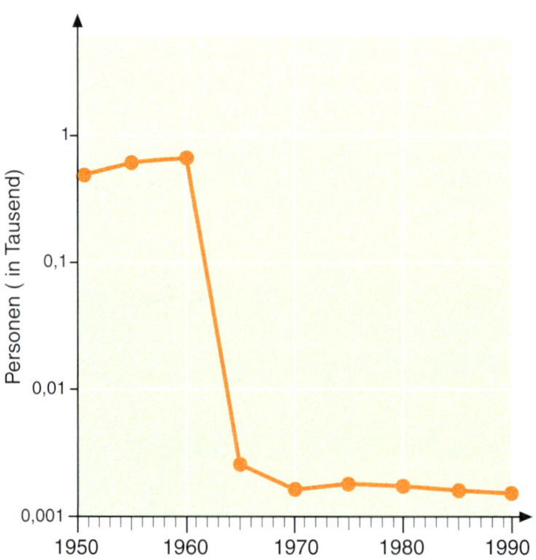

1 Krankheitszahlen Poliomyelitis in Deutschland

Diese Krankheit ist in der heutigen Zeit bereits sehr selten, da eine sehr wirksame Impfung existiert. Die *WHO* führt eine weltweite Aktion zur Ausrottung der Krankheitserreger durch. Dieser wird grundsätzlich eine gute Chance eingeräumt, da der Erreger nur im Menschen seinen Lebenszyklus durchlaufen kann. Die *Polio-Impfung* gibt einen hohen Schutz für den Einzelnen. Durch geimpfte Personen wird die Übertragung von Mensch zu Mensch unterbrochen und damit die Weitergabe von Polio-Viren in der Bevölkerung deutlich erschwert.

Aufgaben

① Recherchiere im Internet und kläre folgende Aspekte:
- Erklärung des Krankheitsnamens
- Erreger
- Infektionsweg
- Behandlungsmöglichkeit.

② Beschreibe die Erfolge der Impfkampagne in den 60er- und 70er Jahren:

③ Zum 28. Oktober 2005, dem Welt-Poliomyelitistag, meldete das Robert-Koch-Institut: Die weltweite Ausrottung, bereits für 2000 geplant, ist in die Ferne gerückt. Recherchiere mögliche Gründe und bewerte sie.

④ Begründe, wieso eine möglichst hohe Impfrate für eine erfolgreiche Ausrottung notwendig ist.

Alzheimer

Im Jahre 1901 wurde eine 51 Jahre alte Frau namens Auguste D. in eine Nervenklinik gebracht. Sie blieb dort bis zu ihrem Tod im Jahre 1906. Der Arzt Dr. Alois Alzheimer untersuchte sehr genau den Krankheitsverlauf. Die Entwicklung ihrer geistigen Fähigkeiten zeigt folgender kurzer Auszug aus einem Gespräch von Alois Alzheimer und Auguste D.:

AA: *Wie heißen Sie?*
AD: *Frau Auguste!*
AA: *Wann sind Sie geboren?*
AD: *Achtzehnhundert und ...*
AA: *In welchem Jahr sind Sie geboren?*
AD: *Dieses Jahr, nein, vergangenes Jahr.*
AA: *Wann sind Sie geboren?*
AD: *Achtzehnhundert-ich weiß nicht ...*
AA: *Was habe ich Sie gefragt?*
AD: *Ach, Auguste ...*

Zunehmend traten bei der Frau Probleme beim Sprechen auf. Sie verlor die Kontrolle über Arme und Beine, konnte in der Folge

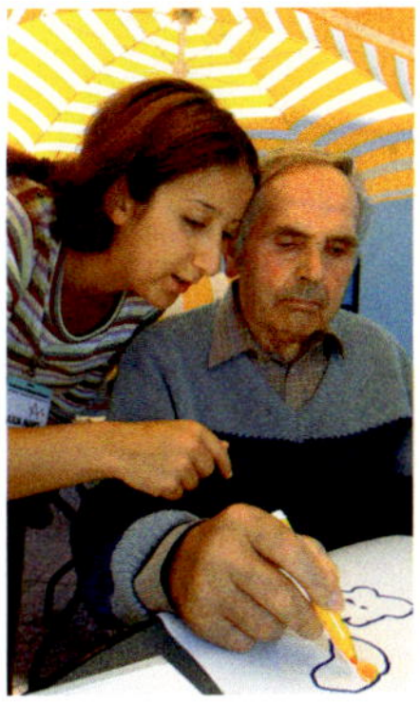

Alzheimer
typische Krankheitsanzeichen:
- Gedächtnisstörungen
- Vermindertes Sprachvermögen
- Desorientierung
- Motorische Störungen
- Interessenverlust

Demenz
lat. = *dementia*: Unverstand, Wahnsinn

Depression
typischer Krankheitsverlauf:
- Niedergeschlagenheit
- Antriebsverlust
- Konzentrationsstörungen
- Schlaflosigkeit
- geändertes Aktivitätsmuster
- negatives Selbstwertgefühl
- Selbstmordgedanken

weder laufen noch gezielte Handbewegungen ausführen. Nach ihrem Tod wurde eine Schrumpfung ihres Gehirngewebes festgestellt.

Die Kombination aus dem Verlust intellektueller Fähigkeiten und später folgenden Störungen im motorischen Bereich werden seither als „Alzheimersche Krankheit“ bezeichnet. Als Ursache haben Ärzte inzwischen Änderungen im Proteinstoffwechsel erkannt, die letztlich die Stabilität von Nervenzellen schädigen. Dies lässt zunehmend die Erregungsleitung zusammenbrechen. Die Alzheimer-Krankheit stellt etwa 70 % der Demenzerkrankungen dar.

Anhand dieser Versuche von Alzheimer-Patienten, Uhren zu zeichnen, wird deutlich, dass die Alltagsfähigkeit des Uhrenlesens oft gestört ist.

Aufgaben

① Beschreibe die Abhängigkeit einer Demenzerkrankung vom Lebensalter.

② Bestimme die Zunahme der Zahl an Demenzkranken von 2010 bis 2050. In welchem Feld bist du einzuordnen?

③ Man versucht die Krankheit dadurch zu mildern, dass man den Patienten ein Medikament gibt, das den Abbau eines Transmitters verhindert. Entwickle ein Modell, das die Wirksamkeit erklärt.

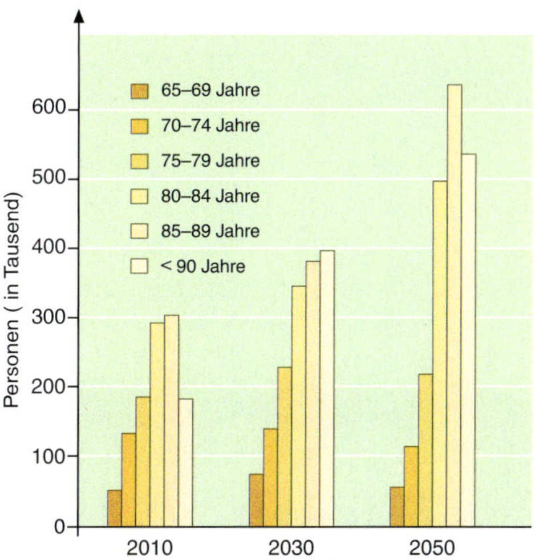

1 Entwicklung der Zahl von Demenzkranken

Depressionen

Der Begriff der Depression ist vielen Menschen vertraut. Wer fühlt sich nicht manchmal traurig oder unzufrieden und hat keine Lust auf eine Party oder zum Sport zu gehen? Oder gar endlich den Aufsatz zu schreiben, das Referat vorzubereiten. Man ist blockiert bei dem Versuch, Sätze zu Papier zu bringen und wünscht alles zur Hölle. Der Griff zur Schokolade soll beruhigen, eine Viertelstunde Musik ablenken. Aber schließlich kehren schlechtes Gewissen oder gar Angst wieder und man kehrt zur Arbeit zurück. Dabei handelt es sich im wissenschaftlichen Sinne aber noch lange nicht um eine Depression. Die unschönen Gefühle sind meist vorübergehend und nach einem ausgiebigen Schlaf oder einem überraschend freudigen Ereignis ist die Verstimmung wie weggeblasen.

Die ernsthafte Depression ist ein lang anhaltender Zustand von tiefer Traurigkeit und Niedergeschlagenheit. Die betroffenen Patienten fühlen sich wertlos und beginnen sich sozial zurückzuziehen. Jegliche Freuden und Interessen gehen verloren. Auffällig ist auch, dass die Stimmungstiefs eher morgens auftreten, manche Menschen sind besonders im Winter betroffen.

Die Ursachen für die Krankheit sind bis heute nicht eindeutig geklärt. Einen wesentlichen Anteil haben Anforderungen, die von der Umwelt an den Einzelnen herangetragen werden. Jeder Mensch setzt sich mit solchen Belastungen anders auseinander. Dies hängt von genetischen Bedingungen und früher gemachten Erfahrungen ab. Sicher ist auch, dass es zu Störungen im Transmitterbereich kommt, wobei v. a. Serotoninmangel festgestellt werden kann. Serotonin ist z. B. wichtig für die Auslösung des Schlafs, soll aber auch rasche Reaktionen in Gefahrensitutationen ermöglichen. Als „Glückshormon“ bewirkt es ein Gefühl allgemeiner Zufriedenheit. Daneben existieren viele weitere Faktoren, die Angst und Depression fördern oder hemmen und eine einfache Erklärung verhindern.

Aufgaben

④ Ein Blutdruckmedikament vermindert als Nebenwirkung die Menge an Serotonin im Körper, und führt so zu einer Zunahme von Selbstmordfällen bei Behandelten. Inwiefern kann diese Beobachtung als Ansatzpunkt für die Entwicklung von Medikamenten gegen Depression genutzt werden?

Bau des Auges

Die Augen (▶ S. 144) sind beim Menschen die wichtigsten Sinnesorgane. Mehr als 60 Prozent der Informationen nehmen wir über den Lichtsinn auf.

Augen sind empfindliche *Sinnesorgane*. Umgeben von *Nasenbein*, *Jochbein* und *Stirnbein* liegen sie geschützt, eingebettet in ein Fettpolster, in den knöchernen *Augenhöhlen* des *Schädels*. Fliegt Staub oder Sand an die *Wimpern*, so wird das *Augenlid* automatisch schnell geschlossen.

Die Augenwand besteht aus mehreren übereinander liegenden Häuten. Die äußerste Haut ist die schützende, zähe *Lederhaut*. An ihr setzen sechs Muskeln an, die das Auge in der Augenhöhle verdrehen. Dadurch kommen die äußerlich sichtbaren Augenbewegungen zustande. Wo Licht ins Auge eintritt, befindet sich der durchsichtige Bereich der Lederhaut, die *Hornhaut*. Sie wird ständig mit Tränenflüssigkeit befeuchtet.

Die mittlere Augenhaut lässt sich in drei Abschnitte unterteilen. Den größten Anteil nimmt die *Aderhaut* ein, die sich nach innen an die Lederhaut anfügt. Sie ist reich an Blutgefäßen und versorgt die ihr anliegenden Schichten mit Nährstoffen und Sauerstoff. Im vorderen Teil schließt eine Muskelstruktur an, der *Ciliarmuskel*. Dieser ist als Ring ausgebildet und nimmt über speichenartig verlaufende elastische Zonulafasern Kontakt zur Linse auf. Den vorderen Abschluss dieser mittleren Augenhaut bildet die auch von außen sichtbare *Regenbogenhaut* (*Iris*). Sie stellt einen gewissen Schutz vor zu viel einfallendem Licht dar und ist deshalb gefärbt. Nur in ihrer Mitte ist eine kreisförmige Öffnung *(Pupille)*, durch die Licht in das Augeninnere gelangt. In der Iris verlaufen zwei Geflechte feiner Muskeln, die den Durchmesser der Pupille verändern können. Im gesamten Bereich von Aderhaut bis Regenbogenhaut folgt nach innen eine eng anliegende Pigmentschicht, die Lichtreflektionen im Augeninneren verhindert. Außerdem speichert sie in kleinen Mengen Vitamin A.

Die innerste Schicht ist die *Netzhaut* (*Retina*). Sie enthält die eigentlichen Rezeptoren, die in der Lage sind, Lichtreize in elektrische Signale umzuwandeln. Direkt der Pupille gegenüber liegen die Lichtsinneszellen besonders dicht gepackt. Dies ist die Stelle des schärfsten Sehens, der *gelbe Fleck*. Wenige Millimeter in Richtung Nase hat der *Sehnerv*, der die Informationen zum Gehirn transportiert, seine Austrittsstelle. Dort fehlt die Netzhaut, die Stelle ist lichtunempfindlich *(Blinder Fleck)*. Das Augeninnere ist von dem gallertartigen *Glaskörper* erfüllt. Er verleiht dem Auge die feste, runde Form, weshalb das Auge auch Augapfel genannt wird.

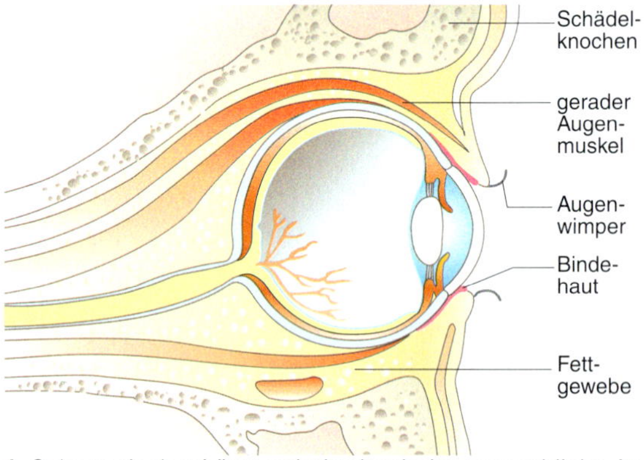

1 Schematischer Längsschnitt durch das menschliche Auge

Aufgabe

① Übertrage die Abbildung unten in dein Heft und beschrifte die Strukturen mit den kursiv gedruckten Begriffen.

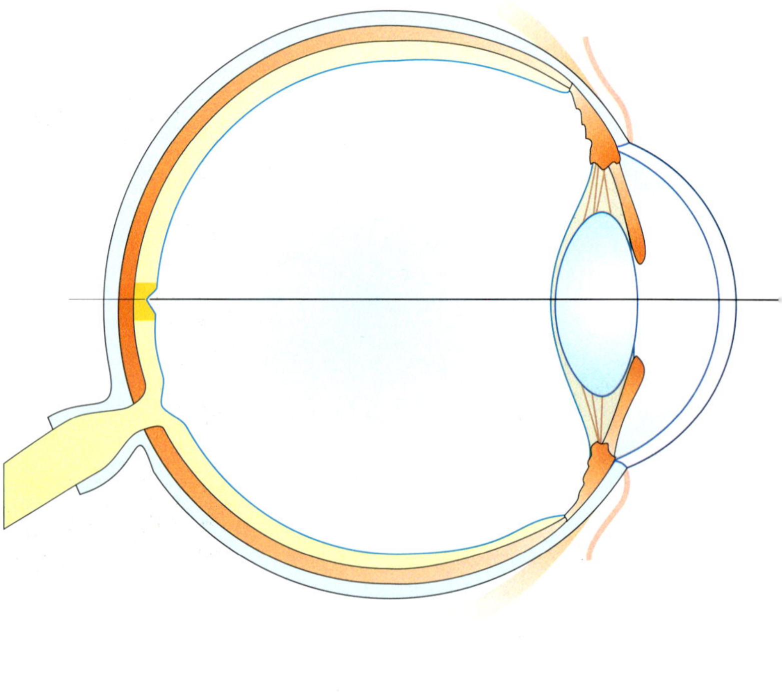

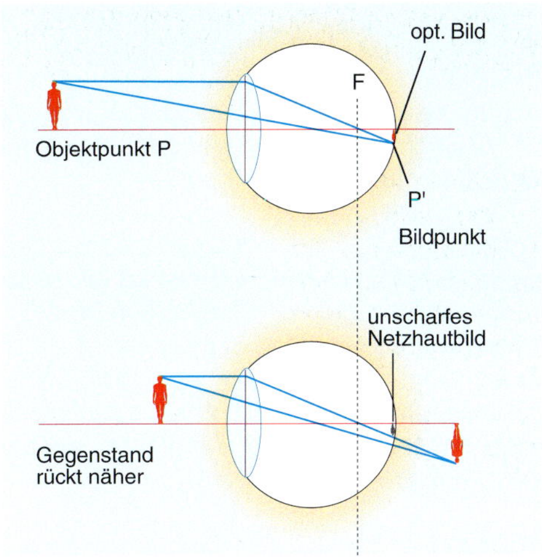

1 Strahlengang an Sammellinsen

Das Auge – physikalisch betrachtet

Sehen bedeutet vereinfacht Abbilden mit Sammellinsen. Dabei stellen Hornhaut, Augenlinse und Glaskörper die lichtbrechende Einheit dar. Lichtstrahlen, die eine Grenzfläche zwischen verschiedenen durchsichtigen Materialien passieren, verändern ihre weitere Ausbreitungsrichtung. Bekannt ist der scheinbar an der Wasseroberfläche geknickte Strohhalm, der in einem Wasserglas steht. Die Lichtstrahlen breiten sich in Wasser anders aus als an Luft, sie werden gebrochen. Ähnliches geschieht bei gekrümmten Glasflächen, den Linsen. Beim Übergang von Luft zu Glas und dann nochmals von Glas zu Luft ändert ein Lichtstrahl seine Richtung. Dies führt unter anderem dazu, dass sich *parallele Lichtstrahlen* in einem *Brennpunkt* treffen. Bei einem Strahl, der genau durch den *Mittelpunkt* der Linse geht, heben sich die beiden Brechungsvorgänge auf, er scheint geradlinig durch die Linse zu treten. An einem gemeinsamen Schnittpunkt treffen sich die Strahlen wieder, hier entsteht das Bild. Um dieses erfassen zu können, benötigt man an dieser Stelle eine Auffangfläche. Im Auge ist dies der Bereich der Netzhaut. Gegenüber einem Original wird das Bild um 180° gedreht.

Als weitere Einrichtung, die in der Lage ist die Lichtmenge zu verändern, besitzt das Auge eine Blende. Feine Muskeln in der Iris verstellen den Pupillendurchmesser. Damit wird es möglich, dass so schwache Lichtreize wie die von kleinen Sternen genauso beachtet werden können wie das gleißend helle Sonnenlicht über Schneefeldern. Diese Anpassung an unterschiedliche Lichtstärken bezeichnet man als *Adaptation*. Daneben leistet das Auge auch die „Scharfstellung" des Bildes bei unterschiedlich weit entfernten Gegenständen. Während z. B. Fische ihre Linse horizontal verschieben, ändert sich bei den meisten übrigen Wirbeltieren die Krümmung der Linse. Dies beeinflusst die Brechung der Lichtstrahlen und somit die Entfernung des Bildpunkts von der Linse. Dieser muss aber, um scharf gesehen zu werden, immer auf der Netzhaut liegen. Der Grad der Krümmung der Augenlinse ergibt sich aus dem Wechselspiel zwischen ringförmig um die Linse angelegten Ciliarmuskel und den elastischen Zonulafasern. Je nach Anspannungsgrad der Muskeln ergibt sich ein unterschiedlicher Zug auf die Zonulafasern und damit auch auf die ebenfalls elastische Linse. Diese Vorgänge werden als *Akkommodation* bezeichnet.

Aufgabe

① Die folgende Zeichnung zeigt den Strahlenverlauf an einer Linse. Variiere Linsenkrümmung und Gegegnstandsweite mindestens dreimal und fertige jeweils eine ebenso genaue Zeichnung an, wie du sie unten sehen kannst.

② Bei manchen Menschen stimmt der Abstand der Netzhaut von der Linse nicht mit den Idealbedingungen überein. Konstruiere den Strahlengang für einen zu geringen und für einen zu großen Abstand. Wann liegt Kurzsichtigkeit vor und wann liegt Weitsichtigkeit vor?

③ Billige Sonnenbrillen vermindern kaum den UV-Anteil der Sonnenstrahlung. Informiere dich über mögliche Folgen.

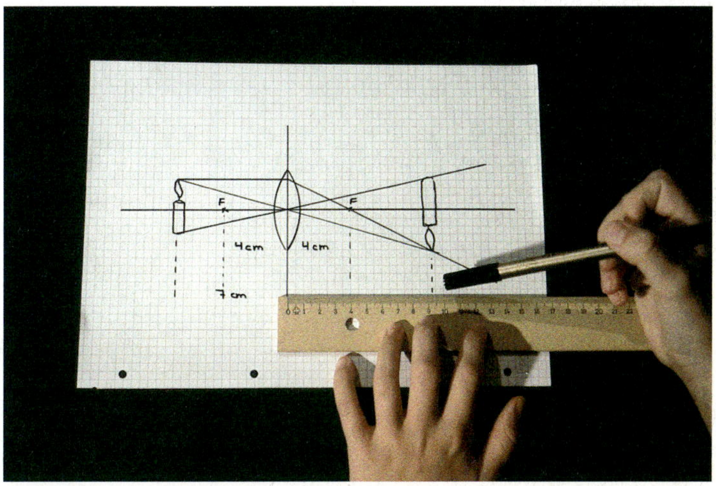

2 Strahlengang: Der Gegenstand wird um 180° gedreht

Adaptation: *adaptose* (lat.) anpassen
Anpassung an unterschiedliche Lichtmenge

Akkommodation: *accomodare* (lat.) anpassen
Anpassung an unterschiedliche Entfernungen

Bau und Funktion der Netzhaut

Die Netzhaut ist der lichtempfindliche Teil des Auges. Im mikroskopischen Bild erkennt man, dass sie aus drei Zellschichten besteht. Unmittelbar an den Pigmentzellen liegen die *Lichtsinneszellen*, von denen es zwei Typen gibt. *Stäbchen* sind lang und schlank und werden bereits durch schwaches Licht gereizt. Sie ermöglichen Hell-Dunkel- und Dämmerungssehen. Gedrungener und kürzer sind die *Zapfen*. Durch sie ist Farbensehen möglich, jedoch benötigen sie zur Reizung weitaus mehr Licht als Stäbchen. In der Netzhaut eines Auges sind etwa 125 Millionen Stäbchen und 6 Millionen Zapfen verteilt. Im Zentrum, dem Gelben Fleck, findet man ausschließlich eng aneinander liegende Zapfen.

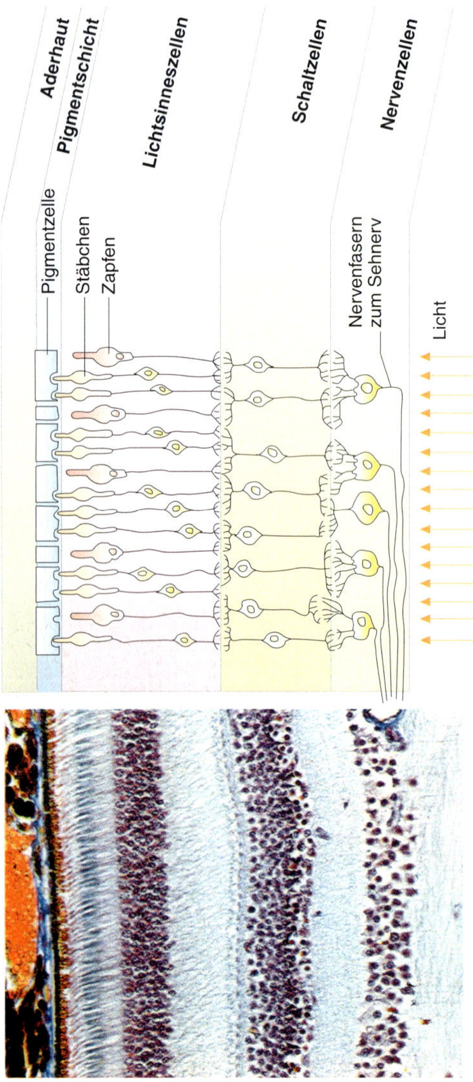

1 Bau der Netzhaut (Mikrofoto und Schema)

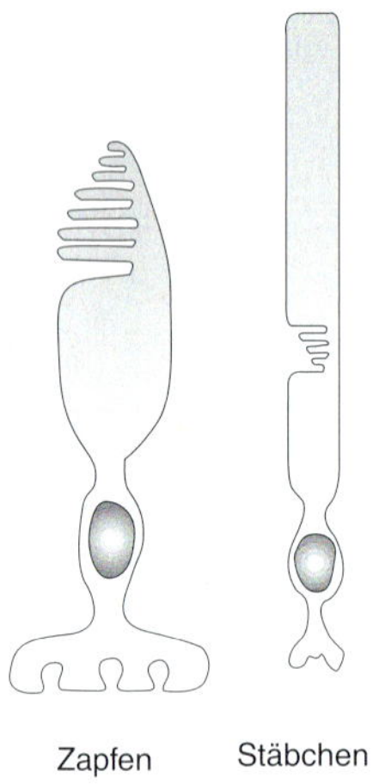

In Richtung der Randbereiche der Netzhaut nimmt die Häufigkeit der Zapfen ab und die der Stäbchen zu. Die äußersten Bereiche enthalten nur noch Stäbchen.

Trifft Licht auf Lichtsinneszellen, so werden sie gereizt und senden Signale an die zweite Zellschicht, die aus Schaltzellen besteht. Diese übertragen dann Signale an die dritte Schicht. In ihr liegen etwa eine Million Nervenzellen, deren lange Fortsätze sich zum *Sehnerv* vereinigen und elektrische Signale zum Gehirn (▶ S. 144) leiten.

Während im Bereich des Gelben Flecks auf jede Lichtsinneszelle eine Schaltzelle und eine Nervenzelle kommt, sind in den Randbereichen der Netzhaut bis zu 100 Lichtsinneszellen in Kontakt mit einer Schaltzelle. An ihr summieren sich auch schwache Signale zusammengeschalteter Lichtsinneszellen. Dadurch ist die Lichtempfindlichkeit in Randbereichen der Netzhaut höher als im Zentrum. Dagegen ist die *Sehschärfe* am Gelben Fleck besonders hoch, weil jeder Lichtsinneszelle ein Bildpunkt entspricht.

Aufgaben

① Beschreibe die Aufgaben der drei Zellschichten der Netzhaut.

② Die Lichtsinneszellen werden durch einen kurzen Lichtblitz stärker erregt, wenn man sich zuvor längere Zeit in dunkler Umgebung aufgehalten hat. Erkläre.

Zettelkasten

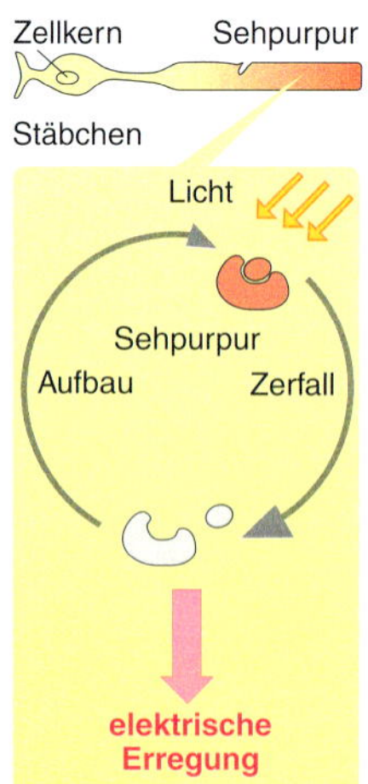

Die Funktion des Sehfarbstoffs

Alle Lichtsinneszellen enthalten lichtempfindliche Farbstoffe. In den Stäbchen ist es Sehpurpur. Dieser besteht aus einem großen Proteinmolekül und einem aus dem Vitamin A hergestellten kleinem Molekül *(Retinal)*. Trifft Licht auf eine Lichtsinneszelle, so wird die Molekülform von Retinal verändert. Dies führt zu dessen Ablösung vom Protein und über eine komplexe mehrstufige Kette von Vorgängen zu einem elektrischen Signal, das an nachfolgende Schaltzellen weitergeleitet werden kann.

Die Struktur des abgelösten Retinals wird unter Energieaufwand von der Zelle in die Ausgangsform zurückverwandelt und dann in das Protein eingelagert. Damit steht der Sehfarbstoff wieder für die Lichtaufnahme zur Verfügung.

Das Farbensehen

Der Mensch kann viele tausend Farbtöne unterscheiden. Dies wird durch die *Zapfen* ermöglicht, denn Menschen mit funktionsunfähigen Zapfen können keine Farben erkennen und unterscheiden. Dass es nicht für jeden Farbton eine bestimmte Zapfensorte gibt, ist bei der riesigen Anzahl von wahrnehmbaren Farbtönen anzunehmen.

Seit dem 18. Jahrhundert weiß man, dass sich jeder Farbton durch *additive Farbmischung* aus den Grundfarben Rot, Grün und Blau erzeugen lässt. Die Grundfarben erhält man beispielsweise, wenn man ein *Prisma* mit weißem Glühlampenlicht oder Sonnenlicht durchstrahlt und aus dem entstehenden *Farbspektrum* das rote, grüne und blaue Licht ausblendet. Werden alle drei Grundfarben gleichzeitig gesehen, entsteht der Eindruck von weißem Licht (Abb.1), obwohl nicht alle Spektralfarben vereinigt sind.

Die große Vielfalt der Farbtöne entsteht, wenn die *Sättigung* der Grundfarben, d. h. ihre Intensität verändert wird. Nach diesem Prinzip werden bei den Farbbildschirmen von Computern und Fernsehgeräten die Farbtöne erzeugt. Sie entstehen durch Mischung farbiger Lichter, also durch additive Farbmischung. Dagegen arbeiten Künstler, wenn sie durch Zusammenmischen von Farbstoffen neue Farbtöne hervorbringen, nach einem anderen Mischprinzip. Sie benutzen deshalb andere Grundfarben.

Auch das Auge arbeitet mit drei Grundfarben. In der Netzhaut sind drei verschiedene Zapfensorten vorhanden, für jede Grundfarbe eine. Die Zapfensorten unterscheiden sich nur im chemischen Aufbau des Sehfarbstoffes voneinander. Jede Zapfensorte wird besonders stark durch das Licht der zugehörigen Grundfarbe erregt. Licht einer anderen Farbe verursacht nur schwache oder keine Erregungen.

Reizt das auf die Netzhaut treffende Licht in einer sehr kleinen Region etwa rot bzw. grün empfindliche Zapfen, so werden durch den Sehnerv die Signale dieser Zapfensorten zum Gehirn weitergeleitet. Die Auswertung dieser zugleich eintreffenden Signale der beiden Zapfensorten führt zur Farbwahrnehmung gelb. Der Farbeindruck weiß entsteht, wenn gleich starke Signale von allen drei Zapfensorten ankommen. Manche Menschen leiden an einer Störung des Farbsehvermögens. Sind die Zapfen für eine der Grundfarben Rot oder Grün in ihrer Funktion gestört, können die Betroffenen die Farben Rot und Grün kaum voneinander unterscheiden. Man spricht von *Rot-Grün-Schwäche*. Dies kann durch Testbilder festgestellt werden (s. Randspalte). In seltenen Fällen kann die Farbwahrnehmung auch vollständig ausfallen *(Farbenblindheit)*. Bei dieser Sehschwäche handelt es sich um eine Erbkrankheit.

Aufgabe

① Ein Rot-Grün-Blinder kann die Zahl im Testbild nicht wahrnehmen. Erläutere den Sachverhalt.

Farbtestbild

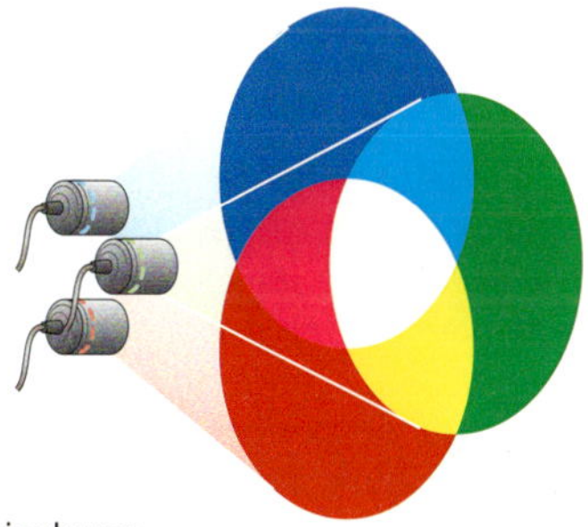

1 Farbmischung

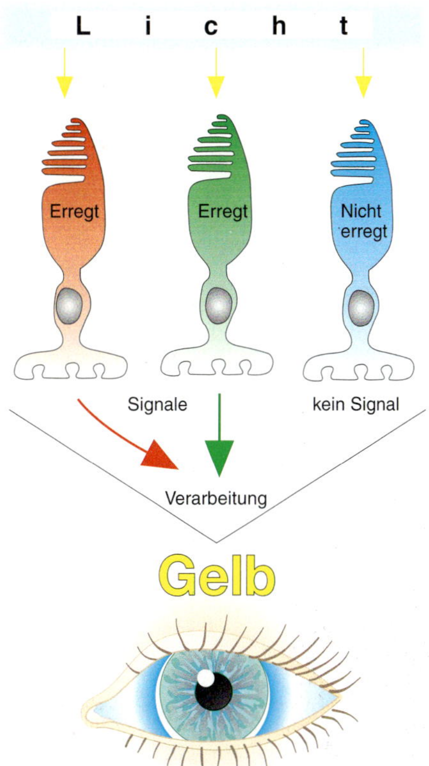

2 Zerlegung des Lichts in Spektralfarben

Spektrum

1 nah oder fern, groß oder klein?

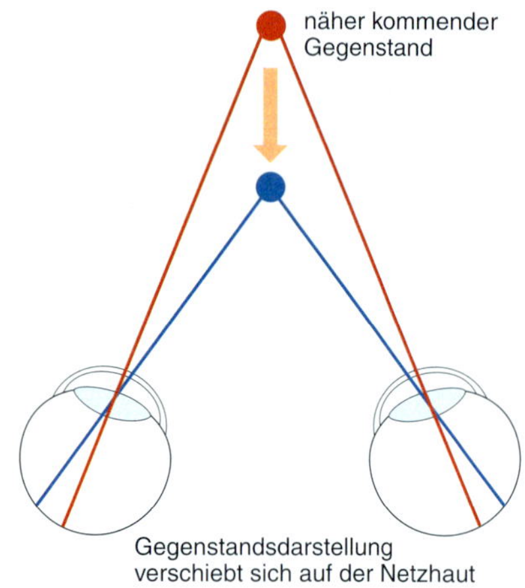

2 Bildentstehung bei unterschiedlicher Entfernung

Räumliches Sehen und Bewegung

Sehen ist ein Vorgang, der sich durch ein Zusammenwirken von Augen und Gehirn (▶ S. 144) ergibt. Nur so ist es möglich etwa im Straßenverkehr Situationen rasch und möglichst fehlerfrei zu erkennen: Steht dieses Auto, wie weit ist es entfernt? Oder bewegt es sich und kommt mit hoher Geschwindigkeit auf mich zu?

Eine erste Information zur Klärung dieser Fragen liefert die „Bildgröße“ auf der Netzhaut, d.h. die Zahl der erregten Sinneszellen. Allerdings liefert ein großer, weit entfernter und ein kleiner, nahe liegender Gegenstand dieselbe Bildgröße. Dies allein ist also zum Abschätzen von Entfernungen ungeeignet.

Allerdings erhält der Teil der Großhirnrinde, der für die Auswertung zuständig ist (*visueller Cortex*), von beiden Augen Informationen. Ist ein Gegenstand nicht zu weit entfernt unterscheiden sich diese deutlich. Betrachtet man z. B. bei ausgestrecktem Arm den Daumen seiner Hand abwechselnd mit dem linken bzw. rechten Auge, kann man dies deutlich erkennen. Im Normalfall des beidäugigen Sehens berechnet das Gehirn aus diesen Unterschieden den räumlichen Bezug des Daumens zu anderen Gegenständen. Wir „sehen“ nur ein einziges räumliches Bild.

Bewegt sich ein Gegenstand direkt auf einen Betrachter zu, verschieben sich die Bildpunkte auf den Netzhautabschnitten der beiden Augen in charakterisitischer Weise. Das Gehirn findet im Zeitraum von Millisekunden die Interpretation: „Dieses Auto fährt relativ schnell genau auf mich zu – Vorsicht“! Dabei greifen die Verrechnungsprozesse auf bereits vorhandene Erfahrungen zurück, so dass die Genauigkeit im Laufe der Zeit steigt. Besonders gefährdet im Straßenverkehr sind deshalb kleine Kinder.

3 Räumliches Sehen

Aufgaben

① Entwickle eine der Abb. 2 vergleichbare Darstellung für einen Gegenstand, der sich von links nach rechts an einem Betrachter vorbei bewegt.

② Bei weiter entfernten Gegenständen gibt es viele andere Möglichkeiten die Entfernung abzuschätzen. Erstelle eine tabellarische Übersicht! Denke dabei auch an die Möglichkeiten von Grafikern und Malern, räumlichen Eindruck zu vermitteln.

③ Bei Gegenständen, die weniger als zwei Meter entfernt sind, besitzt das Auge in Form des Ciliarmuskels einen eingebauten Entfernungsmesser. Erläutere!

④ Menschen, die bei einem Unfall ein Auge verloren haben, können dennoch die Fahrerlaubnis erhalten, die allerdings gewisse Einschränkungen umfasst. Bewerte diese rechtliche Festlegung!

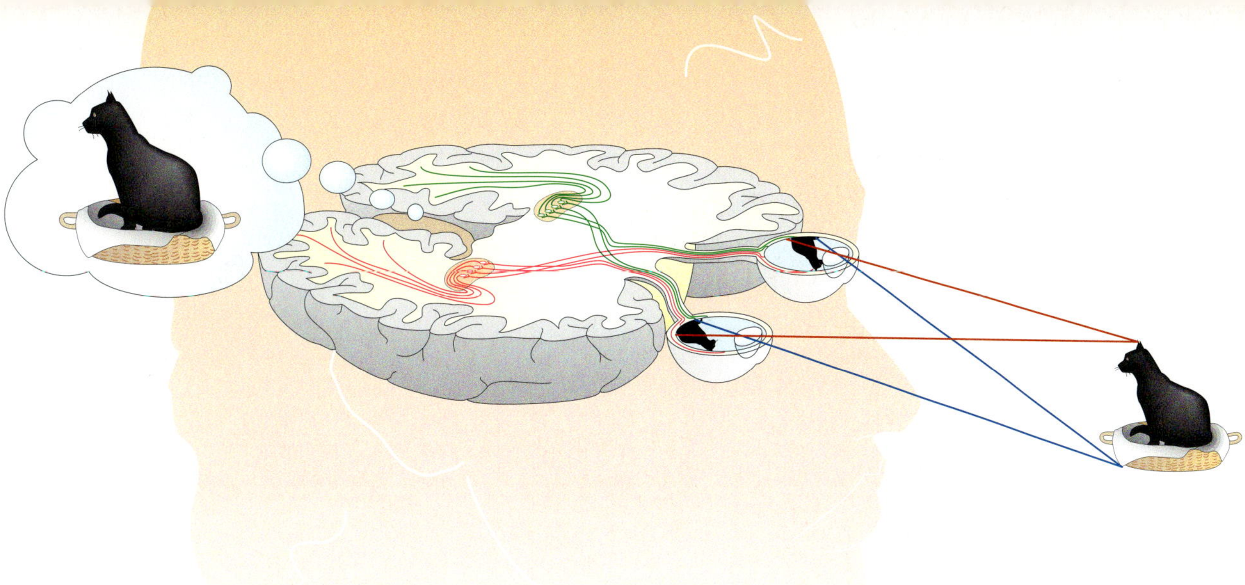

1 Wie kommt die Katze in mein Gehirn?

Vom Reiz zum Sinneseindruck

Sehen ist nicht gleichbedeutend mit Fotografieren oder Filmen. Zunächst entsteht zwar auf der Netzhaut ein Foto, das man mit demjenigen in einem Fotoapparat vergleichen kann. Bei diesem wird das Bild dann auf dem Fotofilm abgebildet und färbt ihn je nach Lichtintensität ein. Das Bild auf der Netzhaut muss aber in elektrische Signale umgewandelt werden. Die beiden Sehnerven transportiern die Impulse zu den seitlichen Kniehöckern im Zwischenhirn. Der Verlauf der Nervenfasern führt dabei dazu, dass die Informationen aus einer Gesichtsfeldhälfte in derselben Gehirnhälfte ankommen.

Die nächste Station ist die Sehregion im Großhirn. Hier erfolgt zwar eine weitere Analyse der Informationen, zur endgültigen Auswertung werden die Signale an unterschiedliche Stellen in der Großhirnrinde weiter geleitet. Dabei gibt es Stellen, die Formen nur sehr undeutlich erfassen können, aber sehr klar die Position und die Bewegung analysieren. Andere Großhirnbereiche liefern scharfe Formen von Teilen des Gesamtbildes. Sie erkennen z. B. die Beine oder den Körperumriss. Ein drittes System ist spezialisiert auf die Farbanalyse. So entstehen in den Teilbereichen jeweils detailierte Aussagen zum betrachteten Objekt. Bis heute ist es allerdings nicht ganz klar, wo diese Informationen zusammengefügt werden und die Erkenntnis „Katze“ entsteht.

Sicher ist aber, dass bei der Bearbeitung die Erregungen von den Lichtsinneszellen nur ca. 20 % umfassen. Der wesentlich größere Teil stammt aus anderen Hirnregionen. Das Erregungsmuster aus der Umgebung wird mit den vielfältigen Erregungsmustern früher gemachter Erfahrungen verglichen. Bei Übereinstimmungen wird der Gegenstand erkannt.

Betrachtet man diese Abbildung zum ersten Mal, so erkennt man nur wahllos angeordnete blaue Flecken. Hat man die Information, dass hier ein Pferd mit Reiter dargestellt ist, so lässt sich dies rasch und problemlos erkennen. Durch die Zusatzinformation wird die Auswertung der Sinnesdaten aus den Augen im Gehirn verändert und eine neue Wahrnehmung gelangt in unser Bewusstsein.

2 Nur blaue Flecken?

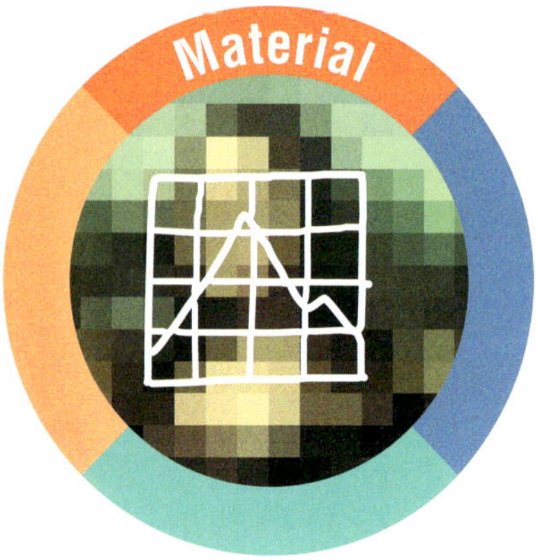

Optische Täuschung und Wahrnehmung

Auf diesen Seiten sind mehrere Bilder, die bei der Betrachtung teilweise verblüffend wirken. Häufig wird das, was wir dabei sehen, als *optische Täuschung* bezeichnet. Im strengen Sinne ist dieser Begriff nicht zutreffend, denn diese Täuschungen sind nicht auf optische Vorgänge im Auge zurückzuführen. Vielmehr sind es *Wahrnehmungstäuschungen*, die zeigen, dass beim Sehen immer das Gehirn und die Erinnerung an bereits Gesehenem beteiligt sind.

Einige Abbildungen zeigen Erstaunliches über das menschliche Wahrnehmungsvermögen. Anhand anderer lassen sich Vorstellungen dazu gewinnen, wie das Gehirn optisch aufgenommene Informationen auswertet. Für das tägliche Leben ist diese Auswertung von größter Bedeutung. Erst durch diese Auswertung und die damit verbundene Wahrnehmung können wir uns mithilfe des Lichtsinns orientieren, drohende Gefahren erkennen und schließlich gezielt handeln.

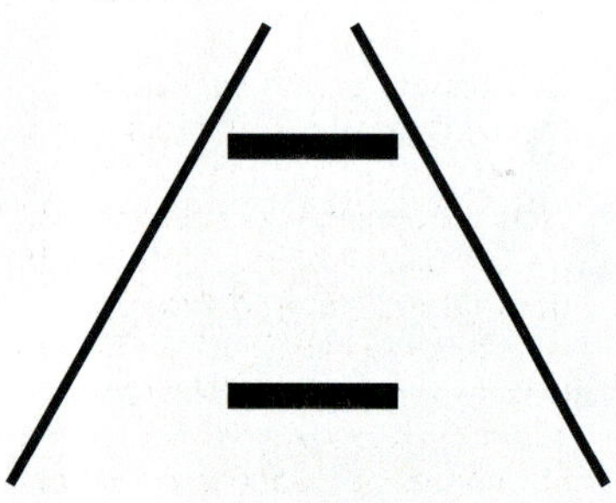

Die versteckte Gestalt

① Was erkennst du, wenn du dieses Bild betrachtest?
Zeige dieses Bild verschiedenen Personen. Sehen sie alle das selbe?

② Vergleiche die Länge der beiden waagrechten Linien.
Decke mit zwei weißen Papierstückchen die beiden schrägen Linien ab. Vergleiche nun erneut die Länge der waagrechten Linien.
Miss zur Sicherheit die Länge der waagrechten Linien mit einem Lineal nach.
Beschreibe das Prinzip, nach dem die Täuschung funktioniert.

③ Betrachte die nebenstehende Abbildung. Es handelt es sich um ein Bild, das stark verändert wurde.
Beschreibe das Aussehen. Welche Veränderungen könnten vorgenommen worden sein?
Kannst du erkennen, was das Bild darstellt?
Beschreibe, worin die Schwierigkeit liegt, das Bildmotiv zu erkennen.
Ergründe anhand dieses Beispiels, wovon die Informationsmenge abhängt, die ein Bild enthält.
Betrachte das Bild und bewege das Buch auf dem Tisch rasch mit kleinen Ausschlägen hin und her. Was fällt auf?

Räumliches Sehen

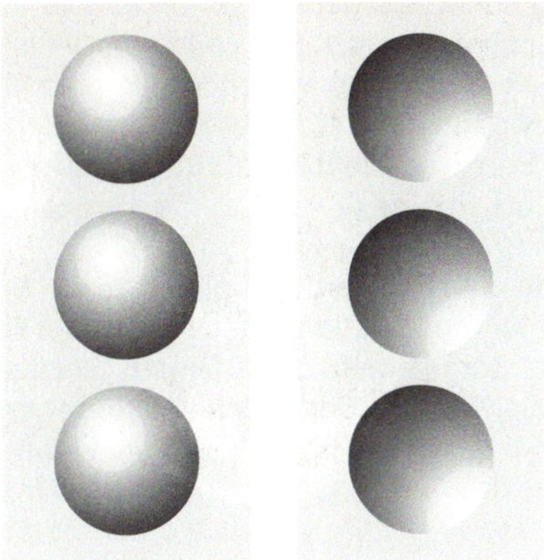

④ In welcher der beiden senkrechten Reihen sind die Kugeln, in welcher die Löcher abgebildet?
Kannst du das eindeutig festlegen? Drehe dein Buch langsam um 180 Grad. Was fällt dir auf? Beschreibe, worauf es ankommt, ob wir Kugeln oder Löcher sehen.
Was zeigen diese Bilder über das Erkennen dreidimensionaler Objekte?

⑤ Betrachte das Muster und drehe dabei das Buch langsam um 360 Grad. Was empfindest du dabei?
Teste dies mit verschiedenen Personen. Sehen sie alle das selbe in dem Muster?

Betrachte die Kiste und stelle dir vor, du müsstest diese Kiste nachbauen. Das würde dir sicher schwer fallen.

⑥ Beschreibe, was hier nicht stimmt. Erkläre, weshalb das Anschauen dieser Kiste bei manchen Menschen ein fast unangenehmes Gefühl verursacht.

⑦ Baue aus lauter gleichen Münzen einen Münzstapel so hoch, dass – nach Augenmaß beurteilt – seine Höhe dem Durchmesser der Münzen entspricht.
Miss jetzt mit einem Lineal Höhe und Breite. Was fällt dir auf?
Bitte eine andere Person, den Stapel wie vorgegeben aufzubauen. Gelingt es ihr? Vergleiche das neue Ergebnis mit deinem.

Sehen und nicht sehen

Die beiden Farbbilder unten zeigen das weltberühmte Gemälde der geheimnisvoll lächelnden Mona Lisa des Malers LEONARDO DA VINCI (1452–1519).

⑧ Vergleiche die beiden Abbildungen. Dass sie auf dem Kopf stehen, darf dich gerade nicht stören. Drehe das Buch um 180 Grad. Beschreibe, was dir auffällt.
Sicher wunderst du dich jetzt. Beschreibe, was das Erstaunliche beim Betrachten der beiden Bilder ist.
Wie wirken die Bilder auf dich, wenn dein Buch auf dem Kopf steht? Stelle Vermutungen an, woran es liegen kann.

⑨ Welche Motive entdeckst du in der Abbildung links?
Was ergänzt hier unser Wahrnehmungssystem?
Welche Bedeutung hat dies deiner Meinung nach für den Menschen?

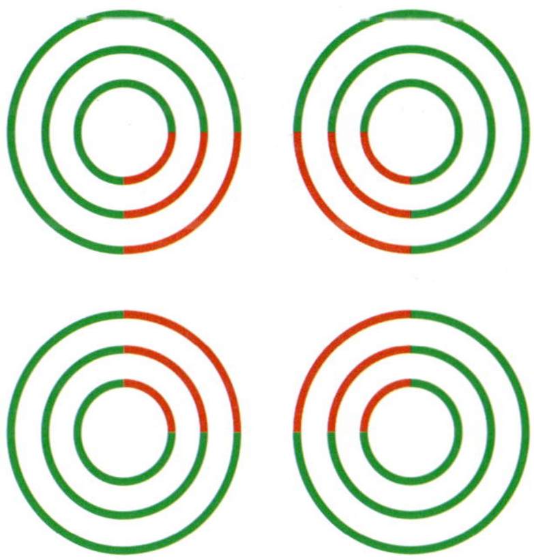

⑩ Beschreibe, welche Strukturen oben auf das Papier gedruckt sind.
Welche Farben wurden verwendet?
Welche Farbe hat der Hintergrund?
Betrachte die Abbildung in Ruhe bei guter Beleuchtung. Welche Wahrnehmung tritt dabei auf? Beschreibe.
Welche Aktivität des Wahrnehmungssystems zeigt sich an dieser Figur? Welche Bedeutung könnte das für den Menschen haben?

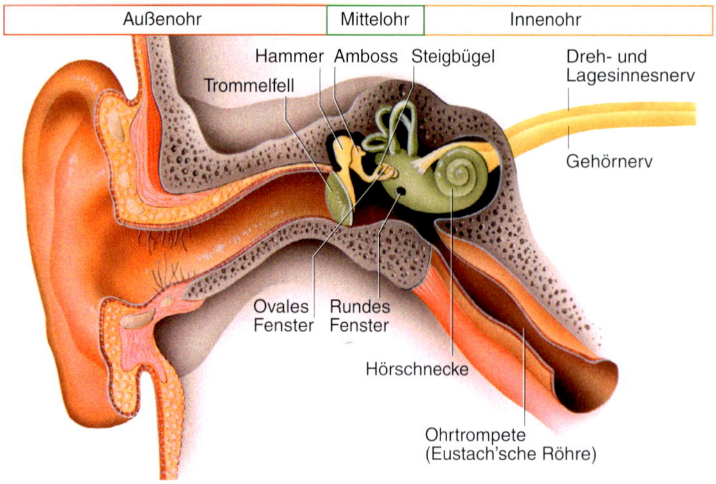

1 Aufbau des Ohres

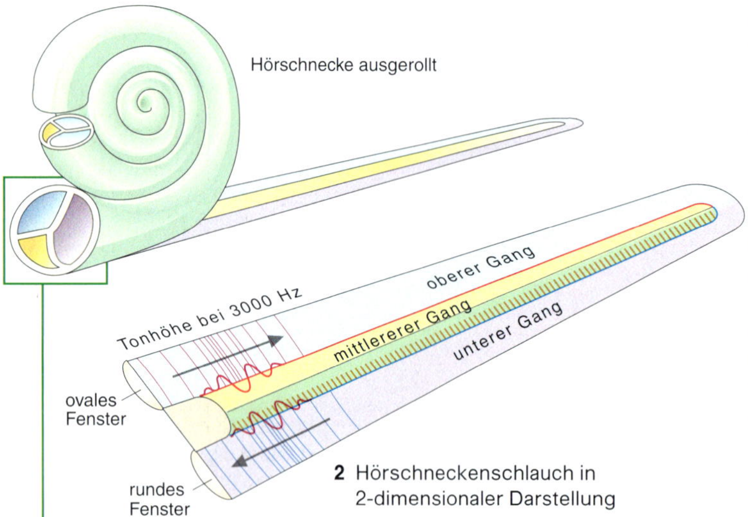

2 Hörschneckenschlauch in 2-dimensionaler Darstellung

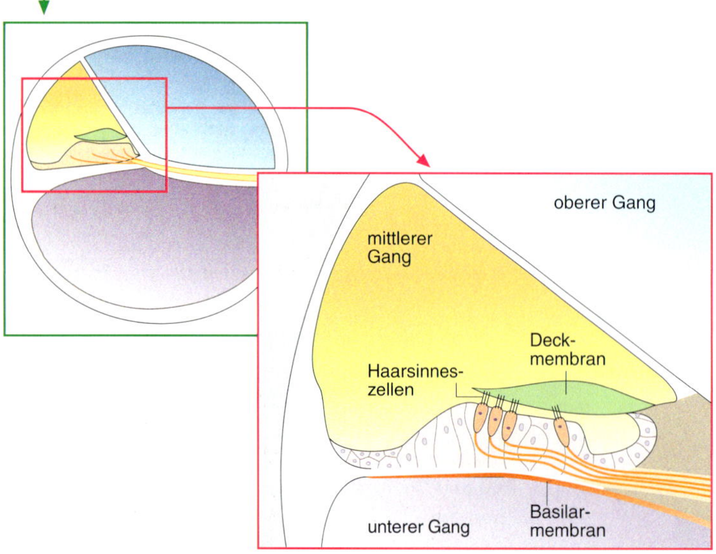

3 Querschnitt durch Hörschnecke

Das Ohr – Aufbau und Funktion

Beim Sprechen werden die *Stimmbänder* in Schwingungen versetzt. Das spürt man, wenn man die Fingerspitzen an den Kehlkopf legt. Die Schwingungen werden an die Luft übertragen. Dabei entstehen Luftdruckschwankungen, die sich als *Schallwellen* ausbreiten.

Gelangen Schallwellen an unser Ohr (▶ S. 144), so werden sie von der *Ohrmuschel* in den etwa 3 cm langen, gekrümmten *Gehörgang* geleitet. Am Ende des Gehörgangs sitzt das *Trommelfell*. Es ist ein dünnes Häutchen, das den Gehörgang abschließt. Dahinter liegt das *Mittelohr*, ein etwa 4 Millimeter breiter Spaltraum, der durch einen Gang, die *Ohrtrompete*, mit dem Rachenraum in Verbindung steht. Die am Trommelfell ankommenden Schallwellen versetzen es in Schwingungen, die auf drei kleine Gehörknöchelchen (*Hammer, Amboss, Steigbügel*) übertragen werden. Sie leiten die Trommelfellschwingungen zum *Innenohr*. Die Hebelwirkung der Gehörknöchelchen erhöht den Schalldruck, mit dem der Schall weitergeleitet wird. Dies verbessert die *Hörwirkung*.

Im Innenohr liegt eine aus $2^1/_2$ Windungen bestehende knöcherne *Hörschnecke*. Sie ist von einem Hautschlauch durchzogen, dessen Membranen das Schneckeninnere unterteilen. Dieses lässt sich besser vorstellen, wenn man die Schnecke in Gedanken zu einem Schlauch entrollt. Ein *oberer Gang* geht an der Schneckenspitze direkt in einen *unteren Gang* über. Zwischen beiden liegt der *Schneckengang*, der die eigentlichen Sinneszellen enthält. Auf der *Basiliarmembran* sitzen mehrere Reihen *Haarsinneszellen*, die in den Schneckengang hinein ragen. Ihre Härchenspitzen haben lockeren Kontakt mit der *Deckmembran*. Das gesamte Innere der Hörschnecke ist von Flüssigkeit erfüllt, der *Ohrlymphe*. Für ein Funktionieren ist noch wichtig, dass sowohl der obere als auch der untere Gang über eine Öffnung mit schwingungsfähiger Haut mit dem Mittelohr in Verbindung stehen.

Werden nun durch ein Schallereignis die Gehörknöchelchen angeregt, so versetzen die Schwingungen des Steigbügels über die obere Öffnung (*ovales Fenster*) letztlich die Flüssigkeit im oberen Gang in Bewegung. Diese setzt sich in den unteren Gang fort, wo zum Druckausgleich die Haut über dem „*Runden Fenster*" ebenfalls mitschwingt. Die Wellen wirken sich aber auch auf Basiliar- und Deckmembran aus, die gegeneinander verschoben werden und dadurch die Härchen an den Sinneszellen etwas zur Seite geknickt. Dieser mechanische Reiz erregt die Sinneszellen, die entstehenden elektrischen Impulse laufen über den Hörnerv zum Gehirn. In den entsprechenden Bereichen erfolgt dort die Analyse der Signale und der Höreindruck entsteht.

Um Gespräche, Musik oder Rufe interpretieren zu können, muss das Ohr Informationen über Tonhöhen, Lautstärke, deren Kombination und die Lage der Schallquelle liefern. Eine wesentliche Bedeutung kommt dabei dem genaueren Bau der ca. 3 cm langen Basiliarmembran zu. Ihre Breite nimmt von 0,1 mm an der Basis auf 0,5 mm an der Spitze zu. Dieser Unterschied kombiniert mit einer Zunahme der Elastizität der Basiliarmembran führt dazu, dass Töne abhängig von ihrer Höhe die Membran an unterschiedlichen Stellen maximal erregen. Das Prinzip kann man mit dem Spielen von Saiteninstrumenten vergleichen. Tiefe Töne werden mit langen, relativ weichen Saiten erzeugt, kurze und harte Saiten ergeben hohe Töne mit schnellen Schwingungen. Im Ohr wird dieser Vorgang umgedreht. Die Schwingungen verschieden hoher Töne lenken die Membran entsprechend ihrer Eigenschaften an bestimmten Stellen deutlich aus und die Hörzellen werden erregt. Das Gehirn wertet den Ort der betroffenen Zellen als Tonhöhe aus. In Abhängigkeit von der Lautstärke kommt es zur Erregung von mehr Sinneszellen und damit einher gehend zu mehr elektrischen Impulsen im Hörnerv.

Die tiefste hörbare *Frequenz* liegt bei etwa 16 Hz. Die obere Hörgrenze ist stark altersabhängig. Beim Jugendlichen liegt sie bei 20 kHz. Ein 45-Jähriger hört Töne bis 15 kHz, und beim 65-Jährigen ist die obere *Hörgrenze* bis auf 5 kHz abgesunken. Beim Sprechen von erwachsenen Personen liegen die hauptsächlich benutzten Frequenzen zwischen 250 Hz und 5 kHz.

Die Position einer Schallquelle können wir auch mit geschlossenen Augen ausmachen. Dieser räumliche Höreindruck wird durch das Hören mit zwei Ohren ermöglicht. Der Schall einer Schallquelle bewirkt in beiden Ohren zu unterschiedlichen Zeiten Erregungen. In dem Ohr, das der Schallquelle näher ist, treten die Erregungen geringfügig früher auf und sind etwas stärker als im anderen. Aus diesen sehr kleinen Unterschieden ermittelt das Gehirn die räumliche Lage der Schallquelle.

HEINRICH HERTZ
(1857 – 1894)
deutscher Physiker

1 Hertz = 1 Hz
1 Hz bedeutet eine Schwingung pro Sekunde

1000 Hz = 1 kHz

Zettelkasten

Schalldruck und Dezibel

Schallwellen breiten sich in der Luft als schwache Luftdruckschwankungen aus. Man kann diesen *Schalldruck* normalerweise nur hören, jedoch nicht weiter spüren. Der geringste Schalldruck, den wir gerade noch hören, beträgt ca. 2/100000 pa (Pascal). Man bezeichnet ihn als Hörschwelle. Dagegen beträgt der Luftdruck ca. 100 000 pa.

Schallquelle	dB	Wirkung
Explosion, Schuss	130	Schmerzgrenze
Düsenflugzeug	130	
Pfeifen auf den Fingern	110	Schwerhörigkeit durch Schädigung des Innenohrs
Motorrad ohne Schalldämpfer	100	
LKW-Geräusche	90	Störung des vegetativen Nervensystems, Veränderung von Puls und Blutdruck, Schlafstörung
laute Stereoanlage	80	
Straßenverkehr	70	
laute Unterhaltung	60	
Radio auf Zimmerlautstärke	50	Beinträchtigung von Schlaf und geistiger Arbeit, Konzentrationsschwäche
gedämpfte Unterhaltung	40	
Flüstern	30	
Blätterrauschen	20	
Hörgrenze	0	
	dB	

Häufig wird die Schallstärke als Schalldruckpegel beschrieben. Er gibt an, das Wievielfache der Schalldruck im Vergleich zum Schalldruck der Hörschwelle beträgt. Der Schalldruckpegel liegt z. B. bei einer lauten Unterhaltung bei 2/100 pa, denn der Schalldruck eines solchen Gespräches ist etwa 1000-mal so stark wie an der Hörschwelle.

Weil man so aber zu sehr unhandlichen Zahlen gelangt, wird der Schalldruckpegel üblicherweise in der Einheit Dezibel (dB) angegeben. Dabei ist die Hörschwelle Null dB und jede Erhöhung um 20 dB bedeutet immer eine Zunahme auf das Zehnfache. Wenn beispielsweise ein Auto einen Schalldruckpegel von 60 dB verursacht, so erzeugen zehn Fahrzeuge nicht 600 dB, sondern „nur" 120 dB. Bei zwei Fahrzeugen liegt der Schalldruckpegel zwischen diesen Werten: er beträgt 66 dB. Die Dezibelwerte verschiedener Schallquellen lassen sich also nicht einfach zusammenzählen. Ab ca. 100 dB wird das Gehör geschädigt.

Ständiger *Lärm* verursacht beim Menschen auf Dauer seelische und körperliche Beschwerden. Bei sehr großer Lautstärke werden den Hörsinneszellen geschädigt und sogar zerstört. Die Folgen sind *Schwerhörigkeit* und *Taubheit*. An sehr lauten Arbeitsplätzen muss unbedingt ein Gehörschutz getragen werden!

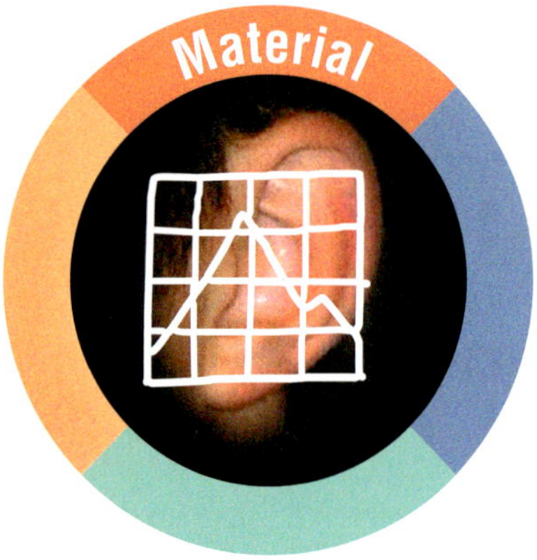

Hören

Das Gehör des Menschen ist nicht bei allen Tönen gleich empfindlich. Wie die Empfindlichkeit des Gehörs von Frequenzen abhängt, zeigt Abbildung 1. Man nennt diese Kurve die *Hörschwelle*. Sie gibt an, ab welchem Schalldruckpegel ein reiner Ton gerade gehört wird.

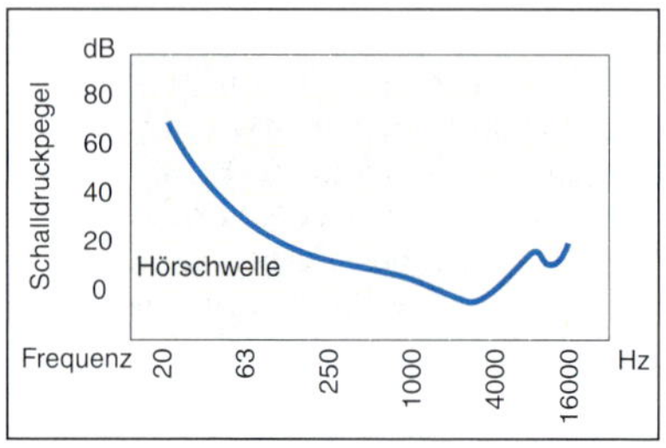

Die Hörschwelle ist beim Menschen deutlich verändert, wenn das Gehör geschädigt ist. Experimentell kann man die Hörschwelle einfach ermitteln. Dazu benötigt man einen Kopfhörer und einen Tongenerator, bei dem die Tonfrequenz und der vom Kopfhörer erzeugte Schalldruck genau einstellbar sind.

Darüber hinaus kann ein Hals-Nasen-Ohrenarzt mit einem speziellen Gerät Schallschwingungen direkt auf einen Schädelknochen hinter der Ohrmuschel übertragen. Der Schall gelangt nun nicht mehr über den Weg Gehörgang – Trommelfell – Gehörknöchelchen ans Innenohr, sondern wird durch Schädelknochen direkt auf das Innenohr übertragen. Man nennt dies *Knochenleitung*. Beim gesunden Ohr verläuft die Hörschwellenkurve bei Knochenleitung etwa so wie bei Luftleitung.

Durch Lärm am Arbeitsplatz, häufige Überlautstärken beim Musikhören oder durch Krankheit kann Schwerhörigkeit entstehen. Ursache können Veränderungen des Innenohrs oder des Mittelohrs sein.

Aufgaben

① Beschreibe den Verlauf der Hörschwelle in Abhängigkeit der Frequenz.
Informiere dich über den Frequenzbereich, in dem das Gehör des Menschen am empfindlichsten ist.
Erkläre die biologische Bedeutung für den Menschen.

② Plane ein Experiment, mit dem man den Verlauf der Hörschwellenkurve einer Versuchsperson im hörbaren Frequenzbereich ermittelt.
Beschreibe, wie du bei deinem geplanten Experiment vorgehen müsstest, wenn dir die erforderlichen Geräte zur Verfügung gestellt würden.

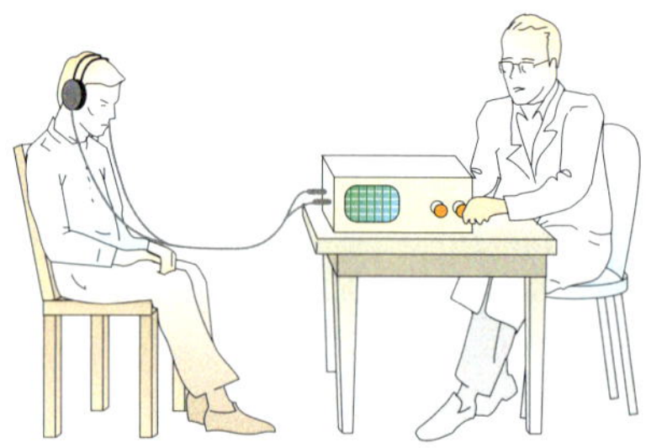

③ Ein Ohrenarzt untersucht einen Patienten, der auf dem linken Ohr an Schwerhörigkeit leidet. Der Arzt ermittelt die Hörschwelle getrennt für das linke und das rechte Ohr durch Knochenleitung des Schalls. Das Ergebnis zeigt, dass bei Knochenleitung kein Unterschied in der Hörschwelle zwischen beiden Ohren besteht, wohl aber bei Luftleitung. Äußere eine begründete Vermutung über den Bereich des Hörorgans, in dem die Ursache der Schwerhörigkeit liegt. Begründe.

Die beiden Säulendiagramme zeigen das Risiko für eine Hörschädigung bei häufigem Aufenthalt in Diskotheken mit hohem Dauerschallpegel der Musik.
Die Werte geben für 16-jährige Jugendliche das Risiko in Prozent an, nach fünf Jahren eine Hörschädigung und damit eine Hörminderung zu erleiden. Die gesamten Säulen stehen für alle Personen, bei denen die Empfindlichkeit nur noch 30 % des gesunden Gehörs oder weniger beträgt. Die kleinen Teilsäulen beziehen sich auf eine Teilgruppe. Bei dieser ist die Gehörempfindlichkeit weiter abgesunken, nämlich auf 3 % oder weniger.

④ Die Einheit lautet „Risiko in Prozent“: Erkläre diese Formulierung am Beispiel von 200 untersuchten Personen.

⑤ Untersuche die Grafik unten.
Ab welchem Schalldruckpegel besteht Gefahr für das Gehör?

⑥ Bestimme die Anzahl der Mitglieder deiner Klasse, die vermutlich eine Hörschädigung erfahren, wenn ihr über 5 Jahre hinweg wöchentlich 10 Stunden bei einem Schalldruckpegel von 100 dB in der Disko verbringen würdet?

⑦ Untersuche deine Hörgewohnheiten in Bezug auf die Stunden in der Woche, in denen dein Gehör großen Lautstärken ausgesetzt ist.

⑧ Ist die Dauer der Einwirkung oder die Schallstärke eine größere Gefahr für das Hörorgan? Schätze begründet ab.

⑨ Die Grafik zeigt für 40 Stunden und 110 dB, dass dabei 95 Prozent der Jugendlichen eine Hörminderung erleiden.
Kann man behaupten, bei 5 Prozent der Jugendlichen verursacht dieser Schall keine Beeinträchtigung des Gehörs? Begründe deine Meinung.
Bestimme den prozentualen Anteil der Jugendlichen, bei denen die Restempfindlichkeit des Gehörs zwischen 30 und 3 Prozent der normalen Empfindlichkeit beträgt.

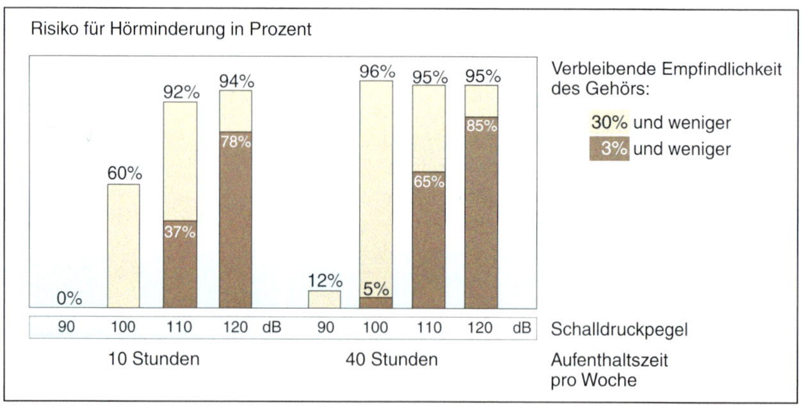

Wenn das Gehör krank wird

Lärm kann uns krank machen. Daneben gibt aber noch einige andere Ursachen, die unser Gehör schädigen können. Der Hals-Nasen-Ohren-Arzt (HNO-Arzt) kann bei Erkrankungen des Gehörs helfen.

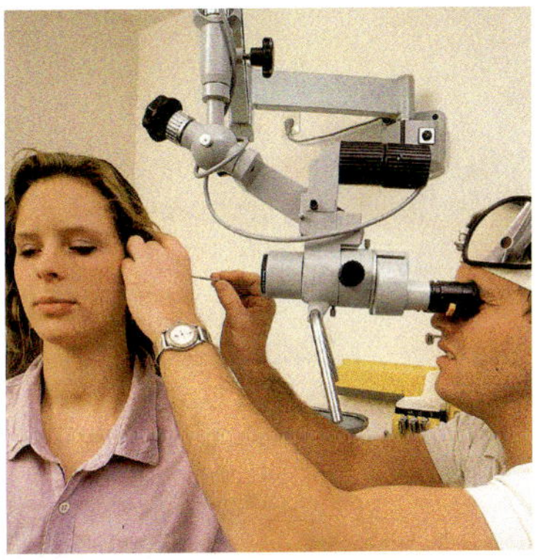

Was richtet Lärm im Innenohr an?

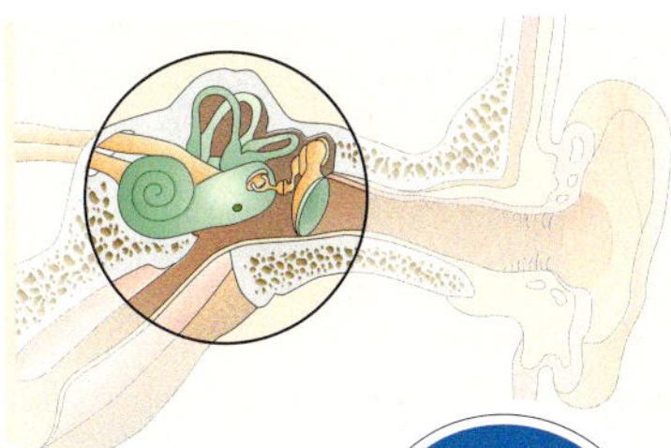

In der Schnecke des Innenohres befinden sich Hörsinneszellen, die *Haarzellen*, die über Nerven mit dem Gehirn in Verbindung stehen. Damit die empfindlichen Haarzellen ständig einsatzbereit sind, müssen sie gut durchblutet sein. Bei ständiger Erregung der Haarzellen, etwa durch starken Lärm, werden einige Haarzellen direkt oder die Durchblutung wird gestört. Abgestorbene Haarzellen können nicht nachwachsen. Deshalb sind solche Schäden nicht heilbar. Sind viele Haarzellen zerstört, wird man schwerhörig oder gar taub. Die Gefahr einer dauerhaften Schädigung besteht besonders dann, wenn man sehr laute Musik über einen Kopfhörer hört. Auch viel zu laute Musik bei Partys und in Discos richten großen Schaden im Innenohr an. Schütze daher bei Lärm deine Ohren!

Altersschwerhörigkeit

Viele ältere Menschen hören nicht mehr so gut wie junge. Das Gehör wird mit dem Alter schlechter, denn die Bestandteile des Gehörs, die das Hören ermöglichen, lassen durch

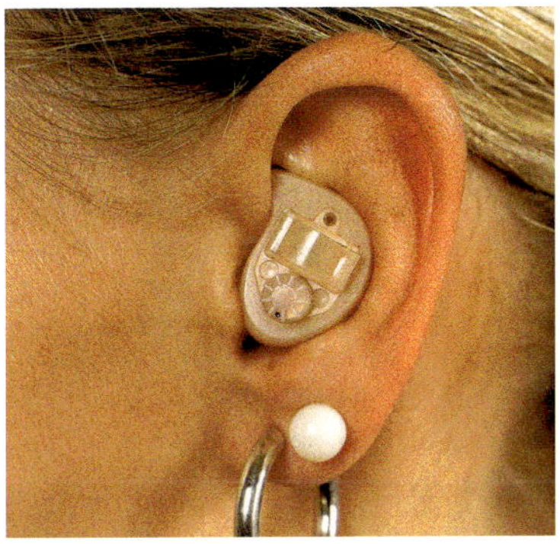

die lange Beanspruchung in ihren Fähigkeiten nach. Mit alten Leuten muss man deshalb manchmal lauter sprechen, als man es sonst gewohnt ist. Oft hilft ein Hörgerät für besseres Hören.

Der Hörsturz

Beim Hörsturz kommt es zu einem plötzlichen Verlust des Hörvermögens, oft nur auf einem Ohr. Die Ursachen können seelisch bedingt sein, aber auch Stress, bestimmte Viren und Störungen der Blutversorgung im Innenohr können einen Hörsturz auslösen. In jedem Fall sollte der Betroffene sofort einen HNO-Arzt aufsuchen.

Mittelohrentzündung

Die Mittelohrentzündung (Otitis media) ist die wohl häufigste Erkrankung des Ohres. Sie wird meistens durch Bakterien verursacht. Anzeichen einer Mittelohrentzündung sind u.a. Ohrenschmerzen, schlechteres Hören und Fieber. Manchmal kann es im Verlauf der Krankheit auch zum Einreißen des Trommelfelles kommen. Eine Mittelohrentzündung muss unbedingt von einem HNO-Arzt behandelt werden, damit sich die Entzündung nicht auf den Knochen hinter dem Ohr ausbreiten kann. Erfolgt keine Behandlung, so kann es zu dauerhafter Schwerhörigkeit, sogar zu einer Hirnhautentzündung oder zur Lähmung der Gesichts- oder Augenmuskel kommen.

Tinnitus

Tinnitus aurium heißt wörtlich übersetzt: „Geklingel im Ohr". Tinnitus ist die medizinische Bezeichnung für Ohrgeräusche oder Ohrensausen. Bei vielen Menschen kommt es gelegentlich, oft nur für Sekunden, zu Klingeln, Rauschen, Zischen, Summen oder Pfeifen im Ohr. Über 3 Millionen Menschen in Deutschland, die unter Tinnitus leiden, werden diese Geräusche jedoch gar nicht mehr los: für sie gibt es keine totale Stille mehr. Tinnitus ist eine Erkrankung, die schon lange bekannt ist: Berühmtheiten wie BEETHOVEN, LUTHER oder VAN GOGH wurden von Tinnitus gequält. Es gibt viele Ursachen. Probleme mit Zähnen und Kiefer oder mit der Halswirbelsäule, Lärm, ein Hörsturz oder andere Auslöser sind bekannt. Findet der Arzt keine Ursache, muss der Betroffene lernen, mit den Geräuschen, die nur er hört, zu leben.

Gehörlosigkeit

Hast du schon mal gesehen, dass sich zwei Menschen auf der Straße mit Zeichensprache verständigen? Dann waren es bestimmt Menschen, die sehr schlecht oder gar nichts hören können. Bei ihnen versagt das Gehör. Sind Kinder gehörlos, dann sind sie es meist schon von Geburt an. Andere Menschen verlieren ihr Gehör nach und nach und manche werden durch ein plötzlich auftretendes Ereignis, z. B. durch eine Krankheit oder einen Unfall, gehörlos.

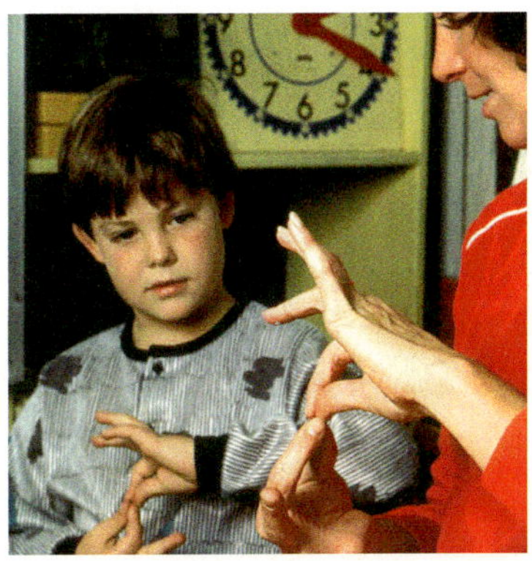

Sinne bei Mensch und Tier

Über *Sinnesorgane* nehmen Mensch und Tiere Informationen aus der Umwelt auf. Viele Tierarten verfügen über dieselben Sinne wie der Mensch. Jedoch: So vielfältig die Lebensweise der Tierarten ist, so verschieden ist auch die Spezialisierung der Sinnesorgane. Tiere können z. B. sehr schwache akustische oder chemische Signale aus der Umwelt wahrnehmen, die die entsprechenden Sinnesorgane des Menschen nicht reizen.

Eine ganze Reihe von Tierarten verfügt über Sinne, die beim Menschen nicht vorkommen. Wie diese Organismen damit ihre Umwelt erleben, können wir uns überhaupt nicht vorstellen. Dennoch ist es möglich zu erforschen, welche Einflüsse als Reize wirken, welche Reaktionen sie auslösen und welche Bedeutung diese Sinne für die jeweilige Lebensform haben. Außerdem gibt es verschiedenste Signale in der Umwelt, für die bei Organismen kein Sinnesorgan vorkommt.

Biologisch nicht wahrnehmbare Signale

Radiowellen, radioaktive Strahlung und Röntgenstrahlung sind Signale, für deren Aufnahme der Mensch und vermutlich auch Tiere keine Sinnesorgane besitzen. Diese Umwelteinflüsse können deshalb Organismen nicht wahrnehmen.

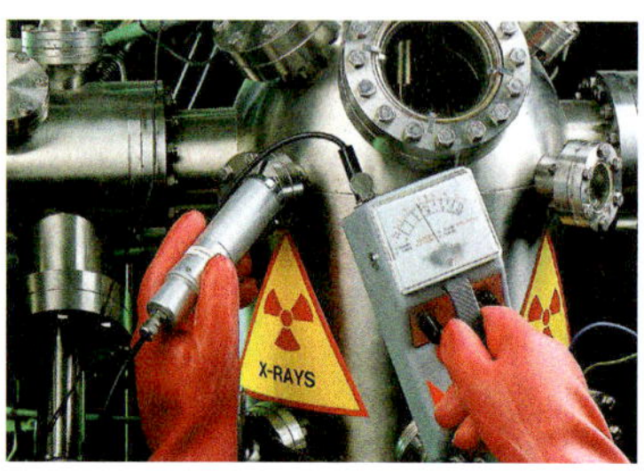

Für das Aufspüren dieser Strahlungsarten, die je nach Intensität für Lebewesen schädlich sein können, benötigt man spezielle technische Detektoren. Für Radiowellen benutzt man Funkempfänger. Radioaktive Strahlung und Röntgenstrahlung lassen sich mit Fotofilmen oder dem **Geiger-Müller-Zähler** nachweisen.

Bei der Entwicklung der Lebewesen auf der Erde (▶ S. 143) war es vermutlich nicht von existenzieller Bedeutung, dass Lebewesen Radiowellen, radioaktive Strahlung oder Röntgenstrahlung wahrnehmen konnten. Deshalb gibt es vermutlich für diese Signale keine Sinnesorgane. Erst durch die technischen Entwicklungen der Menschheit haben diese Strahlungsarten eine neue Bedeutung erfahren. Weil davon Gefahr ausgehen kann, müssen sie überwacht werden.

Die Sehwelt

Der Mensch orientiert sich stark mit dem Lichtsinn. Beim Menschen sind die Augen sehr wichtige Sinnesorgane, wie bei allen Herrentieren, den Primaten. Im Vergleich zu vielen anderen Tieren, deren Augen seitlich stehen, sind bei den Primaten die Augen nach vorne gerichtet und groß.

Das Blickfeld von linkem und rechtem Auge überlappt sich stark und ermöglicht so in diesem weiten Überlappungsbereich räumliches Sehen. Dies ist eine wichtige Voraussetzung für zielgerichtetes Greifen mit den Händen und scheint die Ursache dafür zu sein, dass man bei Primaten besonders häufig den Gebrauch von Werkzeugen oder anderen Hilfsmitteln beobachten kann. Unter den Säugetieren ist die Sehschärfe bei den Primaten am größten, bei Fledermäusen dagegen außerordentlich gering.

Die Hörwelt

Vor allem bei nachtaktiven Tieren findet man einen besonders gut ausgeprägten Hörsinn. Dies zeigt sich einerseits darin, dass sie sehr schwache Geräusche wahrnehmen können, die der Mensch nicht hört. Meist haben sie besonders große Ohrmuscheln, die den Schall auffangen und zum Gehörgang leiten.

Andererseits ist ihre Fähigkeit zur Bestimmung des Orts einer Schallquelle gut ausgeprägt. Während der Mensch die Lage zweier Schallquellen voneinander unterscheiden kann, wenn ihre Richtungen mindestens 8,4 Grad auseinander liegen, schaffen es Hunde bei 2,5 Grad und Katzen sogar bei 1,5 Grad. Ist die Schallquelle 10 m entfernt, so entspricht 1 Grad 17,5 cm.

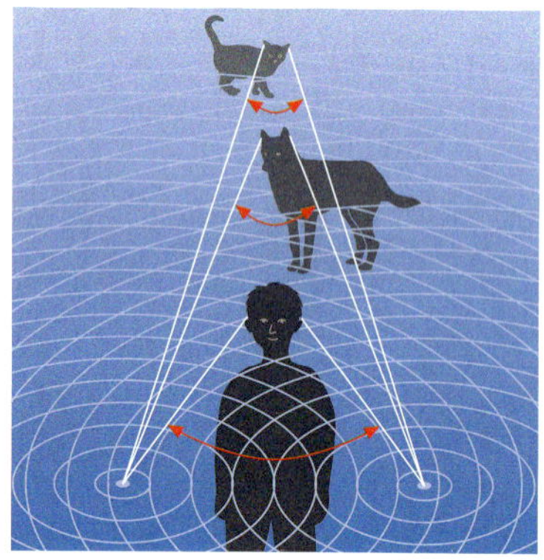

Die meisten jagenden Tiere, die ihre Beute mithilfe des Hörsinns aufspüren, orientieren sich an den Geräuschen, die ihre Beutetiere verursachen. Dagegen haben Delfine und die nachtjagenden Fledermäuse eine besondere Orientierungsmöglichkeit. Sie erkennen ihre Beute mit den Ohren, ohne dass die Beutetiere Geräusche verursachen.

Im 18. Jahrhundert beobachtete LAZZARO SPALLAZANI, dass Fledermäuse auch bei totaler Dunkelheit Hindernisse umfliegen können und im Vergleich zu seiner zahmen Eule keinen Lichtschimmer für die Beutejagd benötigten. 1938 gelang zwei Studenten der Havard Universität der Nachweis, dass Fledermäuse mit *Ultraschall* ihre Umgebung erkennen. So wie unsere Augen das Licht aufnehmen, das von den Objekten in unserer Umgebung ausgeht, können Fledermäuse mit den Ohren „sehen". Im Flug erzeugen sie für uns unhörbare Ultraschalllaute mit Frequenzen von 20 bis 100 Kilohertz und von enormem Schalldruck. Bis 120 dB wurden in der Nähe des Mauls

gemessen. Dies entspricht dem Lärm eines Düsenflugzeugs beim Start in 100 m Höhe.

An Hindernissen werden die Ultraschallwellen reflektiert. Die Oberflächenstruktur und die Größe des reflektierenden Objekts bestimmt den „Ton“ des entstehenden Echos, die Lage des Objekts im Raum die Richtung, aus der die Fledermaus das Echo empfängt, und die Entfernung wird an der Lautstärke erkannt. So können Fledermäuse ein Hindernis am Echo erkennen, obwohl sie es nicht sehen können. Während also die Orientierung des Menschen stark vom Sehen bestimmt ist, leben Fledermäuse in einer „Hörwelt“. Das zeigt sich besonders deutlich daran, dass sich blinde Fledermäuse ernähren können, dagegen gehörlose Tiere verhungern.

Die Riechwelt

Der Mensch verfügt, wie fast alle Primaten, über ein gering ausgeprägtes Geruchsvermögen. Er besitzt 20 Millionen Riechsinneszellen in der

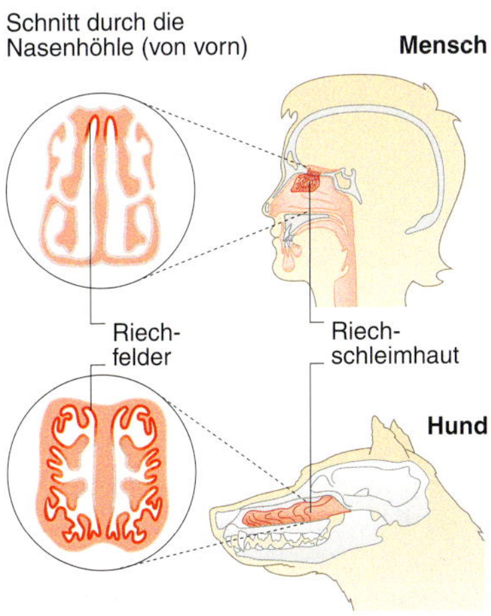

Nasenschleimhaut und damit wesentlich weniger als Tiere mit leistungsfähigerem Geruchssinn. Beim Kaninchen bilden 100 Millionen, beim Hund 230 Millionen und beim Reh sogar 300 Millionen Riechsinneszellen in der Nasenschleimhaut Riechfelder.

	Fläche der Riechschleimhaut in cm^2
Reh	ca. 90
Hund	75 – 200
Katze	ca. 20
Kaninchen	ca. 9
Mensch	2,5 – 5

Bei diesen Tieren wird der Geruchssinn zum leitenden Sinn. Sie nehmen ihre Umwelt vorwiegend über die Nase wahr. Dies findet man unter anderem bei Nagern, die ihren Weg mit Duftmarken kennzeichnen, bei Raubtieren, die ihre Beute durch die Witterung aufspüren, und den Huftieren, die ihre Fressfeinde frühzeitig wittern müssen, um rechtzeitig die Flucht vor ihnen ergreifen zu können.

Der magnetische Kompass

Zu den Sinnen, die der Mensch nicht besitzt, gehört der magnetische Sinn. Man findet ihn beispielsweise bei Zugvögeln. Mit seiner Hilfe können sie

sich beim Vogelzug selbst bei völlig bedecktem Himmel in der Nacht am Verlauf des Erdmagnetfelds orientieren. 1965 gelang es erstmals beim **Rotkehlchen** nachzuweisen, dass Tiere einen solchen „Magnetkompass“ besitzen. Inzwischen hat man bei 18 Zugvogelarten sowie bei Brieftauben den magnetischen Orientierungssinn nachweisen können.

Auch an Tauben hat man entdeckt, dass sie für ihre Orientierung das Erdmagnetfeld benutzen. Bringt man auf ihrem Kopf kleine Magnete an, so sind sie bei bedecktem Himmel nicht in der Lage, in den Schlag zurückzufinden. Erzeugt man ständig wechselnde Magnetfelder, so werden Tauben selbst bei klarem Himmel, der ansonsten eine Richtungsfindung am Sonnenstand ermöglicht, in ihrer Orientierung gestört.

Trotz intensiver Forschung hat man das magnetische Sinnesorgan noch nicht gefunden. Allerdings fand man im Kopf von Tauben und im Körper anderer Tiere eine magnetische Substanz biologischen Ursprungs. Man nimmt an, dass es sich dabei um Bestandteile eines Sinnesorgans handelt, auf das Magnetfelder einwirken können.

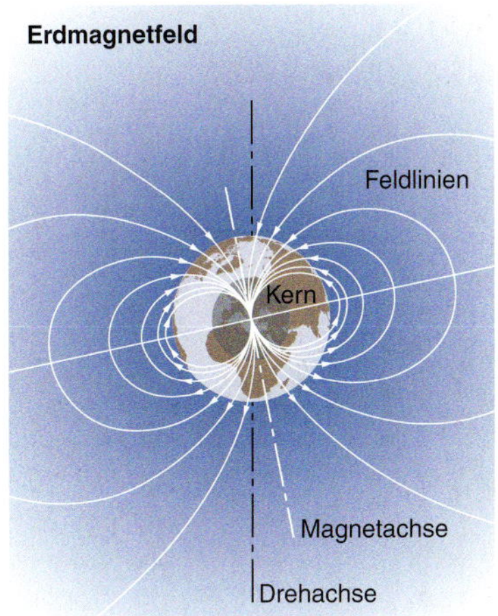

Elektroortung

Einige Süßwasserfischarten Afrikas und Südamerikas können sich elektrisch orientieren. Diese Elektroortung tritt bei Fischen auf, die den Lichtsinn nicht zur Orientierung nutzen können, weil sie nachtaktiv sind oder in trübem Wasser leben. Die Tiere erzeugen in ihrer Umgebung im Wasser ein elektrisches Feld. Gelangt ein Körper in dieses Feld und unterscheidet sich sein elektrischer Widerstand von dem des Wassers, so ändert sich das elektrische Feld. Das Tier erkennt die Veränderung mithilfe von Elektrorezeptoren. Dieser elektrische Sinn ist sehr leistungsfähig. Es ließ sich zeigen, dass die Tiere so Glasstäbe mit vier und sechs Millimetern Durchmesser unterscheiden konnten.

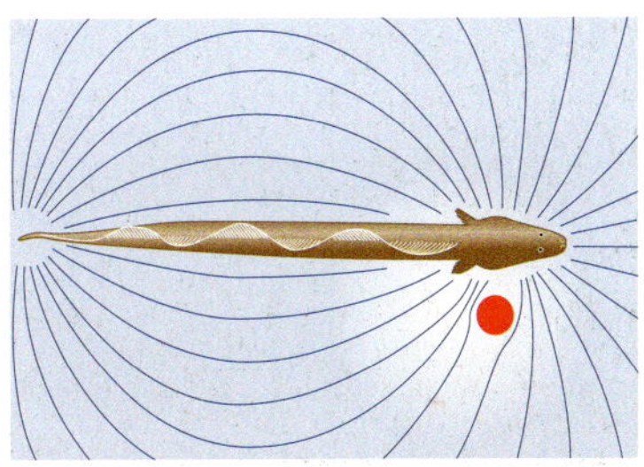

Hormone in Tieren

Hormone (gr. *hormao* = antreiben) sind chemische Signalstoffe, die in spezifischen Zellen (häufig Drüsen) gebildet, und bei Tieren in geringen Stoffmengen über das Blut zu den Wirkzellen transportiert werden.

Kaulquappen werden zu Fröschen. Bei diesem Gestaltwechsel entwickeln sich aus den an das Leben im Wasser angepassten Larven mit ihrem stromlinienförmigen Körper, dem langen Schwanz und den Kiemen schwanzlose Landtiere. Diese verfügen über Lungen und können mithilfe ihrer kraftvollen Beinmuskeln weite Sprünge machen. Bei dieser *Metamorphose* sind alle Veränderungen bis aufs Feinste aufeinander abgestimmt. Wie aber wird diese Metamorphose gesteuert?

1912 verfütterte der Wissenschaftler GUDERNATSCH Schilddrüsengewebe an Kaulquappen. Die Metamorphose lief bei diesen Tieren beschleunigt ab. Operierte man dagegen den Kaulquappen ihre Schilddrüse heraus, wuchsen sie zwar zu Riesenkaulquappen heran, aber die Metamorphose blieb aus. Aufgrund dieser Experimente untersuchten Wissenschaftler die Schilddrüse genauer und isolierten eine Substanz, das *Thyroxin*, von dem bereits die Zugabe von $^1/_{100}$ mg pro Liter Wasser genügt, um die Metamorphose bei den jungen Kaulquappen auszulösen.

Thyroxin wird auch in der Schilddrüse des Menschen produziert. Es hat jedoch eine andere Wirkung. Wenn es das erste Mal im Spätherbst kalt wird und überraschend Frost hereinbricht, ist man gegenüber Kälte besonders empfindlich und friert sehr schnell. Nach 1–2 Wochen ist man besser an die niedrigen Temperaturen angepasst. Der Körper produziert mehr Energie in Form von Wärme. Diese Anpassung erfolgt langsam und bleibt über Wochen erhalten. Die Steigerung der Wärmeproduktion bewirkt die Schilddrüse, weil sie das Hormon (▶ S. 144) Thyroxin vermehrt in den Blutkreislauf abgibt. Dieser *Botenstoff* veranlasst den Körper größere Mengen an energiereichen Substanzen abzubauen. Damit wird mehr Wärme erzeugt. Die Konzentration von Thyroxin im Blut bestimmt den Energieumsatz des Körpers im Ruhezustand, den *Grundumsatz*. Stoffe, die von Drüsen in den Blutkreislauf abgegeben werden und Informationen übermitteln, heißen *Hormone*. Mit dem Blutstrom kreisen sie durch den Körper und gelangen zu allen Organen.

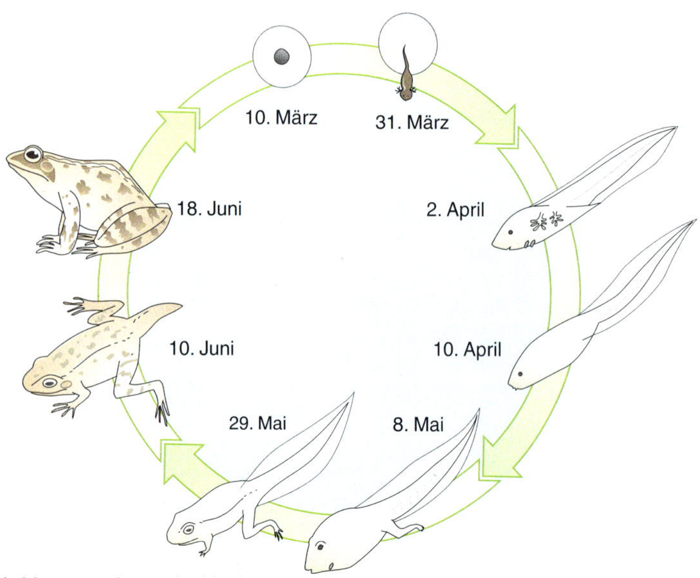

1 Metamorphose der Kaulquappe

Schlüssel-Schloss-Prinzip der Hormonwirkung

Warum aber wirken Hormone nur an ganz bestimmten Organen, den *Erfolgsorganen*? Nur diese Organe besitzen *Zielzellen*, in denen *Rezeptoren* in den Zellen oder in der Zellmembran vorhanden sind, zu denen das Hormon passt wie ein Schlüssel ins Schloss. Verbinden sich Hormon und Rezeptor, so entfaltet das Hormon seine spezifische Wirkung. Dazu genügen bereits geringste Hormonmengen. Thyroxin kann die Zellmembran passieren und bindet im Inneren der Zielzelle an den passenden Rezeptor. Rezeptor und das daran gebundene Thyroxin werden in den Zellkern transportiert. Der Zellkern veranlasst dann die Bildung bestimmter Enzyme, die für den Abbau energiereicher Stoffe, z. B. des Traubenzuckers in der Zelle benötigt werden.

Manche Hormone können die Zellmembran nicht passieren, sie werden an Rezeptoren der Zellmembran gebunden. Im Inneren der Zelle können diese *Botenstoffe* vorher blockierte Enzyme aktivieren werden und bestimmte Soffwechselreaktionen in Gang setzen. Ein Beispiel für eine solche Hormonwirkung ist *Adrenalin*. Es sorgt für einen erhöhten Blutzuckerspiegel, indem z. B. in Muskelzellen aus dem Speicherstoff Glycogen Traubenzucker (Glucose) freigesetzt wird.

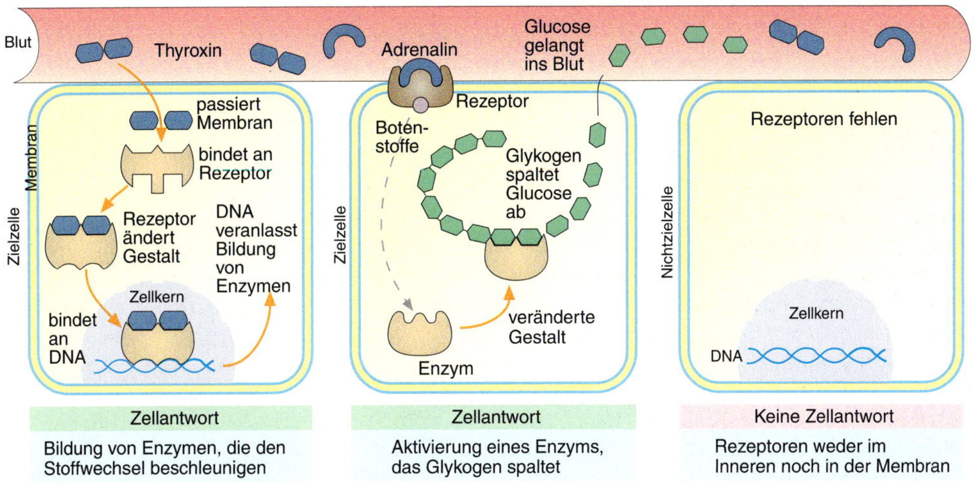

1 Wirkung von Hormonen

Hormone in Pflanzen

Eine Pflanze, die auf der Fensterbank steht, wächst zum Licht hin. Dreht man die Pflanze, verändert sie ihre Wuchsrichtung wiederum in die Richtung des Lichteinfalls. Dies gilt auch für den Spross eines Haferkeimlings. Wird er im Dunkeln gehalten oder gleichmäßig beleuchtet wächst er senkrecht nach oben. Beleuchtet man ihn jedoch nur von einer Seite, krümmt er sich zum Licht. Die Zellen auf der dunklen Seite wachsen schneller als die auf der hellen.

Charles und Francis Darwin beobachteten, dass sich der Keimling nur krümmen konnte, wenn die Spitze vorhanden war, wurde sie abgeschnitten krümmte sich der Keimling nicht. Da der Keimling jedoch unterhalb der Spitze wächst vermuteten die beiden Forscher, dass ein Signal von der Spitze in den tieferen Spross übermittelt wird, welches die Krümmung veranlasst. Der dänische Wissenschaftler Peter Boysen-Jensen zeigte, dass das Signal eine Substanz sein muss, die sich in der Pflanze von der Spitze nach unten bewegt. Der gesuchte Stoff konnte eine Gelatine-Scheibe, jedoch nicht eine Barriere aus festem Material passieren. Später konnte die gesuchte Substanz isoliert und identifiziert werden. Es handelt sich um das *Pflanzenhormon Auxin*. Dieses Hormon wirkt auf einzelne Pflanzenzellen, indem es das Längenwachstum dieser Zellen stimuliert.

Auxin (gr. *auxein*) = wachsen

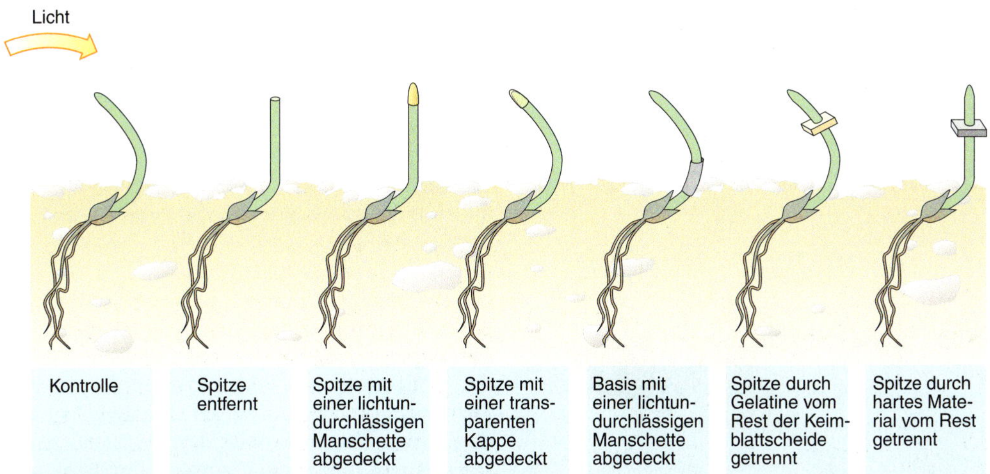

2 Versuche zum Fototropismus von Darwin und Boysen-Jensen

Botenstoffe im Körper

Mit dem Hormonsystem steht dem Körper neben dem Nervensystem eine weitere Möglichkeit der Steuerung zur Verfügung. Während die Übertragung durch Nerven sehr rasch geschieht erfolgt sie über Hormone viel langsamer. Die Wirkung hält länger an, da die Hormone länger im Blutkreislauf verbleiben und nur allmählich abgebaut werden.

Das Hormonsystem des Menschen besteht aus verschiedenen Drüsen (▶ S. 144). Die Abbildung 1 zeigt die Lage der Hormondrüsen und nennt wichtige Hormone sowie deren Wirkung.

An der Unterseite des *Zwischenhirns*, dem *Hypothalamus*, sitzt das übergeordnete Organ des Hormonsystems, die Hirnanhangdrüse oder *Hypophyse*. Sie ist etwa erbsengroß und wiegt $^1/_2$ Gramm. Hier werden hauptsächlich Hormone gebildet, die wiederum auf andere Hormondrüsen anregend wirken diese also steuern. Diese Hormone bezeichnet man daher allgemein als *Steuerhormone* bzw. als stimulierende Hormone. Am Beispiel der Ausschüttung des *Thyroxins* der *Schilddrüse* soll die Wirkung der Hypophyse verdeutlicht werden. Die Hypophyse produziert das Thyroxin stimulierende Hormon (TSH), das über die Blutbahn zur Schilddrüse gelangt und dort zur Ausschüttung des Thyroxins führt. Weitere solche Steuerhormone der Hypophyse sind das Follikelstimulierende Hormon (*FSH*) und ein Hormon, das die Nebennierenrinde zur Ausschüttung von Cortisol anregt, das ACTH (Adrenocorticotropes Hormon).

hormao (gr.) = antreiben

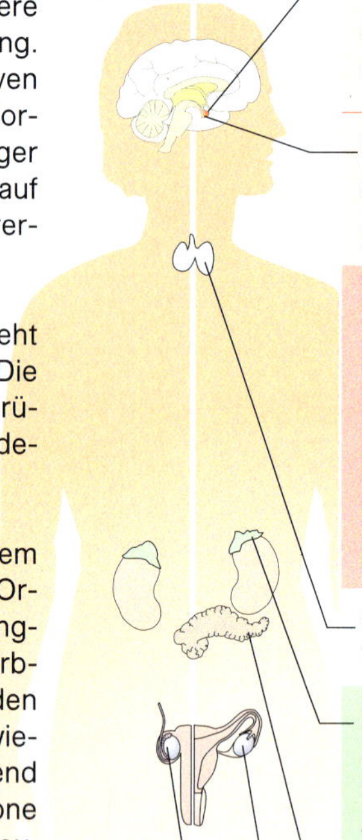

Drüse und Hormon	Wirkung
Hypophyse, Hinterlappen	
Adiuretin	Regelung des Wasserhaushaltes
Oxytoxin	Auslösung der Wehen
Hypophyse, Vorderlappen	
Somatropin	Knochenwachstum, Eiweißsynthese
Prolactin	Milchproduktion
Thyroxin stimulierendes Hormon	Anregung der Schilddrüse zur Thyroxinausschüttung(TSH)
Adrenocorticotropes Hormon (ACTH)	regt Nebenniere an
Follikel stimulierendes Hormon	Östrogenbildung, Entwicklung von Eizellen und Spermien
Luteinisierendes Hormon (LH)	Eisprung, Anregung der Progesteronbildung
Schilddrüse	
Thyroxin	Wachstum, Steigerung des Grundumsatzes
Nebennieren	
Cortisol (in der Rinde)	Ab- und Umbau von Eiweißen zu Glucose
Adrenalin (im Mark)	Glykogenabbau, Blutzuckerspiegel↑
Bauchspeicheldrüsen	
Insulin	Glykogenbildung, Blutzuckerspiegel↓
Glukagon	Glykogenabbau, Blutzuckerspiegel↑
Eierstöcke	
Östrogene	Zyklusregelung, Ausbildung weiblicher Sexualorgane
Progesteron	Erhaltung der Schwangerschaft
Hoden	
Testosteron	Muskelzunahme, Ausbildung männlicher Geschlechtsmerkmale

Steuerhormone

1 Lage der Hormondrüsen und ihre Aufgaben

Nur an Zellen bestimmter Organe befinden sich **Rezeptoren** zu denen bestimmte Hormone passen; wie ein Schlüssel nur in ein bestimmtes Schloss passt.

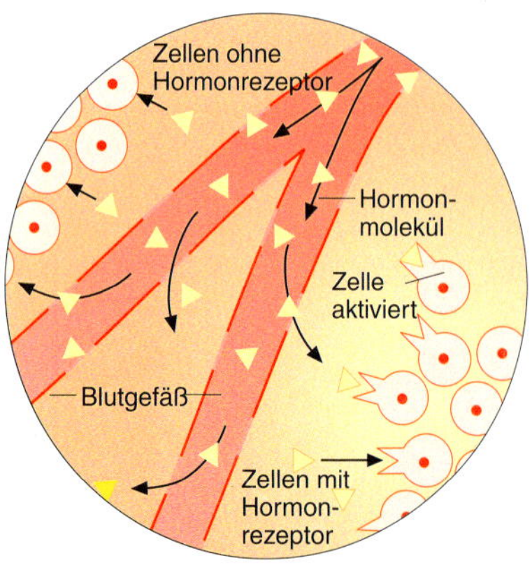

Regelung der Schilddrüsenfunktion

Die Abbildung links zeigt die Lage der Schilddrüse im menschlichen Körper. Sie liegt unterhalb des Schildknorpels am Kehlkopf. Der Kehlkopf ist der kleine, harte Vorsprung an deinem Hals. Du kannst ihn sehen und auch spüren. Beim Schlucken bewegt er sich nach oben.

In der Schilddrüse wird Thyroxin in die Blutbahn ausgeschüttet. Da im Körper, hauptsächlich in der Leber, Thyroxin langsam wieder abgebaut wird, muss die Schilddrüse Thyroxin ständig neu bilden. Die Synthese des Thyroxins wird von der Hypophyse über die Ausschüttung des „Thyroxin stimulierendes Hormon“ (TSH) gesteuert.

Wirkt eine Größe auf eine andere ein, sprechen wir von Steuerung. Als Symbol für den Steuerungsvorgang wird ein Pfeil in Steuerungsrichtung gezeichnet (s. Abb. 1). Schreibt man auf diesen Pfeil ein Plus-Zeichen ist die Wirkung gleichsinnig: je mehr desto mehr oder aber auch je weniger desto weniger. Eine Erhöhung der Thyroxinproduktion würde eine Erhöhung der Wärmeproduktion im Körper bewirken. Dieser Grundumsatz sollte sich jedoch nicht allzu schnell ändern. Der Thyroxinspiegel im Blut ist daher geregelt. Das Blut strömt auch durch die Hypophyse. Thyroxinempfindliche Zellen messen die im Blut enthaltene Konzentration des Schilddrüsenhormons. Ist diese zu niedrig wird die TSH-Abgabe vergrößert, ist sie zu hoch wird sie verringert. Damit liegt eine gegensinnige Beziehung vor: je mehr Thyroxin, desto weniger TSH und umgekehrt. Liegt eine solche Steuerung vor, schreibt man auf den Steuerungspfeil ein Minuszeichen (s. Abb. 1). Die Rückmeldung an die Hypophyse wird auch als *feed back* bezeichnet. Sind positive Beziehungen mit einer negativen Beziehung, also einer Rückmeldung gekoppelt, handelt es sich um einen Regelungsvorgang. Die Hypophyse ist der Regler, der den eingehenden Istwert der Thyroxinkonzentration mit dem Sollwert vergleicht und über die Ausschüttung von TSH in den Blutkreislauf den Istwert wieder dem Sollwert angleicht.

Doch wie kann im Winter die Wärmeproduktion im Körper gesteigert werden? Die Hypophyse steht unter Kontrolle des Hypothalamus. Der Hypothalamus ist die Verbindungsstelle zwischen Nervensystem und Hormonsystem im Gehirn (▶ S. 145). Spezialisierte Nervenzellen setzen hier Stoffe frei, die in die Hypophyse gelangen und sie beeinflussen. Da diese Stoffe von Nervenzellen bzw. Neuronen gebildet werden, bezeichnet man sie als *Neurohormone*. Der Hypothalamus ist also eine wichtige Schaltstelle im Gehirn. Er nimmt Einfluss auf den Regler Hypophyse und kann so den Sollwert, also die gewünschte Thyroxinmenge im Blutkreislauf des Körpers verändern.

Thyroxin enthält chemisch gebundenes Jod. Daher ist es wichtig, mit der Nahrung immer genügend Jod aufzunehmen. Nahrungsmittel, die viel Jod enthalten sind zum Beispiel Fisch und jodiertes Speisesalz. Ein Mangel kann zu einer *Schilddrüsenwucherung (Kropf)* führen, weil die Schilddrüse den Mangel an Jod durch mehr Schilddrüsebgewebe auszugleichen versucht.

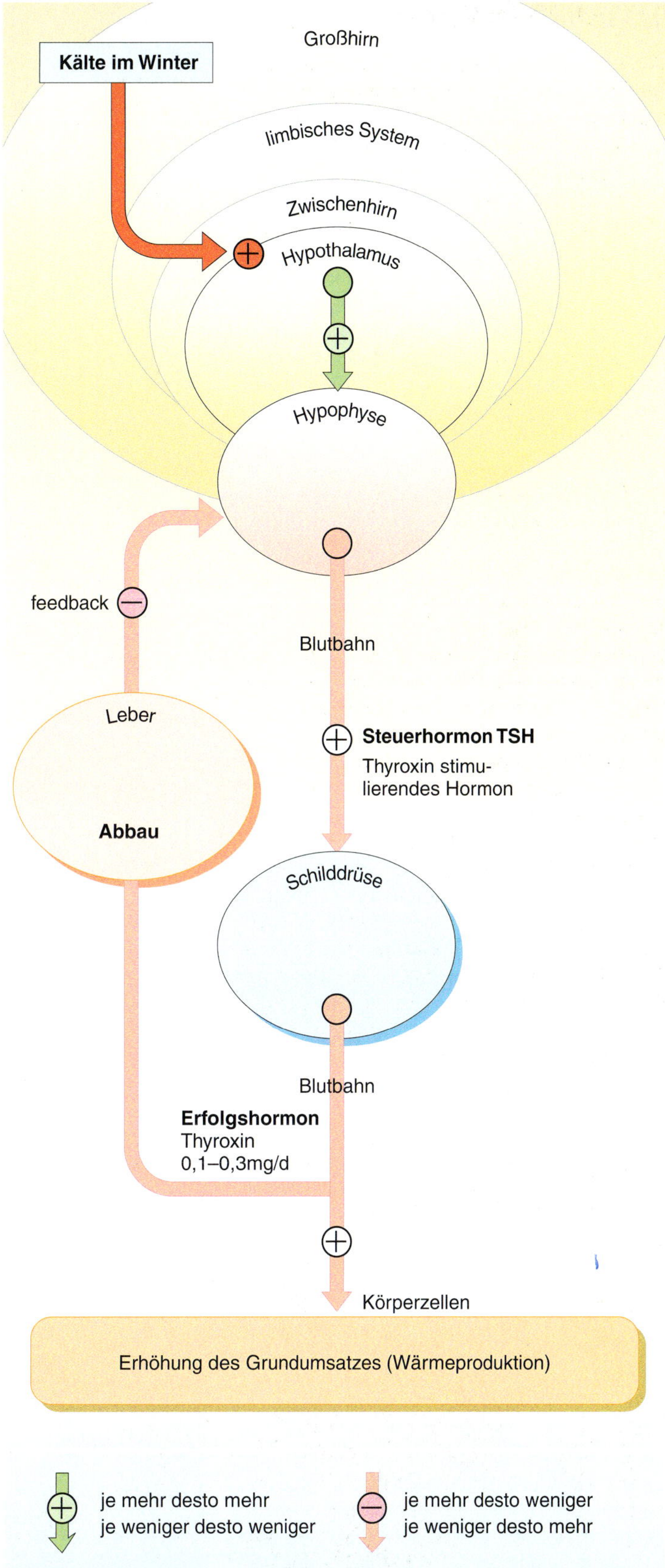

1 Die Hierarchie der Hormondrüsen

Der Blutzucker muss stimmen!

Große Pause – Pausenbrot. Eine Zwischenmahlzeit nach einigen Stunden Unterricht am Vormittag steigert die bereits absinkende körperliche und geistige Leistungsbereitschaft. Der *Blutzuckerspiegel* (▶ S. 145) wird wieder auf den richtigen Wert angehoben.

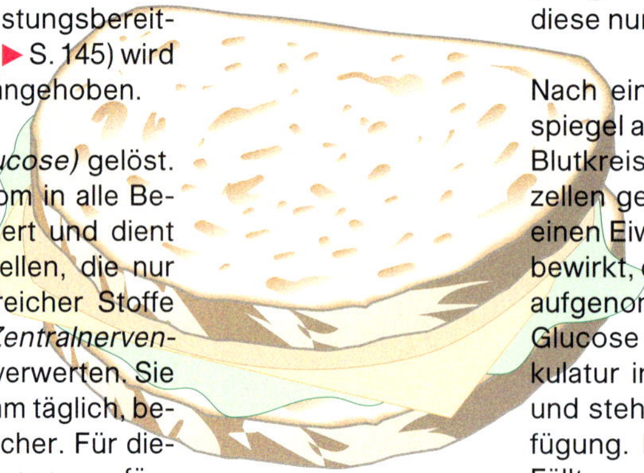

Im Blut ist *Traubenzucker (Glucose)* gelöst. Glucose wird mit dem Blutstrom in alle Bereiche des Körpers transportiert und dient der Energieversorgung der Zellen, die nur bei ständiger Zufuhr energiereicher Stoffe leben können. Die Zellen des *Zentralnervensystems* können nur Glucose verwerten. Sie benötigen davon etwa 75 Gramm täglich, besitzen aber keine Glucosespeicher. Für diese Zellen muss also ständig Glucose verfügbar sein.

produziert, die innerhalb des Gewebes der Bauchspeicheldrüse inselartig verteilt sind *(Langerhans'sche Inseln)*. Insgesamt sind diese nur etwa 2 Gramm schwer.

Nach einer Mahlzeit steigt der Blutzuckerspiegel an, weil im Dünndarm Glucose in den Blutkreislauf aufgenommen wird. Die Inselzellen geben daraufhin das Hormon *Insulin*, einen Eiweißstoff, in den Blutkreislauf ab. Es bewirkt, dass Glucose aus dem Blut in Zellen aufgenommen werden kann. Überschüssige Glucose wird in der Leber und in der Muskulatur in *Glykogen* und *Fett* umgewandelt und steht als gespeicherte Energie zur Verfügung. Dabei sinkt der Blutzuckerspiegel. Fällt er unter den Sollwert, etwa bei sportlicher Aktivität, werden die Speicher

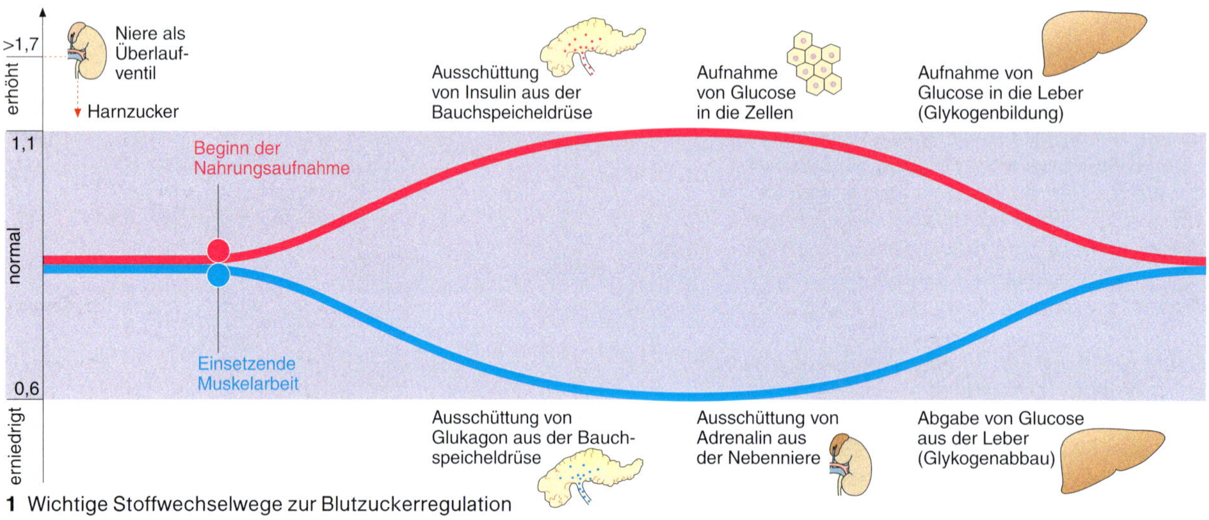

1 Wichtige Stoffwechselwege zur Blutzuckerregulation

Der Glucosegehalt des Blutes *(Blutzuckerspiegel, BZS)* liegt beim gesunden Menschen zwischen 0,6 – 1,1 Gramm/Liter. In der gesamten Blutmenge sind demnach beim Erwachsenen etwa 6 Gramm Glucose enthalten. Damit könnte der Energiebedarf des Körpers bei leichter körperlicher Arbeit für 30 – 40 Minuten gedeckt werden. Durch die Aufnahme kohlenhydratreicher Nahrung wird der Blutzuckerspiegel gesteigert.

Obwohl der Energiebedarf des Körpers und die mit der Nahrung zugeführte Zuckermenge ständig schwanken, muss der Blutzuckerspiegel stets innerhalb derselben Grenzen gehalten werden. An dieser Regelung sind vor allem zwei Hormone der *Bauchspeicheldrüse* beteiligt. Sie werden von Zellgruppen

Der deutsche Mediziner PAUL LANGERHANS (1847 – 1888) entdeckte 1869 die Inselzellen im Gewebe der Bauchspeicheldrüse.

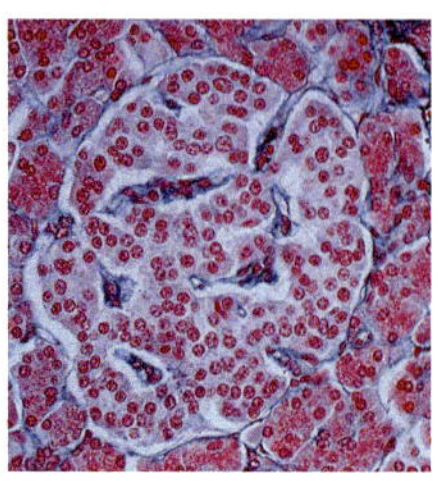

Inselzellen

angezapft. Die Bauchspeicheldrüse gibt dazu das Hormon *Glukagon* ab. Es ist der Gegenspieler *(Antagonist)* zum Insulin, weil es die Umwandlung von Glykogen in Glucose und deren Abgabe ins Blut einleitet. Der Blutzuckerspiegel steigt dadurch an. Dies bewirkt auch das Hormon *Adrenalin*, das im *Nebennierenmark* gebildet wird.

Aufgaben

① Erstelle ein Regelkreisschema für die Regulation des Blutzuckerspiegels und beschrifte es so weit als möglich.
② Insulin wird auch sinnvoll als Speicherhormon bezeichnet. Begründe.
③ Welche Wirkung hat Fasten auf den Insulin- und Glukagonspiegel im Blut?

Störungen bei der Blutzuckerregulation

Ob der Blutzuckerspiegel erhöht ist, kann mit *Urinteststäbchen* kontrolliert werden. Das Testfeld des Stäbchens wird in Urin getaucht. Tritt eine Farbveränderung auf, so ist Glucose im Urin. Dies ist der Fall, wenn der Blutzuckerspiegel einen Wert von 1,7 Gramm/Liter übersteigt. Die Nieren, die brauchbare Stoffe aus dem Blut zurückgewinnen, können dann die übergroße Glucosemenge nicht mehr zurückhalten. Sie geben Glucose aus dem Blut in den Urin ab.

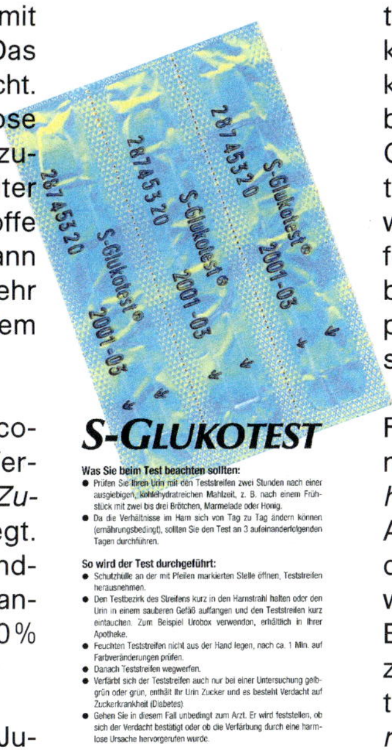

Lässt sich bei mehrfachem Testen Glucose im Urin nachweisen, so besteht der Verdacht, dass die bis heute nicht heilbare *Zuckerkrankheit (Diabetes mellitus)* vorliegt. Hierbei unterscheidet man jedoch grundsätzlich zwischen zwei Formen von Erkrankungen: *Diabetes mellitus Typ-I* (10 % – 20 % der Fälle) und *Diabetes mellitus Typ-II*.

Der Typ-I-Diabetes tritt im Kindes- und Jugendalter auf und ist darauf zurückzuführen, dass die Bauchspeicheldrüse des Betroffenen kein Insulin mehr bildet. Deutliche Anzeichen dieser Krankheit sind ständiges Hunger- und Durstgefühl, Mattigkeit und sinkendes Körpergewicht. Die Anlage dieses *Jugenddiabetes* wird vermutlich vererbt.

An der anderen Form, dem Typ-II-Diabetes, erkranken die Menschen meist erst im Alter zwischen 50 und 60 Jahren, weshalb er in der Umgangssprache auch als *Alterszucker* bezeichnet wird. Die meisten dieser Patienten sind übergewichtig und der Diabetes beruht darauf, dass u. a. wegen des Übergewichtes das zunächst im Übermaß vorhandene, körpereigene Insulin nicht mehr richtig wirken kann. Die Behandlung dieses Diabetes besteht zunächst in einer konsequenten Gewichtsreduktion und einem auf den Patienten abgestimmten *Ernährungsplan*. Im weiteren Verlauf der Behandlung kann es erforderlich werden, dass diese Diabetiker Tabletten einnehmen müssen, die die Insulinproduktion fördern und so den Blutzuckerspiegel senken.

diabet (lat.) = hindurchgehen

mellitus (lat.) = mit Honig versüßt

Der Mensch benötigt täglich etwa 2 Milligramm Insulin

Für Typ-I Diabetiker ist die Tablettentherapie nicht möglich, sie müssen sich das *Eiweißhormon Insulin* mehrmals täglich spritzen. Auch für sie ist, neben der genauen Insulindosis, die Einhaltung eines *Diätplanes* sehr wichtig. Da gerade bei Jugendlichen der Blutzuckerspiegel stark schwanken kann, z. B. durch unerwartete körperliche Belastungen, besteht die Gefahr der *Unterzuckerung*. Werden Symptome, wie Zittern, Herzklopfen, Schweißausbrüche, Schwindel und torkelnder Gang nicht richtig gedeutet, kann der Kranke bewusstlos werden. In diesem Fall droht Lebensgefahr; der Kranke muss dann sofort ärztlich versorgt werden.

Aufgaben

① Warum kann Insulin nicht in Tablettenform eingenommen werden?

② Typ-I Diabetiker spritzen sich mehrmals täglich Insulin. Weshalb wird die Insulindosis in mehrere Portionen aufgeteilt?

③ Wie kann der Diabetiker dem Unterzucker rasch entgegenwirken?

Zettelkasten

Eine alltägliche Geschichte?

„Zunächst dachte ich, es hängt mit dem heißen Sommer zusammen. Von Tag zu Tag verstärkte sich mein Durst, ich musste ständig eine Flasche mit Sprudel neben mir haben. Selbst wenn ich täglich mehrere Liter trank – das Durstgefühl blieb. Lästig war auch, dass ich so oft zur Toilette musste. Häufig war ich schnell müde und hatte oft Kopfschmerzen. Und dann immer dieser Hunger, ich konnte immerzu essen. Doch trotz bester Ernährung nahm ich ab. Meinem Hausarzt war bald klar, was los war. Er schloss aus meinen Krankheitserscheinungen, ich müsse auf Zuckerkrankheit, ‚Diabetes mellitus', untersucht werden".

Urin- und Blutuntersuchungen im Krankenhaus wiesen einen zu hohen Blutzuckergehalt nach („200 Zucker"). Zweimal pro Tag erhielt Frank eine *Insulinspritze*. Ein Ernährungsplan wurde erstellt, der festlegte, welche Nahrungsmittel Frank in bestimmten Mengen und zu vorgeschriebenen Tageszeiten essen durfte. Er wurde so auf seine *Zuckerkrankheit* eingestellt.

Heute ist Frank 20 Jahre alt und hat es gelernt, mit seiner Krankheit zu leben. Er weiß genau, was und wie viel er essen darf. Geht er auf Reisen, sind Insulin, Einmalspritzen, Blutzuckermessgerät und Urinteststreifen immer im Gepäck.

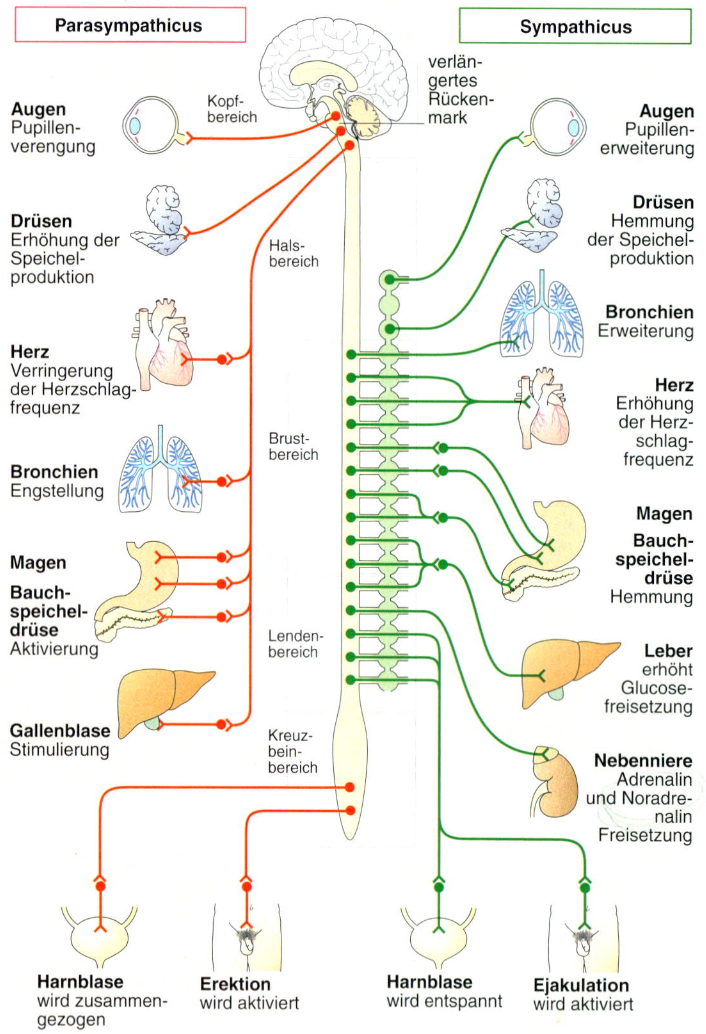

1 Einflüsse des vegetativen Nervensystems

Stress und Vegetatives Nervensystem

Ein Mensch liegt in der Savanne am Lagerfeuer und ruht sich aus. Plötzlich hört er ein Knacken, ein Raubtier nähert sich. Ohne nachzudenken springt er auf und stürmt davon, um einen sicheren Ort zu erreichen. Das Herz schlägt rasend schnell, die Atmung ist extrem beschleunigt. Eine Stresssituation wie sie beim Urmenschen häufig auftrat. Doch auch im Schulalltag gibt es Stress. Während du mit den Gedanken weit weg bist, ruft dich plötzlich der Lehrer auf. Du schrickst zusammen, die Hände werden schweißnass, das Herz schlägt dir bis zum Hals, der Magen krampft sich zusammen und du bekommst kein Wort heraus.

Die beiden Beispiele zeigen, wie der Körper auf Stresssituationen reagiert. Doch was versteht man eigentlich unter Stress (▶ S. 145)? Das englische Wort bedeutet Druck. In der Medizin versteht man darunter Einflüsse auf den Organismus wie Hitze, Schmerzen und bedrohliche Situationen, die Angst auslösen. Diese Situationen werden als *Stressoren* bezeichnet. Die Einwirkung von Stressoren beantwortet der Körper mit einer Erhöhung der Leistungsbereitschaft, der *Stressreaktion*. An dieser sind sowohl das vegetative Nervensystem als auch das Hormonsystem beteiligt.

Das vegetative Nervensystem

Das vegetative Nervensystem steuert und regelt lebensnotwendige Körperfunktionen innerer Organe wie Atmung, Verdauung und Ausscheidung. Es arbeitet meist ohne dass uns dies bewusst wird. Es wird daher auch als *autonomes Nervensystem* bezeichnet. Die Zentren des vegetativen Nervensystems liegen im Gehirn. Von den Sinnesorganen kommende Informationen werden dort mit negativen Gefühlen wie Angst oder positiven, wie Freude bewertet. Über das vegetative Nervensystem kann dies dann zu entsprechenden Reaktionen der inneren Organe, wie Schweißausbrüchen und verstärktem Herzschlag führen. Das vegetative Nervensystem wird in zwei Teilsysteme, den *Sympathicus* und den *Parasympathicus* (s. Abb. 1) gegliedert.

Sympathicus: Vom Gehirn ausgehend bildet er auf beiden Seiten der Wirbelsäule Nervenknoten, die auch als Grenzstränge bezeichnet werden. Dort werden die Nerven umgeschaltet und gelangen schließlich zu den inneren Organen.

Parasympathicus: Er besteht hauptsächlich aus einem im verlängerten Rückenmark entspringenden Nerv, der zu den meisten inneren Organe führt. Anders als der Sympathicus versorgt der Parasympathicus Blase und Genitalien direkt aus dem Kreuzbeinbereich der Wirbelsäule heraus.

Antagonismus: Die inneren Organe sind sowohl mit sympathischen als auch mit parasympathischen Nerven verbunden. Sie arbeiten als Gegenspieler. Der Sympathicus steigert die körperliche Leistungsfähigkeit, mobilisiert Energiereserven und versetzt den Körper in erhöhte Alarmbereitschaft. Der Parasympathicus fördert dagegen die Regeneration des Körpers.

Die Stressreaktion

Bei der Stressreaktion wirken Nervensystem und Hormonsystem zusammen. Über das Nervensystem wird eine schnelle Reaktion des Körpers ermöglicht, über das Hormonsystem eine längerfristige Wirkung hervorgerufen.

Aktivierung des Nervensystems: Die optischen und akkustischen Stressreize lösen elektrische Impulse aus, die im Großhirn wahrgenommen werden und Angstgefühle hervorrufen. Im Moment der Gefahr wäre jedes Nachdenken Zeitverschwendung, eine Denkblockade stellt sich ein. Der Hypothalamus im Gehirn sendet Impulse über den Sympathicus zum Herzen, zu den Blutgefäßen und zum Nebennierenmark. Das Herz schlägt schneller. Die Hormondrüse *Nebennierenmark* setzt Adrenalin und Noradrenalin ins Blut frei. Die Blutgefäße, mit Ausnahme der Muskelgefäße, verengen sich, der Blutdruck steigt. Mit dem Blutstrom gelangt Adrenalin in das Gehirn und intensiviert die Lungenatmung. Die Schweißsekretion wird angeregt, die energieverbrauchende Verdauungstätigkeit vermindert, da sämtliche Energiereserven für die Muskelarbeit benötigt werden. Zusätzlich werden in Leber und Muskeln Glykogen und Fett zur Energiegewinnung mobilisiert.

Wirkung der Nebennierenrindenhormone: Kurze Zeit nach der Adrenalinreaktion wird über das Gehirn auch die Hypophyse aktiviert. Sie schüttet darauf hin ACTH (adrenocorticotropes Hormon), ein Steuerhormon aus. Dieses erreicht über die Blutbahn die Hormondrüse Nebennierenrinde, die darauf hin Nebenrindenhormone, z. B. Cortisol ins Blut abgibt. In Leber und Muskeln setzen diese Hormone aus dem Speicherstoff Glycogen Traubenzucker frei. Zusätzlich werden vermehrt rote Blutkörperchen aus der Milz in die Blutbahn ausgeschüttet. Verdauungsprozesse, die Sexualfunktionen und die Immunreaktion werden gehemmt.

Erholungsphase: Wirkt der Stressor nicht mehr ein, sinken unter Einfluss des Parasympathicus die Aktivierungsprozesse sowie die Hormonkonzentrationen im Blut wieder auf Normalwerte ab. Die erhöhten Fettwerte zur Deckung des Energiebedarfs werden jedoch nur bei körperlicher Anstrengung verbraucht. Unterbleibt diese lagern sich fettähnliche Stoffe an den Arterienwänden ab, die dadurch enger werden. Dieses als Arteriosklerose bezeichnete Krankheitsbild ist

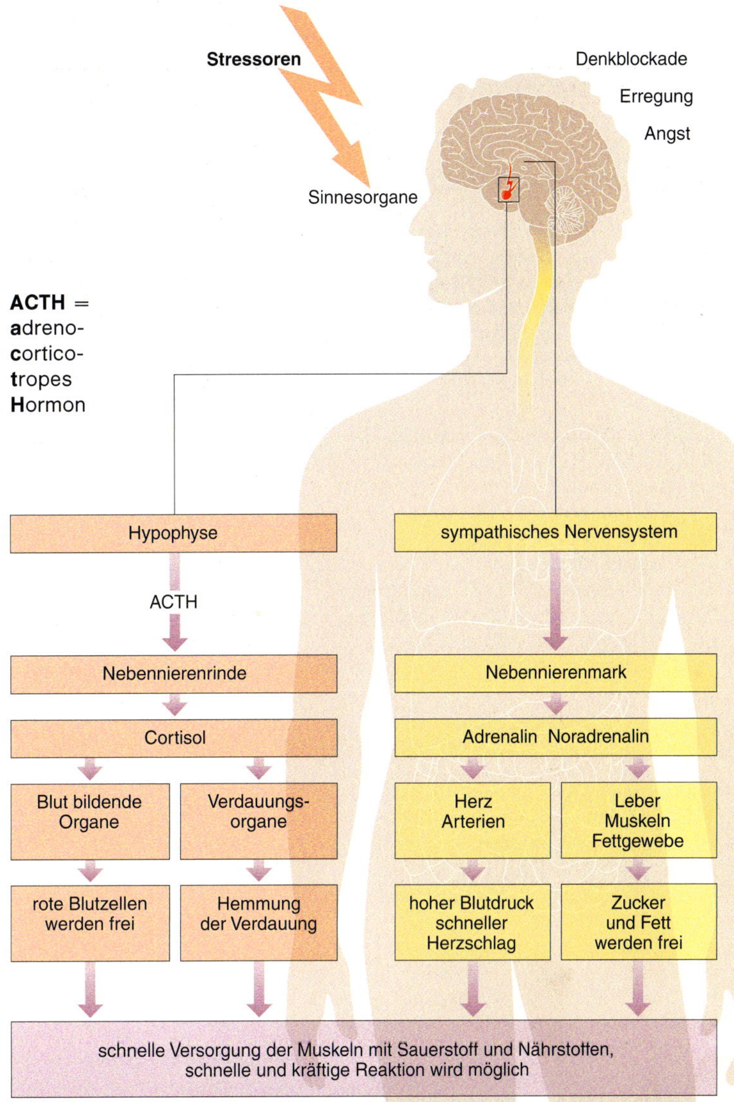

1 Zusammenarbeit von Nerven- und Hormonsystem bei Stress

typisch für Menschen in Industriestaaten, die häufig unter Stress leiden, aber die Alarmbereitschaft des Körpers nicht mehr mit Bewegung und körperlicher Aktivität beantworten können oder wollen.

Aufgaben

① Beschreibe die Wirkungen von Adrenalin.
② Was versteht man unter Stress? Beschreibe, wie es zu diesem Zustand kommen kann.
③ Ein über längere Zeit erhöhter Adrenalingehalt des Blutes bewirkt eine vermehrte ACTH-Ausschüttung. Warum ist dies biologisch sinnvoll?
④ Erkläre die Zusammenhänge zwischen der Erkrankung „Arteriosklerose“ und dem Faktor Stress mit deinen eigenen Worten.

Steuerung und Regulation

Am Beispiel der Thyroxinproduktion und der Blutzuckerregulation wurde deutlich, dass Steuerungs- und Regelungsvorgänge im Organismus eine große Rolle spielen. Aber auch in der Technik werden viele Prozesse gesteuert und geregelt.

Sowohl in der *Regelungstechnik* als auch bei biologischen Regelungsvorgängen gebraucht man eine Reihe von übereinstimmenden Fachbegriffen und Symbolen. Um die Vorgänge darzustellen verwendet man Kästen und Pfeile. Ein Pfeil bedeutet die Einwirkung einer Größe auf eine andere. Ist der Pfeil dünn gezeichnet wird Information übertragen, ist er dick handelt es sich um Stoffströme.

Regelung der Raumtemperatur

In einem Zimmer soll die Raumtemperatur konstant gehalten werden, sie wird als **Regelgröße** bezeichnet. Sie soll beispielsweise 20 °C betragen. Diesen Wert bezeichnet man als **Sollwert**. Öffnet man das Fenster geht Wärme verloren. Da die abgegebene Wärme störend auf den Sollwert einwirkt bezeichnet man sie auch als **Störgröße**. Da nun die Raumtemperatur sinkt, muss Wärme nachgeliefert werden. Dies geschieht, indem der Brenner anspringt und Wärme produziert. Diese Wärme wird als **Stellgröße** bezeichnet. Wie aber wird der Brenner darüber informiert, dass er anspringen soll? Im Raum muss ein Thermometer installiert sein, also ein **Messfühler**, der die Raumtemperatur misst und die Information über die zu niedrige Temperatur an ein Thermostat, den **Regler**, übermittelt. Dieser vergleicht den gemessenen Wert, den **Istwert** also beispielsweise 18 °C mit dem **Sollwert**. Das Thermostat hält den Brenner solange in Gang, bis im Thermostat Istwert und Sollwert übereinstimmen. Die Information an den Brenner wird als **Stellwert** bezeichnet. Da der Brenner für die erneute Einstellung der Raumtemperatur verantwortlich ist bezeichnet man ihn als **Stellglied**. Die in den Raum transportierte Wärme ist die **Stellgröße**. Ist es im Raum beispielsweise zu warm, kann am Thermostat die Sollwerteinstellung verändert, also z. B. auf 19 °C eingestellt werden. Diese Neueinstellung nimmt der Raumbewohner vor. Diese übergeordnete Instanz, die den Sollwert vorgibt wird als **Führungsglied** bezeichnet.

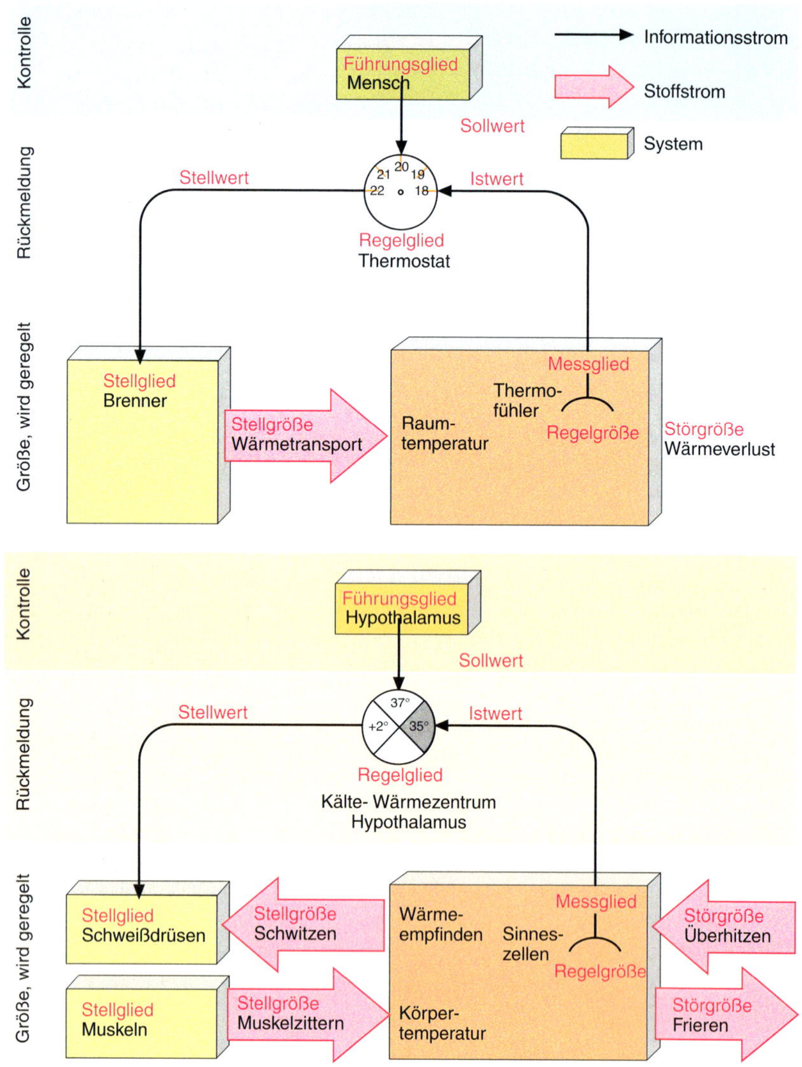

1 Steuerung und Regulation in technischen Systemen und beim Menschen

Körpertemperatur

Vögel und *Säugetiere* sind in der Lage ihre Körpertemperatur in engen Grenzen konstant zu halten. An dieser Regelung sind zwei verschiedene Stellglieder beteiligt: Die Muskulatur zur aktiven Erwärmung, und Schwitzen bzw. Hecheln zur aktiven Abkühlung.

Bei wechselwarmen Tieren übernehmen Verhaltensänderungen teilweise die Stellgliedfunktion: *Reptilien* im Hochgebirge oder in der Steppe regulieren ihre Körperwärme durch Sonnenbäder am Tag bzw. das Aufsuchen geschützter Höhlen in der Nacht.

Hormone

Zur Regelung des *Blutzuckerspiegels* greifen mehrere Regelkreise ineinander (vernetzte Systeme). Der Zuckergehalt des Blutes wird ständig gemessen und in einem Bereich von 60 – 120 mg Glucose pro 100 ml Blut gehalten. Wie bereits beschrieben, sind daran hauptsächlich zwei Hormone der Bauchspeicheldrüse (Insulin, Glukagon) beteiligt. Deren Aktivität wird wiederum von weiteren Organen, Nervensignalen und Hormonen, z. B. dem Adrenalin beeinflusst. Faktoren wie Stress, Nahrungsaufnahme, Muskeltätigkeit oder Ruhe wirken als Störgrößen.

Hormone Stellgröße Störgröße

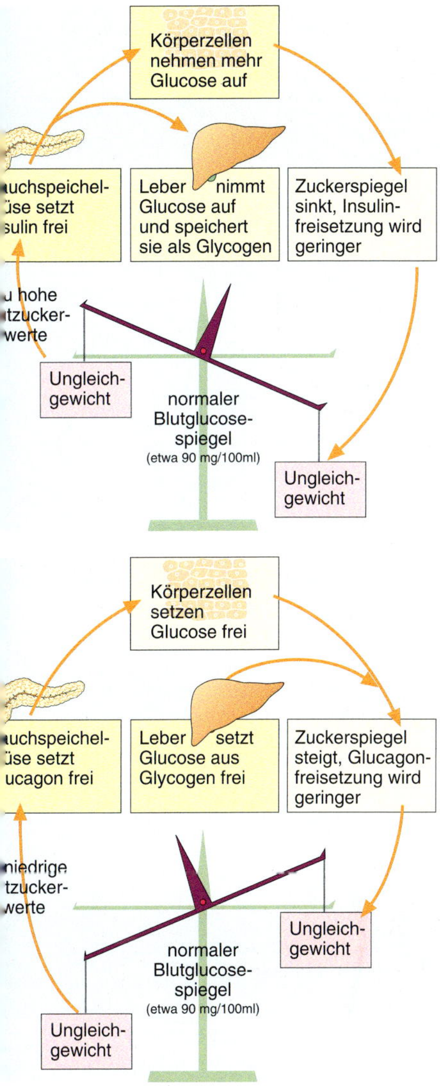

1 Regelung des Blutzuckerspiegels

Weibliche *Geschlechtshormone* steuern und regeln den weiblichen Zyklus. Regelmäßig etwa alle vier Wochen reift eine Eizelle in einem der Eierstöcke heran. Da dies bedeutet, dass nun eine Schwangerschaft erfolgen könnte, ist es sinnvoll, dass auch die Gebärmutter darauf vorbereitet wird: Durch die Hormonwirkung verdickt sich die Schleimhaut und lagert Nährstoffe ein. Erfolgt keine Befruchtung, so würde eine weiterhin verdickte Schleimhaut die Verschwendung wertvoller Nährstoffe bedeuten. Hormone bewirken daher das Abstoßen der Schleimhaut; die Menstruation setzt ein.

Regulation der Atem- und Herzfrequenz

Wenn wir Sport treiben, erhöhen sich die Herz- und die Atemfrequenz. Die beanspruchten Muskeln benötigen mehr Energie, sodass die Zellatmung in den Muskelzellen verstärkt abläuft. Der jetzt durch das Blut transportierte Sauerstoff reicht hierzu nicht mehr aus. Es muss sichergestellt werden, dass mehr Sauerstoff zu den Muskelzellen gelangt. Sauerstoffempfindliche Zellen im Gehirn messen den Sauerstoffgehalt des Blutes und sorgen dafür, dass durch verstärkte Atembewegungen mehr Luft und mit ihr Sauerstoff in die Lungen gelangt. Gleichzeitig wird das Herz über Nervenimpulse angeregt, das nun sauerstoffreichere Blut schneller im Körper zu verteilen.

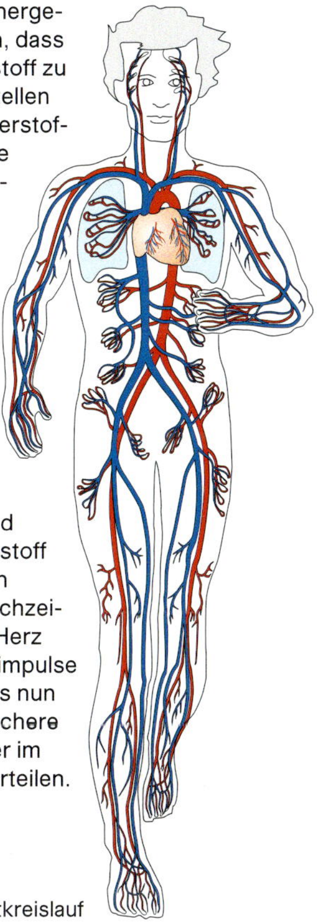

3 Blutkreislauf

Regulation der Wasserverdunstung

In den grünen Blättern der Pflanze findet die Fotosynthese statt. Das hierzu notwendige Wasser wird aus den Wurzeln über Leitungsbahnen zu den Zellen im Blatt geleitet. Kohlenstoffdioxid gelangt durch die Spaltöffnungen ins Blatt hinein. Schließzellen kontrollieren die Größe der Öffnung, indem sie ihre Form verändern. Wird im Tagesverlauf die Lichteinstrahlung immer stärker und steigt dadurch die Temperatur, so verdunstet die Pflanze viel Wasser. Im Sommer kann dies lebensbedrohlich für die Pflanze werden. Sie verschließt die Spaltöffnungen. Die Pflanze vermeidet so zu große Wasserverluste. Wird es kühler, so werden die Spaltöffnungen wieder geöffnet.

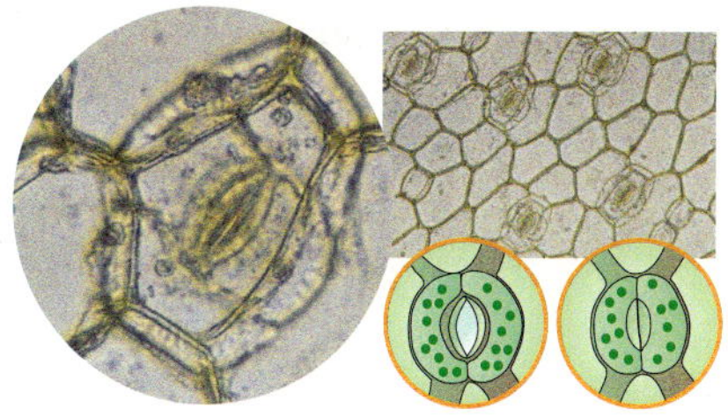

4 Spaltöffnungen

Nachts schließt die Pflanze ebenfalls die Spaltöffnungen, denn im Dunkeln findet keine Fotosynthese statt. Das Öffnen und Schließen der Spaltöffnungen ist also geregelt. Licht und Kohlenstoffdioxidmangel bewirken das Öffnen, Dunkelheit und zu große Wasserverluste das Schließen der Spaltöffnungen.

Aufgaben

① Welche Auswirkungen hat eine Verstellung des Sollwerts der Köpertemperatur von 37 °C auf 40 °C zu Beginn einer Infektionskrankheit (Beginn des Fiebers)? Wie hoch ist der Stellwert?

② Der Thyroxingehalt im Blut soll durch einen geregelten Kreislauf konstant gehalten werden:
- Die Schilddrüse setzt Thyroxin frei, das in der Leber nach einiger Zeit wieder abgebaut wird.
- Die Konzentration an Thyroxin wird durch spezielle Rezeptoren im Hypothalamus gemessen.
- Die Ausschüttung des Thyroxins wird durch die Hypophyse geregelt, welche TSH ausschüttet und so die Schilddrüse zur Hormonproduktion anregt.
- Der Hypothalamus wirkt als übergeordnetes Zentrum, welches die Hypophyse beeinflusst.

Übernimm das Regelkreisblockschema in dein Heft. Ordne den allgemeinen Begriffen der oberen Grafik (Abb. 52.1) die entsprechenden Begriffe bei der Regulation der Thyroxinkonzentration im Blut zu.

③ Suche nach weiteren Beispielen für Regelungsvorgänge im Körper?

④ Bei der Blutzuckerregulation ist die Erhöhung des Blutzuckerspiegels mehrfach abgesichert, die Erniedrigung des Blutzuckerspiegels dagegen nicht. Erkläre diese Aussage und versuche mithilfe der Evolutionstheorie eine Begründung zu finden.

Sinne –Nerven – Hormone

Um Informationen aus der Umwelt wahrnehmen und verarbeiten zu können sind Sinnesorgane und das Nervensystem wichtig. Hormone steuern meist im Körperinneren wichtige Funktionen.

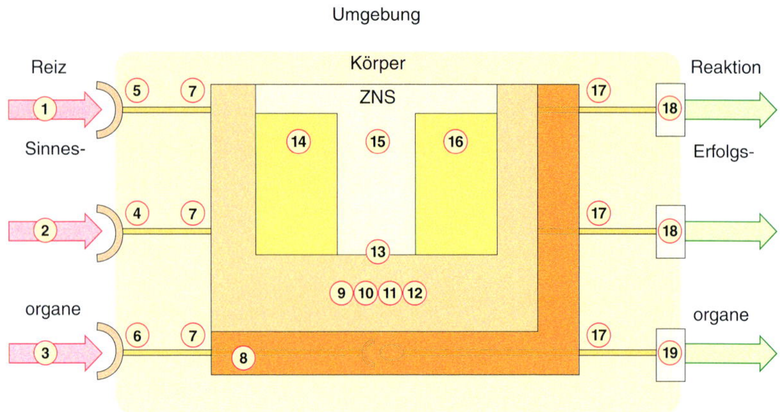

1 Reiz-Reaktionsschema

Reiz – Reaktion

Der menschliche Körper ist ein biologisches System, das Reize aus der Umwelt aufnehmen, verarbeiten und mit bestimmten Reaktionen beantworten kann. Der Reizaufnahme dienen **Sinnesorgane**, z.B. das *Auge* und *Ohr* die adäquate Reize (*Licht*, *Schall*) in den Sinneszellen bzw. Rezeptoren in elektrische Signale umwandeln. Die Informationen werden über *sensorische Nerven* entweder über das Rückenmark oder direkt zum Gehirn geleitet. Das **Gehirn** besteht aus *Großhirn*, *Zwischenhirn*, *Mittelhirn*, *Kleinhirn* und *Nachhirn*. Wichtige Teile des Großhirns sind die Rindenfelder. In den *Sensorischen Feldern* werden die von den Sinnesorganen eintreffenden Erregungen verarbeitet. Die *Motorischen Felder* aktivieren die Muskeln und lösen Willkürbewegungen aus. Die *Assoziationsfelder* verbinden sensorische und *motorische Felder*. Die Verbindung zwischen ZNS und den Muskeln wird durch Motorische Nerven hergestellt, die Signale zu den *Muskeln* senden, die sich entsprechend zusammenziehen.

Wird ein Reiz, z.B. der *Schlag auf die Kniesehne*, von der *Muskelspindel* registriert, im Rückenmark ohne Beteiligung des Gehirns umgeschaltet und der *Muskel des Oberschenkels* darauf kontrahiert, spricht man von einem Reflex.

Aufgaben

① Ordne den Ziffern der Abbildung 1 die im Text kursiv gedruckten Begriffe zu.

Diabetes

② Fertige eine Tabelle an und liste die Unterschiede zwischen Diabetestypen I und II auf.

③ Interpretiere die untenstehende Grafik.

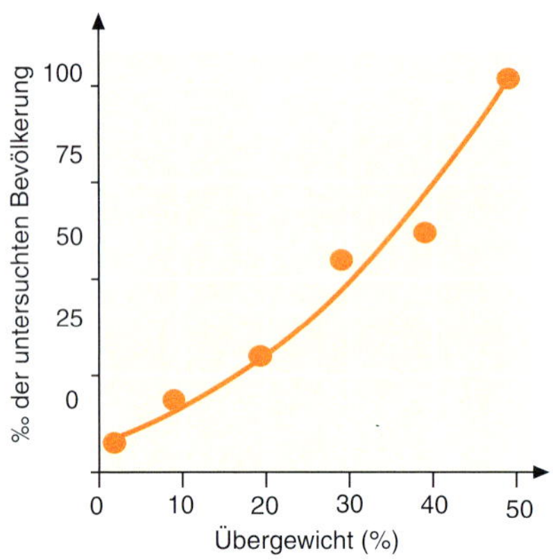

2 Häufigkeit des Typ-II-Diabetes in Abhängigkeit von Übergewicht (in %)

Diabetes Typ II beruht häufig darauf, dass zunächst zwar genügend Insulin in die Blutbahn ausgeschüttet wird, aber die Rezeptoren der Zielzellen vermindert sind. Von der Anzahl der Rezeptoren hängt es ab, wie viel Glucose die Zielzellen aufnehmen können, da die Besetzung der Rezeptoren mit Insulin Membranporen öffnet, durch die Glucose in die Zelle gelangt.

Aufgabe

④ Entwerfe für die Insulinwirkung an der Membran ein Schema.

Um die geringere Anzahl an Rezeptoren auszugleichen wird ständig eine erhöhte Insulinmenge produziert. Dadurch kommt es zu einer Überforderung der Bauchspeicheldrüse und die Insulinproduktion sinkt allmählich. Die untenstehenden Kurven wurden durch einen Glucose-Belastungstest ermittelt. Die

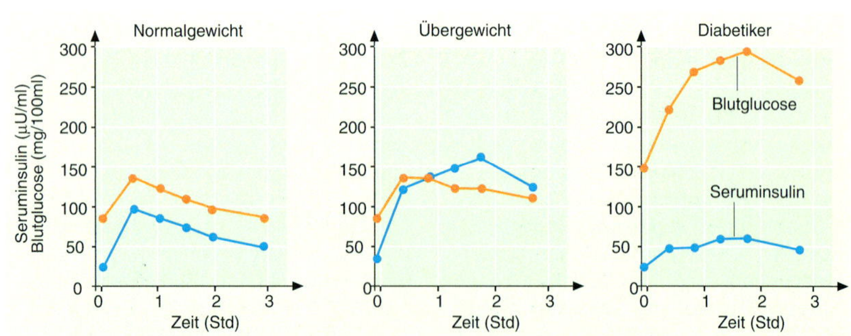

3 Konzentrationsänderungen von Blutzucker und Insulin im Glukosebelastungstest

Versuchspersonen trinken eine Zuckerlösung mit 100 g Glucose. Danach werden halbstündlich die Glucose und die Insulinkonzentration im Blut bestimmt.

Aufgabe

⑤ Vergleiche die drei Testgruppen und interpretiere die Grafiken.

Nervensystem und Nervenzelle

⑥ Ein Schüler berichtet seinem Freund aus dem Biologieunterricht, in dem die Nervenzelle und das Nervensystem durchgenommen wurden. Leider hat er viele Fachausdrücke vergessen. Kannst du ihm helfen? Schreibe in dein Heft.

Das Nervensystem des Menschen besteht aus dem ________ und dem peripheren Nervensystem. Das Gehirn enthält die meisten Nervenzellen. Nervenzellen stehen in Kontakt mit anderen Nervenzellen oder Muskeln. Diese Verbindungsstelle bezeichnet man als ________. Der Bau der Nervenzelle ist bemerkenswert. Am Zellkörper entspringen viele Fortsätze, die ________. Sie stellen die Verbindung zu ________ her. Ein langer Ausläufer, das ________ leitet die Informationen zu Drüsen, anderen Nervenzellen und zu den ________ weiter. Am Ende des langen Fortsatzes befinden sich die ________, die in kleinen Bläschen einen ________ enthalten. Der lange Fortsatz ist häufig von elektrisch isolierenden ________ umgeben. In gewissen Abständen sind sie durch ________ unterbrochen. Elektrische Impulse können mit Geschwindigkeiten bis zu ________ weitergeleitet werden, die ________ wirken als Verstärker, so dass sich die elektrischen Impulse nicht abschwächen. Der schmale Zwischenraum zwischen Nervenzelle und Muskelzelle wird als ________ bezeichnet. Die Muskelfasermembran enthalten Proteine mit einer spezifischen Raumstruktur, die ________. Nach dem Schlüssel- ________ -Prinzip können die ________ -Moleküle gebunden werden. Die Muskelfaser wird kontrahiert.

Nervensystem des Menschen

Aufgabe

⑦ Vervollständige die Grafik.

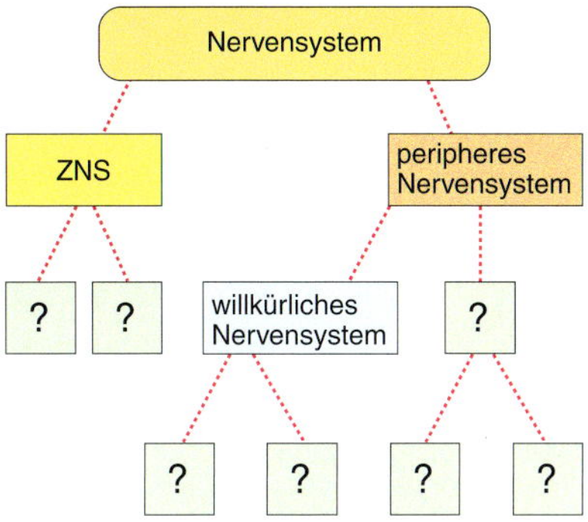

1 Die einzelnen Bereiche des menschlichen Nervensystems

Weiterleitung von Schmerz

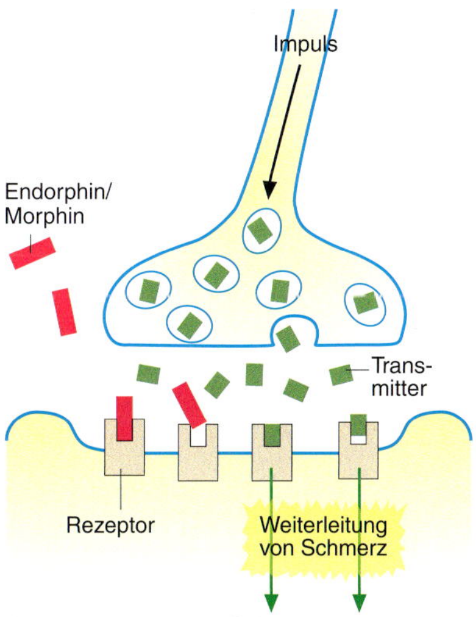

2 Weiterleitung von Schmerz

Die Abbildung zeigt eine Synapse im Gehirn. Bei der Weiterleitung von Schmerz werden entsprechende Überträgerstoffe an der Synapse ausgeschüttet und der Schmerz auf die nächste Nervenzelle übertragen.

Aufgaben

⑧ Beschreibe den oben dargestellten Vorgang bei der Weiterleitung von Schmerz an der Synapse.

⑨ An die Rezeptormoleküle können sowohl körpereigene Substanzen, die Endorphine, als auch Medikamente bzw. Drogen, wie beispielsweise Morphium oder Heroin gebunden werden. Sie besetzen die Schmerzrezeptoren und verdrängen so den Überträgerstoff.
Wie muss der räumliche Bau von Drogen aussehen, damit sie die Rezeptoren besetzen können?
Erkläre warum durch die Endorphine und der Droge Morphium die Schmerzübertragung blockiert wird.

Aufbau des Auges

⑩ Schreibe sämtliche Schlüsselbegriffe auf Seite 30 — 36 in dein Heft. Erstelle mit diesen Begriffen eine mind-map.

⑪ Die Tabelle zeigt einen Zusammenhang zwischen dem Alter und dem Nahpunkt, der noch scharf gesehen werden kann.

Alter in Jahren	Nahpunkt in cm
10	7
20	9
30	12
40	22
50	44
60	100

Erläutere den dargestellten Zusammenhang. Was kann man tun, um im Alter auch in der Nähe wieder scharf zu sehen?

Krankheiten bei Stress

Länger andauernder Stress kann zu folgenden Krankheiten führen:

Muskulatur:
Verspannungen

Immunsystem:
Abwehrschwäche

Herz-Kreislauf:
Hoher Blutdruck (Gefäßverkalkung, Arteriosklerose)

Magen-Darm:
Magenschleimhautentzündung

Nebennieren:
Störung der Hormonausschüttung.

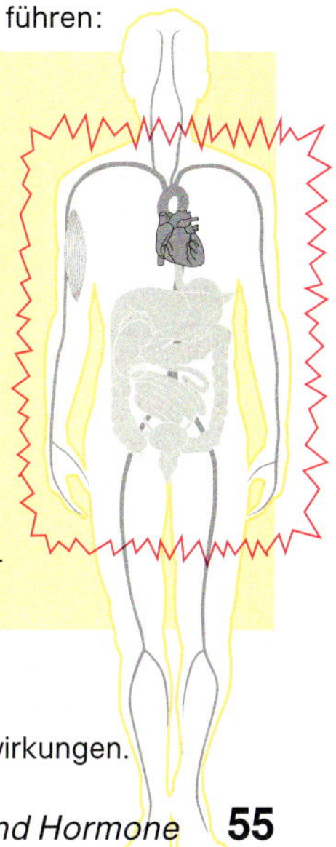

Aufgabe

⑫ Erkläre die Auswirkungen.

Genetik

Stammbaum

DNA

Bevor man begann, sich wissenschaftlich mit den Vererbungsvorgängen zu beschäftigen, herrschten höchst eigenartige Vorstellungen bezüglich des Erbgeschehens. Zum Beispiel sollte das Geschlecht eines Schafes vom Stand des Mondes und von der Windrichtung zum Zeitpunkt seiner Zeugung abhängen. Und das eigenartige Aussehen des Vogels Strauß konnte man sich nur als Folge einer Kreuzung zwischen einem Kamel und einem Spatz erklären. Es war zwar schon gelungen, einige Haustiere und Pflanzenarten zu züchten, die Ergebnisse waren jedoch eher zufällig zustande gekommen.

Wir wissen heute dank intensiver Forschung Vieles über die tatsächlichen Abläufe. Wir kennen Gesetzmäßigkeiten bei der Vererbung und auch den chemischen Aufbau der Erbsubstanz. Es gelingt sogar, durch Methoden der Gentechnik Erbanlagen verschiedener Tier- bzw. Pflanzenarten neu zu kombinieren. In der Zukunft gilt es, mit diesem Wissen verantwortungsvoll umzugehen.

=

?

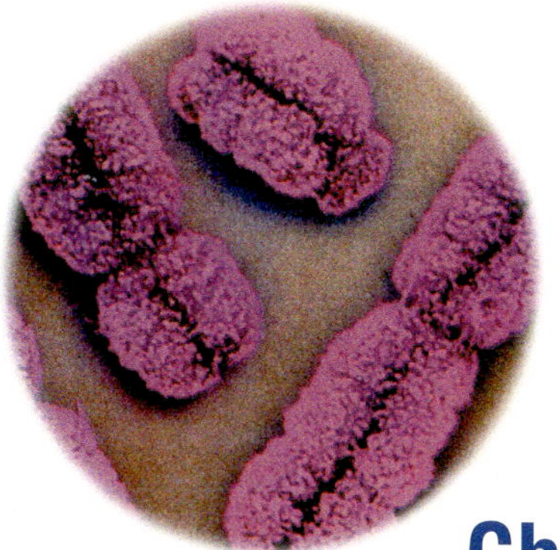

Chromosomen

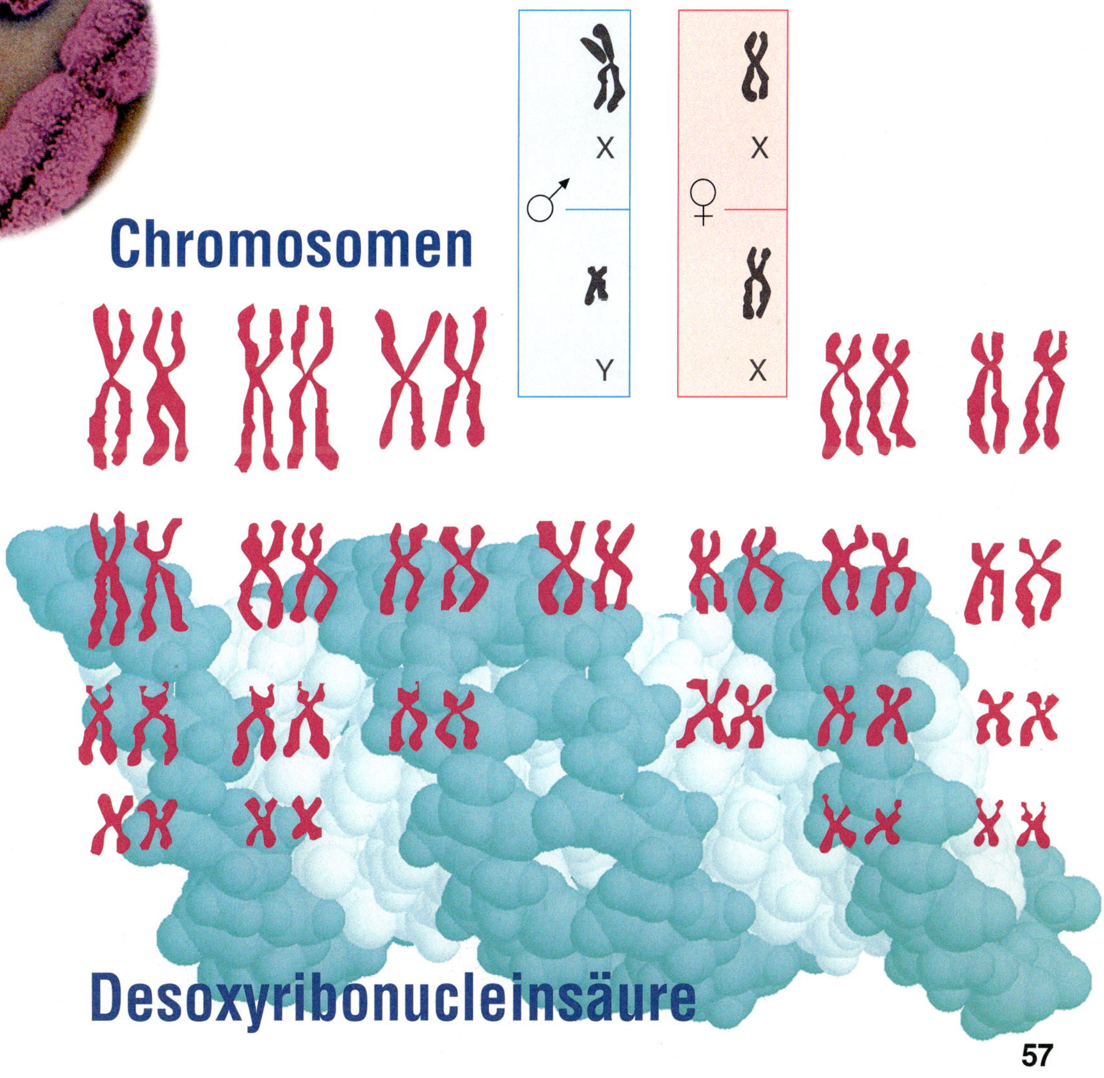

Desoxyribonucleinsäure

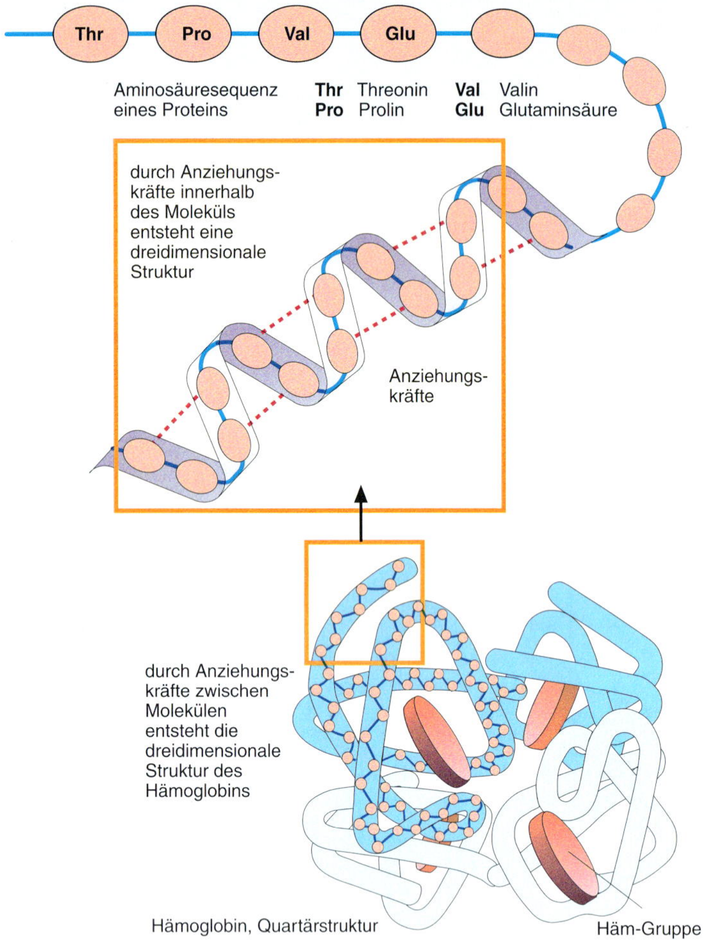

1 Hämoglobin

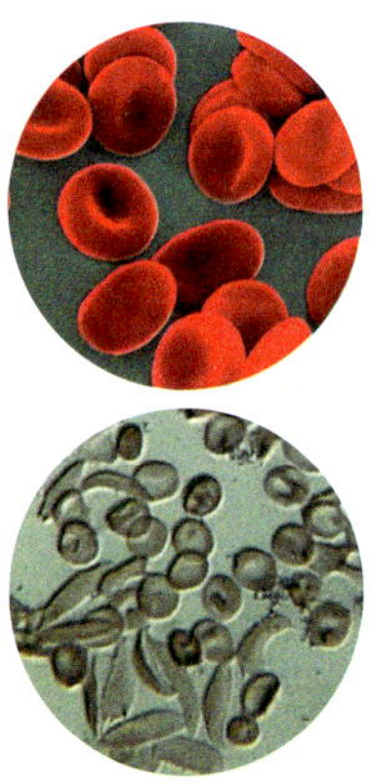

2 Sichelzellanämie

Bau der Proteine

Wer sich in einem Fitnessstudio umschaut, entdeckt schnell Proteingetränke, die einen schnellen Muskelaufbau beim Training versprechen. Auch Kinder und Jugendliche haben in den starken Wachstumsphasen einen erhöhten Proteinbedarf, weil Proteine (= Eiweiße) mehr als 50 % des Trockengewichts der meisten Zellen, also auch der Muskelzellen, ausmachen.

Mit der Nahrung aufgenommene Proteine werden bei der Verdauung in ihre Bausteine, die Aminosäuren, zerlegt und ins Blut aufgenommen. Acht unserer 20 Aminosäuren müssen unbedingt aufgenommen werden, da sie vom Körper nicht selbst hergestellt werden können, d.h. sie sind *essentiell*.

Mit dem Blutstrom gelangen die Aminosäuren in die Zellen. Dort werden *körpereigene Proteine* durch Neukombination der 20 verschiedenen Aminosäuren aufgebaut. Bis über 1000 Bausteine werden kettenartig in einer bestimmten Reihenfolge (*Sequenz*) miteinander verbunden. Dies läuft nicht zufällig ab, sondern nach der Vorlage des Erbmaterials, der DNA (= Desoxyribonucleinsäure). Der menschliche Körper setzt aus den unzähligen Möglichkeiten zehntausende verschiedene, körpereigene Arten von Proteinen zusammen (▶ S. 145).

Diese liegen aber nicht als fadenförmige Moleküle vor, sondern nehmen durch Anziehungskräfte innerhalb des Riesenmoleküls als auch zu Nachbarmolekülen eine komplexe, dreidimensionale Struktur ein (s. Abb. 1). Die Form eines Proteins, welche von der Abfolge der Aminosäuren bestimmt wird, ist wiederum verantwortlich für seine Funktion. Wie ein passender Schlüssel ein Schloss aufsperrt, so ist ein Protein an seiner Wirkstelle für eine ganz bestimmte Reaktion verantwortlich. Wird nur eine einzige Aminosäure gegen eine andere ausgetauscht, so kann dies zur Strukturänderung und somit zum Funktionsverlust führen. Fehlt einem Schlüssel ein Zacken, so hat er eine veränderte Form und kann vielleicht das Schloss nicht mehr aufsperren.

Dazu ein Beispiel: Die roten Blutkörperchen bestehen zu 90 % ihrer Trockenmasse aus *Hämoglobin*, dem roten Blutfarbstoff. Hämoglobin besteht aus Proteinen und den eisenhaltigen Hämgruppen, welche den Sauerstoff transportieren. Wird nun eine einzige Aminosäure gegen eine andere ausgetauscht, so ändert sich die Form des Hämoglobins. Die roten scheibenförmigen Blutkörperchen werden zu sichelförmigen Zellen. Betroffene der Erbkrankheit *Sichelzellanämie* haben u.a. das Problem, dass die gewinkelten Zellen winzige Blutgefäße verstopfen und den Blutfluss in größeren Gefäßen behindern, was eine geringere Sauerstoffversorgung zur Folge hat.

Aufgabe

① Erkläre mithilfe des Aufbaus von Proteinen, warum bereits eine veränderte Aminosäure in einem Protein zum Funktionsverlust führen kann!

Bedeutung der Proteine

Proteine haben für den Menschen vielfältige Bedeutung. Sie sind für alle Stoffwechselreaktionen in der Zelle unentbehrlich. Sie ermöglichen die Muskelkontraktion; sogar die Verdauung wäre ohne sie nicht denkbar. Hormone, die Wachstum, Entwicklung oder den Blutzuckerspiegel kontrollieren, sind Proteine. Selbst die Chromosomen bestehen zum Teil aus Proteinen.

Proteine liegen in *faserartigen* oder *globulären Strukturen* vor. Die wichtigsten *faserartigen Proteine* sind *Kollagen*, *Keratin*, *Fibrinogen* und Muskelprotein:

- *Kollagen* ist das häufigste Eiweiß der Wirbeltiere. Es bildet unlösliche, zugfeste und elastische Fasern und ist am Aufbau von Knochen, Haut, Sehnen und Knorpeln beteiligt.
- *Keratin* ist für die Stabilität und Form der Zellen verantwortlich und ist Hauptbestandteil der Haare und Nägel.
- *Fibrinogen* kommt im Blutplasma vor und bewirkt die Blutgerinnung.
- Die Muskelproteine *Aktin* und *Myosin* ermöglichen die Bewegung. Strukturänderungen dieser Proteine bedeuten die Verkürzung der Muskelfasern und führen zu einer Beugung.

Globuläre Proteine besitzen annähernd kugelförmige Gestalt. Zu ihnen gehören Enzyme, Antikörper und Hormonproteine:

- *Enzyme* katalysieren die verschiedensten chemischen Reaktionen im Körper. Durch das in Speichel und Bauchspeichel enthaltene Protein Amylase wird bei der Verdauung z. B. Stärke in Maltose gespalten.
- *Antikörper* im Blut haben bei der Immunabwehr die Aufgabe, Krankheitserreger unschädlich zu machen.
- *Hormonproteine* dienen als chemische Botenstoffe zur Vermittlung von Information. Beispielsweise regeln die Proteine Insulin und Glucagon, die in der Bauchspeicheldrüse gebildet werden, den Blutzuckerspiegel.

Bei einigen globulären Proteinen wird die biologische Funktion durch die Bindung eines Nichtproteinanteils bestimmt:

- Der *Sehfarbstoff Rhodopsin* in den Stäbchen der Netzhaut zerfällt bei Belichtung, dadurch wird eine Signalkette zum Gehirn ausgelöst.
- Hämoglobin, der rote Blutfarbstoff, transportiert Sauerstoff im Körper.

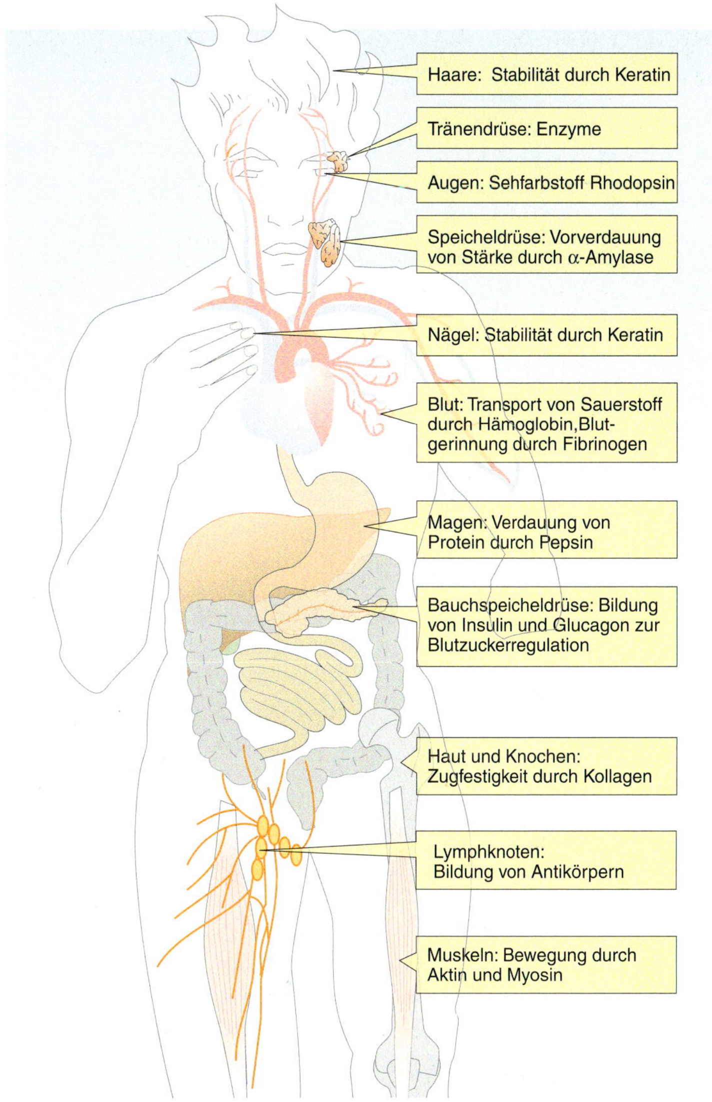

1 Wichtige Proteine und ihre Wirkorte

Proteine sind das Bindeglied zwischen den Erbanlagen eines Lebewesens, dem *Genotyp* und seinem Erscheinungsbild, dem *Phänotyp*. Die *DNA* enthält genetische Information, z. B. für Strukturproteine, die Baustoffe des Organismus und für Enzymproteine, die festlegen, welche Reaktionen in der Zelle ablaufen. Proteine bestimmen so die Ausprägung der Merkmale des Organismus.

Aufgaben

① Lege eine Tabelle an, in der du Proteine benennst und ihre Funktion jeweils kurz beschreibst.

② Erkläre den Unterschied zwischen globulären Proteinen und faserartigen Proteinen.

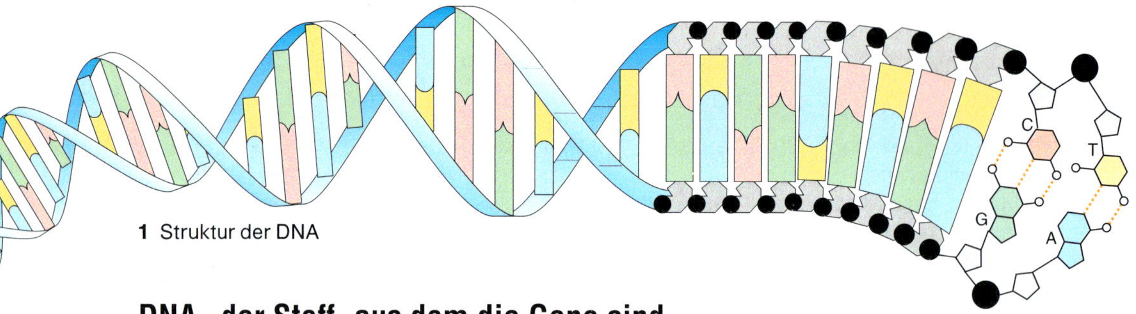

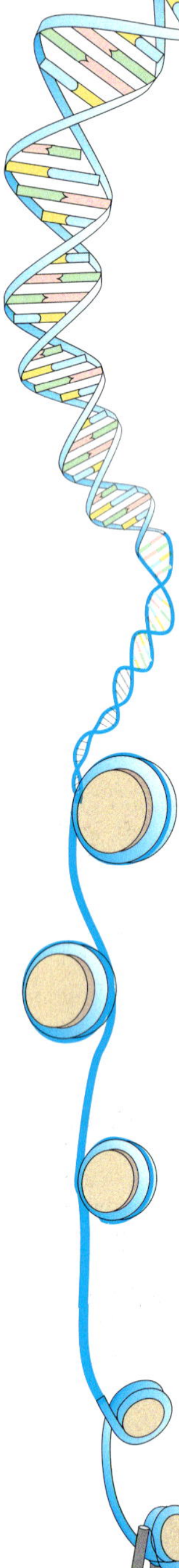
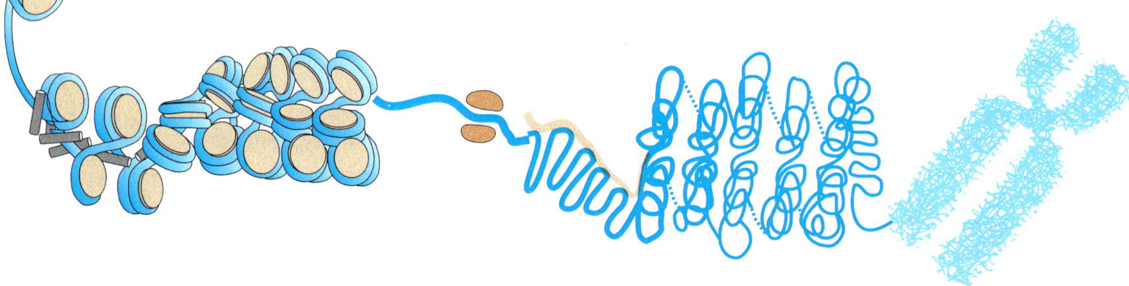

1 Struktur der DNA

DNA – der Stoff, aus dem die Gene sind

Bau der DNA

Die *Chromosomen* sind die Träger der Erbanlagen (▶ S. 145). In ihnen muss sich der Stoff, aus dem die Gene bestehen, finden lassen. Chemische Untersuchungen haben ergeben, dass vor allem zwei Stoffgruppen im Zellkern vorkommen: *Proteine* und *Kernsäuren* (*Nucleinsäuren*). Lange hielt man die Proteine für das genetische Material, denn ihre vielfältigen Wirkungsmöglichkeiten, zum Beispiel als Enzyme, waren bekannt.

Aber 1944 hatte OSWALD AVERY nachweisen können, dass eine Kernsäure das informationstragende Molekül ist, und zwar die *Desoxyribonucleinsäure* (DNA).

FRANCIS CRICK und JAMES WATSON haben 1953 mithilfe der Röntgenstrukturanalyse den räumlichen Bau der DNA aufgeklärt und erhielten dafür den Nobelpreis der Medizin. Sie erkannten, dass DNA-Moleküle einen langen, unverzweigten Doppelstrang bilden. Man kann ihn mit einer Strickleiter vergleichen, die ganz regelmäßig um sich gedreht ist. Der prinzipielle Bau dieser Wendeltreppe (*Doppelhelix*) ist bei allen Lebewesen gleich. Die beiden „Seile“ der Strickleiter zeigen einen Wechsel zwischen einem Molekül Phosphorsäure und einem Zuckermolekül, der *Desoxyribose*. Die „Sprossen“ der Leiter werden von *Basen* gebildet. Am Aufbau der DNA sind vier verschiedene Basen beteiligt: *Adenin* (A), *Thymin* (T), *Cytosin* (C) und *Guanin* (G). Dabei ist Adenin immer mit Thymin bzw. Cytosin mit Guanin gepaart. Man bezeichnet sie als *komplementäre Basenpaare*. Die Basen der beiden Stränge sind durch Bindungskräfte zwischen den Molekülen locker miteinander verbunden. Jeweils eine Desoxyribose, Phosphorsäure und Base bilden ein *Nucleotid*, den Grundbaustein der DNA. Eine Kette aus vielen Nucleotiden wird als Nucleinsäure bezeichnet.

DNA wird verpackt

Die gesamte DNA-Länge einer menschlichen Zelle beträgt etwa 94 cm (ca. 3 Milliarden Basenpaare) und ist so dünn, dass sie unter dem Lichtmikroskop nicht sichtbar wird. Trotzdem befindet sie sich innerhalb eines Zellkerns, der nur wenige tausendstel

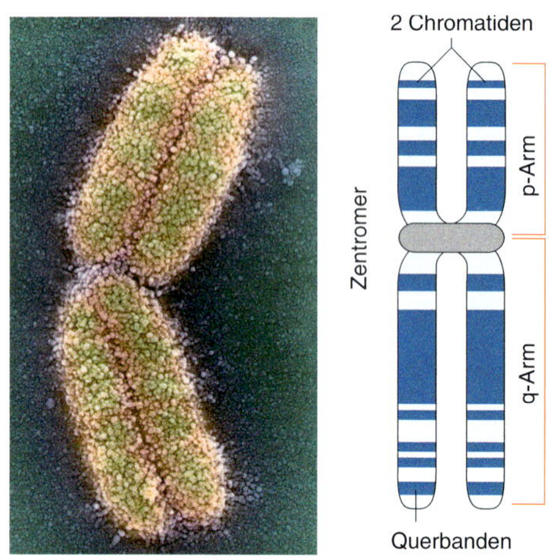

2 EM-Aufnahme eines Chromosoms

Millimeter groß ist. Wie ist das möglich? Die DNA passt in den Zellkern, da ein ausgefeiltes, mehrstufiges System der DNA-Verpackung existiert.

Für die erste Ebene der *DNA-Verpackung* sind Proteine beteiligt, um die sich das DNA-Molekül, wie um Lockenwickler legt. Die entstehenden Strukturen sind im elektronenmikroskopischen Bild wie Perlen an einer Schnur erkennbar. Durch weitere Aufwindungen entsteht eine 30 nm (Nanometer) dicke Chromatin-Faser, welche in Schleifen zu einer hochkompakten Form, den Chromosomen verstaut wird (s. Grafik S. 60). Das längste DNA-Molekül des Menschen verkürzt sich so von 7,3 cm auf nur 10 Mikrometer – das ist eine Verkürzung um das 7000-fache. Die Verdichtung beträgt dabei etwa das 50-fache, so verdickt sich der Faden von etwa 0,01 Mikrometer auf 0,5 Mikrometer.

Diese kompakte Form der DNA, die Chromosomen, ist im Gegensatz zur fädigen DNA im Lichtmikroskop sichtbar. Die Chromosomen lassen sich anfärben, wobei oft eine charakteristische Querbänderung zu sehen ist. Bereits in der Mitte des 19. Jahrhunderts hat der deutsche Anatomieprofesssor Wilhelm Waldeyer die Chromosomen entdeckt und ihnen den Namen gegeben.

Chromosomen
(gr.) *Chroma* = Farbe, *soma* = Körper

Bevor sich Zellen teilen, liegt jedes Chromosom in dieser „perfekten Verpackung" vor. Es besteht aus zwei Hälften, den *Chromatiden.* Man spricht von einem *Zwei-Chromatid-Chromosom.* Die Verbindungsstelle der beiden Chromatiden, ist das *Zentromer.* Betrachtet man ein angefärbtes Zwei-Chromatid-Chromosom unter dem Lichtmikroskop, so stellt man fest, dass die beiden Chromatiden identische Querbanden zeigen, woraus geschlossen werden kann, dass die beiden Hälften eines Zwei-Chromatid-Chromosoms identisch sind. Sie sind identische Kopien voneinander!

Mikrometer
1 µm = 1 Mikrometer = $^1/_{1000}$ mm

Aufgaben

① Skizziere die zweidimensionale Grundstruktur der DNA in dein Heft und beschrifte sie!

② In welchem Verhältnis liegen Adenin zu Thymin und Guanin zu Cytosin?

Zettelkasten

Die Entdeckung der DNA

1951 traf der 35jährige Brite Francis Crick und der zwölf Jahre jüngere Amerikaner James Watson in Cambridge zusammen. Da zu dieser Zeit die Entschlüsselung der DNA „in der Luft" lag, nutzten auch Watson und Crick jede freie Minute, über die Struktur der DNA zu diskutieren.

Crick und Watson mit Modell der DNA

Erwin Chargaff bezeichnete die beiden Kollegen als „wissenschaftliche Clowns", da sie beide keine Größen in Chemie waren. So vergaß Crick plötzlich wichtige Molekülformeln und Watson machte Bemerkungen, die seine Naivität auf dem Gebiet der Chemie offenbarte. Er wollte das Erbgut entschlüsseln „ohne dafür Chemie lernen zu müssen". Trotz alledem und mit der Kombination vieler Informationen gelang es ihnen die Struktur der DNA zu entdecken.

Grundlage für die Entdeckung war die Röntgenstrukturanalyse der DNA von Rosalind Franklin. Allerdings zeigte sie Watson und Crick ihre Aufzeichnungen nicht freiwillig. Für die beiden war es ein Glück, dass Franklins Kollege Maurice Wilkins ihnen die Forschungsergebnisse gezeigt hat, bevor Franklin ihre Ergebnisse veröffentliche.

Im Februar 1953 bastelten Watson und Crick ein Modell der DNA-Doppelhelix aus Draht, Pappe und Klammern und veröffentlichen ihre Ergebnisse im April in der Zeitschrift „Nature". Dabei gestanden sie in der ersten Veröffentlichung: *„We have also been stimulated by a knowledge of the general nature of the unpublished experimental results and ideas of* Dr. M. H. F. Wilkins, Dr. R. E. Franklin *and their co-workers ..."*

Damals war das Interesse für diese Entdeckung nicht groß. Erst 1962 bekamen Watson und Crick zusammen mit Maurice Wilkins den Nobelpreis für Medizin. Ob auch Rosalind Franklin einen Nobelpreis bekommen hätte bleibt Spekulation, da sie bereits 1958 an Krebs verstarb.

1 Rosalind Franklin

2 James Watson

3 Francis Crick

Vom Gen zur roten Blüte

Arbeitsblatt im Ordner des Lehrers
↓ Arbeitsblatt kopieren
Arbeitsblatt des Schülers
↓ Versuch aufbauen
Versuchsaufbau
↓ Versuch durchführen
roter Farbstoff

Gen
↓ Transkription
m-RNA
↓ Translation
Protein
↓ Stoffwechsel
roter Blütenfarbstoff

In einer Chemiestunde sollst du einen roten Farbstoff herstellen. Dazu kopiert der Lehrer das zugehörige Arbeitsblatt aus seinem Ordner. Wenn du dir das Arbeitsblatt nun durchliest, und den Versuch aufbaust, kannst du mit den geeigneten Chemikalien den Farbstoff herstellen. Was hat dieses Beispiel mit der Überschrift dieser Seite zu tun?

Damit Pflanzen rot blühen können, müssen sie in den Zellen ihrer Blüten roten Farbstoff bilden. Und dies läuft in ähnlichen Schritten ab wie in unserem Beispiel mit dem Arbeitsblatt und dem entsprechenden Versuchsaufbau.

Zu Beginn steht ein Gen, ein DNA-Abschnitt auf einem *Chromosom* mit einer bestimmten Anzahl von *Basen* (dies entspricht dem Arbeitsblatt). Mit dem Gen als Vorlage wird ein Botenmolekül hergestellt (das entspricht der Kopie des Arbeitsblattes), welches wiederum als Vorlage zur Bildung eines speziellen Proteins (der Versuch wird aufgebaut) dient. Dieses Protein wirkt bei der Herstellung des roten Blütenfarbstoffes als Enzym (der rote Farbstoff wird hergestellt). So besitzen die Gene einer rot blühenden Pflanze die Information, Enzyme herzustellen, welche die Herstellung des roten Blütenfarbstoffes katalysieren.

Proteine werden in der Zelle nur von Ribosomen gebildet; diese könnte man somit als Proteinfabriken bezeichnen. *Ribosomen* sind winzige Zellorganellen, die in großer Zahl im Cytoplasma liegen. Wie gelangt aber die Information zur Bildung eines bestimmten Proteins, die verschlüsselt in der DNA im Kern steckt, zu den Ribosomen ins Cytoplasma?

Zuerst spaltet sich der Doppelstrang am abzulesenden Gen der DNA teilweise auf. Einer der beiden Stränge trägt die Information und wird mit Nucleotiden wie in einem Puzzle ergänzt. So entsteht ein einsträngiges Spiegelbild des abgelesenen DNA-Stranges. Diese neue Kernsäure enthält als Zucker nicht die *Desoxyribose*, sondern die *Ribose* und heißt deswegen *Ribonucleinsäure (RNA)*.

Dieses Umschreiben eines Teils der DNA in RNA und somit das Erstellen einer Kopie wird als **Transkription** bezeichnet. (Der Lehrer gibt auch nicht das Original oder seine sämtlichen Unterlagen weiter, sondern nur eine Kopie des benötigten Abschnitts in Form eines Arbeitsblattes). Dieses Molekül löst sich von der DNA und wandert als „Bote“ (*messenger-RNA*, kurz: **m-RNA**) durch die Poren der Kernmembran ins *Cytoplasma*.

Wie entsteht aber aus der *m-RNA* das entsprechende Protein (▶ S. 145)? Dazu muss man sich erinnern, dass Proteine aus bis zu 20 Aminosäuren aufgebaut sind. Jedes Protein zeichnet sich durch eine typische Zahl und Reihenfolge von Aminosäuren aus. Diese Abfolge muss also in der DNA und der kopierten m-RNA verschlüsselt sein. Und diese Information muss von der m-RNA abgelesen und umgesetzt werden (so wie du dein Arbeitsblatt durchliest, um den Versuch aufbauen zu können).

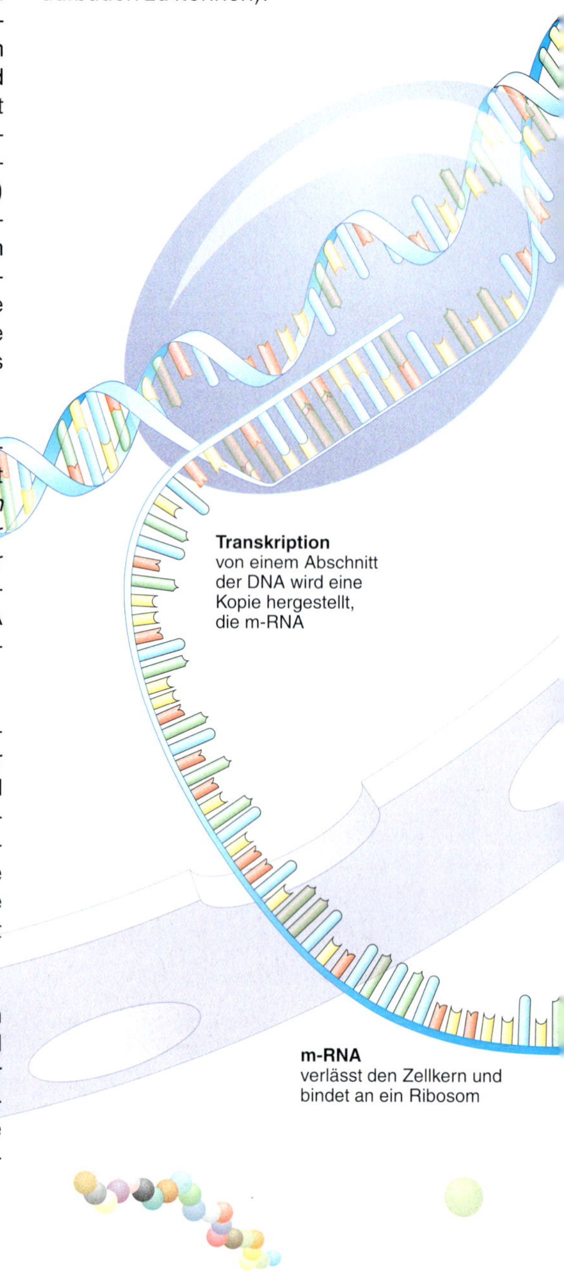

In vielen Versuchen wurde die „Schrift der DNA“, der *genetische Code*, geknackt: Die Abfolge von drei Basen der m-RNA, ein *Basentriplett*, ist das Codewort (*Codon*) für eine der zwanzig Aminosäuren. Gelangt zum Beispiel das Codon GCG (Guanin-Cytosin-Guanin) an ein *Ribosom*, so bedeutet dies, dass die Aminosäure Alanin als nächstes an das entstehende Eiweißmolekül angefügt wird. Für jede Aminosäure kennt man heute das zugehörige Basentriplett.

Damit dies funktioniert, sind verschiedene *Überträgermoleküle* verantwortlich. Es handelt sich dabei um eine weitere Sorte von Ribonucleinsäuren, die man als Transport- oder *Transfer-RNA*, kurz t-RNA bezeichnet. Jedes t-RNA-Molekül ist in der Lage, eine bestimmte Aminosäure an sich zu binden. Dafür ist ein Triplett verantwortlich, welches sich auf der t-RNA befindet und als *Anticodon* bezeichnet wird. Hat z. B. eine t-RNA das Anticodon CGC, so kann sie am anderen Ende ihrer kleeblattartigen Struktur nur mit Alanin eine Verbindung eingehen.

Wie wirken nun m-RNA, t-RNA mit Aminosäure und Ribosom zusammen, damit die Übersetzung von m-RNA zum Protein (= **Translation**) abläuft? Am Botenmolekül m-RNA gleitet das Ribosom entlang. Dort ist immer ein Codon ablesebereit, in unserem Beispiel GCG für Alanin. An dieses Triplett passt nur eine Sorte von t-RNA-Molekülen, nämlich die mit dem Anticodon CGC, welche automatisch am anderen Ende nur die Aminosäure Alanin tragen kann. Alanin heftet sich an die bereits vorhandene Kette von Aminosäuren an. Nun wird die nächste Dreierkombination abgelesen und so weiter. Die jeweils mitgebrachten Aminosäuren werden genau in der Reihenfolge miteinander verbunden, wie es der Abfolge der Basentripletts auf dem Botenmolekül entspricht. Die Übersetzung von der m-RNA zum langen verschlungenen Protein ist geschafft (der Versuch ist richtig aufgebaut.)

Dieses Protein übernimmt nun im Stoffwechsel seine Aufgaben, roten Blütenfarbstoff zu bilden. (Du stellst nun mit dem Versuchsaufbau und den Chemikalien den roten Farbstoff her). Eine Pflanze, die in ihrer DNA die Information für das Enzym nicht besitzt, kann auch den Farbstoff nicht bilden, sie bleibt weiß.

Bei allen Lebewesen ist die Ausbildung eines Merkmals an bestimmte Enzyme gebunden. Sie werden stets durch Transkription und anschließende Translation am Ribosom gebildet.

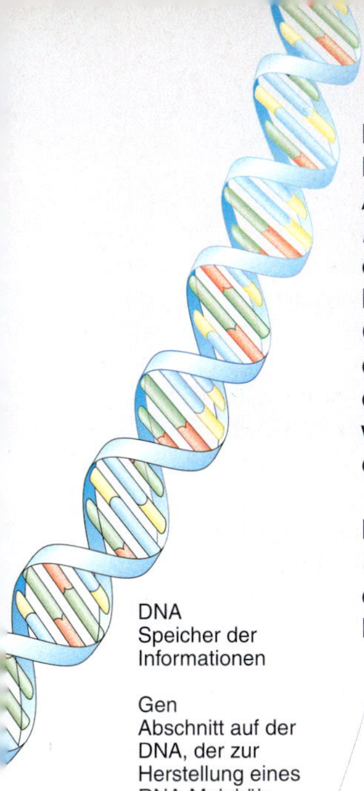

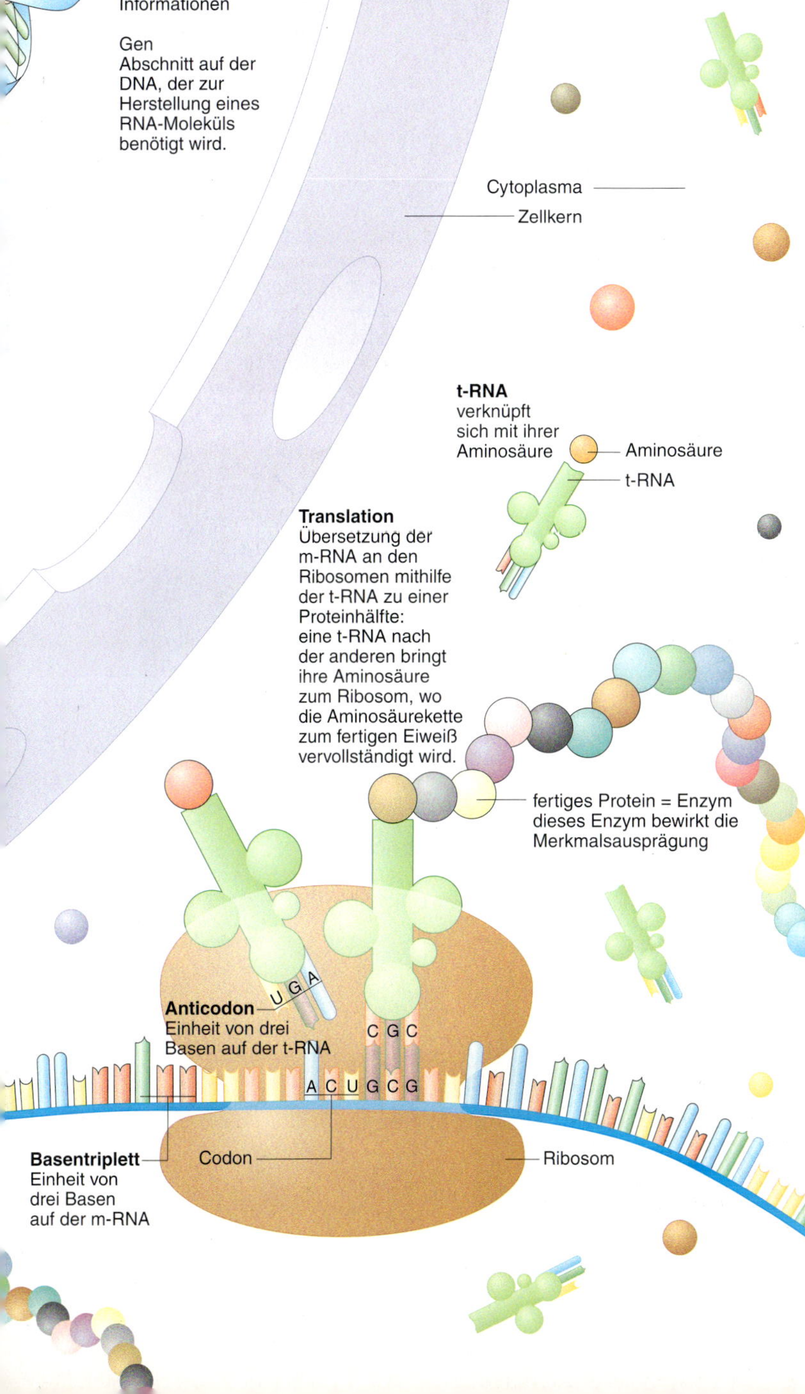

Aufgabe

① Formuliere aus folgenden Schlagwörtern einen sinnvollen zusammenhängenden Text: Basentriplett, Anticodon, t-RNA, Translation, Gen, Transkription, Protein, m-RNA, Ribosom.

Information und Kommunikation

Wenn du dich im Internet über ein bestimmtes Angebot informierst, so sammelst du Informationen, die du ständig bewertest und dir letztendlich merkst. Was hat die Internetrecherche mit Kommunikation zu tun, denn schließlich wird hier nicht gesprochen?

Eine Kommunikation muss keine Worte enthalten. *Sie findet statt, wenn von einem* **Sender** *ein verschlüsseltes Signal ausgeht, welches beim* **Empfänger** *ankommt und dort entschlüsselt werden muss.* Damit die ver- und entschlüsselte Information auch den gleichen Sinn hat, ist eine eindeutige Vorschrift zur Umwandlung von Informationen einer *Sprache* in eine andere notwendig. Diese Vorschrift wird **Code** genannt. Dadurch wird aus verschlüsselten Buchstaben und Bildern auf einer Internetseite ein verständlicher Text.

Viele Frauen betonen ihre schmale Taille durch entsprechende Kleidung, während Männer ihre breiten Schultern zur Geltung bringen – nicht zuletzt um für eine Partnerin attraktiv zu sein.

Kommunikation in der Biologie

Seidenspinnermännchen der Art *Bombyx mori* sind in der Lage, über mehrere Kilometer paarungsbereite Weibchen aufzuspüren. Sie folgen dabei einer Duftspur von Bombykol, welche das Weibchen abgibt. Die Antennen des Männchens sind für das Erkennen von Bombykol optimiert. Treffen ca. 200 Moleküle von Bombykol auf die Rezeptoren seiner Antennen, so bekommt es die Information, wo sich ein paarungsbereites Weibchen befindet. Dies bewirkt, dass er sich flatternd auf den Weg Richtung Weibchen macht und seine Partnerin solange sucht, bis er sie gefunden hat. Hier findet Kommunikation im biologischen Sinn statt, welche als eine aufeinander abgestimmte Informationsübertragung zu verstehen ist. Die Information ist eine Mitteilung aus Signalen, die beim Empfänger eine bestimmte Reaktion hervorrufen. Wenn das Weibchen den Duftstoff sendet, weiß das Männchen dies zu deuten. Beim Seidenspinner läuft die Kommunikation zwischen Männchen und Weibchen, also zwischen Organismen ab. Allerdings kann Kommunikation in der Biologie auch innerhalb eines Organismus und in der Zelle stattfinden.

Rezeptoren am Sinneshaar

Im Tierreich gibt es viele Kommunikationsformen. Bei Ameisen verläuft Kommunikation z. T. durch Betasten mit den Fühlern. Indem zurückkehrende Bienen im Bienenstock einen „*Schwänzeltanz*" aufführen, erfahren die anderen Bienen, wo sich eine gute Futterquelle befindet.

Verständigung

Kommunikation findet beim Menschen häufig durch Sprechen statt. Neben der *verbalen Kommunikation*, welche über das Ohr wahrgenommen wird, spielt aber auch die *nonverbale Kommunikation* eine große Rolle. Hier werden die Informationen über weitere Sinnesorgane z. B. Auge, Gehirn oder Haut wahrgenommen. Jemandem die Hand auf die Schulter zu legen, kann Aggressionen dämpfen. Dieses Signal bedeutet Zuneigung oder auch Mitgefühl. Durch das Lächeln eines Babys wird meist ein sozialer Kontakt geknüpft, der Zuneigung und auch Pflegeverhalten auslöst.

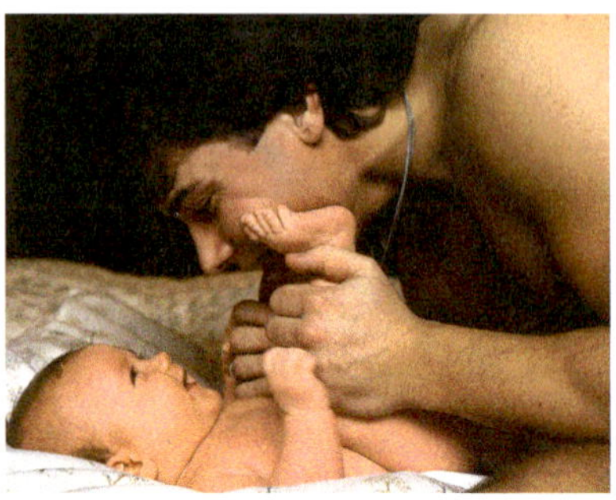

Nerven- und Hormonsystem

In einem vielzelligen Organismus führen einzelne Zellen kein Eigenleben. Deshalb müssen die komplexen und zahlreichen Abläufe in den Zellen aufeinander abgestimmt sein.

Dazu dient z. B das *Nervensystem* mit einer schnellen und gezielten Kommunikation. Hier werden sowohl elektrische Signale in den Nerven weitergeleitet, als auch chemische Signale an der Synapse genutzt (▶ S. 144). Ein Tennisspieler kann gezielt zu einem Ball laufen und ihn auf die gegnerische Seite schlagen. Dies klappt aber nur, da die vielen Schritte der Kommunikation sehr schnell ablaufen und so die Muskulatur in kürzester Zeit so bewegt wird, dass der Schlag erfolgen kann.

Neben den schnell wirksamen Informationen des Nervensystems werden über die Blutbahn *Hormone* zur längerfristigen Kommunikation eingesetzt. Sie docken an passende Rezeptoren der Zielorgane an und lösen dort eine Reaktion aus. Sinkt im Herbst, die Umgebungstemperatur, erhöht unser Körper den Grundumsatz, um Energie in Form von Wärme zu produzieren. Auch hier werden Informationen vom Sinnesorgan über viele Schritte zur *Schilddrüse* übertragen, die letztendlich mehr *Thyroxin* produziert. Thyorixn regt den Stoffwechsel an und sichert damit die Aufrechterhaltung der Körpertemperatur auch in kalten Jahreszeiten.

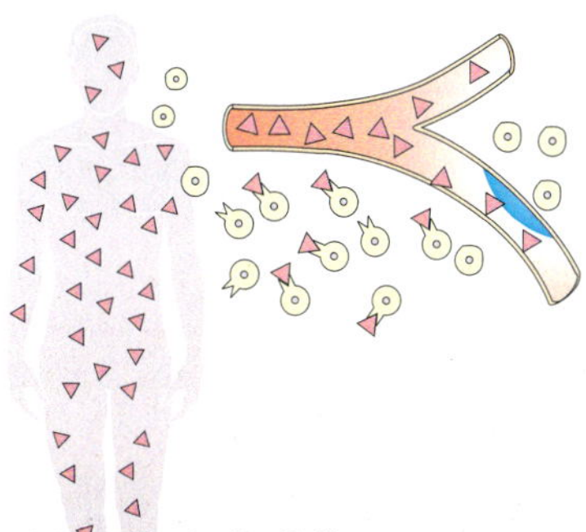

Kommunikation in der Zelle

Innerhalb jeder Zelle erfolgt eine ständige Informationsübertragung von Organell zu Organell (▶ S. 142) durch verschiedene chemische Substanzen. Aber auch benachbarte Zellen eines Gewebes können miteinander kommunizieren. Spezielle Zell-Zell-Kontakte ermöglichen den Austausch kleinerer Moleküle. Bei der Immunabwehr verständigen sich verschiedene Zellen entweder über Signalstoffe oder durch direkten Zellkontakt.

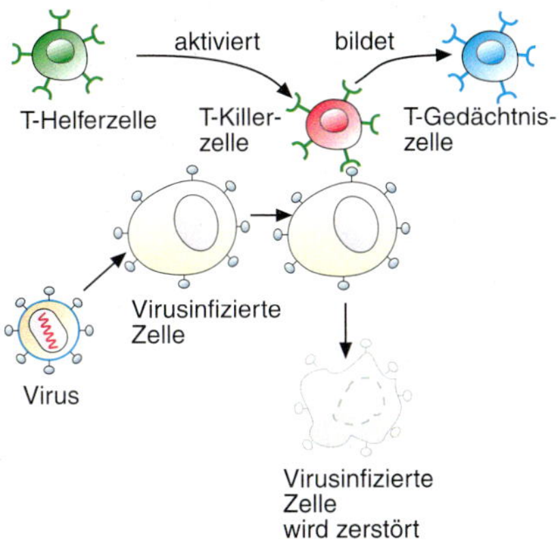

Die DNA

Ähnlich wie verschlüsselte Morsezeichen oder Texte in Bits und Bytes einen Code brauchen, damit ihre Information sinnvoll übersetzt werden kann, ist ein Code auch bei der Entschlüsslung unserer Erbinformation notwendig.

Reine DNA enthält als Sender lediglich eine Basensequenz als Information. Werden anschließend alle notwendigen Moleküle für die *Proteinbiosynthese* dazugegeben, so sind die Ribosomen Empfänger, welche die Information der m-RNA und somit der DNA entschlüsseln, indem sie das entsprechende Protein herstellen. So wird mit dem genetischen Code z. B. die Information aus der „Sprache der *Nucleinsäuren*“ in die „Sprache der Aminosäuren“ übersetzt.

Das Protein selbst ist wiederum Sender und hat in der Zelle, welche Empfänger ist, eine bestimmte Funktion.

Die Weitergabe von genetischer Information findet aber auch auf anderen Ebenen statt. Wird genetische Information von einer Generation zur nächsten weitergeben, so besteht auch hier Kommunikation.

Aufgaben

① Stelle für je ein Beispiel im Bereich Verhalten, Nervensystem und Genetik dar, wie Sender und Empfänger aufeinander abgestimmt sind.

② Stelle die verschiedenen Codierungsmechanismen bei der Informationsübertragung im Nervensystemen dar.

③ Bücher, Filme, eine CD oder DVD sind Beispiele für technische Speichermedien. Vergleiche diese Datenträger mit den biologischen Informationsträgern hinsichtlich der Art der Information, ihrer Speicherung und Weitergabe.

④ Begründe die Aussage, dass Nucleinsäuren sowohl als Informationsspeicher als auch der Informationsübertragung dienen.

⑤ Warum kann man die Lautäußerungen „sprechender“ Papageien nicht als Kommunikation bezeichnen.

⑥ Kommunikation erfolgt nicht nur unter Artgenossen. Gib Beispiele an für Kommunikation zwischen:
a) Mensch und Tier
b) Tier und Pflanze.

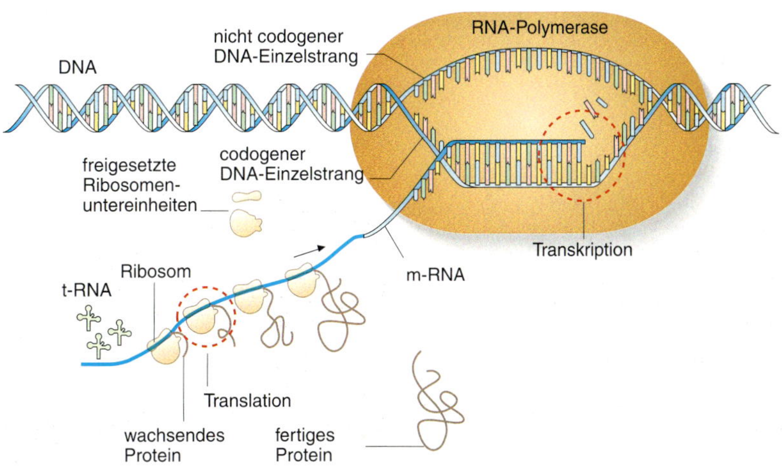

Chromosomensätze in Körper- und Keimzellen

In den Zellen des Menschen, mit Ausnahme der roten Blutzellen, befindet sich ein Zellkern mit Chromosomen. Wird die Anzahl der Chromosomen menschlicher *Körperzellen* untersucht, so stellt man fest, dass jede 46 *Chromosomen* pro Zellkern besitzt, also den gleichen *Chromosomensatz* hat.

Über die Anzahl der menschlichen Chromosomen herrschte lange Unklarheit, da sie dicht beieinander liegen und deshalb einzeln nur schwer zu erkennen sind. 1956 wurde eine Methode entwickelt, mit der die Chromosomen identifiziert und gezählt werden können: Dazu werden einige Tropfen Blut in eine geeignete Nährlösung gebracht. Im Brutschrank werden die weißen Blutzellen bei 37°C zur Teilung angeregt. Mit *Colchizin*, dem Gift der Herbstzeitlosen, lassen sich die Zellteilungen in einem Stadium unterbrechen, in dem die Chromosomen maximal verdichtet und bereits verdoppelt sind, und somit angefärbt im Lichtmikroskop gut zu erkennen und zu fotografieren sind.

Werden die Chromosomen aus dieser bildlichen Darstellung ausgeschnitten, nach Ähnlichkeiten und in Gruppen zusammengefasst (Kennbuchstaben A-G) und geordnet, so erhält man ein *Karyogramm*, wie du es in Abb. 3 sehen kannst. Dies geschieht nach folgenden Kriterien:

- der absoluten Länge eines Chromosoms,
- dem *Armindex* (Längenverhältnis des langen Chromosomenarms zum kurzen Chromosomenarm),
- den Vorkommen von Einschnürungen am Ende einiger Chromosomen (*Sateliten*)
- und dem Muster der Querbanden.

Auffallend ist, dass in den Körperzellen jeweils zwei Chromosomen in Form und Größe gleich sind, die *homologen Chromosomen*. Körperzellen enthalten immer den doppelten Chromosomensatz (2n). Sie werden als *diploid* bezeichnet (Taufliege: 2n = 8; Erbse: 2n = 14; Mensch: 2n = 46).

Bei der Untersuchung von *Keimzellen* (▶ S. 143), z. B. von *Eizelle* und *Spermium*, wurde dagegen festgestellt, dass diese nur einen Chromosomensatz besitzen. Von jedem

Tiere	Chromosomensätze in Körperzellen (diploid = 2n)	Chromosomensätze in Geschlechtszellen (haploid = n)
Stubenfliege	12	6
Schimpanse	48	24
Kaninchen	44	22
Hund	78	39
Katze	104	52

Pflanzen	Chromosomensätze in Köperzellen (diploid = 2n)	Chromosomensätze in Geschlechtszellen (haploid = n)
Tomate	24	12
Wein	38	19
Natternzunge	480	240
Kartoffel	48	24
Erdbeere	14	7

2 Chromosomensätze einiger Organismen

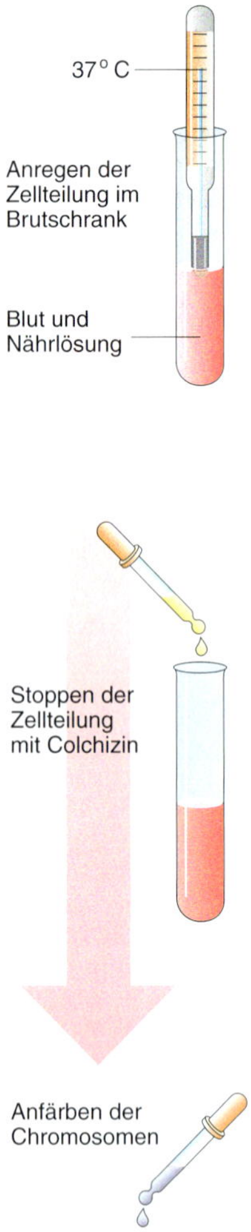

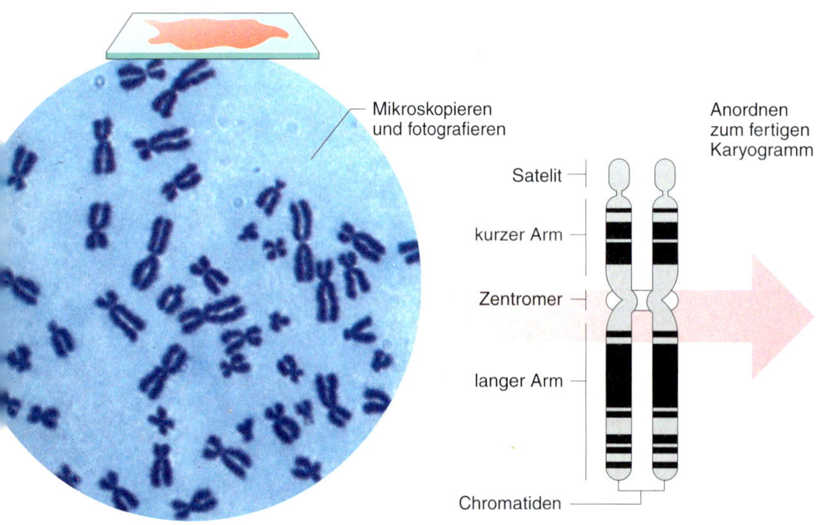

1 Chromosomen des Menschen (700 x vergr.)

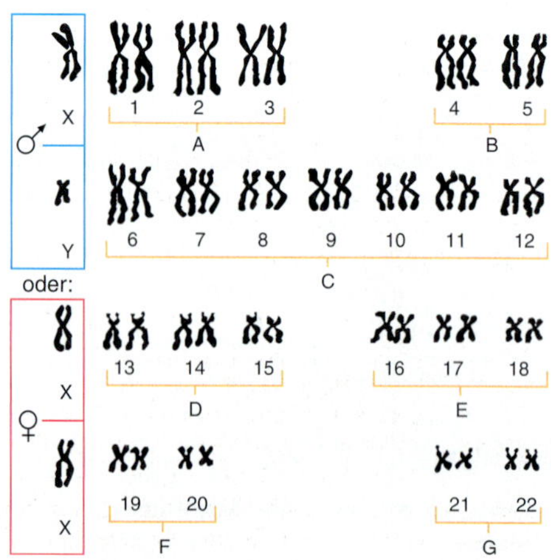

3 Karyogramm

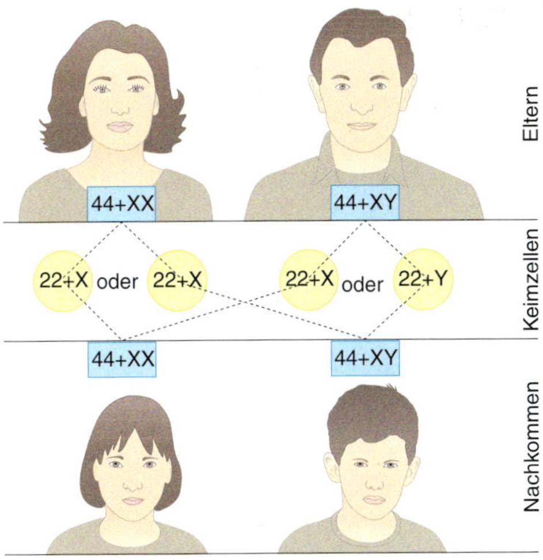

1 Vererbung des Geschlechts

der beiden homologen Chromosomen einer Körperzelle ist nur eines vorhanden. Solche Zellen nennt man *haploid* (Mensch: n = 23; Taufliege: n = 4; Erbse: n = 7).

Wird ein Karyogramm einer diploiden Körperzelle angefertigt, so sind 46 Chromosomen zu sehen, welche man in *Autosomen* und *Gonosomen* unterteilt. 44 dieser Chromosomen sind sowohl in männlichen als auch in weiblichen Zellen vorhanden (Autosomen) und können zu 22 Paaren aus je zwei *homologen Chromosomen* zusammengestellt werden. Sie erhalten im Karyogramm die Ziffern 1 bis 22.

Im verbleibenden Chromosomenpaar, den beiden Geschlechtschromosomen (Gonosomen), unterscheiden sich die Zellen von Männern und Frauen. Frauen besitzen zwei relativ große X-Chromosomen als homologes Chromosomenpaar (XX), Männer nur ein X-Chromosom und ein sehr kleines Y-Chromosom (XY). Abbildung 1 zeigt, wie die Geschlechtschromosomen in den Keimzellen von Mann und Frau verteilt sind. Die Frau kann nur Eizellen mit einem X-Chromosom bilden. Beim Mann gibt es zwei verschiedene Spermienzellen: solche mit einem X- und solche mit einem Y-Chromosom. Das Geschlecht des Kindes wird also bei der Befruchtung allein durch die Spermienzelle und somit durch den Mann bestimmt.

Aufgaben

① Wie geht ein Forscher praktisch vor, um ein Karyogramm eines Menschen zu erstellen?

② Von welchem Zelltyp des Menschen wurde in der Abb. 1 auf Seite 66 ein Karyogramm angefertigt? Begründe deine Aussage!

Keimzellen
= Geschlechtszellen, also Spermien und Eizellen

Chromosomensatz
= artspezifische Anzahl der Chromosomen

Karyogramm
= bildliche Darstellung der geordneten Chromosomen

diploid / haploid
= doppelter (in Körperzellen) / einfacher Chromosomensatz (in Keimzellen)

Autosomen / Gonosomen
= Körperchromosomen / Geschlechtschomsomen

Zettelkasten

Geschlechtsbestimmung im Tierreich

Genau umgekehrt wie beim Menschen läuft die Geschlechtsbestimmung bei Vögeln ab. Um eine Verwechslung mit dem des Menschen zu vermeiden, werden hier die Geschlechtschromosomen als Z und W bezeichnet. Bei Vögeln bestimmt nicht wie beim Menschen der Vater das Geschlecht der Nachkommen, sondern die Mutter. Wie lässt sich das erklären? Männchen tragen ZZ-Chromosomen und können somit nur Keimzellen mit Z-Chromosom bilden. In der Einzelle befindet sich ein Z- oder ein W-Chromosom, da die Weibchen ZW-Chromosomenträgerinnen sind.

Auf eine ganz andere Weise entscheidet sich, welches Geschlecht Bienen oder Ameisen besitzen. Bei diesen Arten gibt es nämlich kein Geschlechtschromosom. Wird eine Eizelle befruchtet, so entsteht aus der diploiden Zelle ein Weibchen. Aus unbefruchteten haploiden Zellen entwickeln sich Männchen. Männliche Ameisen oder Bienen haben somit niemals einen Vater.

2 Erpel (ZZ) und Stockentenweibchen (ZW)

3 Drohne (haploid) und Arbeiterin (diploid)

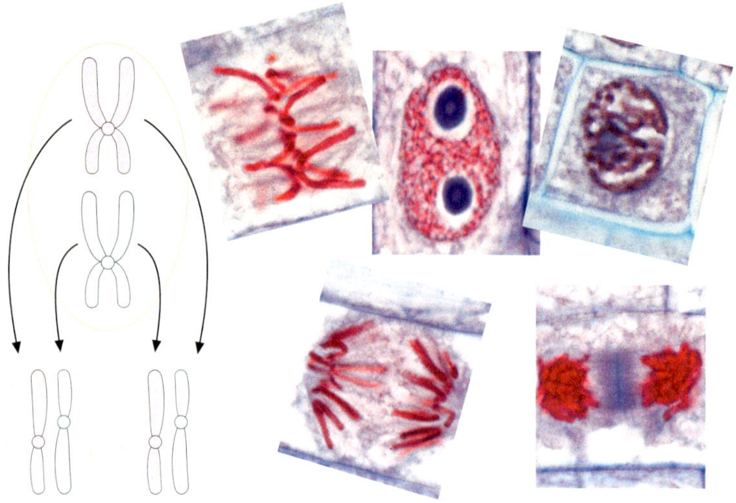

1 Mitose im Überblick und Mitosestadien

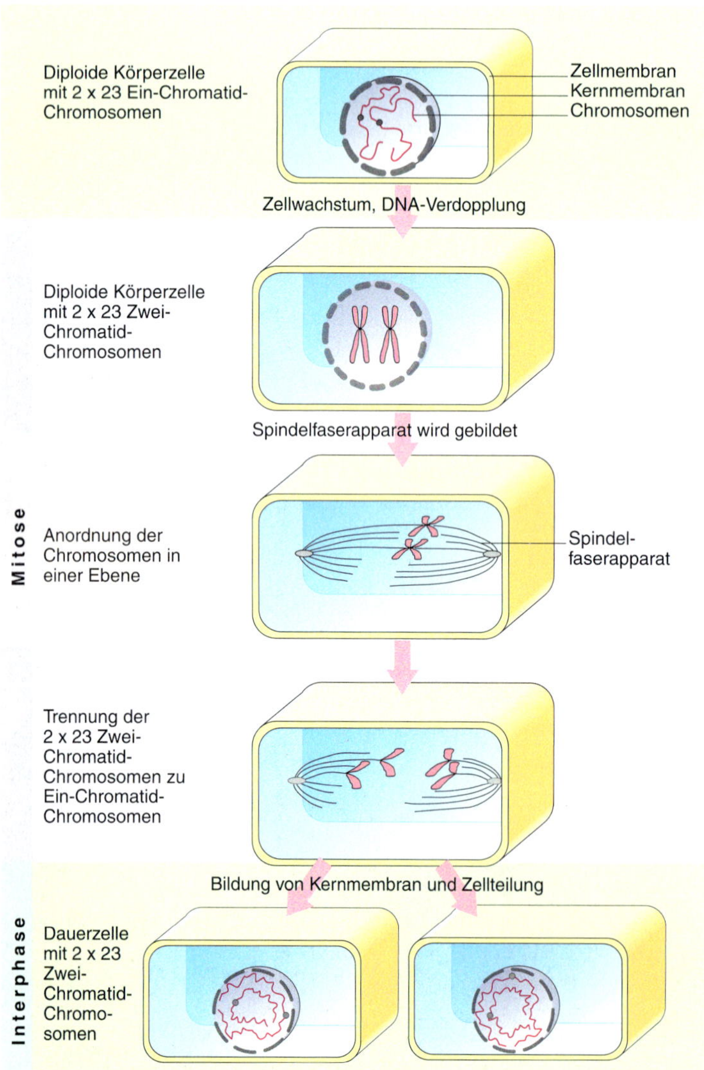

2 Zellzyklus mit Mitose und Zellteilung

Mitose

Nun wird die verdoppelte DNA gleichmäßig auf zwei *Tochterzellen* verteilt. Dabei gibt es auch hier einen sehr präzisen Mechanismus. Schließlich müssen in der Zelle die artspezifische Chromosomenanzahl und die Chromosomenform erhalten bleiben.

Zu Beginn der *Kernteilung* verdichten sich die fädigen *Chromosomen*, so dass sie unter dem Lichtmikroskop zu erkennen sind. Die Chromosomen sind gut verpackt und transportfähig, wie Kleidungsstücke in einem Koffer. Man spricht deshalb von der *Transportform der Chromosomen*. Die Kernmembran löst sich nun auf, und an den Zellpolen bilden sich die *Spindelfasern*.

Die Spindelfasern verbinden sich mit den *Zentromeren* der Chromosomen. Diese setzen sich in Bewegung und werden in einer Ebene zwischen den beiden Zellpolen, der Äquatorialebene, angeordnet.

Die Zentromerregion wird getrennt, indem sich die Spindelfasern verkürzen. Von jedem Chromosom wird ein *Ein-Chromatid-Tochterchromosom* zu den Zellpolen befördert.

Damit ist das Ziel der *Kernteilung* erreicht: An jedem Zellpol befindet sich die identische und die gleiche Zahl von Tochterchromosomen (beim Menschen 46), die aber jeweils nur aus einem Chromatid besteht. Nun entspiralisieren sich die Chromosomen und die Zellkerne bilden sich wieder.

Nachdem sich der Zellkern geteilt hat, schließt sich die eigentliche Zellteilung an. Zwischen den neu entstandenen Zellkernen bildet sich eine Plasmamembran und bei Pflanzenzellen außerdem eine Zellwand aus.

Zellzyklus

Anschließend an die Mitose (▶ S. 145) mit Zellteilung hat die Zelle zwei Möglichkeiten. Entweder sie spezialisiert sich zu einer unteilbaren Dauerzelle oder sie bereitet sich auf die nächste Teilung vor. Im zweiten Fall beginnt sie zu wachsen und ihre Zellbestandteile zu vermehren. Außerdem werden zur Vorbereitung auf die nächste Mitose Proteine für die Teilung gebildet und wiederum die DNA verdoppelt. Der Zeitraum zwischen zwei Mitosen nennt sich *Interphase*.

Aufgabe

① Ordne den Bildern in Abb. 1 die richtigen Schemazeichnungen aus Abb. 2 zu!

Abläufe im Zellkern – von Zellteilung zu Zellteilung

Ein Mensch entwickelt sich von einer einzigen befruchteten Eizelle zu einem komplexen Lebewesen aus ca. 100 Billionen Zellen. Viele davon müssen ständig erneuert werden. Beim erwachsenen Menschen teilen sich schätzungsweise 100 Millionen Zellen pro Minute. Alle Zellen mit Zellkern enthalten dabei gleiches genetisches Material.

Wie aber organisiert die Zelle, die gesammte DNA – welche in einer diploiden Zelle aus ca. 6 Milliarden Basenpaaren besteht – präzise und originalgetreu zu kopieren? Schließlich würde jeder Fehler zu einer Änderung des *Erbguts*, also zu einer *Mutation* führen.

Dabei sind zwei Schritte wichtig. Als erstes muss das Erbmaterial verdoppelt und anschließend wieder gleichmäßig geteilt werden.

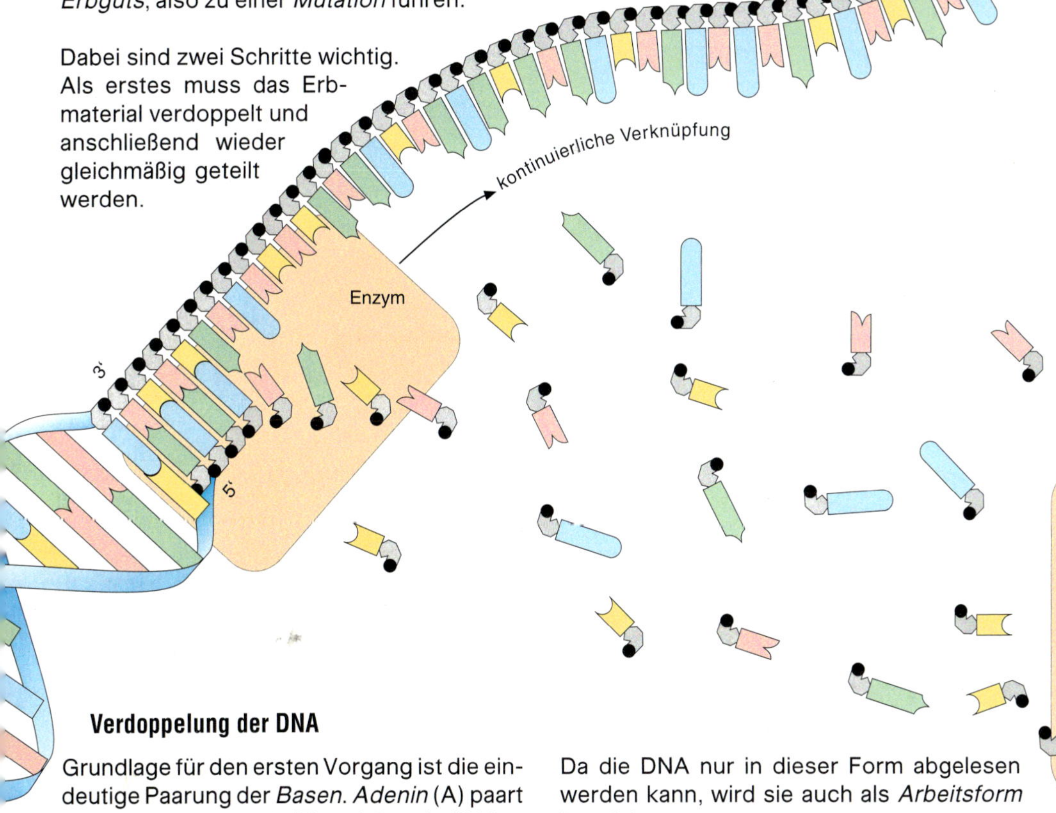

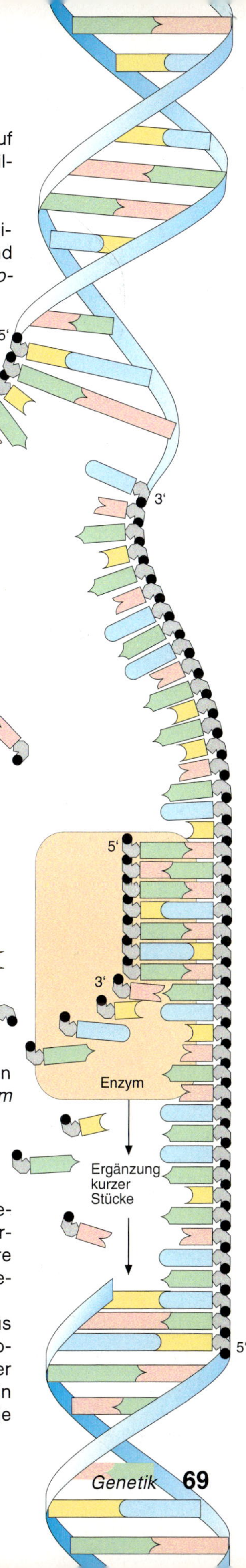

Verdoppelung der DNA

Grundlage für den ersten Vorgang ist die eindeutige Paarung der *Basen*. *Adenin* (A) paart sich immer an *Thymin* (T) und Guanin (G) immer an Cytosin (C). Wird das DNA-Molekül wie ein Reißverschluss mithilfe von Enzymen gespalten, so entstehen zwei Einzelstränge, welche anschließend mit den passenden Basenpartnern, wie in einem Puzzle, ergänzt werden. Dabei befinden sich die benötigen Bausteine für die *Replikation*, die *Nucleotide*, im Plasma des Zellkerns.

Die DNA-Verdoppelung läuft an einem Chromosom mehrmals gleichzeitig ab, wodurch der Vorgang beschleunigt wird. Dabei werden die beiden Einzelstränge auf unterschiedliche Weise ergänzt. Einerseits werden Nucleotide kontinuierlich verknüpft, auf der anderen Seite werden immer kurze Teilstrecken ergänzt.

Am Ende der *DNA-Replikation* liegen beide Einzelstränge wieder vollständig vor und sind nur noch an einer Stelle, dem *Zentromer*, miteinander verbunden. Die Einzelstränge liegen nun als zwei identische Chromatiden eines Chromosoms vor. Während der ganzen Verdoppelung liegt die DNA als fädiges unverpacktes Chromatin vor.

Da die DNA nur in dieser Form abgelesen werden kann, wird sie auch als *Arbeitsform* bezeichnet.

Aufgaben

① Übertrage einen Abschnitt von 15 Nucleotiden des Schemas in dein Heft und ergänze die komplementären Basenpaare unter Beachtung der Basenpaarungsregel!

② Die DNA des Menschen besteht aus $6{,}4 \times 10^9$ Nucleotidpaaren. Ein Nucleotidpaar hat die Länge von 0,34 nm. Der Mensch hat 23 Chromosomenpaare in jeder Körperzelle. Wie lang ist die DNA je Chromosom?

Meiose

Die Befruchtung einer weiblichen Keimzelle durch eine männliche ist der Beginn eines neuen Lebewesens. Bei dieser *sexuellen Fortpflanzung* verschmilzt der Kern einer *Spermienzelle* mit dem einer *Eizelle*. Das Produkt der beiden Keimzellen ist die *Zygote*. Eine Zygote ist also eine Zelle, die durch die Verschmelzung von Geschlechtszellen und deren Zellkernen entsteht.

Wenn die Zellkerne der *Keimzellen* (▶ S. 143) bei einem Menschen wie die *Körperzellen* ebenfalls 46 Chromosomen enthielten, dann müssten in den Zellen der Kinder 92 *Chromosomen* vorhanden sein, 46 von der Mutter und 46 vom Vater. In der 10. Generation wäre die Zahl auf 23 552 angewachsen. Da die Kinder aber auch nur 46 Chromosomen besitzen, muss spätestens bei der Bildung der Keimzellen die Chromosomenanzahl reduziert worden sein.

Die Chromosomen in den Körperzellen sind paarweise homolog (2 x 23 Stück) und man spricht von einem diploiden Chromosomensatz. Bei der Untersuchung von Keimzellen stellt man dagegen fest, dass sie nur einen Chromosomensatz besitzen (1 x 23 Stück), sie sind haploid. Wie entstehen aus diploiden Körperzellen haploide Keimzellen?

Der Vorgang, der den haploiden Chromosmensatz entstehen lässt, heißt Meiose (▶ S. 145). Er läuft in zwei aufeinander abfolgenden Teilungen ab. Genauso wie bei der Mitose wird auch die DNA vor der Meiose verdoppelt, so dass in einer Zelle 2 x 23 *Zwei-Chromatid-Chromosomen* vorliegen.

Die Meiose läuft in zwei Schritten ab. In der 1. Teilung werden die homologen Chromosomen zu Paaren geordnet, die dann voneinander getrennt werden. Die entstandenen haploiden Zellen mit je 1 x 23 Zwei-Chromatid-Chromosomen werden in der 2. Teilung, die wie eine Mitose verläuft, erneut geteilt. Das Ergebnis sind vier Zellen mit einfachem Chromosomensatz. Aus einer haploiden Zelle mit 1 x 23 Zwei-Chromatid-Chromosomen entstehen so zwei haploide Zellen mit 1 x 23 Ein-Chromatid-Chromosomen.

Die Kerne *haploider* Keimzellen verschmelzen bei der Befruchtung miteinander. Das so entstehende Lebewesen ist somit wieder *diploid*. Um sich weiter geschlechtlich fortpflanzen zu können, müssen wieder haploide Keimzellen gebildet werden und so fort.

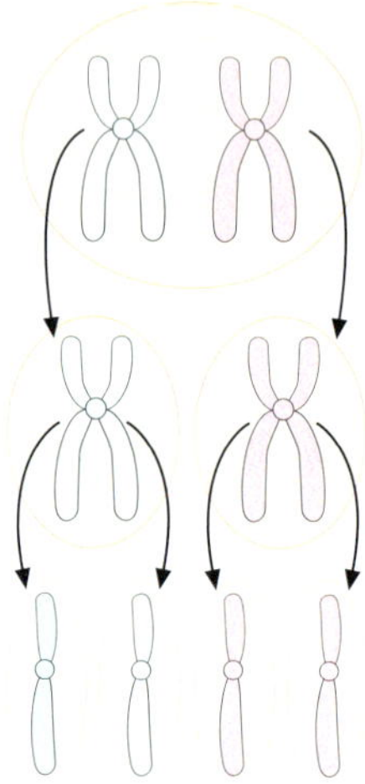

1 Meiose

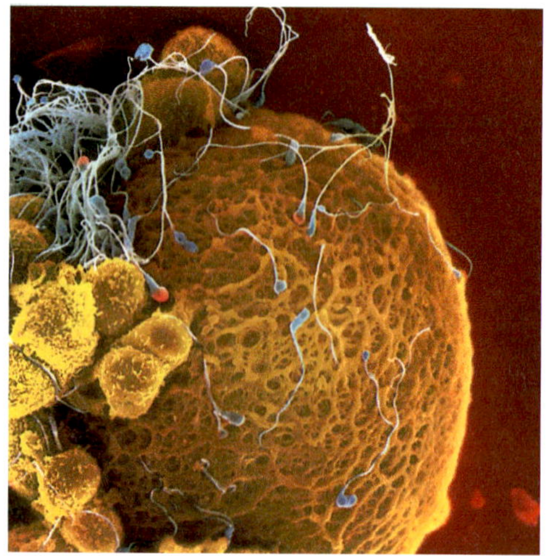

2 Keimzellen

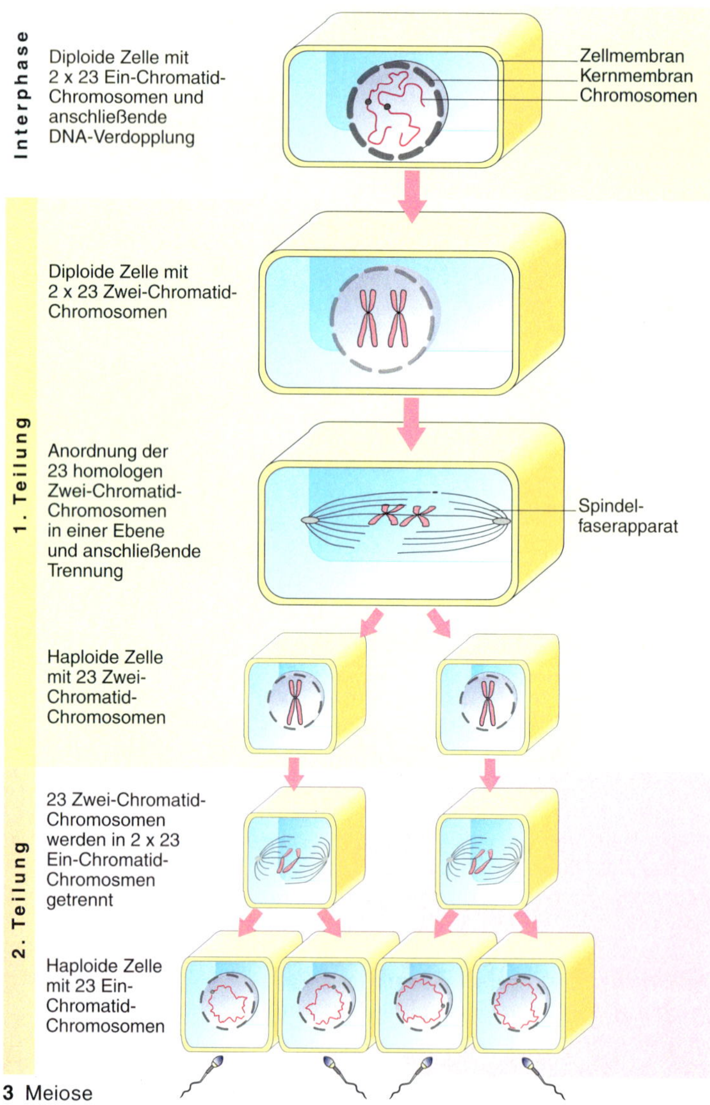

3 Meiose

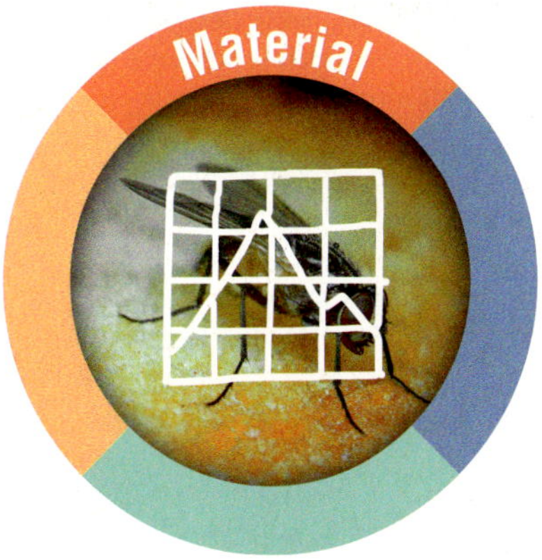

Mitose und Meiose

Was macht uns so einzigartig?

Mit Ausnahme von eineiigen Geschwistern, schaut jeder Mensch anders aus. Wie lässt sich das erklären? Nehmen wir z. B. einen Organismus mit 2 Chromosomenpaaren pro Zelle. In den diploiden Körperzellen sind dann zwei Chromosomen vom Vater und zwei von der Mutter vorhanden. Bei der ersten Teilung werden die homologen Chromsomen gepaart und als ganze Chromosomen auf die neuen Zellen verteilt. Weil das zufällig geschieht, gibt es vier verschiedene Möglichkeiten, wie die Chromosomen in den Keimzellen kombiniert werden. Abb. 2 zeigt diese $2^2 = 4$ Möglichkeiten.

Da Mutter und Vater so viele verschiedene Keimzellen bilden können, ist die Wahrscheinlichkeit, dass zwei Kinder eines Elternpaares die gleiche Chromosomenausstattung erhalten, ziemlich gering.

Bei der sexuellen Fortpflanzung kommt es anders als bei der vegetativen Vermehrung wie z. B. der Bildung von Ablegern oder der Zweiteilung von Einzellern – zu einer ständigen Neukombination des Chromosomensatzes.

Aufgaben

① Skizziere nach dem Muster von Abb. 2 die Gesamtzahl aller Kombinationsmöglichkeiten für n = 3.
② Wie viele verschiedene Keimzellen kann ein Mensch produzieren?
③ Wie viele verschiedene befruchtete Eizellen können gebildet werden, wenn Vater und Mutter je ca. 8 Millionen verschiedene Keimzellen bilden könnten?

Vergleich von Mitose mit Meiose

Die Meiose wurde anhand lichtmikroskopisch sichtbarer Kennzeichen in verschiedenen Phasen unterteilt. Tatsächlich handelt es sich jedoch um einen kontinuierlichen Vorgang, der sich besser als Film darstellen ließe. Die Dauer der einzelnen Phasen kann sehr unterschiedlich sein. Die Fotos in Abb. 1 zeigen Momentaufnahmen.

④ Beschreibe die Vorgänge während der Meiose und ordne die Fotos der Abb. 1 den Schemazeichnungen auf Seite 70 zu.
⑤ Wodurch lassen sich die abgebildeten Meiosestadien eindeutig von Mitosestadien der gleichen Art unterscheiden?
⑥ Erläutere, inwiefern man sagen kann, dass die Vorgänge bei der 2. Reifeteilung den Abläufen bei der Mitose entsprechen.

Zellzyklus

Setzt man eine Zwiebel auf ein mit Wasser gefülltes Becherglas, beginnen die Wurzeln alsbald zu wachsen. Es werden durch Zellteilung ständig neue Wurzelzellen gebildet. Die Abbildung unten zeigt den zyklischen Ablauf des Wachstums, der je nach Zelltyp kürzer oder länger dauern kann.

⑦ Warum spricht man von einem Zellzyklus?
⑧ Zeichne ein typisches Chromosom zunächst in der Wachstumsphase 1 und danach in Wachstumsphase 2.
⑨ Nimmt man die Zwiebeln aus dem Wasser, hören die Zellteilungen auf. In welcher Phase des Zellzyklus bleiben die Zellen stehen?

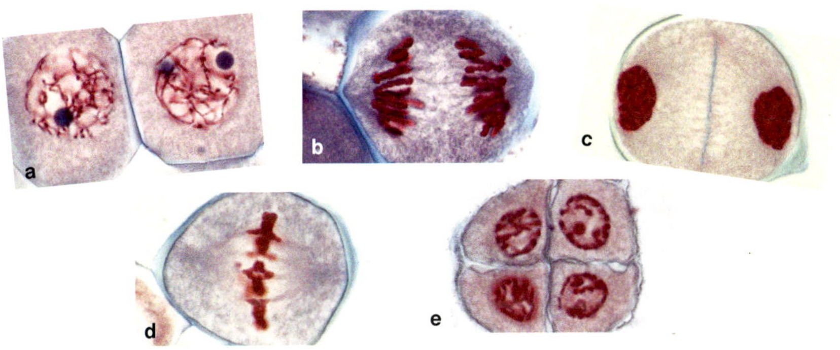

1 Meiosephasen bei der Pollenbildung (Lilie)

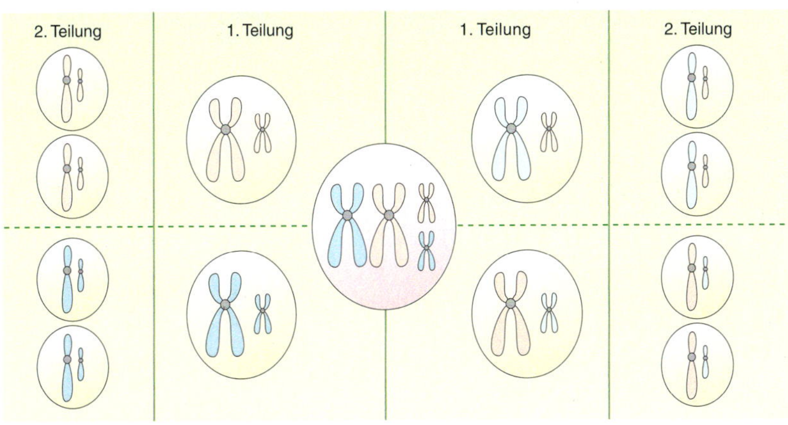

2 Kombinationsmöglichkeiten

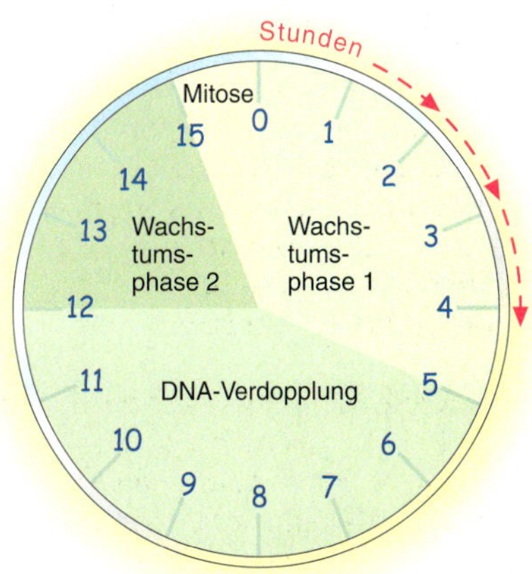

3 Zeitablauf eines typischen Zellzyklus

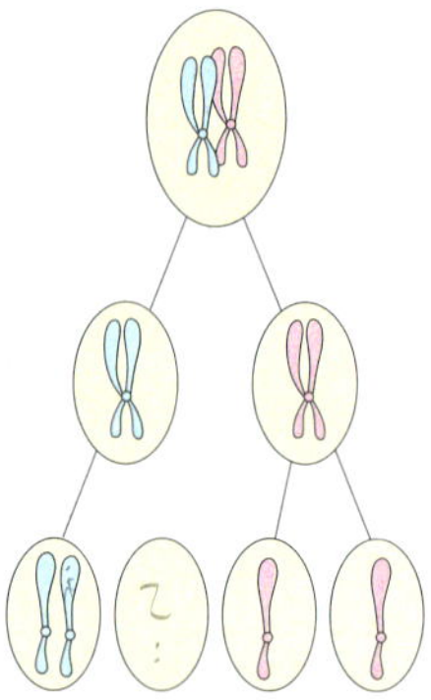

1 Meiosefehler

2 Kinder mit dem Down-Syndrom

Down-Syndrom

1886 beschrieb der englische Kinderarzt LANGDON DOWN erstmals die Symptome einer Krankheit, von der heute etwa jedes 700. neugeborene Kind betroffen ist. In Deutschland werden circa 1200 Kinder pro Jahr mit dem Down-Syndrom geboren. Weltweit leben ungefähr 5 Millionen Menschen damit. Beim Menschen mit Down-Syndrom treten eine Reihen von Merkmalen vermehrt auf: Die Körpergröße liegt unter den Durchschnittswerten. Der Kopf wirkt oft rundlich und die Augen haben eine schräg gestellte Lidfalte. Die Finger und die Zehen sind etwas kürzer. Bei Betroffenen treten Herzfehler, Krankheiten im Magen-Darm-Bereich, Infektionen, Beeinträchtigungen des Hörvermögens häufiger auf als bei gesunden Menschen. Auffällig ist die Streuung in der geistigen Entwicklung von deutlich vermindert bis fast durchschnittlicher Intelligenz in Einzelfällen. Oft sind die Menschen musisch begabt. Ihre Lebenserwartung liegt bei guter medizinischer Versorgung über 60.

Syndrom
= gleichzeitiges Vorliegen verschiedener Merkmale

1959 wurde die genetische Ursache für das Down-Syndrom geklärt. Im Karyogramm der Betroffenen findet man ein zusätzliches Chromosom Nummer 21. Es ist dreifach vorhanden und man spricht von Trisomie 21 (siehe Abb 3). Da die Betroffenen meist keine Nachkommen haben, müsste die Krankheit eigentlich seltener werde. Das ist aber nicht der Fall. Auch in erblich nicht belasteten Familien kann Trisomie 21 spontan auftreten.

Die Ursache der Trisomie 21 liegt in einem Fehler bei der *Meiose*. Durch Nichttrennung zweier Chromatiden gelangt bei der zweiten Teilung ein zusätzliches Chromosom in eine der Keimzellen (Abb. 1). Bei der Befruchtung kommt noch ein weiteres Chromosom 21 hinzu, wodurch die entstehende *Zygote* drei Chromsomen 21 enthält.

Mütter, die im Alter von über fünfunddreißig Jahren ein Kind bekommen sind unverhältnismäßig stark betroffen (Abb.4). Grund ist, dass die monatlich heranreifenden Eizellen so alt sind wie die Frauen selbst und somit Meiosefehler im Alter häufiger werden.

Zusätzliche oder fehlende Chromosomen stören die Abläufe in einer Zelle enorm. So gibt es nur noch die Trisomie 18 und die Trisomie 13 bei Neugeborenen, wobei die Organschäden in diesen Fällen so groß sind, dass die Lebenserwartung meist unter einem Jahr liegt. Andere Trisomien wirken, ebenso wie nur ein einmal vorkommendes Chromosom, während der Embryonalentwicklung tödlich. Ausnahmen finden sich bei den Geschlechtschromosomen, bei denen es verschiedene Fehlverteilungen gibt. So können Frauen z. B nur ein einziges X-Chromosom besitzen (XO). Sie sind kleinwüchsig und besitzen keine funktionsfähigen Eierstöcke. Es gibt z.B. Männer, die neben dem Y- noch zwei X-Chromosomen besitzen (XXY). Diese Männer sind etwa 10 cm größer als der Durchschnitt und sind nicht fortpflanzungsfähig.

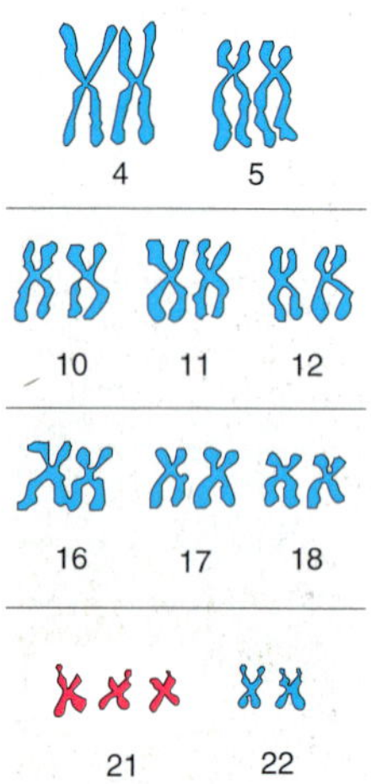

3 Karyogramm

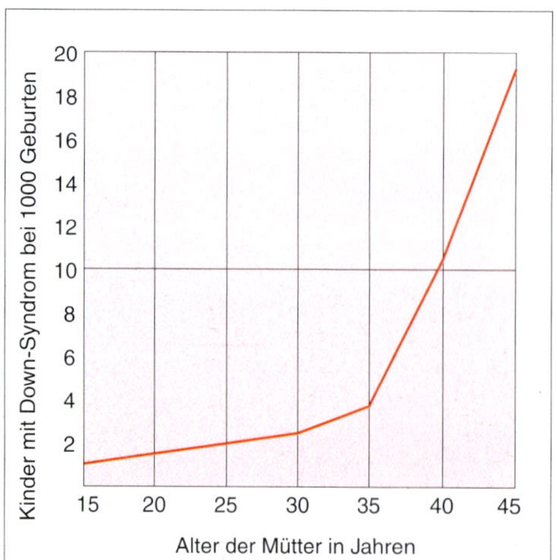

4 Altersabhängigkeit der Trisomie 21

Aufgabe

① Fertige zur Entstehung der Chromosomenzahlabweichung durch einen Fehler in der 2. Teilung der Meiose eine beschriftete Skizze an!

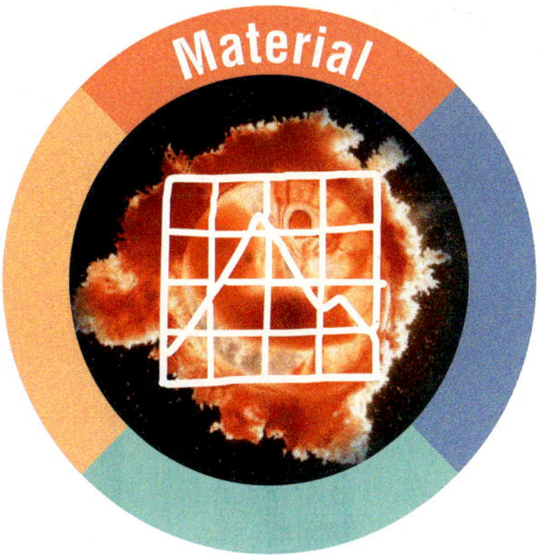

Leben mit Down-Syndrom

Beratung nach der Geburt

„Nach einer normalen und glücklichen Schwangerschaft wurde Marina, unser viertes Kind, am 4. Dezember 2006 geboren. Als der Kinderarzt bei ihr das Down-Syndrom diagnostizierte, betraten wir als Eltern ein völlig unbekanntes Terrain. Wir fühlten uns verloren, unsere erste Reaktion war Traurigkeit und Unsicherheit über ihre Zunkunft. …"

Das deutsche Down-Syndrom-Infocenter bietet Beratung für Eltern, die gerade ein Baby mit Down-Syndrom bekommen haben. Das Infocenter will Anlaufstelle für ein erstes ausführliches Beratungsgespräch sein. Die Hilfe erhalten die Eltern von kompetenten Gesprächspartnern sensibel und praxisorientiert, denn alle Berater/-innen sind selbst Eltern eines Kindes mit Down-Syndrom.
(Deutsches Down-Syndrom-Infocenter, Lauf a. d. Pegnitz)

Frühförderung

Die individuellen Unterschiede zwischen Kindern mit Down-Syndrom können in den einzelnen Entwicklungsbereichen sehr groß sein. In den ersten Lebensjahren verläuft die Entwicklung bei Kindern mit Down-Syndrom insgesamt langsamer. Sie brauchen z.B. mehr Zeit als Nichtbehinderte, um auf Reize zu reagieren. Vor allem bei der Sprachaufnahme, Sprachverarbeitung und -wiedergabe haben Kinder mit Down-Syndrom Schwierigkeiten.

Da Kinder mit Trisomie 21 von Anfang an lernfähig sind, sollte eine pädagogische Frühförderung begonnen werden. Ärztliche Kontrollen müssen dabei häufig erfolgen, um Begleitprobleme wie Hörstörungen und Sehstörungen oder auch Herzfehler, die die Entwicklung zusätzlich beeinträchtigen könnten, frühzeitig erkennen zu können.

Die Förderung besteht vor allem in Krankengymnastik für den Muskelaufbau und um die motorischen Fähigkeiten zu verbessern, sowie in der Förderung der kognitiven Fähigkeiten des Denkens, Lernens etc. und in der psychosozialen Entwicklung.

Aussagen von Betroffenen

Palbo Pineta, Student der Pädagogik in Malaga: „Ich bin ein Mensch und keine Unzulänglichkeit!"

Ruth Cromer: „Ich bin ein Mensch mit einem Handicap. An erster Stelle bin ich Mensch."

1997 auf dem Down-Syndrom-Weltkongress in Madrid: „Als ich noch kleiner war, wurde ich von meinen Klassenkameraden akzeptiert. Ich ging zu vielen Partys und wurde oft eingeladen, auch zum Übernachten. Aber als ich Teenager wurde, veränderte sich alles. Meine Art, mein Aussehen waren nicht so, wie es meine Schulfreunde gerne gehabt hätten. Sie plagten mich und lachten mich aus. Da fing ich wirklich an zu merken, dass ich anders war."
(Gabrielle Jane Clark: Das soziale Image einer Person mit Down-Syndrom. In: Leben mit dem Down-Syndrom Nr. 28, Mai 1998)

Berufsperspektiven

Wesel. „Ausbildungsplätze für Behinderte sind rar in der Welt der Gesunden. … Heute lernt Sarah … mit zehn anderen Behinderten in der Werkstufe der Schule in Bergerfurth, das ist der berufsbildende Zweig der Schule für geistig Behinderte. …" (NRZ, 9 .9. 2000)

„Nach der Schulzeit steht der Wechsel in die Arbeitswelt an. Die meisten Erwachsenen mit dem Down-Syndrom arbeiten in einer Werkstatt für Behinderte. In den letzten Jahren setzt sich jedoch auch im Bereich der Arbeitsmöglichkeiten der Integrationsgedanke allmählich durch. Immer mehr junge Menschen finden einen Arbeitsplatz auch außerhalb einer beschützenden Werkstatt und gehen einer Tätigkeit in der ganz „normalen" Arbeitswelt nach. Menschen mit dem Down-Syndrom arbeiten zum Beispiel im Gastronomie-Gewerbe, in Altersheimen, in Kindergärten oder auch in Krankenhäusern. Wichtig ist dabei aber in jedem Fall die Unterstützung durch eine Arbeitsassistenz, die bei der Suche nach einem geeigneten Arbeitsplatz vermittelt, bei der Vorbereitung auf die auszuübende Tätigkeit hilft und den jungen Menschen auch so lange begleitet, wie dies nötig ist."
(Deutsches Down-Syndrom Infocenter, Lauf a. d. Pegnitz)

Aufgaben

1. Erkläre, warum es für Kinder mit dem Down-Syndrom besonders wichtig ist, dass sie schon sehr früh eine individuelle Förderung ihrer Fähigkeiten erhalten.
2. Welche Möglichkeiten zur Integration behinderter Menschen in Kindergärten, Freizeiteinrichtungen und in den Schulen bestehen in deiner Gemeinde?
3. Wie wirken die Gefühle von jungen Menschen mit dem Down-Syndrom auf dich?
4. Nimm zu den drei Zitaten von Menschen mit dem Down-Syndrom in „Aussagen von Betroffenen" Stellung!
5. Warum ist es auch für Menschen mit dem Down-Syndrom so wichtig, eine Arbeit zu finden?
6. Begründe, warum die frühere „Aktion Sorgenkind" sich heute „Aktion Mensch" nennt!

Früherkennung von genetisch bedingten Krankheiten

Pränataldiagnostik
= Untersuchungen des ungeborenen Kindes während der Schwangerschaft

2004 kamen in der Bundesrepublik Deutschland etwa 700000 Kinder zur Welt. Davon haben ungefähr 0,3 % – 1 % eine Krankheit, welche genetisch bedingt ist.

Da in manchen Fälle das Auftreten einer genetisch bedingten Krankheit zu schweren Belastungen des Kindes und der betroffenen Eltern führen, haben werdende Eltern zunehmend den Wunsch, über *genetische Risiken* für ihren Nachwuchs aufgeklärt zu werden.

Mit der Information, ob und wann in der Familie eine *Erbkrankheit* vorliegt und in Abhängigkeit vom Alter der Mutter kann der Arzt oder eine genetische Beratungsstelle die Chance vorhersagen, ein gesundes Kind zu bekommen. Ergibt sich hier ein erhöhtes Risiko, so werden die Eltern über Methoden informiert, bei denen genetische Abweichungen bereits vor der Geburt erkannt werden können. Diese Art der Untersuchung wird *Pränataldiagnostik* (pränatal = vor der Geburt) genannt.

Ohne Risiko können *Ultraschalluntersuchungen*, die Größe und auch Fehlbildungen des Embryos feststellen. Mit diesem Verfahren lassen sich sowohl genetisch als auch durch die Umwelt bedingte Schädigungen erkennen. Denn auch ein genetisch gesundes Kind kann z. B. durch *Viruserkrankungen*, durch Strahlenbelastung oder durch Medikamente geschädigt werden. Wird durch die Ultraschalluntersuchung in der 11. Schwangerschaftswoche eine erhöhte Wahrscheinlichkeit von z. B. Trisomie 21 festgestellt, so können anschließend weitere Methoden angewandt werden.

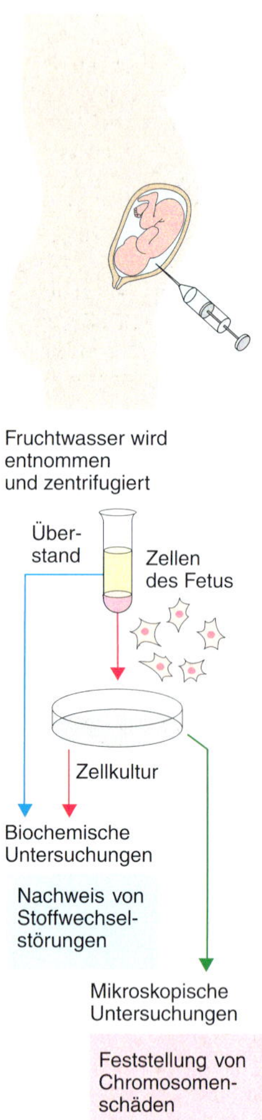

1 Fruchtwasseruntersuchung

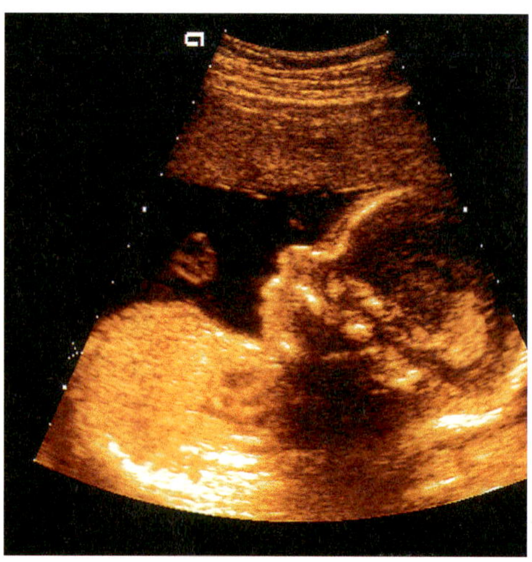

2 Ultraschallbild

Eine Möglichkeit ist, zwischen der 14. und 20. Schwangerschaftswoche die *Fruchtwasseruntersuchung* durchzuführen. Dabei wird mit einer Nadel durch die Bauchdecke der Mutter circa 10 ml Fruchtwasser entnommen. Werden die Zellen, welche vom Fetus ins Fruchtwasser abgegeben werden, vermehrt und untersucht, so können Anzahl und Form der Chromosomen überprüft werden. Die Nachteile dieser Untersuchung bestehen darin, dass zuverlässige Ergebnisse etwa zwei Wochen dauern und eine Fehlgeburtenrate von 0,5 % besteht.

Durch diese und ähnliche Untersuchungen können aber nur ca. 1 % der Behinderungen und Erkrankungen, die vorgeburtlich auftreten, erkannt werden. Selbst, wenn man eine genetische Krankheit oder eine Stoffwechselstörung feststellt, kann zwar in einigen Fällen der Zustand des entstehenden Menschen durch Medikamente, Operationen oder entsprechende Betreuung vor und besonders nach der Geburt verbessert werden. Allerdings können Veränderungen in den Genen nicht behoben werden.

Die Chancen und Risiken müssen die werdenden Eltern nun für sich bewerten und anschließend entscheiden, ob sie die Untersuchung machen und auch ob sie mit der entsprechenden Diagnose ihr Kind zur Welt bringen wollen oder nicht. Die genetische Beratung soll den Eltern helfen, zu einer mit ihrer ethischen und religiösen Wertvorstellung zu vereinbarenden Entscheidung in der Familienplanung zu kommen. Entscheiden sich die Eltern für das Kind, kann zur Vorbereitung auf ein Leben mit einem möglicherweise behinderten Menschen Hilfe angeboten werden.

Vor 1995 galt eine zu befürchtende Schädigung des Kindes rechtlich als hinreichender Grund für einen straffreien *Schwangerschaftsabbruch*. In der Neufassung von 1995 bleibt der von einem Arzt vorgenommene Schwangerschaftsabbruch in den ersten 12 Schwangerschaftswochen straffrei, wenn die Schwangere eine Schwangerschaftskonfliktberatung nachweisen kann. Werden nach Ablauf dieser Frist medizinische Gründe bekannt, die für einen Abbruch sprechen, verlängert sich diese Frist auf 22 Wochen.

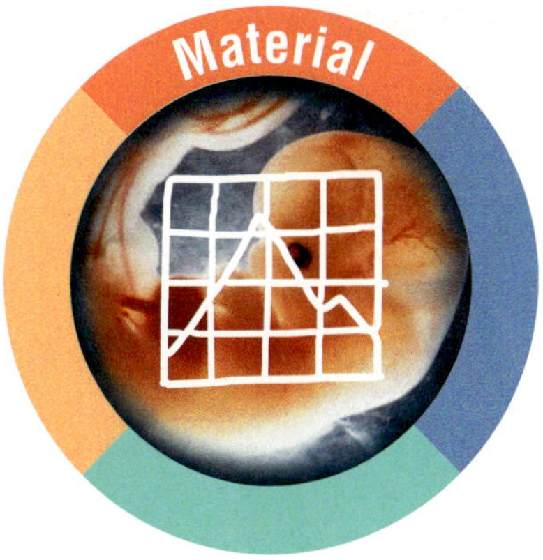

Genetisch bedingte Krankheiten

Schon seit Jahrhunderten ist bekannt, dass einige Erkrankungen offensichtlich genetisch bedingt sind, weil sie gehäuft in bestimmten Familien auftreten. Heute kennt man die Lage mehrerer der für den Defekt verantwortlichen mutierten Gene genauer, man kann sie ganz bestimmten Chromosomenorten zuordnen. Auch weiß man oft, in welcher Weise die *Mutation* sich auf der molekularen Ebene auswirkt. Das alles sind Voraussetzungen dafür, dass man in Zukunft möglicherweise bestimmte *Erbkrankheiten* heilen kann. Mit dem heutigen Wissensstand ist der Austausch solch „defekter Gene" noch nicht möglich.

Chorea Huntington (benannt nach dem englischen Arzt HUNTINGTON, der diese Erbkrankheit 1872 zum ersten Mal beschrieb) ist eine Erkrankung des Gehirns. Die motorischen und geistigen Fähigkeiten lassen stark nach. Immer stärkere Bewegungsunruhe, unkoordinierte Bewegungen („Veitstanz", Chorea), Sprachstörungen, Gedächtnisverlust, Halluzinationen und psychische Veränderungen führen schließlich zu einer vollständigen Pflegebedürftigkeit der betroffenen Personen. Chorea Huntington bricht meist erst nach dem 40. Lebensjahr aus, also erst, wenn die Betroffenen in der Regel bereits Kinder haben. Bei diesen besteht eine 0 %ige Wahrscheinlichkeit, später ebenfalls zu erkranken. Die Häufigkeit für die Krankheit beträgt ungefähr 1 : 10 000. Inzwischen weiß man, dass ein Gendefekt auf dem kurzen Arm des Chromosoms 4 dafür verantwortlich ist. Allerdings kennt man noch nicht die Funktion des von diesem Gen codierten Eiweißes. Inzwischen ist man zwar in der Lage, das defekte Gen zu diagnostizieren, aber eine Heilung ist zur Zeit jedoch noch nicht möglich.

Bei der **Sichelzellanämie** nehmen die roten Blutzellen betroffener Personen bei Sauerstoffmangel Sichelform an und können ihre Funktion nicht mehr erfüllen. In manchen Gebieten Afrikas haben etwa 30% der Bevölkerung ein Chromosom mit dem Gen für Sichelzellanämie. Das dazugehörige homologe Chromosom trägt das Merkmal für gesunde rote Blutkörperchen. Diesen Zustand nennt man *heterozygot*. Bei *Heterozygoten* treten aber keine oder kaum nachteilige Krankheitssymptome auf, da bei ihnen die roten Blutzellen erst unter experimentellen Bedingungen bei stark verringerter Sauerstoffkonzentration Sichelform annehmen. Tragen beide homologen Chromosomenpaare das merkmal für Sichelzellanämie, so spricht man von *homozygot*. Homozygot betroffene Kinder haben dagegen im sauerstoffarmen Teil des Blutgefäßsystems (Körpervenen und Lungenarterien) sichelförmige Blutzellen, welche die Kapillaren nicht passieren können. Es kommt zur Sichelzellkrise.

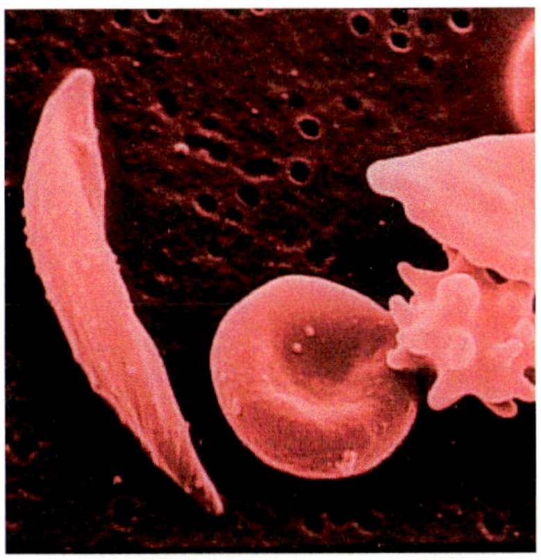

Bereits ab dem 6. Lebensmonat zeigen sich schwere Krankheitssymptome: Blutarmut (Anämie), Gefäßverschlüsse in den Venen (Thrombosen), Nierenversagen und Komazustände. Die Lebenserwartung ist stark verringert. Heterozygote dagegen haben sogar einen Vorteil, sie sind relativ resistent gegen Malaria. Ursache für die Sichelzellanämie ist eine *Mutation* innerhalb des Hämoglobingens. Das dadurch entstehende Sichelzell-Hämoglobin bildet im sauerstofffreien Zustand Stäbchen, sodass sich die roten Blutzellen sichelähnlich verformen.

Weiße Haare, helle Haut, rötliche Pupillen und hohe Sonnenlichtempfindlichkeit sind die typischen Kennzeichen des **Albinismus**. Er tritt in Deutschland mit einer Häufigkeit von ca. 1 : 40 000 auf. Bei Menschen und Tieren mit Albinismus kann der braune Pigmentstoff Melanin nicht gebildet werden. Ursache dafür ist

eine Mutation eines Gens auf dem Chromosom 11, welches für das Enzym *Thyrosinase* codiert, das für die Synthese von Melanin unbedingt erforderlich ist.

Die **Duchenne Muskeldystrophie** ist eine erblich bedingte Muskelschwäche (DMD, benannt nach dem französischen Arzt DUCHENNE). Sie ist mit einer Häufigkeit von ca. 1 : 3 00 in der männlichen Bevölkerung vertreten. Das weibliche Geschlecht ist praktisch nicht von der Krankheit betroffen, weil hier ein zweites, gesundes X-Chromosom vorhanden ist. Merkmalsträger leiden bereits ab dem 2. bis 3. Lebensjahr unter verminderter Muskelkraft, die sich z. B. in Störungen des Ganges äußert. Die betroffenen Menschen benötigen oft schon ab dem 10. Lebensjahr einen Rollstuhl und erreichen durch den fortschreitenden Muskelschwund häufig nicht einmal das 20. Lebensjahr.

Die zufällige Verteilung der Merkmale nennt man **Genetische Disposition** oder Veranlagung. Sie können – meist in Verbindung mit ungünstiger Lebensweise – die Entstehung bestimmter Krankheitsbilder fördern. Dazu zählen z. B. die Gicht, bestimmte Formen der Zuckerkrankheit (Diabetes) oder auch die **Arteriosklerose**. Diese ist in den westlichen Industrieländern die häufigste Todesursache, da sie durch Verschluss von Herzkranzgefäßen oder Hirnarterien zum Herzinfarkt bzw. Schlaganfall führen kann. Stress, Bluthochdruck, Rauchen, Übergewicht und fettreiche Ernährung begünstigen das Auftreten dieser Erkrankung. Die Erhöhung des Blutfettspiegels ist aber nicht nur ernährungsbedingt, sondern kann auch von *genetischen Faktoren* abhängig sein. Eine exakte Analyse des Erbganges steht allerdings noch aus, aber man schätzt, dass etwa 2 % der Herzinfarktfälle von Männern unter 60 Jahren auf diese erblich bedingte Blutfettspiegelerhöhung zurückzuführen sind.

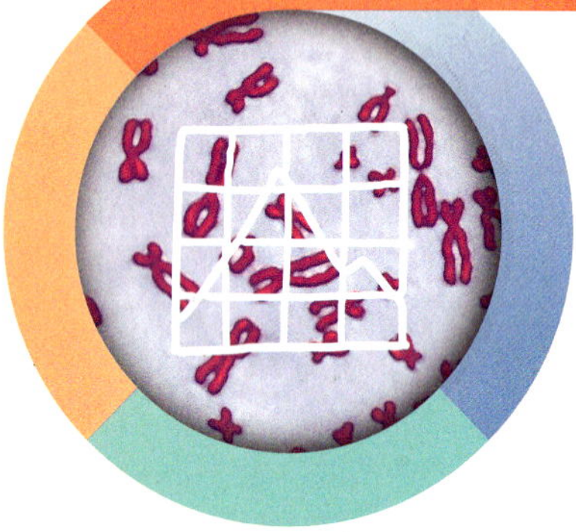

Grundlagen der Genetik

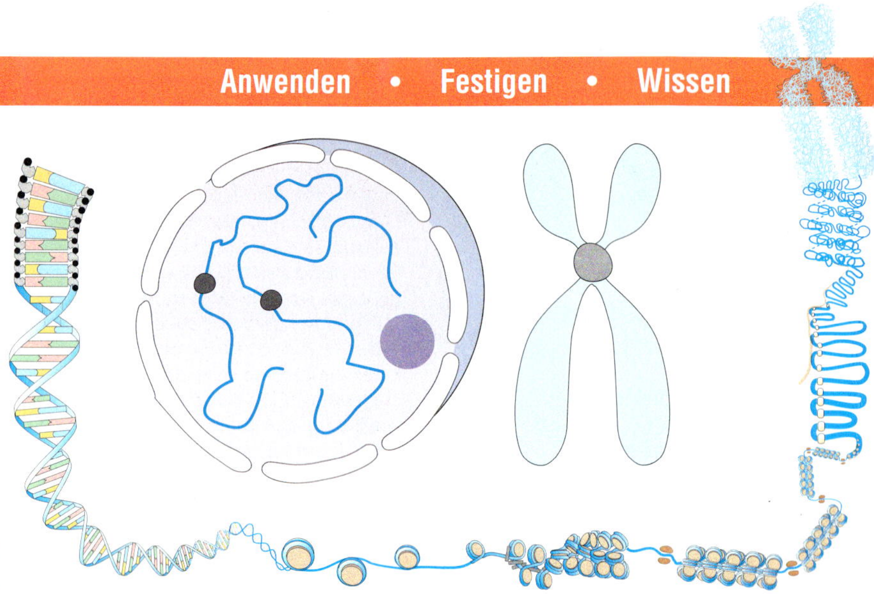

1 Raumstruktur der DNA

2 Chromatin und Chromosomen

Proteine

① Ergänze folgenden Lückentext mit den entsprechenden Fachbegriffen in deinem Heft:

Proteine bestehen aus Ketten von ____, welche durch ihre bestimmte Reihenfolge eine spezifische ____ Struktur einnehmen. Der räumliche Bau bestimmt wiederum die ____ des Proteins. Die Proteine sind das Bindeglied zwischen den Erbanlagen, der ____ und dem ____ eines Lebewesens. Proteine gehören zu den wichtigsten Bausteinen aller Zellen. Am Aufbau der Haut ist z.B. zugfestes und elastisches ____ beteiligt. Enzyme ____ verschiedenste Stoffwechselreaktionen, ____ im Blut dienen der Immunabwehr und ____ transportiert den Sauerstoff im Blut.

Mitose und Meiose

② Erkläre den Unterschied zwischen Mitose und Meiose bezüglich ihrer Bedeutung und des Ortes, wo sie im Körper ablaufen.

③ Bei vielen Säugern dauert der Zellzyklus etwa 24 Stunden. Auch Zellen des Menschen benötigen diese Zeit. Wie lange würde es dauern, bis sich durch ständige Teilung aus einer befruchteten Eizelle ein aus etwa 60 Billionen Zellen bestehender Mensch gebildet hat?

④ Ein Mensch muss täglich circa 2 % seiner Zellen (60 Billionen) erneuern, da abgestorbene Zellen ersetzt werden müssen. Berechne, wie viele Zellen der Mensch pro Tag durch Mitose neu bildet!

DNA und Chromosomen

⑤ Die DNA besteht u.a. aus den Basen Adenin, Thymin, Guanin und Cytosin. Dabei ergaben experimentelle Befunde folgende Ergebnisse:

	A	T	G	C
	Basenhäufigkeit [%] bei Lebewesen mit einem DNA-Doppelstrang:			
Mensch	29,9	29,8	19,5	20,1
Rind	28,7	27,2	22,2	19,9
Grünalge	20,2	18,8	30,8	30,2
	Basenhäufigkeit [%] bei Lebewesen mit einem DNA-Einzelstrang:			
Virus	24,6	18,5	32,8	24,1

a) Leite aus der oben abgebildeten Tabelle eine Regel zur Basenpaarung bei Mensch, Rind und Grünalge ab.

b) Vergleiche die Basenhäufigkeit vom Mensch mit dem von einem Virus. Begründe den Unterschied!

⑥ Beschreibe die Raumstruktur der DNA anhand Abildung 1.

⑦ Skizziere Abbildung 2 in den Heft und ergänze folgende Beschriftung: Erbsubstanz in der Transportform, Erbsubstanz in der Arbeitsform, Zentromer, Kernmembran, Chromatide, fädiges Chromatin, verdichtetes Chromatin, Kernkörperchen.

⑧ Beschreibe den Zusammenhang der Begriffe: Zelle, Zellkern, Chromosom, Chromatid, Doppelhelix, Nukleotide!

Proteinbiosynthese

⑨ Stelle einen Zusammenhang her zwischen DNA, Transkription und Translation. Ordne den Begriffen auch die Orte in der Zelle zu.

⑩ Bei allen Lebewesen kommt der in Frage 9 von dir beschriebenen Aufbau vor. Welche Begründung kannst du anführen?

⑪ Bei Versuchen zur Herstellung von Proteinen aus DNA werden die Ansätze a bis d in Reagenzgläsern zusammengestellt (siehe Tabelle unten). Alle Reagenzgläser enthalten neben einer Flüssigkeit, welche dem Cytoplasma entspricht alle Enzyme, welche zur Proteinbiosynthese benötigt werden. Wenn t-RNA vorhanden ist, dann sind diese Moleküle mit der passenden Aminosäuren bestückt. Die Versuche werden bei idealen Temperaturbedingungen durchgeführt.
Welche zusätzlichen Substanzen lassen sich in den verschiedenen Ansätzen am Ende des Versuchs finden? Begründe deine Aussage!

⑫ Werden in Abbildung 2 Ein-Chromatid-Chromosomen oder Zwei-Chromatid-Chromosomen dargestellt? Begründe deine Aussage.

Ansätze	Substanzen
a	DNA, Ribosomen
b	DNA, Nucleotide
c	m-RNA, Ribosomen, t-RNA
d	DNA, Nucleotide, Ribosomen, t-RNA

DNA-Verdoppelung

1958 klärten MATTHEW MESELSON und FRANK STAHL den Mechanismus der DNA-Verdoppelung. Sie züchteten Bakterienzellen, welche zu Beginn mit normal schweren Nucleotiden ausgestattet waren. Für die DNA-Verdoppelungen stellten sie in zwei Versuchsansätzen in Kulturflüssigkeit (a und b) normal schwere Nucleotide und für die Untersuchung schwerer gemachte Nucleotide zur Verfügung. Nach zwei Teilungen wurde die DNA-Replikation gestoppt, die DNA isoliert, in ein Reagenzglas mit Flüssigkeit gegeben und zentrifugiert. Da DNA nicht mit bloßem Auge sichtbar ist, wohl aber UV-Licht absorbiert, kann ihre Lage an der Absorption des UV-Lichts erkannt werden.

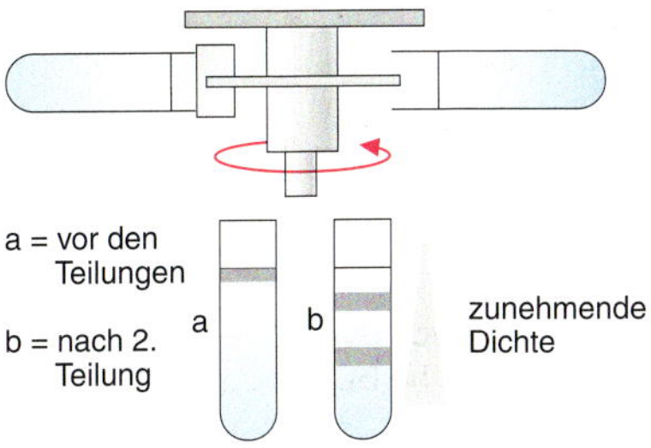

1 Experiment von MESELSON und STAHL

⑫ Erkläre, warum die DNA-Dichte in den Reagenzgläsern a und b nach unten hin zunimmt!

⑬ Skizziere die DNA-Verdoppelung der ersten zwei Teilungen für beide Versuchsansätze nach folgendem Schema in dein Heft! Zeichne den DNA Strang mit den schweren Nucleotiden farbig.

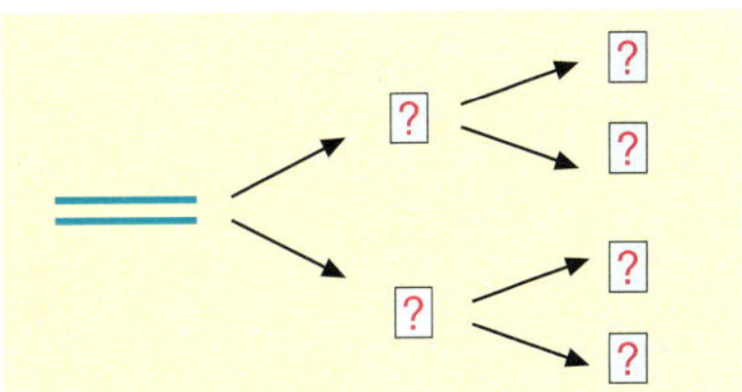

⑭ Ordne den Reagenzgläsern a und b die „normalen“ und die „schweren“ Nucleotide zu.

⑮ Welche Verteilung der DNA hätten Sie bekommen, wenn die Verdopplung nach folgendem Schema ablaufen würde? Begründe.

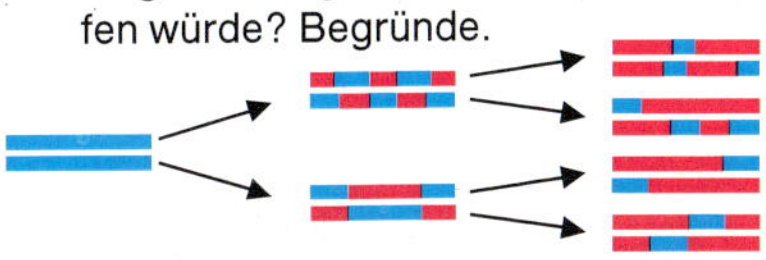

2 Disperser Replikationsmechanismius

Fotographie mit Gift

Die Herbstzeitlose ist eine Pflanze, welche für den Menschen bei der Verwechslung mit Bärlauch lebensgefährlich werden kann. Bereits 20 mg ihres Giftes *Colchicin*, was ca. 50 g Blätter entspricht, gelten als tödliche Dosis für einen Erwachsenen. Vor allem im Frühjahr, wenn beide Pflanzen noch keine Blüten besitzen, ist dies leicht möglich.

Colchizin verhindert in einer Zelle, dass sich der Spindelapparat ausbildet. Wird ein Karyogramm angefertigt, bei dem die Chromosomen maximal spiralisiert fotographiert werden, so wird dieses Gift verwendet.

⑯ Wie unterscheidet sich Bärlauch von der Herbstzeitlosen?

⑰ Welchen Nachteil hätte ein Forscher, wenn er kein Colchicin zur Verfügung hätte und trotzdem ein Karyogramm anfertigen müsste?

3 Bärlauch und Herbstzeitlose

Karyogramm

Die Abbildung zeigt verschiedene Chromosomensätze von Menschen.

⑱ Welches der drei abgebildeten Karyogramme zeigt den Normaltyp? Begründe.

⑲ Welche Abweichungen vom Normaltyp weisen die gezeigten Karyogramme auf?

⑳ Welches Geschlecht haben die Personen, deren Karyogramme gezeigt sind?

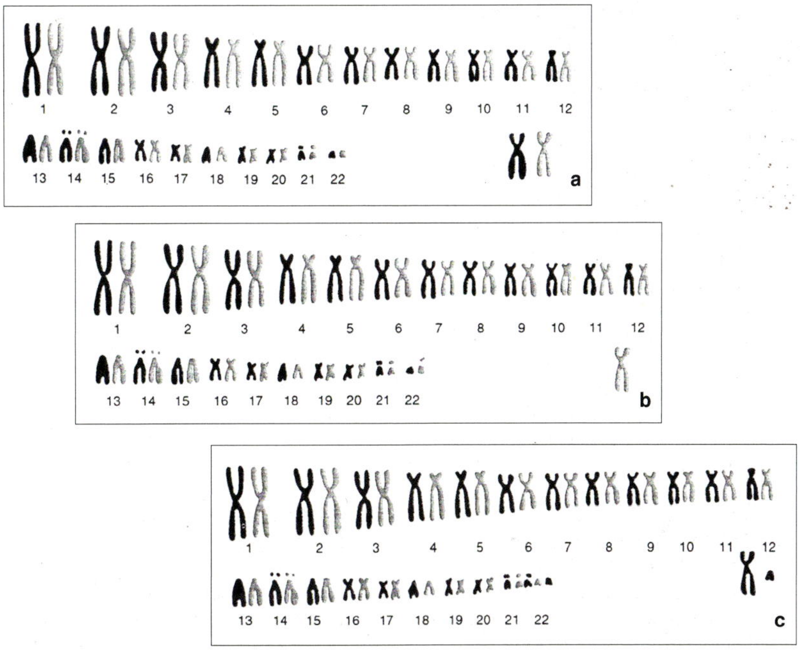

4 Karyogramme von Menschen

Gesundheit

Im Jahre 1976 wurde in Amerika ein Junge geboren, dessen Leben gegenüber dem anderer Neugeborener ungewöhnlich verlaufen musste. Sein Abwehrsystem gegen Krankheitserreger war nur schwach entwickelt. Die Ärzte konnten ihn nur am Leben erhalten, indem sie ihn in einem luftdichten Zelt mit gefilterter Luft aufwachsen ließen. Nahrung und Spielsachen wurden desinfiziert und anschließend über luftdichte Schleusen in das Zelt eingeführt. Ein direkter Kontakt mit den Eltern oder anderen Menschen war nicht erlaubt. Dies Alles hätte zum Tode des Jungen führen können.

Auch unser Körper ist ständig von Krankheitserregern umgeben, trotzdem sind wir nur selten krank.
Wie schön es ist gesund zu sein, merkt man immer erst, wenn man krank ist. Deswegen ist es wichtig, sich bewusst zu machen, wie man sich persönlich am Besten gesund erhält.

Abwehrsystem

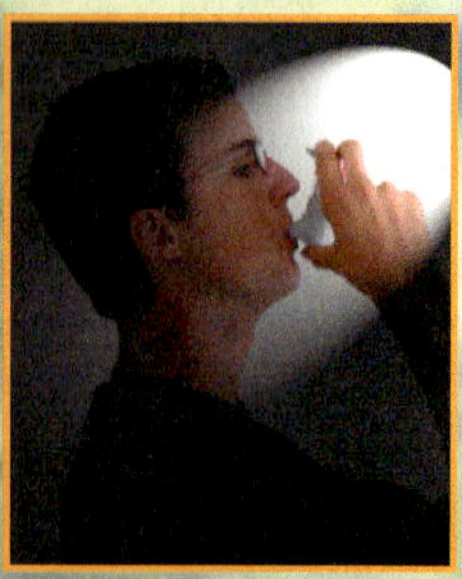

Medizin

Krankheit

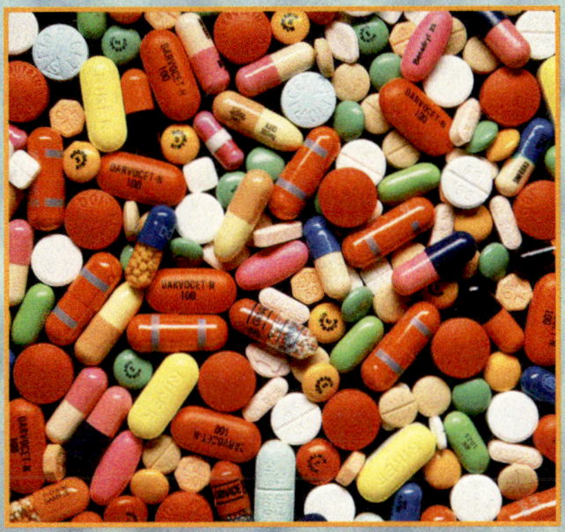

Sucht

Drogen

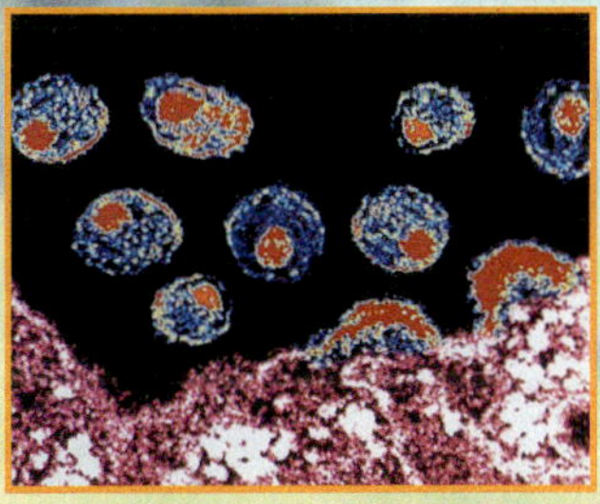

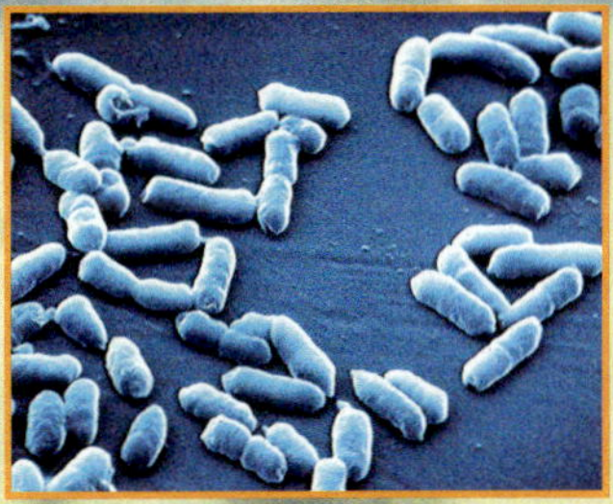

Viren

Bakterien

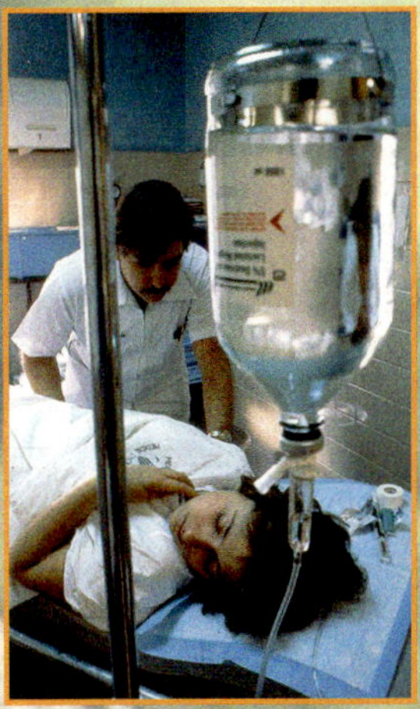

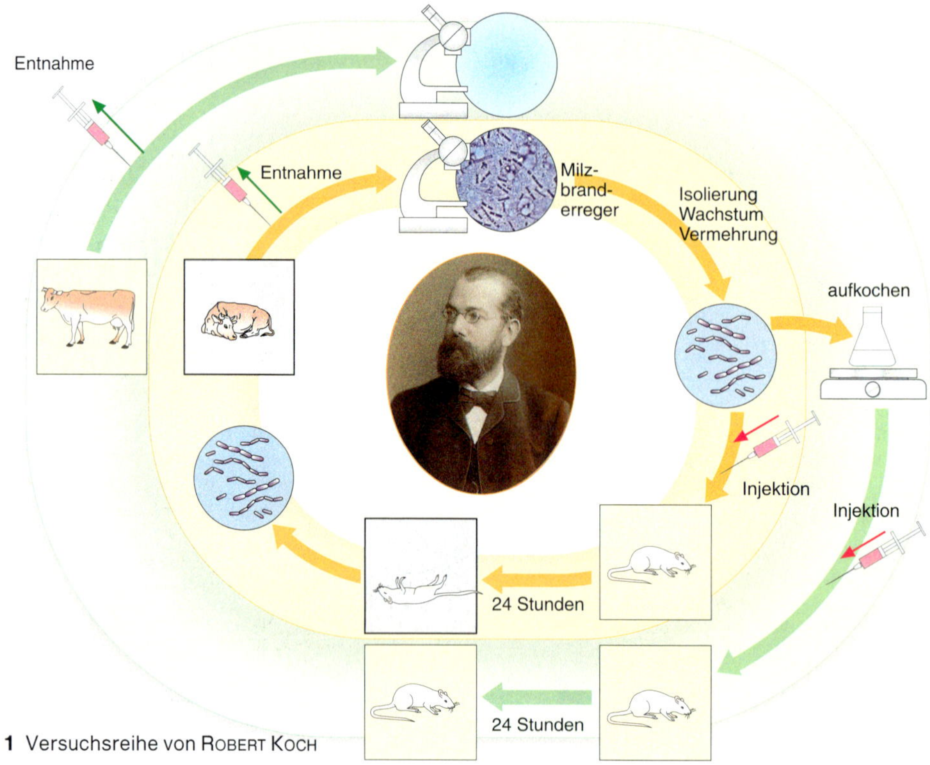

1 Versuchsreihe von ROBERT KOCH

Kampf gegen winzige Feinde

Infektion
infectio, lat. = Ansteckung

Bakterien
bakterion, gr. = Stäbchen
einzellige Mikroorganismen ohne Zellkern

Bazillus
bacillum, lat. = Stäbchen
stäbchenförmiges Bakterium

Mikrobiologie
Wissenschaft und Lehre von den Mikroorganismen

Bakteriologie
Teilgebiet der *Mikrobiologie*, das sich mit der Untersuchung von Bakterien beschäftigt.

Im Jahre 1879 untersuchte ROBERT KOCH das Blut von an *Milzbrand* erkrankten Rindern unter dem Mikroskop. Milzbrand war damals eine weit verbreitete und gefürchtete Viehseuche. KOCH hoffte, bei den erkrankten Tieren die Krankheitserreger zu finden. Er suchte nach *Mikroorganismen* – zunächst jedoch ohne Erfolg. Daraufhin färbte er seine Präparate mit verschiedenen Farbstoffen und konnte tatsächlich winzige stäbchenförmige Gebilde erkennen. Um beweisen zu können, dass es Lebewesen waren, isolierte er sie und beobachtete ihre Vermehrung. Danach spritzte er diese Mikroorganismen gesunden Mäusen ein, die daraufhin an Milzbrand erkrankten und starben. In ihrem Blut konnte KOCH die Erreger in großer Zahl feststellen und damit beweisen, dass der Milzbrand durch diese Bakterien hervorgerufen wird. Werden Milzbranderreger abgekocht, können sie einer Maus gespritzt werden, ohne das sie erkrankt. Beim Milzbranderreger handelt es sich um stäbchenförmige *Bakterien*, die auch *Bazillen* genannt werden. Mit der selben Methode bewies KOCH zwei Jahre später, dass auch die *Schwindsucht (Tuberkulose)* durch Bazillen hervorgerufen wird. Zudem wies er nach, auf welche Weise die Ansteckung mit Tuberkulosebazillen erfolgt: Beim Husten und Sprechen von kranken Menschen gelangen feinste Tröpfchen in die Luft. Sie enthalten Tuberkulosebazillen. Über die in der Luft schwebenden Tröpfchen können sich gesunde Menschen infizieren, sobald sie sie einatmen *(Tröpfcheninfektion)*.

Mit der Entdeckung des Tuberkuloseerregers hatte KOCH die Grundlagen zur Bekämpfung einer *Infektionskrankheit* (▶ S. 145) gelegt, an der zur damaligen Zeit noch jeder siebte Mensch in Europa starb. Seine Arbeitsmethode ist für die Bakteriologie grundlegend geworden.

Aufgabe

① Erkläre, warum ROBERT KOCH die Versuche zur Vermehrung der Bakterien und die Infektionen der Mäuse durchführen musste, um zu beweisen, dass es sich bei den Bakterien um die Milzbranderreger handelte.

Arzneimittel gegen Bakterien

Einzelne Bakterien lassen sich mit bloßem Auge nicht erkennen, trotzdem ist es möglich, sie sichtbar zu machen. Man lässt sie dazu auf einem *Nährboden* wachsen, der alle Stoffe enthält, die Bakterien benötigen. Aus einem einzigen Bakterium entsteht durch viele Zellteilungen ein Häufchen von Bakterien, eine Kolonie. Diese sieht man gut mit bloßem Auge.

Der englische Bakteriologe ALEXANDER FLEMING bemerkte auf dem Nährboden in einer Kulturschale einige verschimmelte Stellen. Um diese Stellen herum wuchsen keine Bakterienkolonien. Sonderte der Schimmelpilz vielleicht einen Stoff ab, der die Bakterien nicht gedeihen ließ oder tötete? Nach zahlreichen Versuchen zeigte sich, dass der Schimmelpilz *Penicillium notatum* einen *Hemmstoff (Penicillin)* freisetzt, der Bakterien an der Zellteilung hindert. Flemings Ergebnisse waren eine Sensation, konnte man doch hoffen, diesen Stoff als Medikament gegen die zahlreichen, durch Bakterien hervorgerufenen Krankheiten einsetzen zu können. Für seine Entdeckung erhielt FLEMING im Jahr 1945 den Nobelpreis.

Alexander Fleming
(1881 – 1955)

Zettelkasten

Geschichte des Penicillins

FLEMING machte seine Entdeckung zur Bedeutung des Penicillins im Jahre 1928. Jedoch erst 1940 gelang es einer anderen Forschergruppe, eine kleine Menge Penicillin als reine Substanz aus den Pilzkulturen zu gewinnen. Mit dieser kleinen Menge wurde es als Arzneimittel zuerst an Mäusen, dann an Menschen getestet.

Das Problem bestand jedoch darin, dass nur geringe Mengen des Reinstoffes hergestellt werden konnten. Penicillin war daher zu diesem Zeitpunkt teurer als Gold, selbst aus dem Urin behandelter Patienten wurde es wieder zurückgewonnen. In den folgenden Jahren wurde die Massenproduktion in England und den USA vorangetrieben: Man nutzte Pilzkulturen mit höherer Penicillinproduktion und entwickelte effektivere Trennverfahren.

Die Bedeutung im 2. Weltkrieg war groß, da entzündete Verwundungen ohne Penicillingabe bis zu diesem Zeitpunkt meist den Tod bedeuteten. Die Entwicklung der Penicillingroßproduktion wurde daher besonders intensiv gefördert. Ab dem Jahr 1944 konnten große Mengen zur Behandlung der verwundeten alliierten Soldaten eingesetzt werden.

Die Erfolge mit Penicillin hielten jedoch nur einige Jahre an. Es traten immer mehr Bakterien auf, bei denen das Penicillin keine Wirkung zeigte, die gegen Penicillin resistent waren. Neue Penicillin-Varianten wurden entwickelt und so lange eingesetzt, bis auch gegen diese neuen Stoffe resistente Bakterienstämme auftraten. Um heute wirksam gegen Bakterien vorzugehen, wird oftmals ein Gemisch verschiedener Stoffe eingesetzt. Man kennt zahlreiche bakterienhemmende Substanzen, die aus Pflanzen oder Pilzen gewonnen oder von Mikroorganismen produziert werden. Ein solcher Stoff, der in geringer Konzentration Mikroorganismen abtötet oder ihre Vermehrung hemmt, wird **Antibiotikum** genannt.

resistent
resistere, lat. = widerstehen

Antibiotikum,
Plural: Antibiotika
anti, gr. = gegen;
bios, gr. = Leben

Penicillin kann als Medikament eingesetzt werden, weil es ausschließlich Bakterienzellen stark schädigt, menschliche Zellen jedoch nicht. Trotzdem sind Penicillin und andere Antibiotika nicht ohne *Nebenwirkungen* für den Menschen. Antibiotika zerstören z. B. die nützlichen Bakterien im menschlichen Darm, die *Darmflora*. Diese ist für eine normale Verdauung notwendig und verhindert die Entwicklung schädlicher Bakterien. Daher kommt es durch Antibiotika zu Verdauungsstörungen. Außerdem sind manche Menschen gegenüber Antibiotika *allergisch*; ihr Körper reagiert in krankhafter Weise überempfindlich. Bei leichten Erkrankungen ist es sinnvoll, auf Antibiotika zu verzichten, der Körper kann eigene *Abwehrkräfte* aktivieren und ist auf Dauer sogar besser geschützt. Antibiotika dürfen daher nur unter ärztlicher Kontrolle eingenommen werden.

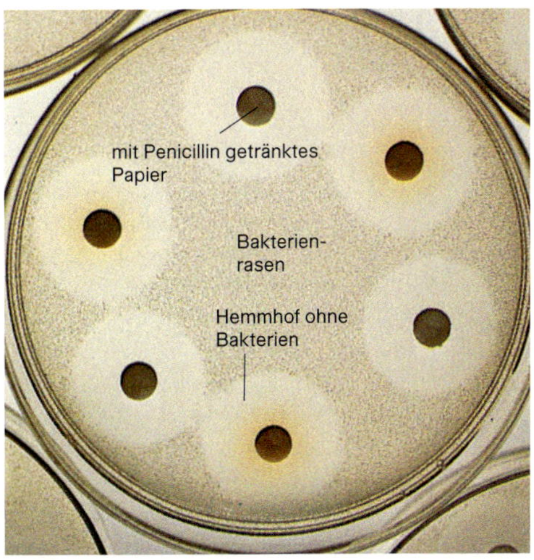

1 Wirkung von Penicillin

Mikrobiologische Versuche

In der 8. Klasse hast du bereits mit Bakterien gearbeitet und dir wichtige Arbeitstechniken angeeignet. Du kannst nun in einem weiteren Praktikum deine Kenntnisse anwenden und vertiefen.

Übernachtkultur / Agarplatten

Für die folgenden Versuch benötigst du 5 Agarplatten und 1 Rohrzuckerplatte sowie Flüssigmedium für die Übernachtkultur.

Material:
Dampfkochtopf, Kochplatte, Erlenmeyerkolben (300ml, 150 ml), ca. 25 Petrischalen.

Chemikalien:
Nährmedium, Agar, Rohrzucker, Flüssigkultur von Bacillus subtilis, oder Escherichia coli. Aqua dest.

Vorbereitung: Am Tag vorher:
- setze eine Übernachtkultur von *B. subtilis* oder *E. coli* in Flüssigmedium an (s. Praktikum Natura 8 S. 30).

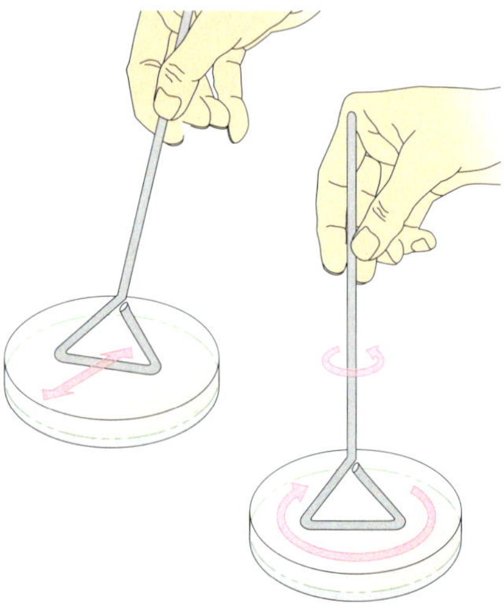

1 Arbeiten mit dem Drygalski-Spatel

Durchführung: Am Praktikumstag:
Gemäß der Vorschrift wird Nähragar in einem 300 ml und einem 150 ml Erlenmeyerkolben (z. B. Nährmedium + Agar für 250 ml und 100 ml) eingewogen.
- Dem Agar in dem kleineren Kolben fügst du 5 % Zucker zu.
- sterilisiere im Dampfkochtopf (siehe Praktikum Natura 8 S. 30).
- Gieße den Nährboden in die Petrischalen und lasse ihn erstarren.
- Du hast nun ca. 16 Nähragarplatten und 8 Rohrzuckerplatten mit denen die folgenden Versuch durchgeführt werden können.
- Nicht verwendete Platte kann man im Kühlschrank einige Wochen aufbewahren.

Testen auf Antibiotika

Schimmelpilze, z. B. Penicillium notatum geben Penicillin an ihre Umgebung ab. Penicillin stört den Aufbau der bakteriellen Zellwand, indem es die Quervernetzung während des Zellwachstums verhindert. Ein anderes Antibiotikum ist das Streptomycin, es hemmt die Proteinsynthese der Bakterien an den bakteriellen Ribosomen. Da in menschlichen Zellen andere Ribosomen vorkommen, wird dort die Proteinsynthese nicht gestört.

Material:
Aktenlocher, Filterpapier, Waage, Pinzette, Bunsenbrenner, 1ml-Pipette mit Saugvorrichtung, Becherglas (50 ml), Drygalski-Spatel, Filzstift rot und grün.

Chemikalien:
Spiritus, Streptomycinsulfat, Aqua dest., 1 Petrischale mit Nähragar.

Durchführung:
- Stelle eine Lösung von Streptomycinsulfat (50 mg/l) in Aqua dest. her.
- Stanze aus dem Filterpapier mit Hilfe des Aktenlochers kleine Plättchen aus.
- Tauche drei Plättchen in die Antibiotikumlösung.

Kontrolle:
- tränke drei Papierplättchen nur mit Aqua dest.
- Fülle das Becherglas mit Spiritus.
- Pipettiere 0,5 ml einer Übernachtkultur auf eine Agarplatte und verteile die Bakterien gleichmäßig mit dem Drygalski-Spatel.

Beim Ausplattieren musst du beachten:
- Arbeite wegen des aufsteigenden Luftstroms neben dem Bunsenbrenner.
- Achte darauf, dass kein Alkohol in die Nähe der Flamme gelangt.
- Nimm den Drygalski-Spatel in die rechte Hand und tauche ihn in den Alkohol und flamme ihn kurz ab.
- Nimm mit der linken Hand den Deckel von der Petrischale.
- Führe mit der rechten Hand mit dem Drygalski-Spatel auf dem Agar Vor- und Rückwärtsbewegungen aus, während die linke Hand den Boden der Petrischale langsam dreht.
- Schließe die Agarplatte rasch.
- Desinfiziere den Drygalski-Spatel.
- Tauche die Pinzette kurz in Spiritus und flamme die Pinzette ab, lege die Kontroll- und die Antibiotikaplättchen auf die Agarplatte. Markiere am Plattenboden die Papierplättchen mit Antibiotikum rot, die mit Wasser grün.
- Bebrüte im Trockenschrank über Nacht bei 30 °C.

2 Antibiotikumplatte von unten

Wirkung von Konservierungsstoffen

Benzoesäure (E 210) und das weniger wirksame, aber besser lösliche *Natriumbenzoat* (E 211) werden in Getränken, Fruchtprodukten, Sauerteig-Backwaren, Soßen und Würzmischungen als Konservierungsstoffe eingesetzt. *Ameisensäure* (E 236) dient der Konservierung von Konfitüren und Marmeladen, Fruchtsirup und Fruchtsäften. Auch bei verschiedenen Fleischerzeugnissen und speziell in der Geflügelindustrie wird Ameisensäure vorbeugend gegen Salmonellen verwendet.

Material:
Spatel, Waage, Becherglas (25 ml) Reagenzglas, Reagenzglasständer, Glasstab, Brenner, Messpipette mit Saugvorrichtung, Drigalsky-Spatel, Parafilm oder Tesafilm.

Chemikalien:
3 Agarplatten, Natriumbenzoat, Ameisensäure (Methansäure), Spritus, Aqua dest.

Durchführung:
- Wiege 0,5 g Natriumbenzoat in ein 25 ml-Becherglas ab und löse in 2 ml Aqua dest.

- Mische im Reagenzglas 1 ml Ameisensäure mit 1 ml Aqua dest..
- 1 Platte dient als Kontrolle, sie bleibt unbehandelt.
- Pipettiere auf 1 Platte 0,2 ml Natriumbenzoat-Lösung.
- Pipettiere auf 1 Platte 0,2 ml Ameisensäure-Lösung.
- Verteile die Lösungen mit dem Drygalski-Spatel.
- Lasse alle Platten über Nacht geöffnet stehen.

Am nächsten Tag:
Verschließe die Petrischalen mit Para- oder Tesafilm und bebrüte zwei Tage bei 30° C, bzw. eine Woche bei Raumtemperatur.

Sicherheitshinweis:
Nach der Bebrütung dürfen die Platten nicht mehr geöffnet werden. Zur Entsorgung werden die Petrischalen im Dampftopf sterilisiert. Sie können dann im Hausmüll entsorgt werden.

Auswertung:
Zähle die Bakterienkolonien auf der Kontrollplatte und auf den Platten mit Konservierungsstoff. Diskutiert euer Ergebnis.

Konservierungsstoffe in Kosmetika

In Kosmetika, Peeling-Cremes, Flüssigseifen und Zahncremes sind Konservierungsstoffe wie Benzoesäure oder Natriumbenzoat (engl. Sodiumbenzoat) enthalten. Im Bakterientest kann deren bakterienabtötende Wirkung geprüft werden. Durchforste dein Badezimmer und lies die Herstellerangaben. Suche zwei Kosmetika heraus, die du auf Konservierungsstoff testen willst.

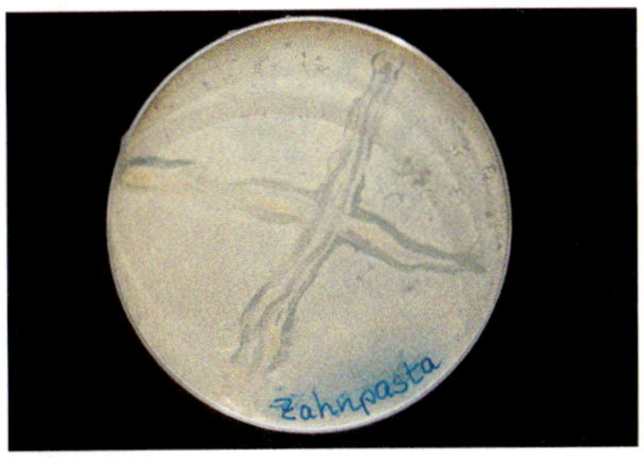

Material:
Drygalski-Spatel, Becherglas (100 ml), Bunsenbrenner, 1ml-Pipette mit Saugvorrichtung, Wattestäbchen, Übernachtkultur von Bacillus subtilis oder Escherichia coli.

Chemikalien:
1 Nähragarplatte, Spiritus, zu testende Kosmetika.

Durchführung:
- Pipettiere wie im Versuch Antibiotikatest 0,5 ml Übernachtkultur in die Petrischale und verteile mit dem Drygalski-Spatel gleichmäßig.
- Trage mit Wattestäbchen jeweils in der Mitte ein Kreuz deiner ausgewählten Kosmetika auf.
- Schließe die Platten.
- Berühre zwei Tage bei 30 °C oder 1 Woche bei Raumtemperatur.

Auswertung:
Bei welchen Proben wurde das Bakterienwachstum gehemmt?

Entsorgung:
Agar-Platten nicht mehr öffnen. Sterilisieren und dann als Restmüll entsorgen.

Bakterien im Zahnbelag

Auch bei guter Zahnhygiene können sich irgendwo Bazillenherde verstecken. Aber es gilt: je besser die Zahnhygiene, desto weniger Bakterien. Plaques sind Zahnbeläge, die sich aus Speichel und Mikroorganismen, zusammensetzen.

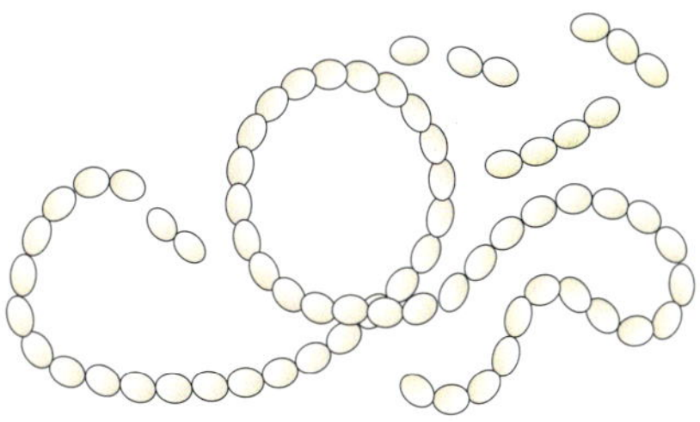

In 1 g Plaque sind etwa 10 Mrd. Bakterien enthalten. Ein typischer Vertreter dieser Bakterien ist *Streptococcus salivarius*, ein aerobes Kokkus, das meist in Ketten vorkommt. Diese Bakterien setzen Rohrzucker um. Unter Sauerstoffmangel erfolgt die Energiegewinnung durch Gärung, dabei wird Milchsäure gebildet. Diese reichert sich in der schleimigen Kapsel der Bakterien an. Der Zahnschmelz wird angegriffen, es entsteht *Karies* (lat. caries = Fäule).

Material:
Waage, Dampfkochtopf, Trockenschrank, Erlenmeyerkolben, 1 Petrischale mit Zuckeragar, Wattestäbchen, Filzstift

Durchführung:
Unterteile eine Agarplatte am Boden mit dem Filzstift in 6 Segmente. Entnimm mit den Wattestäbchen an verschiedenen Zähnen in immer der gleichen Weise einen Abstrich und streiche diesen vorsichtig auf den Agarplatten aus. Beschrifte mit Filzstift am Boden. Bebrüte die Platten über Nacht bei 37 °C.

Auswertung:
Auf dem Zucker-Agar wachsen aerobe Bakterien, die Saccharose verwerten können besonders gut. Die schleimigen Kolonien sind hauptsächlich *Streptococcus salivarius*. An welchen Zähnen bzw. welchen Stellen sind besonders viele Bakterien zu finden? Warum ist das so?

Anlegen von Stammkulturen

Will man häufig mit Bakterien arbeiten, so ist es hilfreich Kulturen zur Verfügung zu haben, die sich einige Zeit aufbewahren lassen und jederzeit zur Verfügung stehen.

Geräte und Chemikalien:
Glycerin, Aqua dest., Übernachtkultur von E. coli oder Bacillus subtilis, Messzylinder (10 ml), Bunsenbrenner 2 Eppendorfgefäße (steril), 2 Pipetten (5 ml), Glasgefäß, z. B. 50 ml Erlenmeyerkolben, Alufolie, Reagenzglasständer für Eppendorfgefäße und für Reagenzglas mit Übernachtkultur

Vorbereitung:
- Mische 10 ml Wasser und 10 ml Glycerin.
- Gieße die 50 %-ige Glycerinlösung in den Erlenmeyerkolben und verschließe mit Alufolie. Wickle die Pipetten ebenfalls in Alufolie ein.
- Sterilisiere im Dampftopf. Pipetten können auch im Trockenschrank sterilisiert werden.

Versuchsdurchführung:
- Beschrifte die Eppendorfgefäße mit Name, Datum und Bakterienart.
- Öffne das Reagenzglas mit den Bakterien der Übernachtkultur steril (den Reagenzglasrand und die Alusteckkappe abflammen).
- Pipettiere in die beiden Eppendorfgefäße mit den je 0,5 ml der Übernachtkultur.
- Pipettiere 0,5 ml Glycerinlösung zu und mische durch wiederholtes Einsaugen und Ausspülen mit der Pipette.
- Friere bei - 20 °C ein. Achte darauf, dass das Eppendorfgefäß gut verschlossen ist.

Soll eine neue Übernachtkultur hergestellt werden, entnimmt man mit der Impföse aus der aufgetauten Bakteriensuspension Bakterien und gibt sie in das Flüssigmedium. Man bebrütet über Nacht und hat nun erneut genügend Bakterien zur Verfügung. Bewahre das sterile Glycerin im Kühlschrank auf, es kann zum Eingefrieren weiterer Bakterien verwendet werden.

Grippe – eine Viruserkrankung

Grippe
chrip, russisch = Heiserkeit

grippaler Infekt
Erkältung, umgangssprachlich auch als „Grippe" bezeichnet

Die *Grippe* geht um. Mit Husten, Schnupfen, Augentränen und Mattigkeit beginnt sich eine Grippe bemerkbar zu machen. Starkes Fieber, Schüttelfrost, Kopf- und Gliederschmerzen, Appetitlosigkeit und Müdigkeit folgen. Nach einigen Tagen lassen die Beschwerden zwar nach, trotzdem fühlt man sich noch schwach und ist nicht voll leistungsfähig.

Beim Niesen, Husten oder Sprechen gelangen die Grippeerreger mit winzigen Flüssigkeitströpfchen in die Luft. Andere atmen die Krankheitserreger mit der Luft ein.

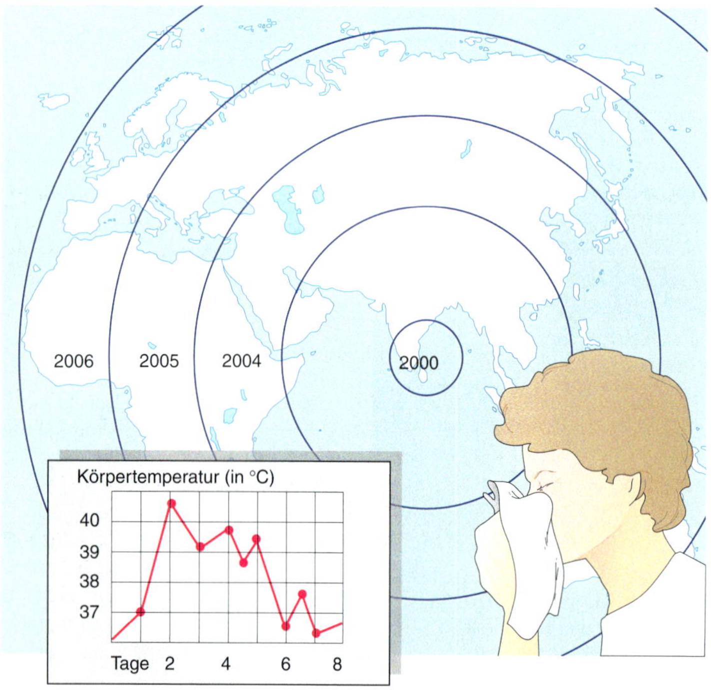

1 Krankheitsverlauf bei einer Grippe und Ausbreitung einer Grippeepidemie

Das **Virus**
virus, lat. = Schleim, Gift

Epidemie
Seuche, örtlich und zeitlich gehäuftes Auftreten einer ansteckenden Krankheit

Diese Form der Ansteckung nennt man *Tröpfcheninfektion*. Dies wird zunächst gar nicht bemerkt. Nach mehreren Stunden, oft auch erst bis zu 4 Tagen später, treten die oben beschriebenen Anzeichen der Krankheit, die *Symptome*, auf. Die Zeit von der Infektion bis zum Ausbruch der Krankheit und dem ersten Auftreten der Symptome heißt *Inkubationszeit*.

Besonders groß ist die Infektionsgefahr dort, wo viele Menschen in engem Kontakt untereinander stehen, beispielsweise in öffentlichen Verkehrsmitteln, auf Märkten, in Kinos, Schulen oder anderen öffentlichen Einrichtungen. Auch das Wartezimmer des Arztes ist während einer Grippewelle ein Ort besonderer Infektionsgefahr.

Die Grippe verbreitet sich während einer bestimmten Jahreszeit wie eine Seuche. Über die Tröpfcheninfektion werden viele Menschen infiziert. Man spricht daher auch von einer *Grippeepidemie*. Nach zwei bis drei Monaten ebbt die Grippewelle langsam wieder ab.

Viren

Lange nahm man an, dass auch die Grippe von Bakterien ausgelöst wird. Man musste aber feststellen, dass mit *Antibiotika* diese Krankheit nicht zu bekämpfen war, höchstens einige Symptome konnten abgeschwächt werden. Der Erreger ist ein *Virus*, das sich im Aufbau und Wirkung von den Bakterien unterscheidet.

Viren (▶ S. 145) sind extrem klein. Ihre Größe reicht von 0,02 µm bis zu 0,7 µm (1 µm = 1 Mikrometer = $^1/_{1000}$ mm). Im Lichtmikroskop sind Viren nicht zu erkennen, sondern nur mit einem Elektronenmikroskop. Untersuchungen der Viren ergaben, dass sie nur aus Proteinen und Erbsubstanz bestehen. Gibt man Viren in eine Nährlösung, so vermehren sie sich im Gegensatz zu den Bakterien nicht. Viren haben keinen eigenen Stoffwechsel, keine eigene Fortpflanzung, keine eigene Bewegung und kein Wachstum. Sie besitzen keinen zellulären Aufbau, wie wir ihn sonst allgemein von Lebewesen kennen, sondern bestehen nur aus einer Proteinhülle, welche die Erbsubstanz umgibt. Deshalb werden die Viren nicht zu den Lebewesen (▶ S. 142) gerechnet.

Gelangt ein Virus in eine lebende Zelle, so bewirkt es, dass der Stoffwechsel dieser Zelle auf die Bedürfnisse des Virus umgestellt wird. Man nennt die befallene Zelle *Wirtszelle*, weil sie den eingedrungenen Erreger mit allem notwendigen Material versorgen („bewirten") muss. Die Wirtszelle produziert in vielfacher Ausfertigung Proteine und die Erbsubstanz des Virus. Diese Virusbausteine lagern sich in der Wirtszelle zu zahlreichen neuen, vollständigen Viren zusammen. Die Viren werden nach und nach von der Wirtszelle freigesezt und können sofort neue Zellen befallen. Von der Infektion der Wirtszelle bis zur Freisetzung neuer Viren vergehen manchmal nur 30 Minuten.

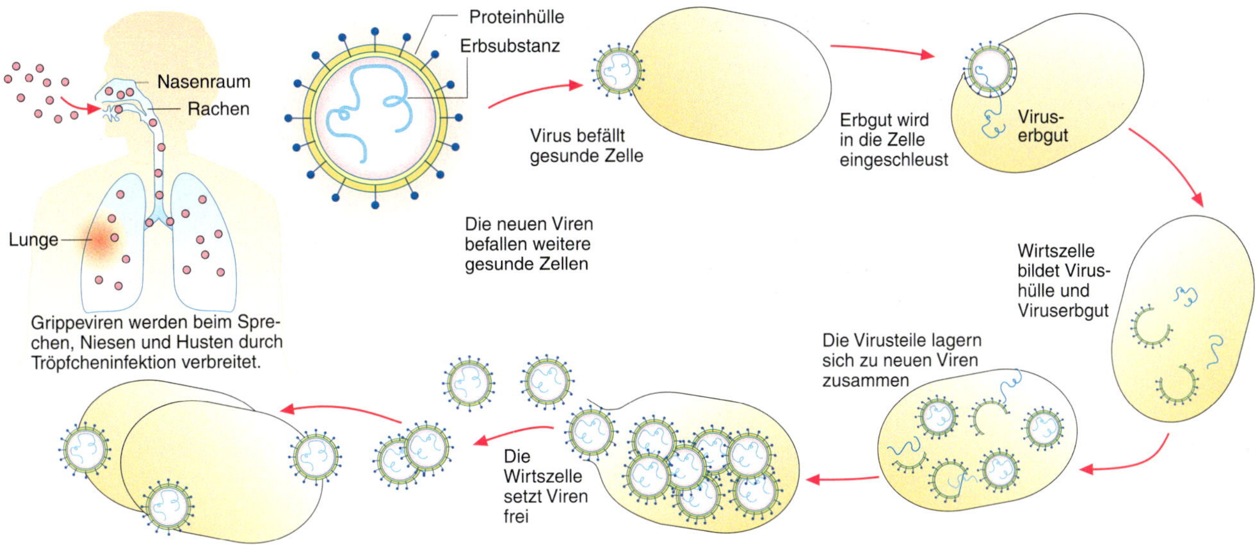

1 Vermehrungszyklus von Grippe-Viren

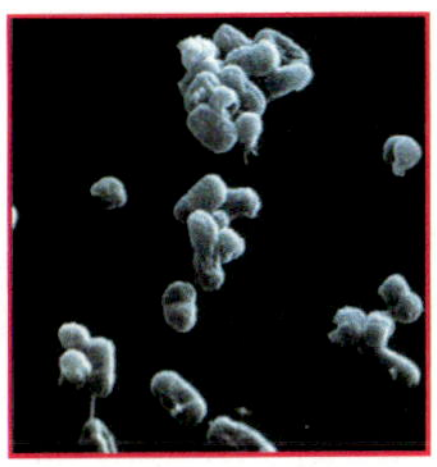

EM-Aufnahme von Grippe-Viren

Typische *Viruserkrankungen* sind Schnupfen, Grippe, Röteln, Herpes, Masern, Kinderlähmung und Hirnhautentzündung. Auch AIDS wird durch ein Virus verursacht.

Das Grippevirus befällt vor allem die Zellen der Schleimhäute von Nase und Bronchien. Dies erscheint zunächst harmlos. In der Folge können aber bakterielle Krankheitserreger leichter in die geschädigten Gewebe eindringen. Man spricht in solchen Fällen von *Sekundärinfektionen*. So ist die häufigste Todesursache im Verlauf einer Grippeerkrankung eine anschließende *Lungenentzündung*, die durch Bakterien hervorgerufen wird. Gegen bakterielle Sekundärinfektionen kann der Arzt Medikamente, wie Antibiotika, verschreiben, sie wirken jedoch nicht gegen die Viren.

Aufgaben

① Erkläre, weshalb zwischen Ansteckung und Ausbruch einer Krankheit mehrere Tage vergehen können.

② Mache Vorschläge, wie man sich vor einer Infektion schützen könnte.

③ Wie unterscheiden sich Bakterien und Viren voneinander? Stelle die Unterschiede in einer Tabelle zusammen.

Zettelkasten

Grippe – BSE – CJK

Die „Spanische Grippe" gehörte zu den großen medizinischen Katastrophen des letzten Jahrhunderts. Weltweit starben 20 bis 40 Millionen Menschen während und nach Beendigung des Ersten Weltkriegs an dieser Krankheit. Alte und junge Menschen wurden gleichermaßen befallen und manchmal trat der Tod innerhalb von 48 Stunden nach dem Auftreten der ersten Symptome ein. Man vermutet, dass die Katastrophe im März 1918 mit einer fiebrigen Erkrankung in einem Militärcamp in den USA begann. Die Krankheit war außerordentlich ansteckend. Ganze Bataillone erkrankten. Mit den Truppentransporten gelangte die Krankheit nach Europa und innerhalb weniger Monate in nahezu jeden Winkel der Erde.

Bei Pflanzen fand man infektiöse Moleküle, die die Viren bezüglich Kleinheit und Einfachheit noch übertreffen, die Viroide. Diese bestehen nur aus Erbsubstanz. Sie können den Stoffwechsel der Pflanze beachtlich stören und bei Kartoffeln z. B. die Knollenbildung verhindern oder Kokospalmen zum Absterben bringen. Mit der Entdeckung der Viroide musste man begreifen, dass Moleküle allein infektiös sein können. Während das bei den Viroiden die Erbsubstanz ist, stellt dies bei den erst in den 90er-Jahren des letzten Jahrhunderts entdeckten Prionen das Eiweiß dar. Als Erreger des „Rinderwahnsinns" (BSE = bovine spongioforme encephalopathy) und einer Variante der menschlichen Creutzfeld-Jakob-Krankheit (CJK), eines bislang unheilbaren Nervenleidens, machen Prionen immer wieder Schlagzeilen.

Bezüglich des Ablaufes, der Verbreitung sowie den Übertragungswegen der Prionen, liegt noch Vieles im Dunkeln. Man geht aber davon aus, dass ein infektiöses Prion die fehlgestaltete Form eines körpereigenen Proteins ist. Infiziert ein Prion einen entsprechende Zelle, so verursacht es die Umwandlung des normalen Proteins in die Prion-Version. Von Prionen verursachte Erkrankungen sind nicht nur beim Menschen und dem Rind bekannt. Auch Schafe, Ziegen, Katzen, Gemsböcke, Elche und andere Säugetiere können durch Prionen erkranken.

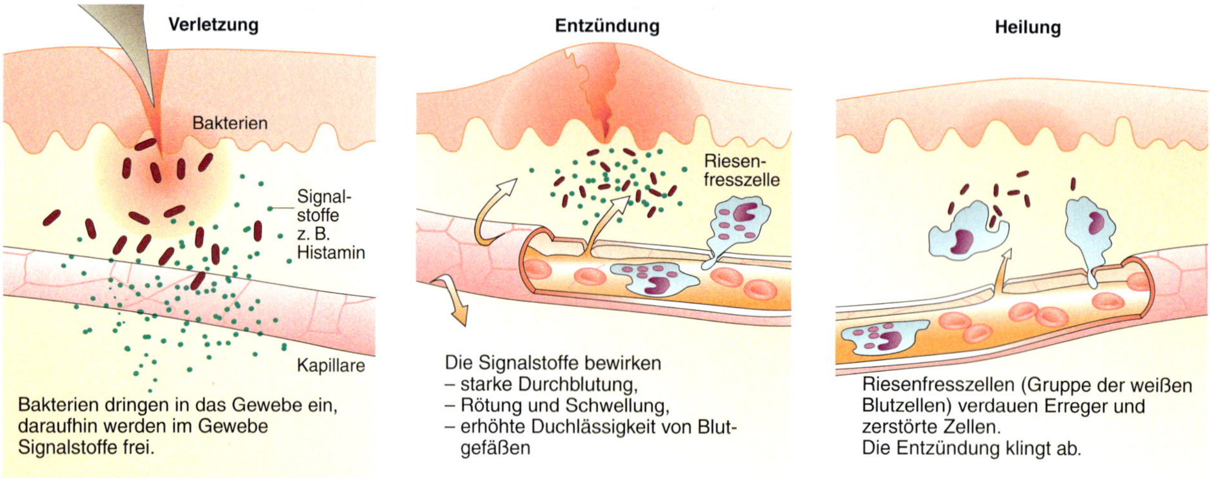

1 Entzündung und unspezifische Abwehrreaktion

Der Körper wehrt sich

Wir sind ständig von Mikroorganismen umgeben, unter denen auch viele Krankheitserreger sind. Trotzdem werden wir normalerweise nur selten krank, da unser Körper über ein Immunsystem (▶ S. 145) als wirksamen Schutzmechanismen verfügt.

Das unspezifische Abwehrsystem

Einen ersten Schutz gegen das Eindringen von Krankheitserregern in den Körper bildet die unverletzte Haut. Auch die Schleimhäute im Körperinneren haben Abwehrfunktion. Der Nasenschleim z. B. enthält ein Enzym, das Bakterienzellwände zerstört. Im Magen tötet die von der Magenschleimhaut gebildete Magensäure eingedrungene Mikroorganismen ab.

Krankheitserreger können diese natürlichen Schranken normalerweise nur schwer überwinden. Gelangen dennoch Krankheitserreger über Wunden, die Atemwege oder mit der Nahrung in den Körper, werden sie vom *körpereigenen Abwehrsystem* meist schnell beseitigt und so an ihrer Ausbreitung im Körper gehindert.

Die eingedrungenen Krankheitserreger zu beseitigen, bevor sie sich in unserem Körper explosionsartig vermehren, ist Aufgabe von weißen Blutzellen vom Typ *Riesenfresszelle*, auch *Makrophagen* genannt. Sie können die Blutbahn verlassen und sich zwischen den Zellen im Gewebe bewegen. Treffen sie auf Fremdkörper, umfließen sie diese, nehmen sie in ihr Zellplasma auf und verdauen sie.

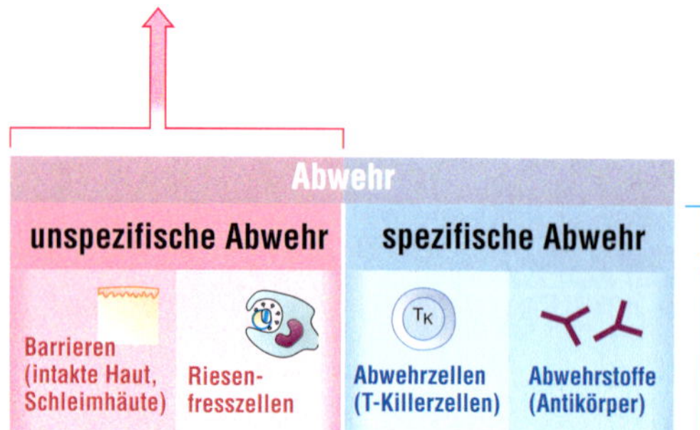

Sowohl die natürlichen Barrieren als auch die Aktivitäten der Makrophagen richten sich gegen körperfremde Stoffe. Sie sind ebenso wie das Fieber Teil des *unspezifischen Abwehrsystems*.

Das spezifische Abwehrsystem

Kann das unspezifische Abwehrsystem Krankheitserreger nicht aufhalten, z. B. weil der Körper geschwächt ist, reagiert dieser mit einer *spezifischen Immunabwehr*. Der Körper arbeitet nun gezielt gegen einen bestimmten Erregertyp, der vermehrt im Blut auftritt. Gegen diesen werden große Mengen von spezifischen Abwehrstoffen produziert. Diese so genannten *Antikörper* werden mit dem Blut in alle Bereiche des Körpers transportiert. Treffen sie dabei auf Erreger, heften sie sich nach dem *Schlüssel-Schloss-Prinzip* (s. S. 94) an deren Oberfläche und verbinden immer mehrere von ihnen. Es bilden sich Klumpen, die von Riesenfresszellen leicht gefunden und verdaut werden können.

Antikörper wirken allerdings nur außerhalb von Zellen. Handelt es sich bei den Erregern um *Viren*, so tritt ein Problem auf, denn Viren besitzen die Fähigkeit in Körperzellen einzudringen. Dort sind sie für Antikörper uner-

Zettelkasten

Aktivierung der spezifischen Abwehr

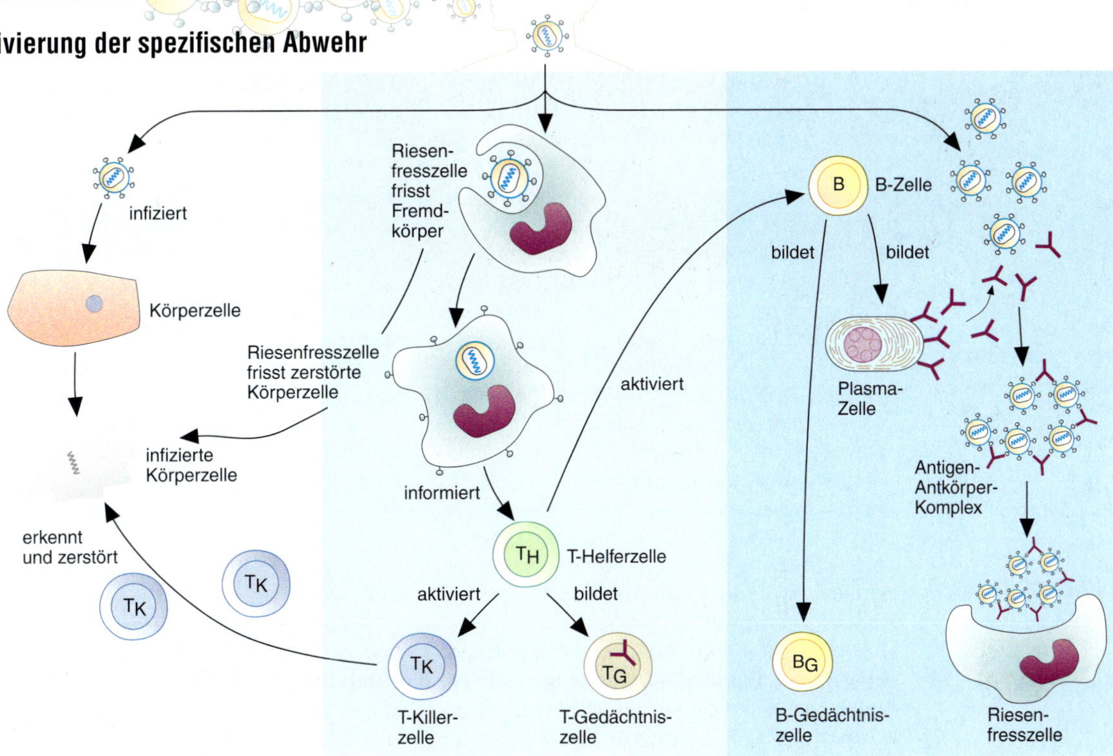

Aktivierung der T-Zellen — Aktivierung der Helferzellen — Aktivierung der B-Zellen

Die spezifische Immunabwehr richtet sich gezielt und sehr wirkungsvoll gegen einen bestimmten Erregertyp. Hierbei wirken neben den Riesenfresszellen weitere Typen der weißen Blutzellen mit:

B-Zellen: Sie entstehen im Knochenmark und reifen in der Milz oder den Lymphknoten heran. Ihre Aufgabe ist es, Abwehrstoffe gegen die Krankheitserreger zu bilden.

T-Zellen: Auch sie entstehen im Knochenmark und reifen in der Thymusdrüse. Während des Reifens lernen die Zellen körperfremde von körpereigenen Stoffen zu unterscheiden. B- und T-Zellen kreisen ständig im Blut und im Lymphsystem. Gelangen z. B. Grippeviren in die Schleimhäute der Atemwege, werden Riesenfresszellen durch Signalstoffe angelockt und verdauen die Erreger (Abb. 86.1). Die Riesenfresszellen bauen Bruchstücke der verdauten Erreger in ihre Zellmembran ein und präsentieren sie nach außen. Die T-Zellen nehmen Kontakt zu den präsentierenden Makrophagen auf und werden so über den eingedrungenen Erreger informiert. Da die T-Zellen nun helfen, das ganze Abwehrsystem zu aktivieren, werden sie auch *T-Helferzellen* genannt. Sie aktivieren B-Zellen. Diese vermehren sich daraufhin sehr stark und produzieren Plasmazellen, welche auf den Erreger zugeschnittene Antikörper herstellen. Pro Stunde können von jeder Plasmazelle Millionen von Antikörpern freigesetzt werden. Die Antikörper besitzen eine Y-förmige Struktur, wobei die beiden Enden der Y-Arme so gebaut sind, dass sie genau zur Oberfläche der Erreger passen. Dadurch können sich die Antikörper auf der Erregeroberfläche festsetzen und immer zwei Erreger miteinander verbinden. Die Erreger werden so verklumpt und dann durch Riesenfresszellen beseitigt.

Sind die Viren jedoch schon in die Wirtszellen eingedrungen, sind sie für Antikörper unerreichbar. Die T-Helferzellen informieren und aktivieren daher auch die *T-Killerzellen*. Diese Abwehrzellen sind in der Lage, befallene Körperzellen an den präsentierten Viren-Antigenen zu erkennen und mitsamt den Viren zu zerstören. Makrophagen fressen die zerstörten Wirtszellen.

reichbar und können ungehindert vermehrt werden. Zur Abwehr von Viren werden *spezifische Abwehrzellen* gebildet. Diese *T-Killerzellen* erkennen die befallenen Wirtszellen und zerstören sie. Dabei werden auch die in den Zellen vorhandenen Viren vernichtet.

Bis die spezifische Immunabwehr greift, können Tage bis Wochen vergehen. Genesung tritt ein, wenn die Erreger beseitigt sind.

Im Körper bleiben *Gedächtniszellen* zurück. Bei erneutem Befall mit dem selben Erreger erfolgt dann eine schnellere Produktion von Antikörpern und eine stärkere Vermehrung der Killerzellen: Die Erreger werden vernichtet, bevor sie sich im Körper ausbreiten können. Die Krankheit bricht nicht aus. Eine solche Unempfindlichkeit gegen bestimmte Krankheitserreger bezeichnet man als *Immunität*.

AIDS:
Acquired
Immune
Deficiency
Syndrom

erworbenes
Abwehrschwäche-
syndrom

Syndrom
Gruppe von zusammengehörigen Krankheitszeichen, die für eine bestimmte Krankheit kennzeichnend sind.

HIV
Human
Immunodeficiency
Virus

menschliches Immunschwäche-Virus

AIDS – ein Virus überlistet das Immunsystem

Eine Infektion mit HI-Viren führt nicht direkt zu der schweren Krankheit AIDS. Viele Infizierte merken zunächst nichts oder es treten nur grippeähnliche Symptome auf, die nach 2 Wochen wieder abklingen. Die Infektion verläuft danach ohne besondere Symptome weiter. Erst nach 12 bis 16 Wochen kann man Antikörper und damit die HIV-Infektion zuverlässig nachweisen. Es kann Jahre dauern, bis die Krankheit AIDS zum Ausbruch kommt.

Bei allen AIDS-Kranken kann man eine extrem niedrige Anzahl von weißen Blutzellen, besonders der *T-Helferzellen*, feststellen. Dies ist darauf zurückzuführen, dass die HI-Viren sich besonders auf *Riesenfresszellen* und T-Helferzellen als *Wirtszellen* spezialisiert haben. Auf der Oberfläche der Viren sind Andockknöpfe, die sich an der Oberfläche der Wirtszellen an passenden Andockstellen anheften können. Die Andockknöpfe und -stellen bestehen aus speziellen Proteinen, die wie Schlüssel und Schloss ineinander passen. Da die Riesenfresszellen und die T-Helferzellen diese Stellen besitzen, können sie von HI-Viren befallen werden. Die Membranen der Wirtszelle und des Virus verschmelzen, die Erbsubstanz wird in die Wirtszelle aufgenommen und dort kopiert (s. S. 85).

Da die T-Helferzellen das Abwehrsystem aktivieren, wirkt sich deren Verminderung nachteilig auf den Schutz vor Infektionen aus. So sind HIV-Infizierte anderen Krankheitserregern, die sich bei einem normal funktionierenden Abwehrsystem niemals im Körper ausbreiten und vermehren könnten, hilflos ausgesetzt. Die Erreger solcher Krankheiten, die nur bei geschwächtem Immunsystem (▶ S. 145) zum Ausbruch kommen, nennt man deswegen *opportunistisch* (lat. *opportunus* = einer günstigen Gelegenheit folgend) Zu diesen Krankheiten gehören Pilzbefall auf der Haut, besonders auf den Schleimhäuten im Mund, der Speiseröhre oder der Luftröhre, aber auch spezielle Formen von Lungenentzündungen, Hirnhautentzündungen oder eine seltene Form des Hautkrebs *(Kaposisarkom)*.

HI-Viren wurden nicht nur im Blut, sondern auch in anderen Körperflüssigkeiten, wie Sperma, Scheidensekret, Muttermilch, Speichel oder Tränen, nachgewiesen. In der Tränenflüssigkeit und im Speichel reicht die Konzentration der Viren jedoch nicht für eine Infektion aus. Eine hohe Ansteckungsgefahr geht daher von Situationen aus, in denen größere Mengen der HI-Viren in Körperflüssigkeiten eines Infizierten in den Körper eines Nichtinfizierten gelangen:

- Infektionen über Bluttransfusionen. Sie sind in Deutschland seit 1985 ausgeschlossen, da die Blutkonserven auf HI-Viren untersucht werden. In Entwicklungsländern ist dies jedoch nicht immer der Fall, daher besteht hier ein hohes Risiko.
- Gemeinsam genutzte *Spritzen* von Drogensüchtigen sind riskant, da in den Injektionsnadeln und in den Spritzen selbst, noch Blutreste vorhanden sind, die den Virus übertragen.

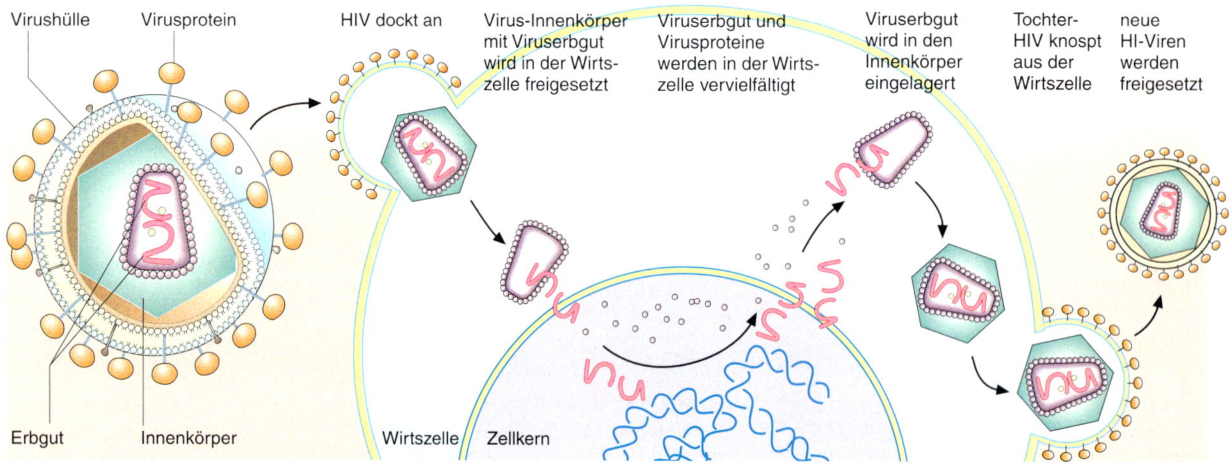

1 Vermehrungszyklus des HI-Virus

Gib AIDS keine Chance

Großes Risiko

- Gemeinsame Benutzung von Fixerbestecken, Spritzen und Nadeln
- Ungeschützter Analverkehr
- Ungeschützter Vaginalverkehr
- Schwangerschaft bei einer HIV-infizierten Frau
- Oralverkehr

Kein Risiko

- Küsse, Zungenküsse
- Körperkontakte, Hautkontakte
- Zusammenleben mit einem Infizierten
- Anhusten oder Niesen
- Essen im Restaurant
- Schwimmbad, Sauna, Toiletten, Waschräume
- Friseur, Maniküre, Tätowierungen, Piercing, Ohrlochstechen
- Insektenstiche

- Während der Schwangerschaft von HIV infizierten Müttern werden nur wenige Feten infiziert. Wesentlich größer ist das Risiko, das sich der Säugling während der *Geburt* über das Blut oder danach durch die *Muttermilch* infiziert
- Beim *Geschlechtsverkehr* können durch kleinste Risse in der Scheide oder des Penis Viren aus dem Scheidensekret oder dem Sperma in die Blutbahn gelangen. Beim Analverkehr ist das Risiko besonders groß, da die Viren sehr schnell in den Körper aufgenommen werden. Außerhalb des Körpers an der Luft können die HI-Viren nicht lange überleben.

Die wichtigste Schutzmaßnahme gegen die HI-Viren ist die Verwendung von *Kondomen* beim Geschlechtsverkehr. Dies ist besonders wichtig bei häufig wechselnden Sexualpartnern. Drogenabhängige sollten immer eine eigene Injektionsnadel benutzen. Bei schweren Unfällen sollten bei der Ersten Hilfe Schutzhandschuhe getragen werden.

Wirksame Medikamente gegen AIDS gibt es nicht, man kann bisher nur den Krankheitsverlauf verlangsamen und die opportunistischen Krankheiten unterdrücken. Eine Eindämmung von AIDS lässt sich nur durch **effektive Aufklärung** und **dauerhafte Änderung der Verhaltensweisen** erreichen.

Wie wichtig Aufklärung und der Schutz vor einer HIV-Infektion ist, zeigen die schrecklichen Zahlen aus dem Statusbericht der Aids-Stiftung vom Dezember 2005: Weltweit mehr als 40 Mio. HIV-Infizierte, 4,9 Mio. Neuinfizierte allein im Jahr 2005, von denen rund zwei Drittel im südlichen Afrika leben. In Deutschland haben sich seit Beginn der Epidemie vor 25 Jahren rund 67 500 Menschen infiziert, jährlich kommen ca. 2600 Neuinfektionen hinzu – Tendenz steigend, da viele Menschen gleichgültiger gegenüber dem Infektionsrisiko geworden sind und weniger auf Schutzmaßnahmen achten. Bisher sind insgesamt über 30 Mio. AIDS-Tote zu beklagen. Im Jahr 2005 starben 3,9 Mio. Menschen an der Seuche.

Bis heute gibt es keine *HIV-Impfung* und keine Therapie, welche das Virus im Körper vollständig zerstört. Grund dafür ist, dass bei der Vermehrung des HIV-Erbmaterials viele Mutationen auftreten und sich somit die Struktur der Viren laufend ändert. Zudem können die Viren sich aus dem Blut, wo sie für Medikamente leicht erreichbar wären, auch in Zellen zurückziehen, indem sie ihr Erbmaterial in das menschliche Erbmaterial einbauen. Aber heutige Medikamente verhindern, dass sich das HI-Virus im menschlichen Organismus ausbreitet. Für die Betroffenen ist die Diagnose AIDS positiv kein Todesurteil mehr, sondern sie müssen lebenslang Medikamente einnehmen, um ihren Gesundheitszustand zu erhalten.

Ein Zusammenleben mit HIV-Infizierten ohne intime Beziehung ist für Nichtinfizierte unbedenklich. Bei alltäglichen Kontakten in der Schule, in der Diskothek oder am Arbeitsplatz besteht keine Ansteckungsgefahr.

HIV-Infizierte brauchen unser Verständnis und dürfen nicht aus der Gemeinschaft ausgegrenzt werden!

Zettelkasten

Hepatitis B – eine schleichende Epidemie?

Jedes Jahr sterben in Deutschland mehr Menschen an den Folgen einer Hepatitis B-Infektion als an AIDS. In Deutschland infizieren sich jährlich 50 000 meist junge Menschen mit dem Hepatitis B-Virus. Die Infektion bleibt oft unbemerkt. Eine Erkrankung beginnt mit relativ unspezifischen Symptomen, wie Appetitlosigkeit, Unwohlsein, Gelenkschmerzen und leichtem Fieber. Danach kann es zu einer *Gelbsucht* kommen, aufgrund einer Störung der Leberfunktion färben sich Haut, Schleimhäute und Augen gelb.

Bei den meisten Erwachsenen heilt die Krankheit nach 4 bis 6 Wochen vollständig aus. Bei 10 % der Betroffenen kann es aber zu einer chronischen Hepatitis kommen, bei der das Virus im Körper verbleibt. Es kann bleibende Leberschäden oder auch Leberkrebs auslösen. Auch ohne dass Anzeichen einer Erkrankung bestehen, sind chronisch Infizierte eine Infektionsquelle für ihre Umgebung. Hepatitis B-Viren werden beim Geschlechtsverkehr durch Sperma oder Scheidensekret übertragen. Aber auch andere Körperflüssigkeiten, wie Speichel, Tränen, Wundsekret und vor allem Blut sind ansteckend. Eine Infektion ist zum Beispiel über Spritzen möglich, aber auch über Zahnbürsten, Rasierer, Nagelfeilen oder -scheren. Auch über nicht sterile Instrumente zum *Piercen* oder Tätowieren kann man sich mit Hepatitis B-Viren infizieren.

Ein wirksamer Schutz vor Hepatitis B besteht in einer rechtzeitig durchgeführten *Schutzimpfung*. Sie gehört seit wenigen Jahren zur Standardimfung für alle Säuglinge und wird generell allen Kindern und Jugendlichen bis zum 18. Lebensjahr empfohlen. Angezeigt ist eine Impfung für Personen in medizinischen Berufen sowie für Reisende in tropische und subtropische Gebiete, in denen die Hepatitis B gehäuft auftritt.

Aktive und passive Immunisierung

Besonders für ältere oder durch Krankheiten geschwächte Menschen, aber auch für Kleinkinder, stellt eine *Grippeerkrankung* eine große Gefahr dar. Deshalb empfehlen viele Ärzte ihren Patienten, sich gegen die Grippe impfen zu lassen. Die Wirkung der *Impfung* beruht auf der Bildung von *Gedächtniszellen* bei der spezifischen Abwehr, genau wie bei der im Körper natürlich ablaufenden *Immunabwehr* (s. S. 87).

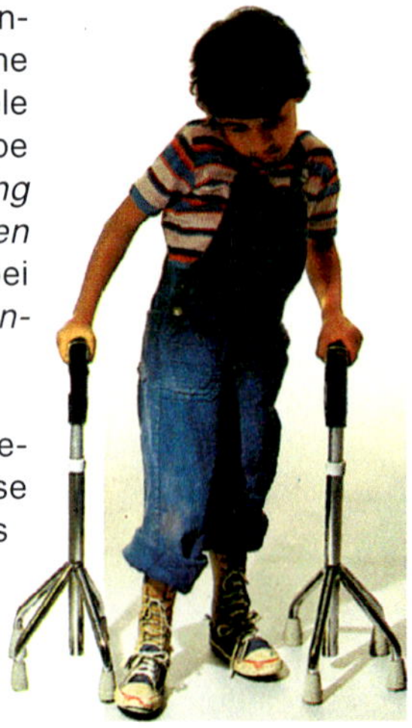

Kinderlähmung

Kleine Mengen von abgeschwächten Erregern werden in die Blutbahn gespritzt. Diese Erstinfektion bewirkt beim Menschen, dass *B-Zellen-Antikörper* hergestellt werden. Gleichzeitig entstehen Gedächtniszellen. Die Antikörper werden nach einiger Zeit abgebaut, die Gedächtniszellen bleiben jedoch erhalten – oft ein Leben lang.

Sobald durch eine Zweitinfektion die selben Krankheitserreger wieder auftreten, werden aufgrund der Gedächtniszellen in kurzer Zeit große Mengen passender Antikörper gebildet (Abb. 1). Da die abgeschwächten und die „echten" Krankheitserreger ähnliche Oberflächeneigenschaften besitzen, reagieren die Gedächtniszellen auch auf die echten Krankheitserreger. Die zu Beginn einer Infektion geringe Zahl an Erregern kann so rasch beseitigt werden. Die Impfung ist deshalb der beste Schutz gegen die Grippe, weil die Viren weder durch Antibiotika noch durch andere Medikamente effektiv bekämpft werden können. Da der Körper die Antikörper selbst gebildet hat, spricht man von einer *aktiven Immunisierung*.

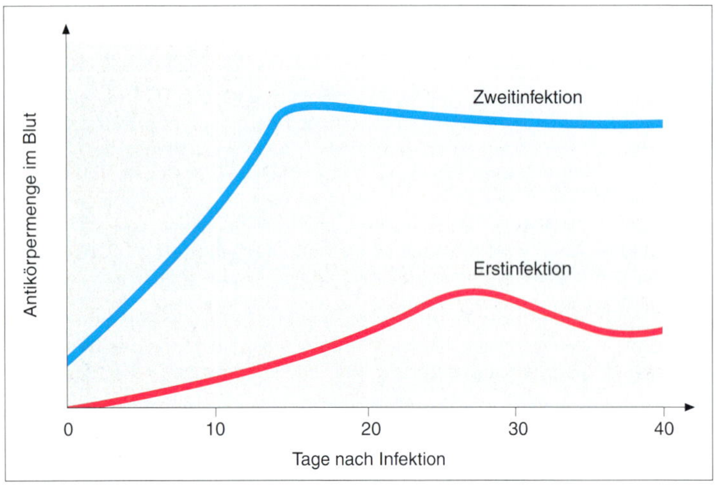

1 Bildung von Antikörpern bei einer Erst- und Zweitinfektion

Viren verändern sich schnell. Daher wird auch die Zusammensetzung des Impfstoffs jedes Jahr nach den Empfehlungen von Medizinexperten der Weltgesundheitsorganisation WHO geändert. Die Experten erhalten Daten über Grippefälle aus 110 Grippezentren in 80 verschiedenen Ländern. Besonders häufige Grippeviren werden herausgesucht und in Hühnereiern vermehrt. Der Impfstoff besteht aus geschwächten Virusstämmen oder Teilstücken dieser Viren, die in den Hühnereiern vermehrt wurden. Die Herstellung des Impfstoffs dauert 3 Monate. Zu Beginn der nächsten Wintersaison wird der Impfstoff ausgeliefert.

Die Erfolge der Schutzimpfungen sind weltweit sehr groß, z. B. hat die generelle Einführung der Schutzimpfung gegen *Kinderlähmung* (Schluckimpfung) bei uns bewirkt, dass die Zahl der jährlichen Neuerkrankungen von 4700 vor 1960 bis heute auf wenige Krankheitsfälle sank. Es gab jedoch vereinzelt Fälle, bei denen Kinder an den bei der Impfung aufgenommenen, abgeschwächten Viren schwer erkrankten. Seit 1998 wird daher gegen Kinderlähmung nicht mehr mit Lebend-, sondern mit *Totimpfstoff* geimpft, der auch nicht mehr geschluckt, sondern gespritzt wird. Totimpfstoffe enthalten abgetötete oder Bruchstücke von Erregern, die sich im Körper nicht mehr vermehren können. So ist auch bei unsachgemäßem Umgang mit dem Impfstoff eine Infektion ausgeschlossen.

Um bereits erkrankten, jedoch nicht geimpften Menschen helfen zu können, wurde ein anderes Verfahren entwickelt. Hierbei werden Tiere, z. B. Pferde, mit den Krankheitserregern infiziert. Die Tiere bilden spezifische Antikörper gegen diese Erreger, die dann aus dem Blut gewonnen und den Erkrankten gespritzt werden. Das körpereigene Abwehrsystem ist jedoch in diesem Falle nicht aktiviert worden. Man spricht daher von einer *passiven Immunisierung*. Sind die Antikörper nach einiger Zeit abgebaut, erlischt der Impfschutz, der Körper ist nicht dauerhaft immun. Diese Impfung wird *Heilimpfung* genannt. Man führt sie jedoch nicht nur durch, wenn ein Mensch schon erkrankt ist, sondern auch vor einer unmittelbar drohenden Infektion mit dem Erreger einer schweren Krankheit.

Aufgabe

① Erkläre die aktive Immunisierung.

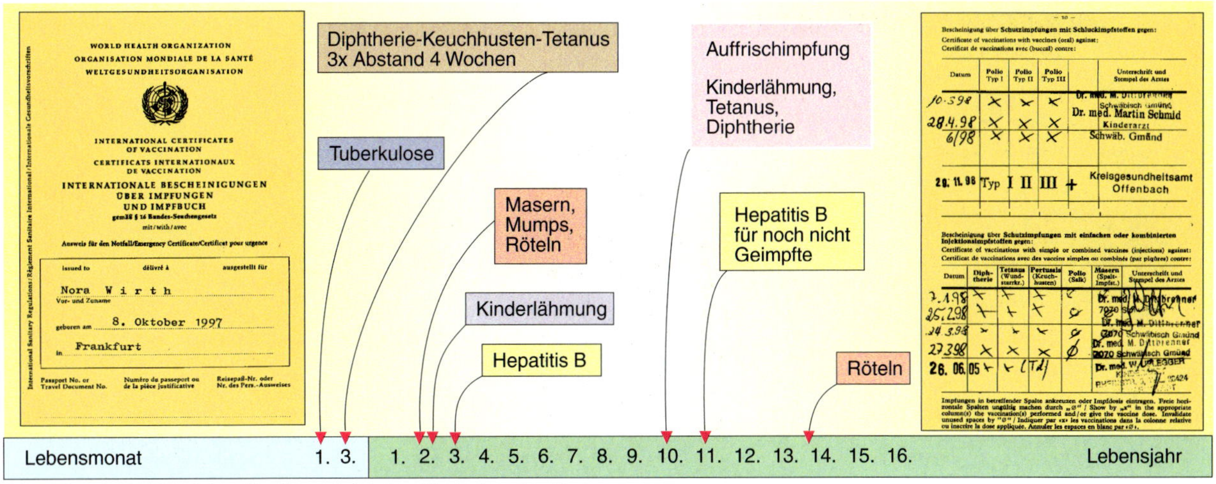

1 Impfbuch und Impfplan für die wichtigsten Kinderkrankheiten

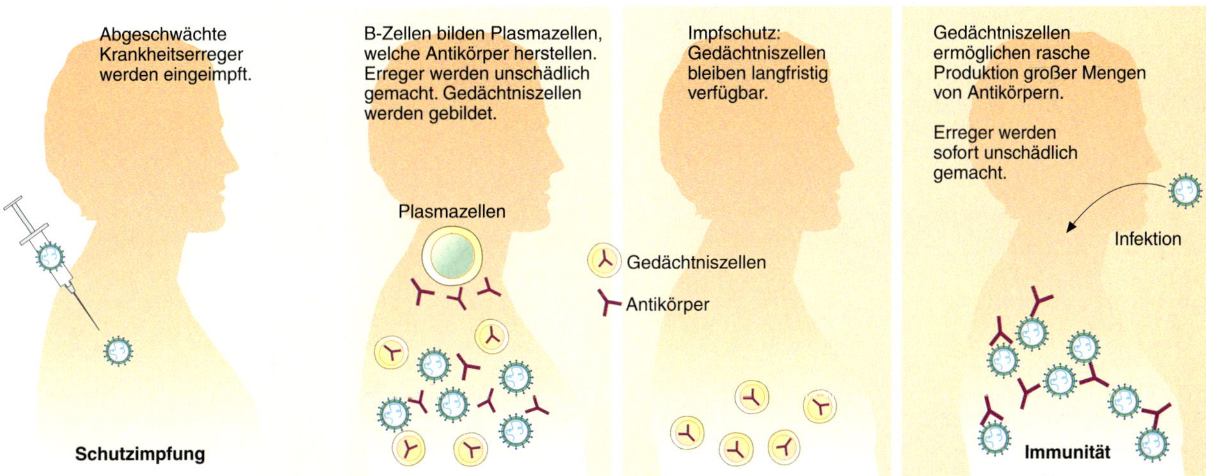

2 Aktive Immunisierung

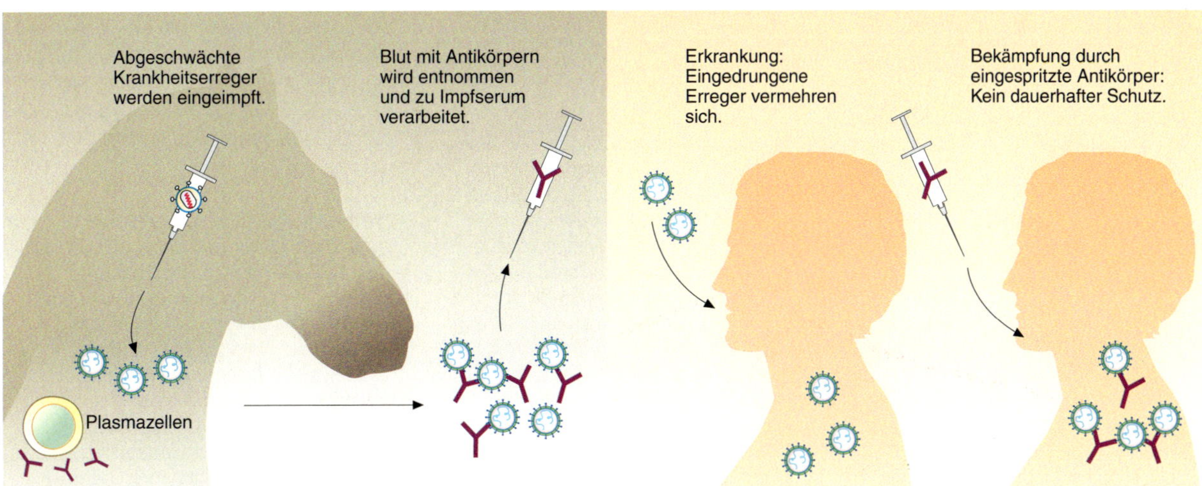

3 Passive Immunisierung

Infektionskrankheiten

Infektionskrankheiten können sehr unterschiedlich verlaufen. Die meisten werden von Viren, Bakterien oder Einzellern ausgelöst. Einige Infektionskrankheiten sind *meldepflichtig*, d. h. sie müssen dem Gesundheitsamt gemeldet werden. Um die Verbreitung der Infektionskrankheiten zu verhindern, werden die betroffenen Menschen isoliert, sie kommen in *Quarantäne*.

Bakterieninfektion

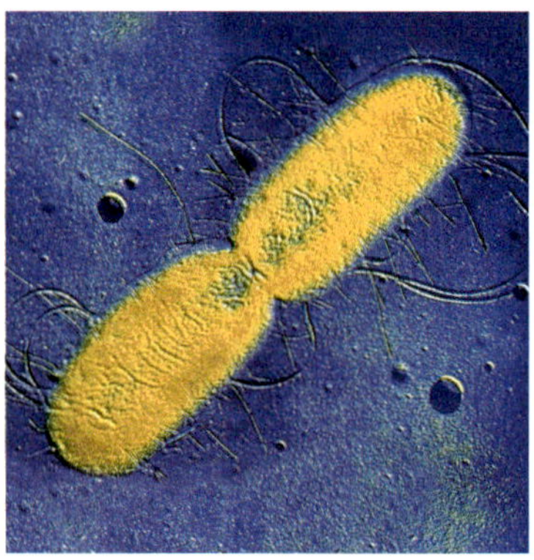

Das Bakterium *Escherichia coli* (abgekürzt: *E. coli*) oder einfach Colibakterium lebt im Darm des Menschen. Die vermehrte Aufnahme von Colibakterien, beispielsweise mit verunreinigtem Trinkwasser oder anderen Nahrungsmitteln, kann zu Erkrankungen des Magens und des Darmes führen. *Durchfall* **(Diarrhoe)** ist häufig die Folge. Deshalb werden Trinkwasser, Lebensmittel und Wasser in Schwimmbädern dauernd von Mitarbeitern des Gesundheitsamtes überwacht. Sie bestimmen die *Keimzahl*, das ist die Anzahl vermehrungsfähiger Keime in einem Milliliter der Wasserprobe. In öffentlichen Schwimmbädern dürfen pro Milliliter kein einziges Colibakterium, keine krankheitserregenden Keime und höchstens 100 andere, nicht gefährliche Keime vorkommen. Bei Lebensmittelkontrollen fallen insbesondere immer wieder Nahrungsmittel auf, die mit **Salmonellen** verseucht sind. Die große Gruppe der Salmonellen besteht aus über 1600 verschiedenen Bakterienarten. *Salmonellosen* (*Lebensmittelvergiftungen*) dauern meist nur wenige Tage. Sie sind mit Übelkeit und Durchfall verbunden. Hauptursache von Salmonellosen ist der Verzehr von verunreinigten Nahrungsmitteln. Es gibt Menschen, die nach einer überstandenen Salmonellose weiterhin über Jahre hinweg Salmonellen ausscheiden.

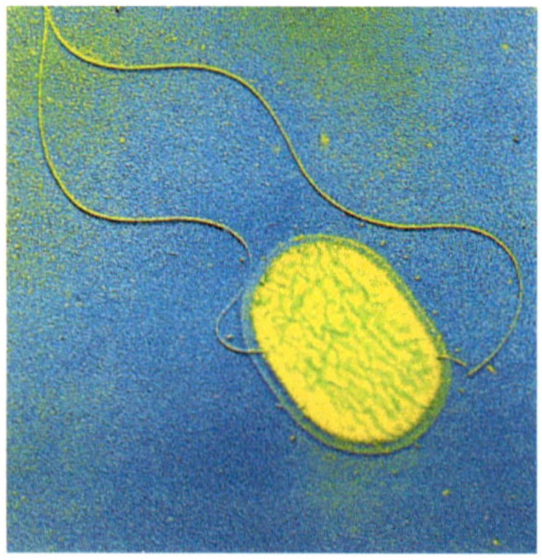

Dies ist meldepflichtig. In der Bundesrepublik Deutschland werden alle Beschäftigten in der Lebensmittelbranche vom Amtsarzt auf Salmonellenausscheidungen untersucht.

Eine Salmonellenart ruft **Typhus** hervor, eine melde- und isolierungspflichtige Krankheit. Die Aufnahme der Erreger erfolgt mit der Nahrung: „Typhus wird gegessen und getrunken". Die Inkubationszeit beträgt 7 bis 14 Tage. Wochenlanges, hohes Fieber (40 bis 41 °C) schwächt den Körper. Früher betrug die Sterblichkeit 15 %, nach der Einführung der Antibiotika noch etwa 1 %. Nach überstandener Krankheit ist man lebenslang immun.

Diphtherie-Kranke zeigen eine starke Rötung des Rachens und mäßiges Fieber. Die Übertragung der Erreger erfolgt durch *Tröpfcheninfektion.* Gefährlich wird Diphtherie durch die Erstickungsgefahr bei starkem Anschwellen des Rachens und durch die Giftstoffe *(Toxine)*, die durch Diphtheriebakterien abgegeben werden. Sie schädigen den Herzmuskel und führen zu Nervenlähmungen. Gegen die Toxine hat Emil von Behring ein Heilserum entwickelt. Antibiotika allein reichen zur Behandlung nicht aus, da sie die Toxine nicht unschädlich machen können.

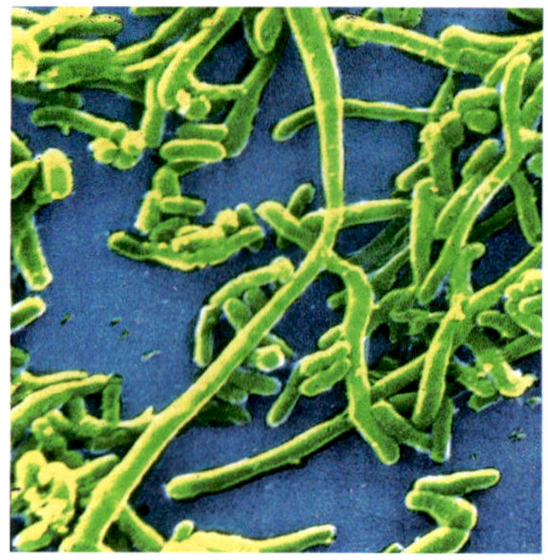

Beim **Keuchhusten** gelangen die Bakterien durch Tröpfcheninfektion in die Atemwege und rufen dort Entzündungen hervor. Ein keuchender Husten ist die Folge, der vor allem für Kinder gefährlich sein kann, da Erstickungsgefahr besteht. Sehr hohe Ansteckungsgefahr, Meldepflicht! Vorbeugung durch aktive Schutzimpfung.

Ein feuerroter Rachen ist ein Krankheitsmerkmal für **Scharlach**. Dazu kommt ein feinfleckiger, roter Hautausschlag am ganzen Körper. Die Zunge ist entzündet: *Himbeerzunge*. Die Behandlung erfolgt mit Penicillin.

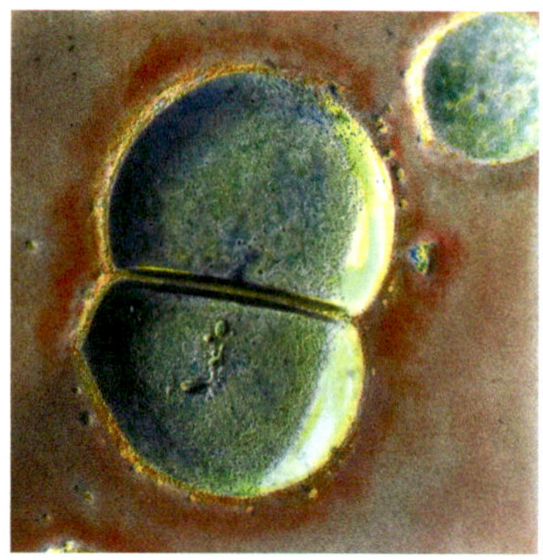

Sowohl eine durchgemachte Scharlacherkrankung als auch eine Impfung bietet keinen sicheren, Schutz.

Tetanus ist eine lebensgefährliche Krankheit an der nach WHO-Schätzungen weltweit jährlich über eine Million Menschen sterben. In Deutschland treten jährlich im Durchschnitt 15 Fälle auf. Tetanus-Bazillen produzieren ein Toxin, welches eine krampfhafte Erstarrung der Muskulatur zur Folge hat (Wundstarrkrampf). Der beste Schutz vor Tetanus ist eine Impfung, die alle acht Jahren aufgefrischt wird.

Virusinfektionen

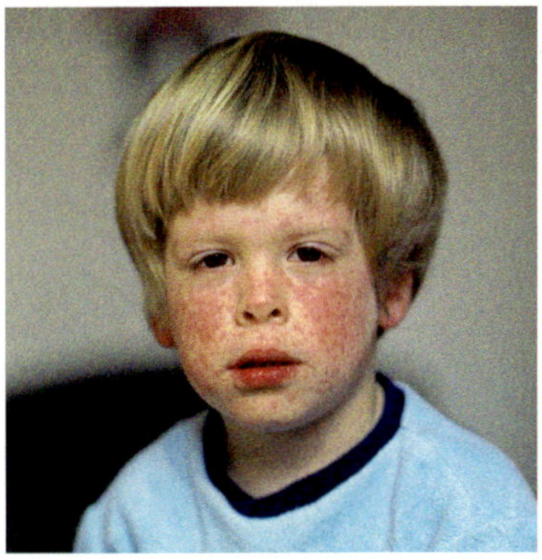

Röteln sind an sich eine harmlose Viruserkrankung. Ein Anschwellen der Lymphdrüsen und ein Hautausschlag, der mit rosaroten Flecken im Gesicht beginnt und sich dann auf den ganzen Körper ausdehnt, kennzeichnen die Krankheit. Meist tritt nur schwaches Fieber auf; das allgemeine Wohlbefinden ist nicht stark beeinträchtigt. Gefährlich sind die Röteln bei Schwangeren, die diese Krankheit noch nicht hatten und auch nicht geimpft sind.

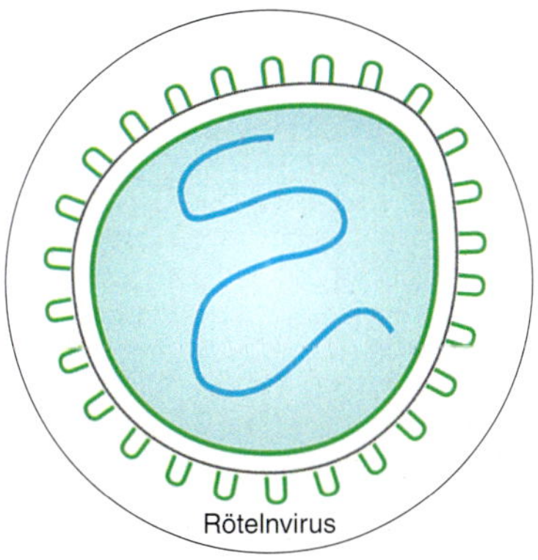

Das ungeborene Kind kann durch die Abwehrstoffe geschädigt werden. Mögliche Folgen sind Taubheit, Herzfehler und schwere Mehrfachschädigungen. Häufig treten auch Fehlgeburten auf. Deshalb sollten sich alle Mädchen vor Beginn der Pubertät gegen Röteln impfen lassen!

Mumps (*Ziegenpeter*) ist eine Viruserkrankung, bei der die Ohrspeicheldrüsen anschwellen und Schmerzen verursachen. Dies führt zu der typischen verdickten Wange, den „Hamsterbacken". Die Übertragung erfolgt durch Tröpfcheninfektion, aber auch über gemeinsam benutztes Geschirr oder Besteck sowie durch unmittelbaren Kontakt wie Küssen. Die Infektion erfolgt am häufigsten zwischen dem 5. und 9. Lebensjahr. Eine aktive Schutzimpfung ist bei Jungen sinnvoll, da diese doppelt so häufig erkranken wie Mädchen. Zudem können die Erreger die Hoden befallen, was spätere *Sterilität* zur Folge haben kann.

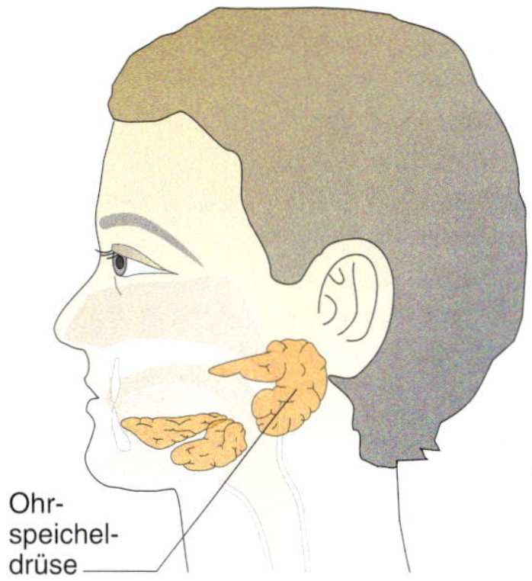

Kinderlähmung tritt nicht nur bei Kindern auf. Nach einer Inkubationszeit von 3 bis 14 Tagen fangen Kopf, Rücken und Glieder zu schmerzen an, man beginnt zu schwitzen. Dann treten erste Lähmungserscheinungen auf. Bei sehr schweren Fällen kann es zur Lähmung der Atemmuskulatur kommen. Die Sterblichkeit kann bis zu 20 % betragen. Im Erholungsstadium können die Lähmungen teilweise, selten ganz zurückgehen. Meist bleiben Skelett- und Gelenkveränderungen zurück. Durch konsequenten Impfschutz ist die Kinderlähmung bei uns zu einer fast vergessenen Krankheit geworden. In tropischen Entwicklungsländern ist dies nicht der Fall. Bei der Impfung gegen Polio erhält man den Impfstoff nicht mehr als Schluckimpfung, sondern als Injektion.

Pocken: Nach einer Inkubationszeit von 12 Tagen setzt hohes Fieber ein und schließlich zeigen sich vorwiegend im Gesicht Pusteln, die später aufgehen und nach Abheilen die typischen Pockennarben hinterlassen. 1980 ist von der WHO bestätigt worden, dass das natürlich vorkommende Pockenvirus durch ein konsequentes Impf- und Bekämpfungsprogramm vollständig ausgerottet wurde. Bereits vor 2000 Jahren bekämpfte man in Indien Pocken durch Impfung. Die angeritzte Haut wurde mit dem Inhalt der Pusteln bestrichen. Darauf folgte eine abgeschwächte Erkrankung, die zur Immunität führte. 1977 trat der letzte natürliche Erkrankungsfall in Somalia auf. Das Virus existiert offiziell nur noch in zwei Laboratorien in Russland und den USA.

Wer einmal **Masern** gehabt hat, bleibt lebenslang immun. Deshalb gehören sie zu den typischen *Kinderkrankheiten*. Die Erreger werden durch Tröpfcheninfektion auch über größere Entfernung übertragen. Die Inkubationszeit beträgt 10 bis 14 Tage. Dann zeigen sich Rötungen des Rachens, Schnupfen, Husten und ein rascher Fieberanstieg, der nach 4 Tagen wieder abklingt. Daraufhin bildet sich der typische Masernausschlag auf der Haut, verbunden mit erneutem Fieberanstieg. Da man sich schon während der Inkubationszeit anstecken kann, ist eine Infektion kaum zu verhindern. Es gibt eine *aktive Schutzimpfung*.

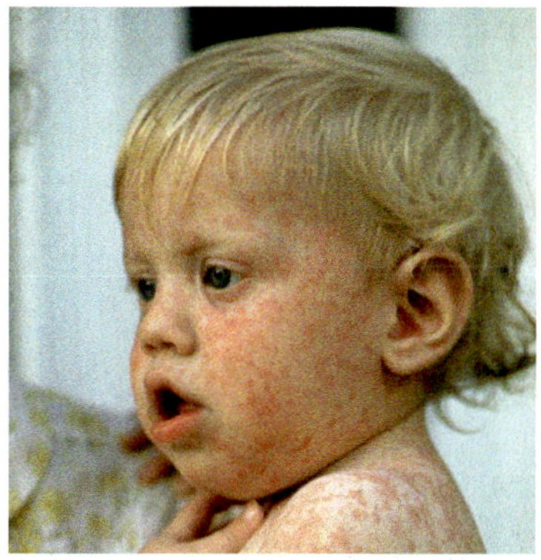

Tollwut wird meist durch einen Hundebiss auf den Menschen übertragen, selten auch durch Bisse von Fuchs oder Katze. Die lange Inkubationszeit von 1 bis 6 Monaten erschwert das Erkennen der Krankheit. Der Ausbruch kündigt sich durch Kopfschmerzen, Krämpfe in der Atemmuskulatur und Atemnot an. Der Kranke hat qualvollen Durst, kann aber nicht schlucken (die sog. „Wasserscheu") und hat starken, schäumenden Speichelfluss. Es gibt eine Heilimpfung, die möglichst sofort nach Verdacht auf einen Tollwutbiss anzuwenden ist. Ansonsten verläuft die Tollwut meist tödlich.

Achtung! Daran erkennt man tollwütige Tiere: Sie verlieren ihre Scheu vor dem Menschen. Sie beißen und schnappen nach allem, was sich bewegt. Speichel tropft aus ihrem Maul.

Leitthema Struktur und Funktion

Will man eine Semmel mit Butter bestreichen, würde man dazu sicherlich nicht eine Gabel wählen. Andererseits dient ein Küchenmesser auch nicht dazu, das Puddingpulver in der Milch zu verrühren. Die Funktionsweise eines Küchenwerkzeugs hängt von seiner Struktur ab. Die Form passt zur Funktion. Der Zusammenhang zwischen Struktur und Funktion ist zwar nicht immer so deutlich wie bei den Beispielen aus dem Küchenalltag, aber er ist bei allen Lebewesen zu erkennen. Sobald eine biologische Struktur erforscht ist, lassen sich Vermutungen über ihre Funktionsweise anstellen. Kennt man jedoch die Funktion einer Struktur, können Rückschlüsse auf ihren Aufbau getroffen werden.

Moleküle

Bei vielen biologischen Molekülen besteht ein enger Zusammenhang zwischen ihrer chemischen Struktur und ihrer Funktion. Gerade Proteine zeigen diese Verbindung sehr deutlich: Durch die unterschiedliche Verknüpfung der 20 verschiedenen Aminosäuren zu Ketten unterschiedlicher Länge entstehen charakteristische Aminosäureabfolgen, welche z. B. als Enzyme nach dem *Schlüssel-Schloss-Prinzip* nur mit ganz bestimmten Stoffen wirken.

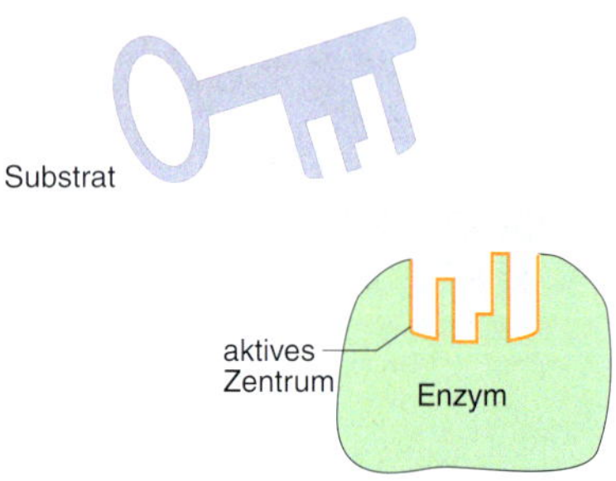

Wird die Reihenfolge der Aminosäuren nur leicht verändert, so kann daraus ein verändertes Wirkverhalten des Proteins resultieren, wie folgendes Beispiel zeigt: Hämoglobin ist der rote Blutfarbstoff der menschlichen Erythrozyten. Es besteht aus vier Untereinheiten, wobei jede Untereinheit aus einem Häm-Molekül, an welches die Eisenionen binden, und dem Globulin (Protein) – Anteil besteht.
Die Aufgabe von Hämoglobin liegt darin, in der Lunge Sauerstoff aufzunehmen, diesen durch den Körper zu transportieren und ihn im Zielgewebe abzuliefern. Aufgrund einer höheren Temperatur, eines geringeren pH-Werts und aufgrund einer höheren Kohlenstoffdioxidkonzentration verändern sich die Eigenschaften des Hämoglobins, so dass es den Sauerstoff in den Muskeln wieder abgeben kann. Nicht alle Menschen jedoch haben normales Hämoglobin. Wer an der *Sichelzellanämie* erkrankt, besitzt verändertes Hämoglobin. Diese erbliche Erkrankung der Erythrozyten, zurückzuführen auf eine veränderte Aminosäurenzusammensetzung bedeutet, dass die Betroffenen rote Blutzellen ausbilden, welche sich unter Sauerstoffarmut sichelförmig verformen. Diese Erythrozyten haben eine von vier Monaten auf vier Wochen verkürzte Lebensdauer. Außerdem ist die Sauerstofftransportfähigkeit der roten Blutkörperchen stark beeinträchtigt. Dadurch kommt es bei den Betroffenen zu Durchblutungsstörungen, zur Verringerung der körperlichen Leistungsfähigkeit und sogar zu Organschädigungen.

Zellen und Gewebe

Zellmembranen im Inneren von Zellen grenzen Zellorganelle wie Mitochondrien oder Chloroplasten ab. Diese Zellräume sind für spezialisierte Stoffwechselvorgänge zuständig. In den Chloroplasten von Pflanzenzellen findet die Photosynthese statt. Dabei wird mithilfe von Licht Kohlenstoffdioxid und Wasser zu Traubenzucker und Sauerstoff umgewandelt. Damit diese Zellorganellen möglichst viel Lichtenergie aufnehmen können, benötigen ihre Membranen eine große Oberfläche. Dementsprechend sind im Inneren der Chloroplasten Systeme aufeinander gestapelter Membranen zu finden.

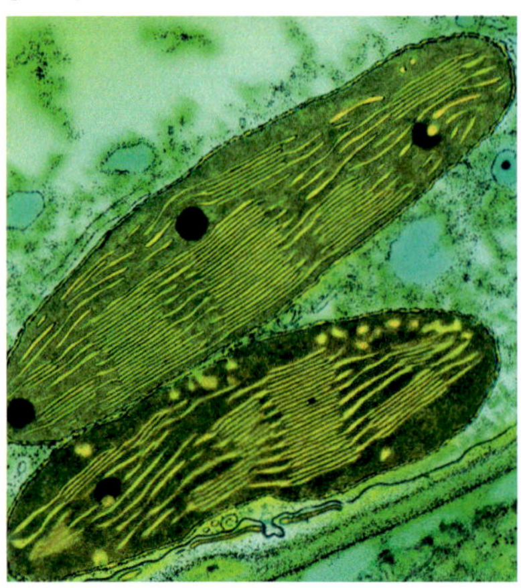

1 Chloroplasten im Mikroskop

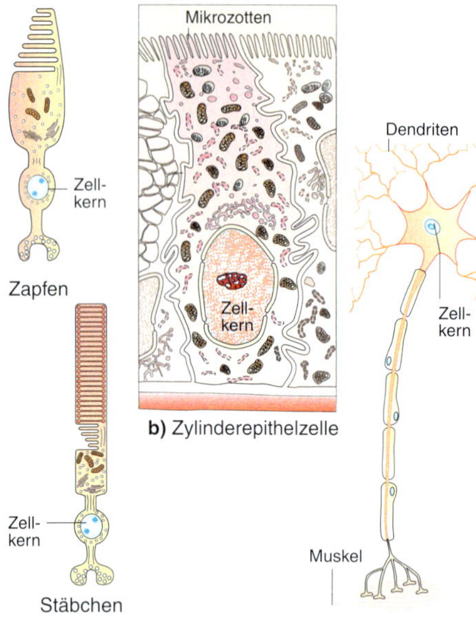

a) Lichtsinneszellen **b)** Zylinderepithelzelle **c)** Nervenzelle

2 spezialisierte Zellen

Nicht nur Organelle besitzen gemäß ihrer Funktion eine bestimmte Form, auch Zellen teilen sich in einem vielzelligen Organismus die Arbeit, sind spezialisiert und besitzen deswegen eine große strukturelle Variabilität. Nervenzellen nehmen über ihre Ausläufer, die *Dendriten*, Informationen von anderen Zellen auf und leiten sie über das *Axon*, ein langes faserartiges Gebilde, weiter. Ein gänzliches anderes Aussehen weisen die Lichtsinneszellen des menschlichen Auges, die *Stäbchen* und *Zapfen* auf. Sie fangen das auf die *Retina* auftreffende Licht wie mit einer Antenne ein, wobei ihre lang gestreckte Struktur dabei gute Dienste leistet.
Eine andere Aufgabe kommt den Zellen des menschlichen Dünndarms zu. Sie müssen die Nährstoffe, welche mit Enzymen aus der Nahrung freigesetzt wurden, in das Blut transportieren. Dazu bildet die dem Darm zugewandte Fläche der Zellmembran fingerförmige Ausstülpungen, sog. Mikrozotten aus, welche die innere Grundfläche des Darms auf das 25 fache erhöhen und damit die Transportfähigkeit dieser Zellen stark erhöhen.

Organe

Vögel besitzen einen Schnabel, um ihre Nahrung aufzunehmen. Je nach Art der Nahrung haben die verschiedenen Vogelarten unterschiedliche Schnabelformen ausgebildet. Stockenten beispielsweise besitzen einen breiten Schnabel, mit welchem sie das Wasser nach Nahrung durchseihen. Sie filtern damit Pflanzenreste und kleine Insektenlarven aus dem Wasser. Damit ihre Beute, nachdem sie an den seitlichen Rillen des Schnabels hängen geblieben ist, nicht wieder entwischt, ist der Unterschnabel

1 Stockente

2 Flamingo bei der Nahrungsaufnahme

3 Hakenschnabel bei Greifvögeln

größer und tiefer als der Oberschnabel. Außerdem nimmt der Unterschnabel den Oberschnabel beim Schließen auf. Diese Größenverhältnisse der Schnabelhälften lassen sich auf die meisten Vögel übertragen.

Eine genauere Analyse des Flamingoschnabels zeigt jedoch, dass diese Tiere einen kleinen Unter- und einen größeren Oberschnabel besitzen. Betrachtet man die Nahrungsaufnahme der Flamingos, wird deutlich, dass ihre Schnabelform optimal an ihre (spezielle) Wasserfiltertechnik angepasst ist: Die Flamingos neigen, in seichtem Wasser stehend, ihre Köpfe zwischen ihre Füße und durchsieben kopfüber das Wasser. Somit wird der Oberschnabel funktionell zum Unterschnabel. Er verwandelt sich in eine Wanne, welche die Nahrung auffängt.

Andere Nahrung, anderer Schnabel. Greifvögel, aber auch Eulenvögel, Raubmöven und Würger besitzen einen Hakenschnabel.

Dieser Schnabeltyp dient zum Festhalten, Töten, Zerreißen und Zerschneiden der Beute. Die Haken am Schnabel und die ineinander greifenden Kiefer ermöglichen das Zerkleinern der Beute. Bestimmte Greifvögel können damit sogar die Knochen ihrer Opfer brechen.

Organismen

An Organismen lassen sich evolutionäre Anpassungen an bestimmte Umweltbedingungen besonders gut erkennen. Vögel beispielsweise sind auf ein Überleben in der Luft sehr gut vorbereitet: Der Vogelschnabel ist sehr leicht, da er aus Horn aufgebaut ist. Das Skelett der Vögel besteht aus Röhrenknochen, welche nicht mit Knochenmark angefüllt sondern hohl (also mit Luft angefüllt) sind. Auch ist die Lunge der Vögel im Gegensatz zur Säugetierlunge durch Luftsäcke stark vergrößert, damit Vögel zum besonders kraftraubenden Vogelflug möglichst viel Sauerstoff pro Minute aufnehmen können. Zur Deckung des hohen Energiebedarfs nehmen Vögel vorwiegend fettreiche Nahrung zu sich; außerdem legen sie im Sinne einer Gewichtseinsparung keine Fettdepots an. Vögel transportieren ihre Nachkommen bis zur Geburt nicht in ihrem Körper, sondern legen hartschalige Eier, in welchen sich die Jungen entwickeln. Und in einem weiteren Punkt unterscheiden sich die Vögel von vielen landbewohnenden Säugetieren. Sie schwitzen nicht und geben auch keinen flüssigen Harn ab. Diese konsequente Optimierung in Richtung eines leichten Körpers bedarf jedoch noch eines aerodynamischen Flügel- und Federaufbaus, damit der Vogelflug ermöglicht wird.

Aufgaben

① Formuliere in eigenen Worten möglichst genau die Aufgabe von Hämoglobin. Finde z. B. mit Hilfe des Internets heraus, in welchen Ländern die Sichelzellanämie besonders häufig vorkommt und begründe deine Ergebnisse!
② Vergleiche tabellarisch Struktur und Funktion folgender Zelltypen: Nervenzelle, Lichtsinneszelle und Dünndarmepithelzelle!
③ Nenne weitere Beispiele für spezialisierte menschliche Körperzellen!

4 Hai und Delfin

④ Hai und Delfin sind Räuber des Meeres. Nenne Merkmale des Aussehens und Verhaltens, welche bei beiden Organismen übereinstimmen und für ihren Lebensraum und ihre Lebensweise charakteristisch sind!
⑤ Konstruiere einen Vogelschnabel, der besonders gut dafür geeignet ist, lange Würmer in schlickhaltigem Boden zu finden und herauszuholen!
⑥ Informiere dich über den Lebensraum und die Lebensweise von Kolibris und erkläre dann ihre Art der Nahrungsaufnahme!
⑦ Kennst du weitere konvergente Strukturen? Lege eine Tabelle an und liste Form und Funktion dieser Strukturen auf!
⑧ Sammle Informationen über den Bau der Schwämme und erkläre damit ihre Lebensweise!

Pollenflugvorhersage

15. 2.: Mäßiger bis starker Flug von Haselpollen, schwacher Flug von Erlenpollen.

29. 2.: Starker Flug von Erlen-, Hasel- und Eibenpollen

5. 3.: Starker Flug von Erlenpollen und mäßiger Flug von Haselpollen.

12. 3.: Starker Flug von Erlen- und Weidenpollen, mäßiger Flug von Haselpollen.

31. 3.: Schwacher Flug von Eichen- und Weidenpollen. Mäßiger Flug von Birken- und Eschenpollen.

Ratschläge für Pollenallergiker

- Meide in den Monaten deiner stärksten Beschwerden Wiesen und Felder.
- Meide Sport und körperliche Arbeiten im Freien. Betreibe Hallensport.
- Schlafe bei geschlossenen Fenstern. Öffne sie nur zwischen 22 Uhr und 4 Uhr morgens.
- Wasche die Haare vor dem Zubettgehen. Ziehe die Tageskleidung nicht im Schlafraum aus.
- Achte auf die Pollenfluginformationen im Radio oder im Internet.
- Lasse dir bei starken Beschwerden ein geeignetes Medikament verschreiben.

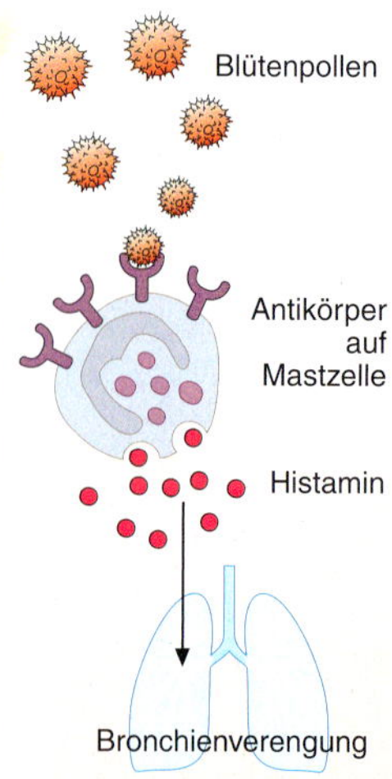

1 Pollenflugvorhersage und Tipps für Pollenallergiker

Überreaktionen des Immunsystems: Allergien

Allergie
Überreaktion des Immunsystems auf eigentlich harmlose Stoffe der Umwelt

Allergen
Allergie auslösender Stoff

Ein schöner Sonnentag, Getreidefelder blühen, ein feiner gelber Schleier liegt darüber: Es sind die Pollen der unscheinbaren Gräser, die vom Wind kilometerweit verbreitet werden. Nicht alle Menschen freuen sich über solche Tage. Ihre Nase läuft, sie bekommen Niesanfälle, ihre Augen sind gerötet und jucken und sie fühlen sich müde und abgeschlagen: **Heuschnupfen!** Sie reagieren *allergisch* auf bestimmte Pollen.

Etwa jeder Dritte leidet an einer oder mehreren *Allergien*. Unter einer Allergie versteht man eine Überreaktion des Immunsystems (▶ S. 145) auf bestimmte und eigentlich harmlose Fremdstoffe aus der Umwelt. Stoffe, die eine Allergie auslösen können, werden als *Allergene* bezeichnet. Die Allergene gelangen mit der Atemluft, der Nahrung oder auch schon bei direktem Hautkontakt in unseren Körper. Genau wie Krankheitserreger, rufen die Allergene eine Abwehrreaktion des Körpers hervor.

Es gibt nicht nur Allergien gegen Pollen, sondern auch gegen Hausstaub, Tierhaare, Insektengift, Schimmelpilzsporen oder Stoffe in Nahrungsmitteln. Hierbei treten allergische Reaktionen sofort nach dem Kontakt mit den genannten Stoffen auf. Andere Stoffe, wie beispielsweise Kosmetika, Seifen oder auch Nickel, aus dem zum Beispiel Schmuck

Zettelkasten

Hausstauballergie

Die Symptome der Hausstauballergie sind häufig Dauerschnupfen und Niesanfälle. Ausgelöst wird diese Reaktion des Immunsystems nicht durch den Staub direkt, sondern durch den Kot von *Milben*, die in dem Staub leben. Die nur unter dem Mikroskop sichtbaren Tierchen ernähren sich von Hautschuppen, jeder Mensch verliert pro Tag ca. 1,5 g Hautschuppen. Milben leben daher bevorzugt in Betten, Decken und Kissen, jedoch auch an allen Stellen, an denen sich Staub gut festsetzen kann, wie Teppiche, Polstermöbel, Gardinen, Plüschtiere.

Giftstoffe gegen die Milben gibt es nicht, da diese auch dem Menschen schaden. Hausstauballergiker sollten es daher vermeiden, viel Staub „aufzuwirbeln“: besser Staub saugen (mit Mikrofilter) als kehren, Staubwischen nur mit feuchten Tüchern. Aber auch Plüschtiere oder Kuscheldecken können milbenfrei gehalten werden. Da Milben nicht bei Temperaturen unter 0 °C überleben, sind in der Tiefkühltruhe nach zwei Tagen alle Milben im Teddy oder in der Decke beseitigt.

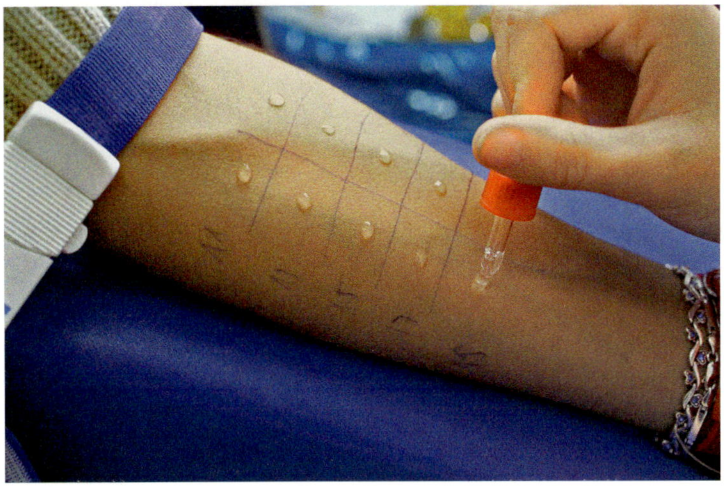

1 Allergietest

oder Hosenknöpfe hergestellt sein können, können allergische Reaktionen auslösen, die erst nach Tagen oder manchmal sogar erst nach Wochen auftreten. Es kommt dabei zu Hautausschlägen, Rötungen und Schwellungen.

Wie verläuft eine allergische Reaktion zum Beispiel bei Heuschnupfen? Bei Pollenallergikern schütten bestimmte Zellen des Immunsystems, die *Mastzellen*, große Mengen des Stoffes *Histamin* aus, wenn sie mit bestimmen Pollen in Kontakt kommen (s. Abb. 96.1). Histamin bewirkt eine Erweiterung der Blutgefäße und macht die Gefäßwände durchlässig. Die Haut rötet sich, die Schleimhäute schwellen an und sondern vermehrt Schleim ab. Juckreiz tritt auf.

Besonders lästig ist für viele Pollenallergiker jedoch der ständige Tränenfluss. Oft können sie mit dieser Beeinträchtigung nicht einmal einer geregelten Tätigkeit nachgehen. Oft verengen sich auch die Bronchien, in besonders schweren Fällen kann es dann bei den Betroffenen zu Asthma kommen.

Die Ursache von Allergien ist nicht vollständig erforscht. Welcher Stoff eine allergische Reaktion auslöst, kann in vielen Fällen ein Facharzt mit einem *Hauttest* ermitteln. Dazu werden Testsubstanzen mit der Haut in Kontakt gebracht oder unter die Haut gespritzt. Wenn eine Allergie vorliegt, zeigen sich nach kurzer Zeit *Quaddeln* oder *Rötungen* (Abb. 1).

Allergiker sollten, wenn irgend möglich, den Kontakt mit dem Allergen vermeiden. Eine Abschwächung der allergischen Reaktion kann erreicht werden durch eine Behandlung mit Medikamenten, die die Freisetzung von Histamin verhindern oder freigesetztes Histamin binden. Die Wirkung dieser Medikamente hält aber nur für relativ kurze Zeit an, sodass sie in regelmäßigen Abständen eingenommen werden müssen.

Aufgaben

① Erkläre, welche Bedeutung Histamin bei einer allergischen Reaktion hat. Vergleiche den Vorgang der allergischen Reaktion mit Entzündungsreaktionen nach Hautverletzungen (siehe auch S. 86).

② Erläutere, weshalb die Tipps für Pollenallergiker in der Abbildung 1 auf Seite 96 hilfreich sind.

Zettelkasten

Neurodermitis

Die Neurodermitis ist eine Hautkrankheit, die sich bereits im Kindes- und Jugendalter zeigen kann. Die erkrankte Haut ist glanzlos und trocken. Es treten auch gerötete und schuppende Hautveränderungen auf. Vererbt wird nicht die Krankheit, sondern die übermäßige Reaktionbereitschaft des Immunsystems. Man kennt verschiedene Formen der Neurodermitis. Bei Schulkindern und Jugendlichen bilden sich Ekzeme vor allem in den Ellenbeugen und Kniekehlen, erst in zweiter Linie im Gesicht und am Hals. Bei einer anderen Form bilden sich kirschkerngroße Knötchen in der Haut aus, die stark jucken.

Ein Symptom aller Neurodermitisformen ist der quälende Juckreiz mit nächtlichen Juckkrisen, die oft zu Verletzungen und Infektionen der Haut führen. Man schläft schlecht oder gar nicht, die Leistungsfähigkeit lässt nach. Verschlechterungen im Krankheitsbild treten oft im Winter und Frühjahr auf. Juckreiz und Entzündungen kommen meist in Schüben, die durch Prüfungsstress oder persönliche Konfliktsituationen ausgelöst werden.

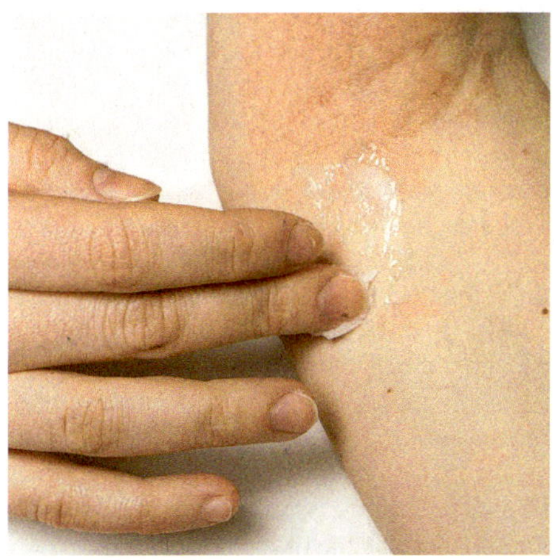

Blutgruppen und Bluttransfusion

Entdeckung der Blutgruppen

Ende des 19. Jahrhunderts erkannte man, dass eine Übertragung von Blut eines Menschen in die Blutbahn eines anderen (Transfusion) in ca. zwei Dritteln der Fälle tödlich endete, weil sich die roten Blutzellen zusammenballten. Die Aufklärung dieses Phänomens gelang dem Wiener Arzt KARL LANDSTEINER im Jahr 1901.

LANDSTEINER trennte rote Blutzellen und Serum aus den Blutproben verschiedener Personen und vermischte Blutzellen und Serum wechselseitig. In einigen Fällen verklumpten die Blutzellen. So konnte er drei verschiedene Blutgruppen erkennen, die untereinander unterschiedliche Verträglichkeiten aufwiesen. Kurz darauf wurde auch die vierte Blutgruppe entdeckt. Die vier Blutgruppen bezeichnet man mit A, B, AB, und 0 (Null).

Spätere Untersuchungen ergaben, dass die Blutgruppenmerkmale durch Moleküle bestimmt werden, die sich außen auf der Membran der roten Blutzellen befinden.

Man nennt sie Antigene und unterscheidet dabei – vereinfacht dargestellt – Antigen A und Antigen B. Der Besitz der Antigene ist erblich bedingt und wird gesetzmäßig von den Eltern auf ihre Kinder vererbt. Träger der Blutgruppe A besitzen das Antigen A und die der Blutgruppe B das Antigen B. Menschen mit der Blutgruppe AB besitzen beide Antigene und die der Blutgruppe 0 keine der beiden Antigene.

Eine andere Gruppe von Molekülen sind die Antikörper, die im Serum vorkommen. Man unterscheidet Antikörper-A (Anti-A) und Antikörper-B (Anti-B). Der Besitz von Antikörpern ist an die Blutgruppe gebunden. Blut der Blutgruppe A enthält Anti-B, das der Blutgruppe B Anti-A. Beide Antikörpertypen sind im Blut der Blutgruppe 0 enthalten, während das Blut der Blutgruppe AB keinen der beiden Antikörper besitzt.

Bei Vermischung von Serum und roten Blutzellen tritt immer dann eine Verklumpung auf, wenn die Antikörper im Serum zu den Antigenen auf der Oberfläche der roten Blutzellen wie ein Schlüssel zum Schloss passen. So passt Anti-A genau zum Antigen A und kann dort andocken. Durch diese Antigen-Antikörper-Reaktion vernetzen die roten Blutzellen und verklumpen. Man kann deswegen die Antigen-Antikörper-Reaktion benutzen, um einen Blutgruppentest durchzuführen.

Blutgruppe	A	B	AB	0
rote Blutzellen mit Antigenen	A-Antigene	B-Antigene	A- und B-Antigene	keine Antigene
im Serum sind	B-Antikörper	A-Antikörper	keine Antikörper	A- und B-Antikörper
Verklumpung mit	A-Antikörper	B-Antikörper	A- und B-Antikörpern	keine Verklumpung
Häufigkeit in Europa	43%	14%	6%	37%

1 Blutgruppenmerkmale

Neben den Antigenen A und B gibt es weitere Antigene auf der Oberfläche der roten Blutzellen. Eines davon ist der Rhesusfaktor. Er wird ebenfalls beim Blutgruppentest erfasst und wurde bei Rhesusaffen entdeckt. Etwa 85% der Mitteleuropäer besitzen diesen Rhesusfaktor, ihr Blut wird mit Rh+ (rhesuspositiv) bezeichnet. Die übrigen 15% besitzen dieses Molekül nicht; ihr Blut erhält die Bezeichnung rh- (rhesusnegativ). Auch der Rhesusfaktor wird vererbt.

KARL LANDSTEINER (1868 – 1943) österreichischer Arzt, erhielt 1930 den Nobelpreis für Medizin

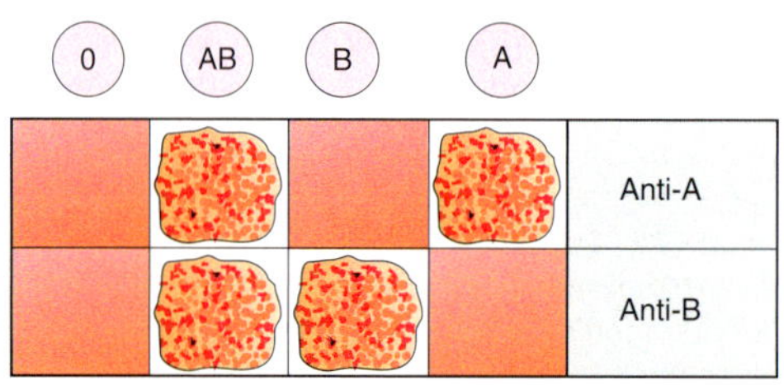

2 Blutgruppenbestimmung durch Agglutination

Blutspende und Bluttransfusion

Der Bedarf an Blut steigt ständig. Blutübertragung oder Transfusionen bei Operationen, Unfallopern und beim Blutaustausch sind oft die einzige Möglichkeit, Menschenleben zu retten. Deshalb wird immer wieder zur Blutspende aufgerufen. Man muss mindestens 18 Jahre alt sein und wissen, dass bestimmte Krankheiten die Blutspende verbieten (z.B. *Malaria*, *Gelbsucht*, Kreislaufschäden, AIDS, Geschlechtskrankheiten, ...).

Das Spenderblut wird auf Blutgruppe, Hämoglobingehalt, Anzahl der Blutzellen, spezielle Inhaltsstoffe und Antikörper untersucht. Als Vollblut-Konserve, d.h. mit gerinnungshemmenden Mitteln versetzt, ist das Blut einige Wochen haltbar. Eine Plasmakonserve hält länger. Ihr wurden die festen Bestandteile des Blutes entzogen. Sie werden benutzt um das Blutvolumen nach starken Blutungen rasch wieder aufzufüllen. Entzieht man der Plasmakonserve nun noch das Wasser, so erhält man das fast unbegrenzt haltbare Trockenplasma, das in sterilem Wasser gelöst, wieder gebrauchsfertig wird.

Beim Blutspenden muss darauf geachtet werden, dass der Empfänger selbst keine Antikörper gegen das gespendete Blut hat. Ansonsten kommt es sofort zu einer AB0-Unververträglichkeit und das Blut verklumpt.

Blutgruppenunverträglichkeiten bei der Schwangerschaft wurden nur beim Rhesusfaktor beobachtet. Die Antikörper des Rhesussystems können die Plazenta passieren. Eine AB0-Unverträglichkeit ist nicht nachgewiesen, da die Antikörper des AB0-Systems die Plazenta nicht durchdringen können.

Zettelkasten

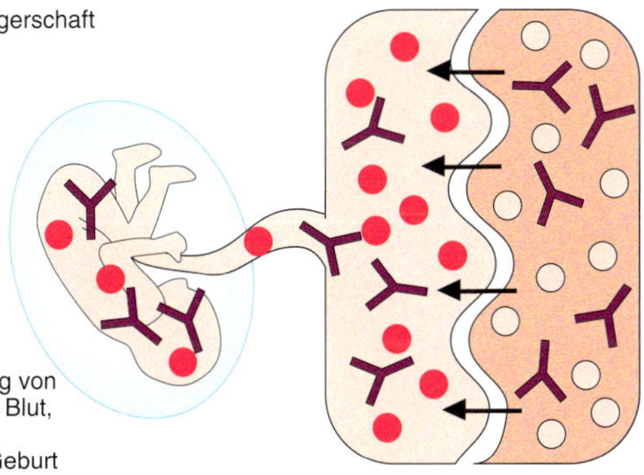

Rhesusunverträglichkeit

Bei Bluttransfusionen kann es neben einer ABO-Unverträglichkeit auch zu einer Rhesusunverträglichkeit kommen. Dies tritt allerdings im Gegensatz zur AB0-Unverträglichkeit erst später auf. Menschen, die rhesusnegativ sind, bilden Antikörper gegen den Rhesusfaktor, wenn sie zum ersten Mal mit Rh+-Blut in Berührung kommen. Bei einer zweiten Transfusion mit Rh+-Blut bewirken diese Antikörper dann eine Verklumpung der roten Blutzellen des Spenderblutes.

Dieses Problem kann auch während einer Schwangerschaft auftreten. Hat eine rhesusnegative Mutter ein rhesuspositives Kind ausgetragen, so kann während des Geburtsvorganges durch kleine Risse in den Gefäßen der Plazenta Rh+-Blut in das Blut der Mutter gelangen. Diese bilden daraufhin Antikörper gegen Rh+-Blut. Bei einer zweiten Schwangerschaft können die gebildeten Antikörper durch die Plazentaschranke in den Kreislauf des eventuell wieder rhesuspositiven Kindes gelangen und es schädigen. Vorbeugend wird deshalb bei rhesusnegativen Frauen unmittelbar nach einer Geburt die Blutgruppe des Kindes bestimmt. Ist sie rhesuspositiv, wird der Mutter Antikörper D gespritzt. Die von außen zugeführten Antikörper fangen eventuell vorhandene Blutzellen des Kindes ab. Somit wird verhindert, dass die Mutter selbst Antikörper bildet, die bei einer zweiten Schwangerschaft das Kind schwächen könnte.

Blutgruppenunverträglichkeiten bei der Schwangerschaft wurden nur beim Rhesusfaktor beobachtet. Die Antikörper des Rhesussystems können die Plazenta bei der 2. Schwangerschaft passieren, weil sie erst jetzt im Blut der Mutter vorhanden sind. Sie wurden ja erst bei der Geburt des 1. Kindes gebildet. Eine AB0-Unverträglichkeit ist nicht nachgewiesen, da die Antikörper des AB0-Systems die Plazenta nicht durchdringen können.

Aufgaben

① Blut der Blutgruppe A kann zwar Antikörper B besitzen, nicht aber Antikörper A. Begründe.

② Könnte man Serum der Blutgruppe A im Reagenzglas mit Blutgruppe AB ohne Verklumpung mischen? Begründe.

③ Als Reagenzien stehen bereit: Serum der Blutgruppe A und Serum der Blutgruppe B. Wie könntest du herausfinden, welche Blutgruppe du hast?

④ Erkläre, weshalb Blutkonserven der Gruppe AB/rh- so selten sind.

⑤ Welche Blutgruppenkombination ist die häufigste in Mitteleuropa?

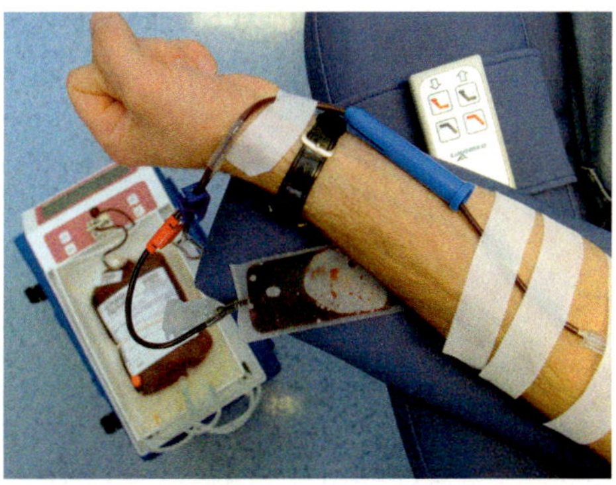

1 Beim Blutspenden

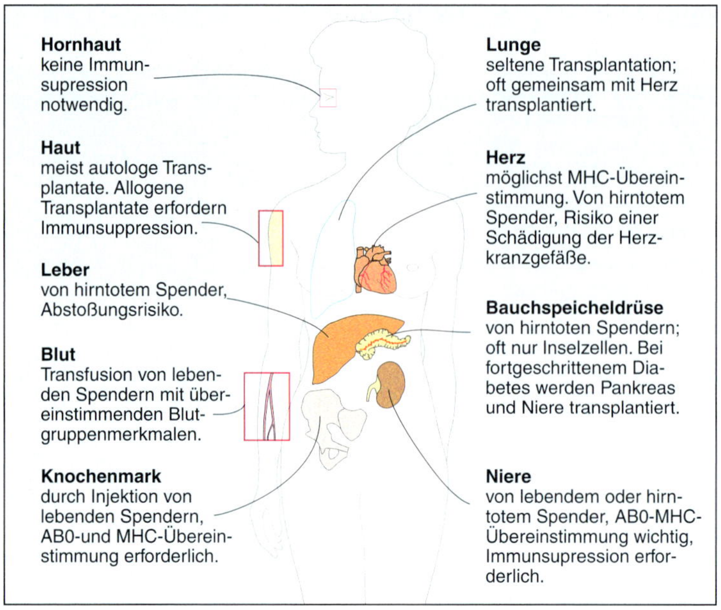

1 transplantierte Organe

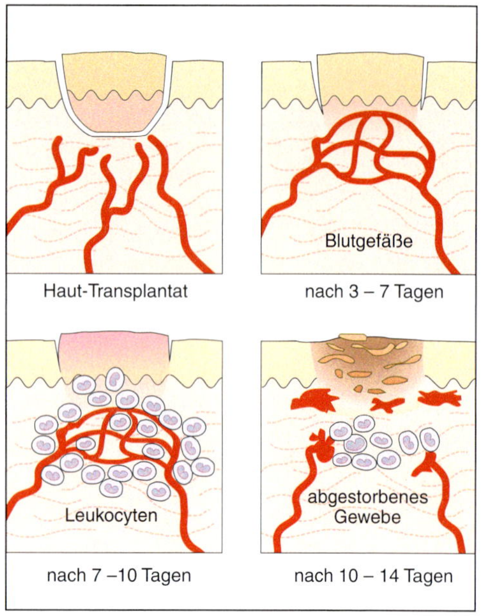

2 Abstoßung eines Transplantats

Organspende und Organtransplantation

Man unterscheidet Transplantate nach ihrer Herkunft:

autolog
vom selben Menschen

allogen
von anderen Menschen

xenogen
von anderen Arten

MHC-Proteine
Antigene auf Körperzellen, welche die Zellen als „körpereigen" kennzeichnen

Ähnlich wie bei Bluttransfusionen kommt es auch bei der Übertragung von Organen zu Abstoßungsreaktionen. Deswegen werden vor einer Transplantation die Gewebe auf Verträglichkeit untersucht. Je besser die Transplantationsantigene von Spender und Empfänger übereinstimmen, desto schwächer ist die Immunreaktion. Nur bei eigenem Gewebe und bei Transplantationen zwischen eineiigen Zwillingen bleibt sie aus. Sonst ist für den Empfänger des neuen Organs eine lebenslange Behandlung nötig, die das Immunsystem (▶ S. 145) unterdrückt (*Immunsupressionsbehandlung*).

Nach einer *Organverpflanzung* nimmt er Immunsupressiva, meist eine Kombination aus mehreren Medikamenten. So hemmt das *Hormon Cortison* bestimmte Zellen des Immunsystems. Seit 1983 verwendet man, teilweise in Kombination mit Cortison, das aus einem Pilz stammende, nebenwirkungsarme *Cyclosporin A.* Dieses Medikament verhindert die Aktivierung der *T-Helferzellen*, wobei die *unspezifische Abwehr* von Krankheitserregern weiterhin möglich ist.

Allerdings gelingt es keiner Therapie, gezielt die körpereigene Immunantwort auf die fremden Antigene zu unterdrücken. Gleichzeitig mit der Suppression der unerwünschten Aktivitäten des Immunsystems wird somit die körpereigene Abwehr geschwächt. Daraus folgt eine erhöhte Anfälligkeit gegenüber Infektionen und längerfristig eine höhere Anfälligkeit für z. B. Krebserkrankungen. Ziel der Medizin ist es, Patienten nach einer *Transplantation* zu ermöglichen, auf Medikamente zu verzichten oder die Dosis deutlich zu verringern. Dafür werden verschiedene Verfahren entwickelt:

- Spezielle Antikörper könnten sich an die MHC-Proteine binden und so Erkennung und Abstoßung des Gewebes bei dessen Verpflanzung in einen neuen Körper gezielt unterbrechen.
- Beim Empfänger wird eine immunologische Toleranz erzeugt, indem er in bestimmten Geweben mit Spendergewebe konfrontiert wird.
- Durch therapeutisches Klonen könnten Organe mit den Antigeneigenschaften des Empfängers hergestellt werden.

Weltweit besteht ein Mangel an Organen, die für Transplantationen zur Verfügung stehen. Nach allgemeiner Auffassung soll ein Organ derjenige bekommen, der es am dringendsten braucht.

Bei lebenswichtigen, unpaar vorhandenen Organen ist die unzweifelhafte Feststellung des Todes vor einer Organentnahme notwendig. Dazu gehört der vollständige und irreversible Ausfall aller Hirnfunktionen. In den

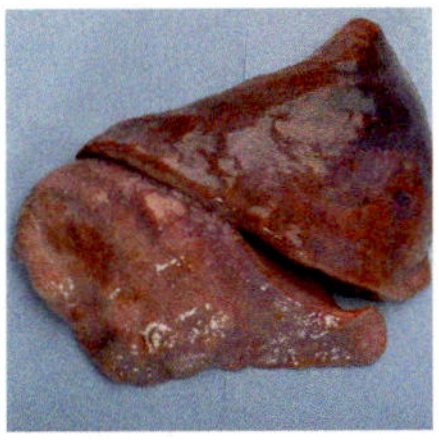

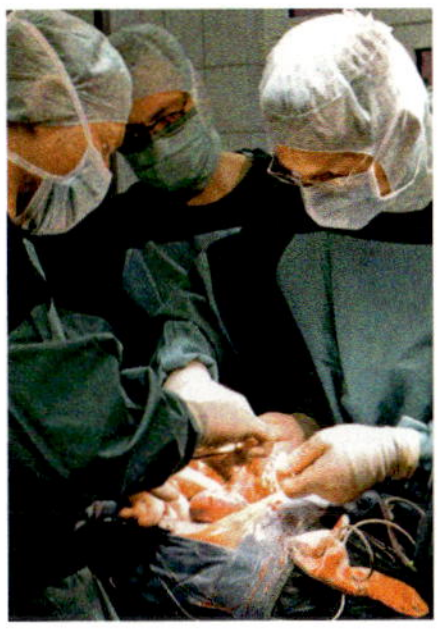

europäischen Ländern sind *Organspende* und Transplantation in ihren Grundprinzipien einheitlich geregelt. Der *Hirntod* ist als der Zeitpunkt des Todes akzeptiert, ab dem eine Organentnahme zulässig ist.

Hinsichtlich des Einverständnisses zur Organentnahme gibt es zwei verschiedene Richtlinien:

1. Die *Widerspruchslösung*: Wenn der Verstorbene der Organentnahme zu Transplantationszwecken zu Lebzeiten nicht widersprochen hat, ist sie zulässig.
2. Die *Zustimmungslösung*: Die Organentnahme für eine Transplantation nach dem Tod ist zulässig, wenn der Verstorbene zu Lebzeiten ihr zugestimmt und dies dokumentiert hatte. Bei der erweiterten Zustimmungslösung können – wenn keine Entscheidung dokumentiert ist – die nächsten Angehörigen dem mutmaßlichen letzten Willen und Wünschen des Verstorbenen entsprechend stellvertretend zustimmen. In Deutschland gilt die erweiterte Zustimmungsregelung.

Aufgaben

① Beschreibe den Vorgang der Abstoßung eines Hauttransplantats nach Abbildung 2 auf Seite 100.

② Ein übertragenes Organ kann, von Ausnahmen abgesehen, nur dann dauerhaft funktionieren, wenn das Immunsystem des Empfängers unterdrückt wird. Erläutere, weshalb die Immunsuppression erforderlich ist. In welchem Sonderfall ist eine solche Suppression nicht notwendig?

③ Welche Gründe sprechen dafür, dass der Hirntod juristisch gleichgesetzt wird mit dem Tod des Individuums?

④ Welche Folgen hätte es, wenn Organe erst nach dem vollständigen Erliegen des Stoffwechsels entnommen werden dürften?

⑤ Nach der Übertragung von Knochemark auf einen Empfänger mit „unterdrücktem Immunsystem" kann es vorkommen, dass sich das Gewebe des Empfängers „entzündet" (infiziert). Erkläre den Sachverhalt.

Zettelkasten

Organspende – Pro und Contra

„Ich bin für die Organspende nach dem Tode und trage deshalb immer einen Organspendeausweis bei mir. Für mich ist das selbstverständlich, denn auf Grund meines Berufs weiß ich, wie sehr Tausende von Patienten auf eine Organverpflanzung hoffen. Außerdem schließen die für den Fall der Organentnahme vorgeschriebenen Untersuchungen durch unabhängige Ärzte (in der Regel Ärzte, die nicht an Organtransplantationen beteiligt sind) jeden vernünftigen Zweifel an der Diagnose Hirntod aus."
Dr. Klaus Ketzler, Deutsche Stiftung für Organtransplantation

„Ich bin weder bereit, mir ein fremdes Organ einpflanzen noch mir während meines Sterbens ein Organ entnehmen zu lassen. Denn ich bestreite das Dogma der Transplantationsmedizin, dass Hirntote tot sind. Sie sind Sterbende, und jede Organentnahme ist ein Eingriff ins Sterben. Wer Leben bewahren will, muss daher auch das Recht der Menschen darauf, in ihrem eigenen Leib zu Ende sterben zu dürfen, schützen. Wer dieses Recht missachtet, verletzt deshalb die Grundlagen der Humanität."
Prof. Klaus-Peter Jörns, evangelischer Theologe aus Berlin

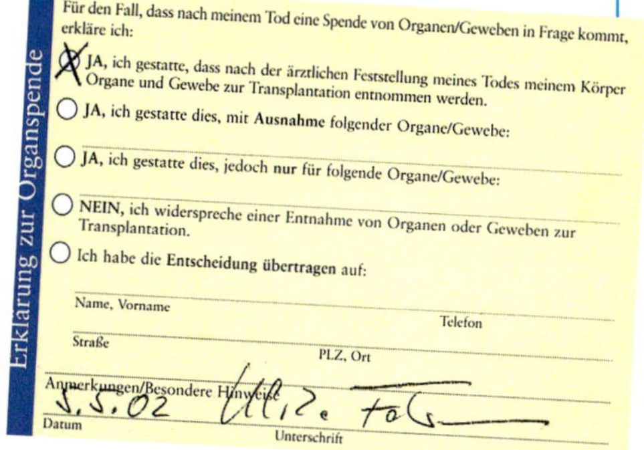

Aufgaben

① Arbeite heraus, mit welchen Argumenten die beiden Personen ihre Haltung zur Organspende begründen und nimm selbst Stellung zur Problematik der Organspende.

② Stelle Argumente zusammen, die für die Bereitschaft sprechen, seine Organe nach dem Tod zur Hilfe und Rettung Kranker zur Verfügung zu stellen.

③ Der Hirntod eines Organspenders muss durch zwei Ärzte festgestellt werden, die an der Transplantation nicht mitwirken. Gib Gründe für diese Bestimmung an.

④ Bis vor kurzem galt kommerzieller Organhandel als Tabu, heute wird darüber geredet. Stelle tabellarisch Pro- und Kontra-Argumente einer Bezahlung des Organspenders gegenüber.

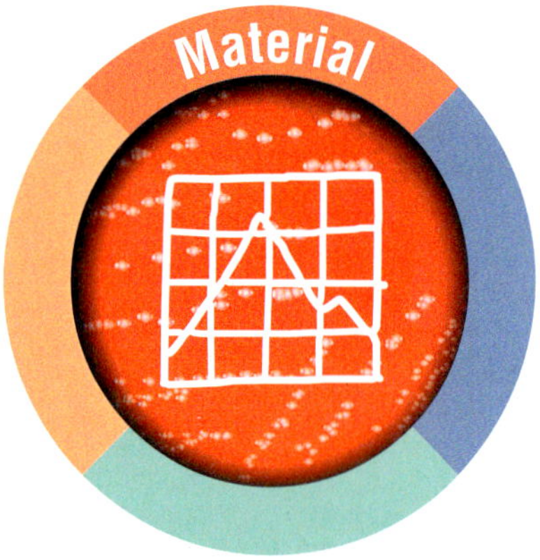

Meilensteine der Medizin

Aristoteles (384–322 v. Chr.)

Aristoteles studierte Medizin und beschäftigte sich im Laufe seines Lebens mit vielen weiteren Wissenschaften, wie Ethik, Logik, Staatskunde sowie Zoologie und Botanik. Er soll etwa 600 Bücher geschrieben haben, von denen heute leider nur noch ein Teil erhalten ist. Darin hat er auch das gesamte biologische Wissen seiner Zeit zusammengefasst. Er untersuchte den Bau von Organen und entwickelte Vorstellungen über ihre Funktion. Zutreffend waren seine Vorstellungen bei Magen und Darm, anders allerdings seine Betrachtungen zum Herz:
„Das Herz ist der Quellpunkt der Adern, denn ersichtlich kommen sie aus ihm und gehen nicht durch es hindurch. ... Hohl ist es zur Aufnahme des Blutes, dicht zur Verwahrung der Wärmequelle. ... Das Herz entsteht zuerst von allen Gliedern und ist von vornherein voller Blut. Auch gehen offenbar alle Regungen der Freude, des Schmerzes und überhaupt alle Empfindungen von dort aus und enden auch wieder bei ihm. Das 'Pulsieren' des Herzens geht auf regelmäßiges 'Aufkochen' des Blutes zurück."

William Harvey (1578–1657)

Die Ideen des Aristoteles bestimmten lange das medizinische Verständnis. Man meinte, die Natur ließe sich durch Beobachten und Nachdenken ergründen. Mit dem ausgehenden Mittelalter wurde eine neue, wichtige Methode entwickelt: **Das Experiment.** Man stellt damit eine „Frage an die Natur", die durch das Resultat „beantwortet" wird.

Durch Untersuchen, Beobachten und Experimentieren mit klaren Fragestellungen überwand der englische Arzt William Harvey die falschen Vorstellungen über die Funktion von Blut, Herz und Blutgefäßen. Er erkannte, dass das Blut im Körper durch die Adern kreist und nicht, wie bislang angenommen, vom Herzen wegfließt und zur Organbildung ständig verbraucht wird. In seiner Veröffentlichung im Jahr 1628 beschrieb Harvey das Herz als „rhythmisch arbeitende Pumpe.

Edward Jenner (1749–1823)

Die *Pocken* waren im 18. Jdh. eine meist tödlich verlaufende Krankheit. Wer sie überlebte, war vor weiterer Ansteckung geschützt. Der englische Landarzt Edward Jenner beobachtete, dass Knechte und Mägde, die an den harmlosen *Kuhpocken* erkrankt waren, nicht an den gefährlichen Pocken erkrankten. 1796 entnahm Jenner aus den Pusteln einer an Kuhpocken Erkrankten etwas Flüssigkeit und ritzte diese einem 8-jährigen Jungen unter die Haut. Sechs Wochen später infizierte er ihn mit Pocken. Wie vermutet, blieb das Kind gesund. Die *Impfung* wurde anfangs für gefährlich gehalten. Jenner erhielt für einige Jahre Berufsverbot. Doch die Methode war so erfolgreich, dass sie sich in Europa verbreitete. Auf öffentlichen Plätzen wurden Menschen reihenweise geimpft, indem ihnen direkt von Kühen Sekrete der Kuhpocken in die Haut geritzt wurden.

Louis Pasteur (1822–1895)

1879 beobachteten der französische Biologe und Chemiker Louis Pasteur und sein Mitarbeiter Émile Roux, dass Krankheitserreger, die man länger an sauerstoffreicher Luft oder bei bestimmten Temperaturen liegen ließ, „geschwächt" wurden. Die Experimente wurden mit den Erregern der *Hühnercholera* durchgeführt. Hühner, die mit diesen Erregern infiziert wurden, zeigten kaum Anzeichen der sonst tödlich verlaufenden Darmkrankheit. Daraus folgerte Pasteur, dass die Erreger ihre Stärke verloren hatten. Infizierte er anschließend die selben Hühner mit nicht abgeschwächten Erregern, so überlebten sie. Die Hühner wurden also durch die abgeschwächten Krankheitserreger aktiv immunisiert.

Im Jahr 1885 behandelte Pasteur ein Kind, dem 14 Bisswunden von einem tollwütigen Hund zugefügt worden waren. Er impfte seinen kleinen Patienten mit abgeschwächten Krankheitserregern. Wie Pasteur vermutet hatte, verhinderte er mit seiner Impfmethode den Ausbruch der Krankheit und konnte das Kind retten.

Emil von Behring (1854–1917)

Emil von Behring entwickelte 1890 als Assistent von Robert Koch ein Verfahren, um nicht geimpften und bereits erkrankten Menschen zu helfen. Er infizierte Pferde mit den abgeschwächten Erregern der *Diphtherie*, einer sehr schweren Erkrankung der oberen Atemwege. Die Tiere bildeten daraufhin die passenden Antikörper.

Aus dem Blut dieser *aktiv immunisierten* Tiere gewann von Behring ein Serum. Spritzte man das Serum mit den darin enthaltenen Antikörpern Menschen, die an Diphtherie erkrankt waren, so konnten sie dadurch geheilt werden.

Aristoteles

William Harvey

Edward Jenner

„Heilserum direkt vom Pferd – die Zukunftsapotheke!" (von 1894)

„Der wunderbare Effekt der Kuhpocken-Impfung"

Christian Barnard (1922–2001)

Am 3. Dezember 1967 verpflanzte in Kapstadt der Chirurg CHRISTIAN BARNARD dem todkranken, 55-jährigen LOUIS WASHKANSKY das gesunde Herz eines Verstorbenen. Diese weltweit erste *Herzverpflanzung* löste hitzige Debatten über die ethische Rechtfertigung von *Organtransplantation* aus. BARNARD meinte dazu:

„Wir sind Wissenschaftler, Herzspezialisten. Für uns ist nicht maßgeblich, was in der Bibel oder anderen Büchern steht oder in Liedern gesungen wird. Nach unserer Kenntnis ist das Herz nicht Sitz der Seele, auch nicht das Organ, mit dem Sie lieben oder hassen. Es hat nur eine Funktion: Blut pumpen. Wenn wir es verpflanzen, ändern wir keineswegs die Individualität des Menschen."

Der Patient starb nach 18 Tagen an einer Lungenentzündung, weil das Immunsystem stark gehemmt wurde, um die *Abstoßungsreaktion* gegen das Spenderorgan zu unterdrücken. Heute lässt sich die Abstoßung mit speziellen Medikamenten verhindern.

Aufgaben

① Zeichne einen Zeitpfeil und trage ein, wann die hier dargestellten Wissenschaftler gelebt und welche Entdeckungen sie gemacht haben.

② Beschreibe, welche Vorstellungen ARISTOTELES über das Herz hatte.

③ Die Ideen von ARISTOTELES über das Herz sind immer noch vorhanden. Wir finden sie nicht mehr in der Wissenschaft, aber in der Umgangssprache. Trage dazu Beispiele zusammen.

④ Inwiefern unterscheiden sich die Arbeitsmethoden der Naturphilosophen der Antike von den Methoden der modernen Naturwissenschaftler? Nenne Arbeitsmethoden, die in der Biologie gebräuchlich sind.

⑤ Beschreibe, wie es JENNER gelang, die Schutzimpfung gegen Pocken zu entwickeln. Welche Kenntnisse zur Entstehung und zur Abwehr von Pocken konnte JENNER nicht besitzen? Beschreibe.

⑥ Zu den großen Entdeckern gehört auch ROBERT KOCH (siehe Seite 80). Er entwickelte ein Verfahren, um Krankheitserreger nachzuweisen, das bis heute gültig ist. Es wird angewendet, wenn man bei einer neu auftretenden Krankheit vermutet, dass sie von einem Krankheitserreger verursacht wird. Stelle die vier Schritte dieses Verfahrens dar.

⑦ Beschreibe die Unterschiede der Impfmethoden, die JENNER und VON BEHRING entwickelt haben.

⑧ JENNER arbeitete mit dem Pockenerreger, PASTEUR mit dem Erreger der Hühnercholera. Stelle Gemeinsamkeiten und Unterschiede der Verfahren dar, mit denen die Forscher Lebewesen gegen Krankheitserreger schutzen konnten.

⑨ Anlässlich der ersten Herzverpflanzung wurde kritisiert, dass diese Operation nicht zu vertreten sei, weil sich durch diese Transplantation die Persönlichkeit des Menschen verändere. Bei zuvor durchgeführten Nierenverpflanzungen wurde keine entsprechende Kritik geäußert. Wie lässt sich das erklären?

Louis Pasteur

Emil von Behring

Christian Barnard

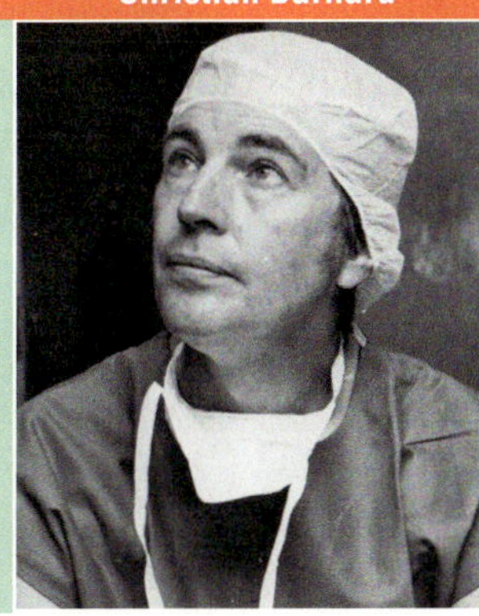

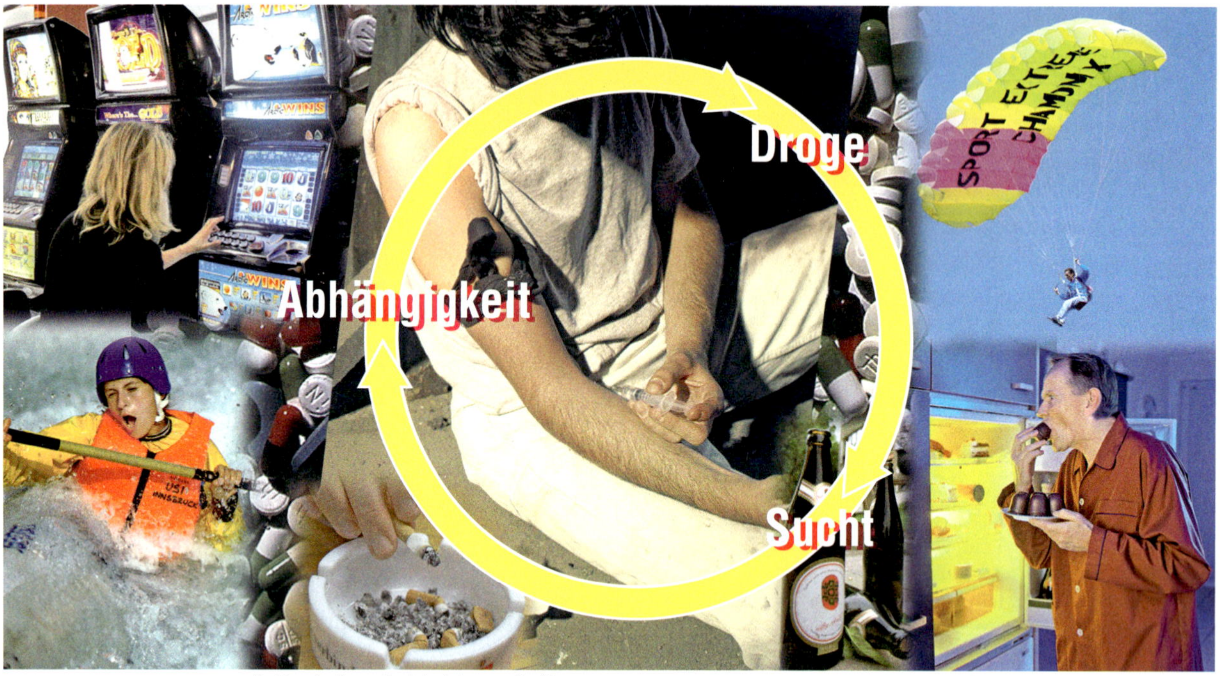

1 Das Leben dreht sich um die Droge

Droge
Ursprünglich der Begriff für *Heilmittel,* die aus getrockneten Pflanzen gewonnen wurden.

Heute bezeichnet man alle Stoffe als Drogen, die in die natürlichen Abläufe des Körpers eingreifen und Stimmungen, Gefühle und Wahrnehmungen beeinflussen.

Drogen und Sucht

Bei Drogen denken viele Menschen zunächst an **illegale** Stoffe, wie *Haschisch, Heroin, Kokain, LSD* oder *Ecstasy.* Aber auch die **legalen** Suchtmittel wie *Nikotin, Alkohol* und *Medikamente* zählen dazu. Gebrauch und Verkauf legaler Drogen ist nicht strafbar, die meisten sind gesellschaftlich akzeptiert. Trotzdem sind legale Drogen keineswegs ungefährlich: Bei Missbrauch verursachen sie zum Teil schwere Gesundheitsschäden und können abhängig machen. Der Konsum, Besitz und Handel mit illegalen Drogen ist bei uns verboten. Ausgenommen sind lediglich ärztlich verordnete Medikamente.

Wird aus gelegentlichem Konsum ein regelmäßiger, bilden sich meist feste Konsumgewohnheiten. Es besteht die Gefahr der *Abhängigkeit.* Unter Drogenabhängigkeit versteht man das zwanghafte Verlangen, eine bestimmte Droge zu nehmen. Bei stark ausgeprägter, in der Regel körperlich bedingter Abhängigkeit, spricht man von **Sucht**. Das starke Verlangen, die *psychische Abhängigkeit*, besteht bei allen Drogen. Alkohol, Nikotin, Opiate, Schlaf- und Beruhigungsmittel führen darüber hinaus zu einer körperlichen Abhängigkeit. Eine Gewöhnung setzt ein. Um Wirkung zu erzielen, werden immer größere Mengen des Stoffs benötigt, und beim Absetzen des Mittels treten massive *Entzugserscheinungen* auf.

Der Drogenkonsum, vor allem der legalen Drogen, wird trotz aller Aufklärung von vielen Jugendlichen und Erwachsenen nach wie vor verharmlost oder offen akzeptiert. In der Probierphase überwiegen Neugier, die Suche nach neuen Erfahrungen und der Wunsch, dazu zu gehören und anerkannt zu werden. Oft sind aber auch persönliche Probleme der Anlass, Drogen zu nehmen. Drogen helfen zu entspannen, regen an oder trösten, sie lassen die Realität für eine Weile vergessen. Doch die Probleme bleiben unverändert. Beim Erwachen aus dem Rausch scheinen sie noch feindlicher und brutaler.

Und wieder wird die Lösung in der Droge gesucht: ein Teufelskreis, der in die psychische und körperliche Abhängigkeit führt. Das Leben wird grau und eintönig, denn nicht mehr der Süchtige bestimmt, was er machen will, sondern die Droge.

1 Kopfschmerzen — es gibt Alternativen zu Tabletten

Eine Pille und man fühlt sich wohl?

Zweimal in der Woche Nachmittagsunterricht, montags und mittwochs Training, Tanzkurs, Klavierunterricht, Zeitungen austragen, Mathenachhilfe geben und zwischendrin noch Hausaufgaben machen und auf die Klassenarbeiten lernen...

Julia glaubt, ohne *Aufputschmittel* würde sie das nicht schaffen. Abends kann sie häufig nicht einschlafen und ihre Mutter gibt ihr *Beruhigungspillen*. Diese Pillen nimmt sie auch vor Klassenarbeiten, weil sie da immer so aufgeregt ist, oder oft auch heimlich, wenn sie zum Beispiel Krach mit ihren Freunden oder Eltern hat.

So wie für Julia, ist für viele Menschen der Griff zu *Medikamenten* zu einer Selbstverständlichkeit geworden. Unangenehme Zustände sollen so rasch wie möglich überwunden werden.

Vor allem in schwierigen Situationen versprechen sich viele Menschen vom Griff zur Pille eine Hilfe bei der Lösung ihrer Probleme. In den meisten Fällen aber tritt genau das Gegenteil ein. Die Probleme verstärken sich durch die Tabletten allmählich. Richtig angewandt, sind Medikamente sinnvoll und wichtig, um Krankheiten zu heilen oder Beschwerden zu lindern. Wenn aber Gesunde zu Medikamenten greifen, um Probleme und Konflikte (scheinbar) zu lösen, liegt ein *Missbrauch* vor. Besonders häufig ist dies bei *Aufputschmitteln* (*Amphetaminen*), Beruhigungs- und *Schlafmitteln* (*Barbituraten*) zu beobachten.

Anfangs steigern Aufputschmittel die Leistungsfähigkeit. Sie werden deshalb auch im Sport zum *Doping* eingesetzt. Häufig eingenommen führen sie zu Unrast, Schlaflosigkeit und Wahnvorstellungen. Deshalb kommen Viele nicht nur mit einem Medikament aus und es entsteht ein Teufelskreis: morgens Aufputschmittel und abends Schlafmittel.

In einem solchen Teufelskreis entsteht schon nach wenigen Wochen eine *körperliche* und *psychische Abhängigkeit*. Ohne Pillen kommt es zu Entzugserscheinungen, die sich in Angstzuständen und Depressionen zeigen — und gegen die erneut Medikamente helfen sollen. Ohne ärztliche Verordnung sollten Medikamente und insbesondere Schmerzmittel nie über einen längeren Zeitraum genommen werden. Halten die Beschwerden an, muss in jedem Fall geprüft werden, ob nicht eine schwerwiegende Erkrankung vorliegt, die mit Schmerzmitteln nur vertuscht wird.

Auch *rezeptfreie Medikamente* sind nicht unbedenklich. Neben den erwünschten Eigenschaften haben Medikamente oft auch unerwünschte *Nebenwirkungen*. Bei kleineren Unpässlichkeiten sollte man daher nicht gleich zur Tablette greifen. Bei Kopfschmerzen hilft oft schon frische Luft oder ein kurzes Nickerchen. Anstelle von Abführmitteln isst man ballaststoffreiche Kost. Zur Anregung hilft Morgengymnastik oder nachmittags ein Spaziergang, zur Beruhigung ein Kräutertee.

Viele Leiden lassen sich besser und gesünder beheben, wenn man die Ursache kennt. So sind *Schlafstörungen* häufig auf Ängste oder Überforderung im Alltag zurückzuführen. *Stress* ist oft der Grund für psychische, aber auch körperliche Beschwerden. In solchen Fällen kann ein dauerhafter Erfolg erzielt werden, wenn die Lebensführung geändert wird.

Aufgaben

① Mache Vorschläge, wie Julia sich auch ohne Medikamente in ihrem Leben zurecht finden kann.

② Stellt Übungen zur Beruhigung vor Klassenarbeiten zusammen.

③ Informiere dich in einem Lexikon oder im Internet über die Wirkung von Heilpflanzen. Welche Kräuter helfen z. B. bei Erkältung? Welche wirken entspannend und beruhigend?

Teste deine Persönlichkeit

Wer in seinem Leben mit sich zufrieden ist, hat ein geringeres Risiko mit Alkohol oder Drogen Probleme zu bekommen. Wenn Du die Fragen des Tests ehrlich beantwortest, bekommst Du eine Einschätzung, wie zufrieden Du im Moment mit deinem Lebensumfeld und dir selbst bist.

So geht es

Nimm ein Blatt Papier und einen Stift zur Hand. Schreibe die Ziffern 1-12 untereinander. Gehe die Fragen der Reihe nach durch. Immer wenn auf eine Frage die rote Antwort zutrifft machst du ein Kreuz hinter der zugehörigen Ziffer. Schreibe auf keinen Fall etwas in das Schulbuch!

1 Gesundheit

Ich habe oft Gedanken oder Gefühle, die mir Angst machen.	Ja	**Nein**
Fühlst Du Dich oft krank?	Ja	**Nein**
Kannst Du Dich gut konzentrieren?	**Ja**	Nein
Ich bin oft über längere Zeit schlecht drauf.	Ja	**Nein**

2 Entspannung

Um mich zu entspannen, benutze ich oft Alkohol und/oder Drogen.	Ja	**Nein**
Machst Du oft Sport oder etwas Kreatives, um Spaß zu haben?	**Ja**	Nein
Kannst Du auch ohne Hilfsmittel einschlafen?	**Ja**	Nein
Ich finde meinen Alltag oft zu stressig.	Ja	**Nein**

3 Schwierigkeiten bewältigen

Ich bin sicher, dass meine Freundschaften einen heftigen Streit überstehen würden.	**Ja**	Nein
Ich glaube, dass ich anderen helfen kann, wenn sie in Schwierigkeiten sind.	**Ja**	Nein
Ich verliere oft den Mut.	Ja	**Nein**
Wenn ich in Schwierigkeiten stecke, behalte ich das eher für mich.	Ja	**Nein**

4 Mit Risiken umgehen

Es gibt nichts, was mir zu gefährlich ist.	Ja	**Nein**
Bevor ich Risiken eingehe, informiere ich mich über die Vor- und Nachteile.	**Ja**	Nein
Ich weiß, was ich vertragen kann und was nicht.	**Ja**	Nein
Ich brauche ständig neue Kicks, sonst werde ich total unzufrieden.	Ja	**Nein**

5 Sich mögen

Wenn mal etwas Wichtiges schief geht, bin ich für lange Zeit schlecht drauf.	Ja	**Nein**
Fällt es Dir leicht, Kritik zu ertragen?	**Ja**	Nein
Wenn mir etwas gelingt, freue ich mich darüber.	**Ja**	Nein
Ich bin oft neidisch.	Ja	**Nein**

6 Selbstvertrauen

Kannst Du gut Nein sagen?	Ja	**Nein**
Es fällt mir schwer, mich durchzusetzen.	**Ja**	Nein
Ich kann mich auf mein Gefühl verlassen.	**Ja**	Nein
Wenn ich etwas verändern möchte, bin ich oft abwartend und zögerlich.	Ja	**Nein**

7 Für sich verantwortlich sein

Fällt es Dir leicht, Fehler zuzugeben?	**Ja**	Nein
Unangenehme Dinge schiebe ich oft lange vor mir her.	Ja	**Nein**
Erledigst Du Deine Pflichten auch dann, wenn Du keine Lust hast?	Ja	**Nein**
Wenn ich etwas verspreche, passiert es immer wieder, dass ich es nicht einhalte.	Ja	**Nein**

8 Kontaktfreude

Es fällt mir schwer, mich gut auszudrücken.	**Ja**	Nein
Ich fühle mich öfter ausgeschlossen.	Ja	**Nein**
Hast Du in letzter Zeit anderen Komplimente gemacht oder sie gelobt?	**Ja**	Nein
Kommst Du leicht mit anderen ins Gespräch?	Ja	**Nein**

9 Gefühle zeigen

Ich sage, was ich mir von anderen wünsche oder was mich stört.	**Ja**	Nein
Ich gehe bei jedem Ärgernis gleich an die Decke.	Ja	**Nein**
Wenn andere wütend oder traurig sind, macht mich das sehr unsicher.	Ja	**Nein**
Redest Du mit anderen über Deine Ängste und Unsicherheiten?	**Ja**	Nein

10 Körper und Sexualität

Erst wenn ich Alkohol getrunken habe, kann ich richtig flirten.	Ja	**Nein**
Sex ist für mich kein Thema.	Ja	**Nein**
Fällt es Dir leicht, zärtlich zu sein?	**Ja**	Nein
Magst Du deinen Körper?	**Ja**	Nein

11 Familie und Freunde

Ich bin sicher, dass ich auch in Zukunft gute Freunde haben werde.	**Ja**	Nein
Ich habe zu wenig gute Freunde.	Ja	**Nein**
Wenn es mir schlecht geht, spreche ich auch in meiner Familie darüber.	**Ja**	Nein
Es belastet mich, wie meine Eltern miteinander umgehen.	Ja	**Nein**

12 Schule, Freizeit

Ich bin sicher, dass ich die Schule gut hinkriegen werde.	**Ja**	Nein
Ich langweile mich oft.	Ja	**Nein**
Die meisten Leute trauen mir zu, dass ich im Leben gut klarkommen werde.	**Ja**	Nein
Zur Zeit habe ich Probleme in der Schule.	Ja	**Nein**

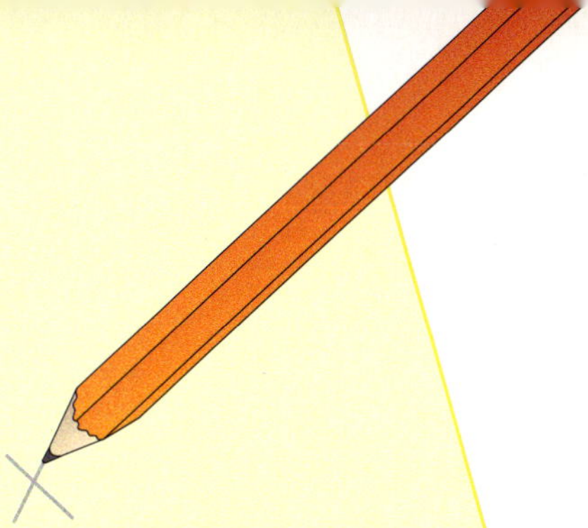

Auswertung Einzeltests

1 Gesundheit
x – xx: Zur Zeit bist du in einer nicht so guten Verfassung. Dein körperliches und seelisches Gleichgewicht ist durcheinander.
xxx – xxxx: Du fühlst Dich derzeit körperlich und seelisch fit.

2 Entspannung
x – xx: Du kannst Dich nur schlecht entspannen. Immer wieder brauchst Du Alkohol um Dich gut zu fühlen.
xxx – xxxx: Du verfügst über viele Möglichkeiten, Dich zu entspannen und bist ein Genießertyp. Du lässt Dich vom grauen Alltag nicht unterkriegen

3 Schwierigkeiten bewältigen
x – xx: Oft weißt Du nicht, wie Du Probleme lösen kannst. Um Hilfe zu bitten fällt Dir schwer.
xxx – xxxx: Bei Problemen gehst Du in die Offensive, um mit anderen zu einer Lösung zu kommen. Krisen sind für Dich Chancen für Entwicklung.

4 Risiken
x – xx: Du probierst alles aus und gehst dabei manchmal zu weit.
xxx – xxxx: Sicherheit wird bei Dir groß geschrieben. Manchmal kann es aber auch wichtig sein, mal etwas zu wagen und auszuprobieren.

5 Sich mögen
xx – xxx: Du bist eher unzufrieden mit Dir und vergleichst Dich oft mit anderen.
xxx – xxxx: Es gibt vieles an Dir, was Du magst.

6 Selbstvertrauen
x – xx: Du traust Dir nicht viel zu.
xxx – xxxx: Du traust Dir viel zu und kannst Deine Interessen vertreten.

7 Für sich verantwortlich sein
x – xx: Verantwortung schiebst Du ganz gerne ab. Entscheidungen fallen dir eher schwer.
xxx – xxxx: Du bist Dir und anderen gegenüber sehr verantwortungsvoll.

8 Kontaktfreude
x – xx: Du bist eher schüchtern oder denkst, Du bist nicht sehr interessant für andere.
xxx – xxxx: Es fällt Dir leicht, Dich auszudrücken und mitzumischen, Du kannst auch auf andere zugehen, wenn Du Kontakt möchtest.

9 Gefühle zeigen
x – xx: Anderen Deine Gefühle zu zeigen, fällt Dir schwer, weil Du oft selbst nicht so richtig begreifst, was sie bedeuten.
xxx – xxxx: Du bist warmherzig und offen. Es fällt Dir nicht schwer zu zeigen, was du magst und was Du brauchst.

10 Sexualität
x – xx: Du fühlst Dich mit Deinem Körper eher unwohl. Am liebsten würdest Du Dich verstecken.
xxx – xxxx: Sexualität hat für Dich vor allem mit Genuss und Spaß und weniger mit Stress zu tun. Dass Du Dich mit Deinem Körper wohl fühlst, merken auch die anderen.

11 Familie
x – xx: Du fühlst Dich unverstanden und einsam.
xxx – xxxx: Mit den Menschen, die Dir nahe stehen, fühlst Du Dich wohl. Du fühlst Dich gut aufgehoben und sicher. Das macht es Dir möglich, mit anderen auch über Schwierigkeiten zu sprechen.

12 Schule, Freizeit
x – xx: Deine schulische Perspektive sieht z.Zt. nicht gerade rosig aus. Du langweilst Dich oft und weißt nicht, was Du tun sollst. Lernen fällt Dir schwer.
xxx – xxxx: In Schule und Freizeit läuft bei Dir z.Zt. alles glatt. Es gibt genug Dinge, die Dich interessieren und Du gehst davon aus, dass es so bleiben wird.

Gesamtauswertung

Zähle die Gesamtzahl der Kreuze!

1 – 15 Kreuze:
Das bedeutet, dass es viele Bereiche gibt, in denen Du mit Dir nicht zufrieden bist. Du traust Dir nicht viel zu oder hast sehr hohe Ansprüche an Dich selbst. Du siehst eher Deine Schwächen als Deine Stärken. In solchen Zeiten können Drogen und Alkohol besonders reizvoll sein. Damit kann man sich mal in eine andere Stimmung bringen. Das Risiko ist, dass man sich immer weniger vorstellen kann, auch ohne Drogen gut drauf zu sein, und es bald gar keinen Alltag ohne Drogen mehr gibt. Man denkt dann zwar, dass man Drogen nimmt, um Spaß zu haben, aber eigentlich geht es darum, unangenehme Stimmungen und Gefühle zu vertreiben.

16 – 31 Kreuze:
Frage eine Freundin oder einen Freund, wie sie den Test für Dich ausfüllen würden. Denn vielleicht bist Du sehr kritisch mit Dir selbst, oder Du überschätzt Deine Fähigkeiten an manchen Stellen. Schau auch noch mal in den Test und überlege, in welchen Bereichen Du gerne etwas verändern möchtest.

32 – 48 Kreuze:
Es sieht so aus, dass Du mit Dir und Deinem Alltag ziemlich zufrieden bist. Vieles klappt gut, und Du nimmst an, dass es auch in Zukunft so sein wird. Du kannst Dich auf Deine Stärken verlassen, kennst aber auch Deine Schwächen und fühlst Dich von anderen gemocht und geschätzt. Du kannst mit Schwierigkeiten gut umgehen. In Deiner Freizeit hast Du selten Langeweile, weil es verschiedene Interessen und Aktivitäten gibt, die Dir Spaß machen.

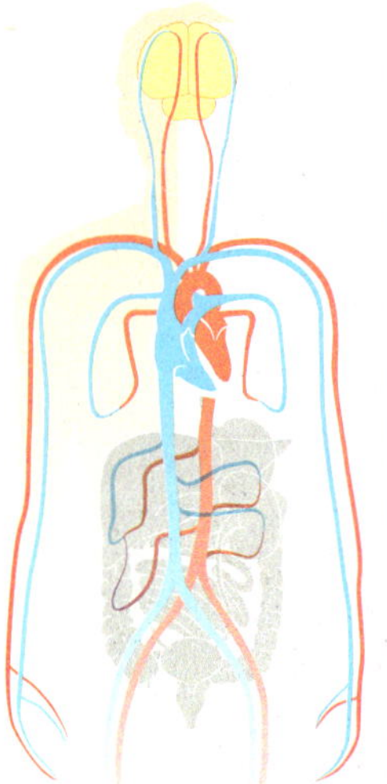

Gehirn:	Gedächtnisverlust, Orientierungslosigkeit, mangelnde Auffassungsfähigkeit, Absterben von Hirnzellen, bleibende Schäden
Nerven:	Nervenentzündung, Absterben von Nervenzellen
Herz:	Herzmuskelerkrankung, Verfettung
Magen:	Magenschleimhautentzündung
Bauchspeicheldrüse:	Entzündungen
Leber:	Fettleber, Leberentzündung (Alkohol-Hepatitis), Leberverhärtung und -schrumpfung (Leberzirrhose)
Blutgefäße:	Gefäßerweiterung, Aussackungen, „Schnapsnase"
Hoden/Eierstock:	reduzierte Fruchtbarkeit

1 Alkohol beeinträchtigt und schädigt viele Organe

Alkohol – Alltagsdroge Nr. 1

Ein Glas Sekt, um auf einen Geburtstag anzustoßen, oder ein Glas Wein zu einem guten Abendessen. In Maßen ist Alkohol bei Erwachsenen gesellschaftlich akzeptiert, wer aber zu viel trinkt oder gar Ausfallserscheinungen zeigt, wird nicht toleriert. Diese Grenze erkennen Jugendliche häufig nicht. Vor allem *Mischgetränke* aus Limonade und Rum, Wodka oder Whisky sind bei Jugendlichen sehr beliebt. Sie sind süß und süffig – und gefährlich! Zu schnell wird zu viel getrunken wird. Gerade im Körper von Jugendlichen wird das Zellgift Alkohol schlecht abgebaut und kann schwere Schäden anrichten. Aus diesem Grund verbietet das *Jugendschutzgesetz* Ausschank und Verkauf von Spirituosen an unter 18-Jährige.

Schon geringe Mengen Alkohol wirken sich auf das Verhalten aus: Alkohol regt an und enthemmt, die Risikobereitschaft steigt. Mit steigender Blutalkoholkonzentration nimmt die Wahrnehmungs- und Reaktionsfähigkeit ab, das Gleichgewicht leidet und die Koordination der Bewegungen fällt schwer. Das Gesichtsfeld wird enger, man sieht doppelt. Viele neigen zur Selbstüberschätzung, andere reagieren ängstlich, weinerlich oder auch aggressiv. Das Sprechen geht in Lallen über. Bei noch höheren Dosen verlangsamen sich Puls und Atmung so stark, dass der Betroffene das Bewusstsein verliert und akute Lebensgefahr besteht.

Die Wirkung einer bestimmten Alkoholmenge hängt individuell z. B. vom Gesundheitszustand, von Müdigkeit oder Medikamenteneinfluss ab. Ein rasch getrunkenes Glas auf nüchternen Magen wirkt schneller als langsames Trinken während einer Mahlzeit. Deshalb kann bereits ein Blutalkoholgehalt von 0,5 Promille die Reaktions- und Wahrnehmungsfähigkeit gefährlich beeinträchtigen.

Manche trinken Alkohol, weil sie Probleme haben: Schulschwierigkeiten, Ärger mit den Eltern oder Liebeskummer. Alkohol hilft zumindest kurzfristig zu vergessen. Am nächsten Morgen wacht man mit Kopfschmerzen auf; die Probleme aber sind nicht gelöst.

Größere Mengen Alkohol machen Durst, es wird vermehrt Flüssigkeit ausgeschieden, der Salz- und Wasserhaushalt gerät durcheinander. Auf Dauer kommt es zu Störungen im Vitaminstoffwechsel, Appetitlosigkeit und Wachstumsverzögerungen. Bei jedem *Alkoholrausch* sterben Hirnzellen ab. Auf Dauer nimmt die Gedächtnisleistung ab und die Persönlichkeit verändert sich. Die Spätfolgen eines langfristig erhöhten Alkoholkonsums sind Entzündungen der Bauchspeicheldrüse und der Magenschleimhaut, Lebererkrankungen, Durchblutungsstörungen oder Krebs (Abb. 1).

Alkoholiker sind Menschen, die ein unbezähmbares Verlangen nach Alkohol verspüren. Oft fangen sie heimlich zu trinken an. Zu der psychischen Sucht kommt die körperliche Abhängigkeit. Ihr Körper hat sich auf eine bestimmte Alkoholkonzentration eingestellt. Fällt der Alkoholspiegel im Blut, reagiert ihr Körper mit Schweißausbrüchen, Schlafstörungen und Wahnvorstellungen *(Halluzinationen)*. Alkoholsüchtige sind krank! Ein Entzug ist nur mit ärztlicher Hilfe, meist in speziellen Entziehungsanstalten, möglich. Auch nach einem Entzug bleiben sie ihr Leben lang rückfallgefährdet. Selbsthilfegruppen wie die *anonymen Alkoholiker* helfen „trocken" zu bleiben.

Zettelkasten

Promille – wie berechnet man den Blutalkohol?

Ein halber Liter Bier mit einem Alkoholgehalt von 5 Vol% enthält 25 Milliliter reinen Alkohol. Trinkt ein 75 kg schwerer Mann diese Menge Bier, verteilt sich der Alkohol in Blut und Lymphe. Diese Körperflüssigkeiten machen etwa $^2/_3$ der Körpermasse eines Menschen aus. Das wären in diesem Beispiel 50 kg Körperflüssigkeit, was in etwa einem Volumen von 50 Litern entspricht. Der Blutalkoholgehalt in Promille (‰) beträgt dann:

$$\frac{\text{Alkoholmenge (in ml)}}{\text{Körperflüssigkeit (in l)}} = \frac{25\text{ ml}}{50\text{ l}} = 0{,}5\text{ ‰}$$

Samstagabend:

Harald holt seine Freundin Martina zuhause ab. Sie fahren zur Diskothek, die außerhalb der Stadt liegt. Es soll ein schöner Abend werden.
Die Stimmung ist gut, man trifft viele Freunde, Alkohol gehört dazu. Es wird nicht zu viel Alkohol getrunken, weil man noch mit dem Auto nach Hause fahren muss.

Harald und Martina gehen zum Auto. Martina hat ein ungutes Gefühl. Eigentlich war es doch zu viel Alkohol, aber sie will sich nicht schon wieder wie am letzten Wochenende mit Harald darüber streiten.

Auf der Rückfahrt verliert Harald in einer Kurve die Gewalt über seinen Wagen. Der Wagen gerät ins Schleudern und prallt an einen Baum.
Er war nur etwas zu schnell, sagt er später dem Polizeibeamten. Martina stirbt noch am Unfallort. Ein Unfall, wie er an jedem Wochenende passiert!

Gesichtsfeld nüchtern

Gesichtsfeld bei 0,8‰

Blutalkohol	Wirkungen
ab ca. 0,2 ‰	Wärmegefühl, Zwanglosigkeit, verschlechterte Konzentrationsfähigkeit
ab ca. 0,4 ‰	Leutseligkeit, Rededrang, Reizbarkeit, Nachlassen von Selbstkritik und Urteilsvermögen
ab ca. 0,5 ‰	Enthemmung, Selbstüberschätzung, deutlich verminderte Sehleistung, stark herabgesetzte Aufmerksamkeit und Konzentrationsfähigkeit
um 0,8 ‰	Koordinationsstörungen, stark verlängerte Reaktionszeit
um 1,0 ‰	Sprachstörungen, Gleichgewichtsstörungen, fehlende Muskelkontrolle, Torkeln
um 2 ‰	Verwirrtheit, Gedächtnisstörungen, Muskelerschlaffung, Unfähigkeit zu stehen
ab ca. 3 ‰	Bewusstlosigkeit, flache Atmung, Koma, Tod

Rauchen – nein danke!

. . . jeder 2. Raucher braucht sich nicht um sein Alter zu sorgen – er stirbt vorher!

140 000 Raucher sterben in Deutschland jährlich an den Folgen des Rauchens, das entspricht etwa der Zahl der Einwohner von Heidelberg.

Wer täglich eine Schachtel Zigaretten raucht, dessen Lunge nimmt in einem Jahr etwa eine Tasse Teer auf.

60 mg Nikotin sind für einen Erwachsenen tödlich. Bei Kleinkindern ist bereits das in einer verschluckten Zigarette enthaltene Nikotin tödlich.

Aus Angst vor einer Gefährdung ihrer Gesundheit fordern viele Menschen eine drastische Verschärfung der Grenzwerte für gesundheitsschädliche Stoffe in der Luft, in Nahrungsmitteln und im Trinkwasser. Auf der anderen Seite nehmen zahlreiche Menschen eine ganze Reihe von giftigen Stoffen regelmäßig und in großen Mengen zu sich – sie rauchen. Jährlich sterben weltweit etwa 4 Millionen Menschen an den Folgen des Rauchens. Rauchen ist Selbstmord auf Raten!

Viele Gefahrenstoffe aus dem Zigarettenrauch werden auch von Nichtrauchern inhaliert *(Passivrauchen)* und schädigen deren Gesundheit. Zum Schutz der *Nichtraucher* ist in öffentlichen Gebäuden, in öffentlichen Verkehrmitteln und an vielen Arbeitsplätzen das Rauchen verboten.

Zigarettenrauch enthält *Teer*, der die reinigenden Flimmerhärchen in den Atemwegen verklebt. Staub und Schleim sammeln sich in der Lunge an, ein quälender *Raucherhusten* ist die Folge. Teer und mehrere Hundert weitere schädliche Stoffe setzen sich beim Rauchen in Rachen, Luftröhre, Bronchien und Lungenbläschen ab. Sie behindern den Gasaustausch, schädigen das Gewebe und führen zu Kehlkopf-, Bronchial- und Lungenkrebs. Mehr als 90 % aller an *Lungenkrebs* erkrankten Menschen sind Raucher.

Ein weiterer Giftstoff der Zigarette ist das *Nikotin*. Dieses Nervengift gelangt mit dem Rauch über die Lunge ins Blut. Durch Nikotin ziehen sich die Muskeln der Gefäßwände zusammen, die Blutgefäße verengen sich, der Blutdruck steigt und der Herzschlag wird beschleunigt. Haut und Gliedmaßen werden schlechter durchblutet. Die Hauttemperatur der Fingerspitzen sinkt um etwa 3 °C ab. Nikotin fördert zudem die Bildung von Ablagerungen in den Arterien. Es kommt häufig zu *Durchblutungsstörungen* und in Folge dessen zur Untervorsorgung einzelner Organe mit Sauerstoff. Gewebeteile können absterben und müssen operativ entfernt werden *(Raucherbein)*.

Bei der Verbrennung von Tabak entsteht außerdem *Kohlenstoffmonooxid*, ein sehr giftiges Gas, das an das Hämoglobin der roten Blutzellen bindet und so den Sauerstofftransport verhindert. Dies führt zu Kurzatmigkeit, mangelnder Kondition und verringert die sportliche Leistungsfähigkeit.

Die Haut vieler Raucher wird fahl und faltig, die Zähne verfärben sich und der Atem riecht übel. Rauchen fördert, besonders bei Frauen, den Alterungsprozess der Haut – und wer will schon gerne alt aussehen?

Durch Rauchen während der Schwangerschaft wird das Kind geschädigt, in vielen Fällen ist das Geburtsgewicht reduziert. Früh- und *Fehlgeburten* treten bei Raucherinnen vermehrt auf.

Viele wissen über die Gefahren des Rauchens Bescheid, fangen aber trotzdem damit an oder hören nicht auf. Der Griff zur Zigarette erfolgt aus Neugier, weil es cool ist oder um dazu zu gehören. Viele haben ältere Freunde, die rauchen, und wollen erwachsener wirken. Meistens schmeckt die erste Zigarette überhaupt nicht – im Gegenteil: bei den meisten löst sie Husten, Übelkeit und Benommenheit aus. Trotzdem greifen viele zum ersten Mal und danach immer wieder in bestimmten Situationen zur Zigarette, etwa um Wartezeiten zu überbrücken oder Unsicherheiten zu überspielen. Andere rauchen, um sich zu entspannen oder um sich zu belohnen.

Der Schritt vom gelegentlichen Rauchen zum Gewohnheitsrauchen ist oft sehr kurz. Wer das Rauchen nach wenigen Zigaretten nicht einstellt, wird mit hoher Wahrscheinlichkeit zum Raucher. Ohne es zu merken schlittert man in die Abhängigkeit. Dabei wollen mehr als zwei Drittel der jugendlichen Raucher mit dem Rauchen aufhören oder es zumindest reduzieren. Die meisten haben auch schon mehrere, aber vergebliche Aufhörversuche hinter sich.

Wer einmal mit dem Rauchen angefangen hat, dem fällt es schwer, auf Zigaretten zu verzichten. Nervosität, Unruhe, Gereiztheit und mangelnde Konzentrationsfähigkeit sind typische Entzugserscheinungen. Nur mit großer Willensstärke gelingt es, sich das Rauchen abzugewöhnen und den inneren Drang zu überwinden, der einen immer wieder zur Zigarette greifen lässt.

Aufgabe

① Entwerfe ein Plakat, mit dem du einen Raucher anhand der Informationen auf S. 111 davon überzeugst, dass es auch nach vielen Jahren sinnvoll ist, mit dem Rauchen aufzuhören.

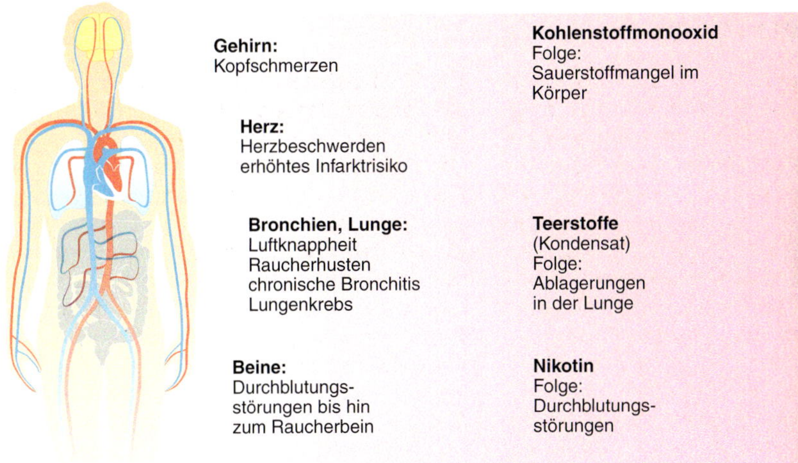

1 Schädigende Auswirkungen des Rauchens

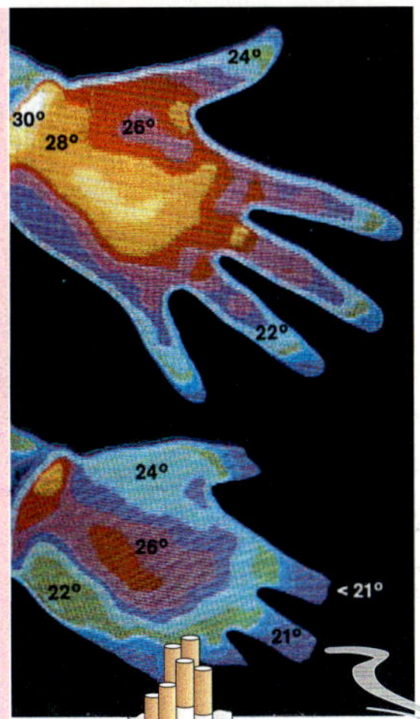

2 Thermografie einer Hand vor und nach dem Rauchen einer Zigarette

Rauchen – weltweit Todesursache Nr. 1
10 Zigaretten am Tag steigern das Krebsrisiko um das Achtfache
15 bis 20 Zigaretten am Tag . . . um das Zwanzigfache
Kettenraucher haben das 30fache Krebsrisiko

Rund 1 Million Menschen sind in der EU in der Zigarettenindustrie beschäftigt. Die Einnahmen aus der Tabak- und Mehrwertsteuer betragen jährlich knapp 70 Milliarden.

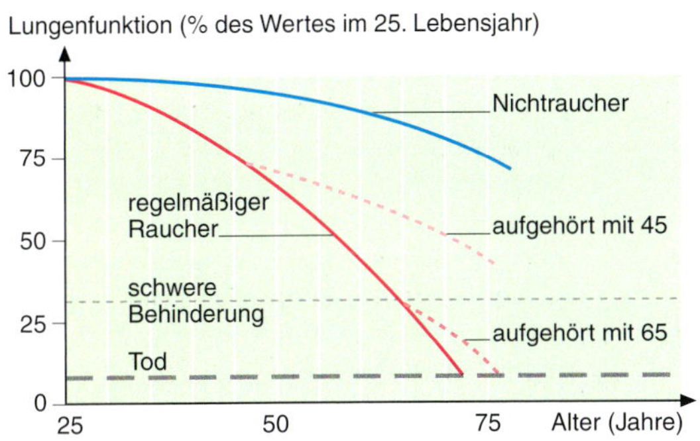

3 Rauchen und Lungenfunktion

„Aber es liegt auch im Rauchen eine arge Unhöflichkeit, eine impertinente Ungeselligkeit. Die Raucher verpesten die Luft weit und breit und ersticken jeden honetten Menschen, der nicht zu seiner Verteidigung zu rauchen vermag."

Zitat von Goethe

4 Was passiert nach der letzten Zigarette …

Nach 20 Minuten	Blutdruck und Puls sinken auf normale Höhe
… 8 Stunden	Der Kohlenstoffmonooxidspiegel im Blut sinkt, der Sauerstoffspiegel steigt auf normale Höhe
… 24 Stunden	Das Risiko des Herzinfarktes sinkt
… 48 Stunden	Regeneration der Nervenenden beginnt, Geschmacks- und Geruchssinn verbessern sich
… 2 Wochen	Der Kreislauf stabilisiert sich
… 3 Monaten	Die Lungenfunktion hat sich um ca. 30 Prozent verbessert
… 1 Jahr	Das zusätzliche Risiko von Thrombosen verringert sich um die Hälfte
… 5 Jahren	Das Risiko, an Lungenkrebs zu sterben, hat sich fast halbiert
… 5 bis 15 Jahren	Das Risiko des Herzinfarktes verringert sich auf das eines Nichtrauchers
… 10 Jahren	Das Lungenkrebsrisiko ist auf das eines Nichtrauchers gesunken
… 15 Jahren	Das Risiko von Thrombosen in den Herzkranzgefäßen ist so hoch wie bei einem Nichtraucher

Hanf – Drogen von der Nutzpflanze

Der indische Hanf *(Cannabis sativa)* ist eine alte *Kulturpflanze*, die bis zu 4 Metern hoch wird. Wirtschaftliche Bedeutung hat der Hanf wegen seiner langen, reißfesten Fasern. Aus ihnen werden unter anderem Schiffstaue und Säcke gefertigt.

Schon vor 2500 Jahren wusste man, dass das Einatmen der Dämpfe erhitzter Samen rauschartige Zustände herbeiführen kann. An der Pflanzenoberfläche wird Harz gebildet. Es enthält den Stoff *Tetrahydrocannabinol (THC)*, der im Wesentlichen für die Rauschwirkung verantwortlich ist. Das Harz lässt sich sammeln und zusammenpressen. Es wird dann als *Haschisch* bezeichnet. Getrocknete und klein geschnittene Pflanzenteile nennt man *Marihuana*.

Haschisch und Marihuana werden überwiegend geraucht. Dabei entstehen Rauschzustände, welche die Konsumenten als angenehm empfinden. Allerdings führt dieser Rausch im Straßenverkehr zu ähnlichen Fehlleistungen wie erhöhter Alkoholkonsum. Es treten Sinnestäuschungen auf, die wiederum zu Fehleinschätzungen der Verkehrsituation und zu falschen und verlangsamten Reaktionen führen. Die Wirkung der Droge kann bis zu sieben Tage anhalten, denn inzwischen wird sie aus Pflanzen gewonnen, die ein Vielfaches des THC-Gehalts aufweisen als noch vor einigen Jahren.

Längerer Konsum von Cannabisprodukten führt vermutlich nicht zu Organschäden oder körperlicher Abhängigkeit. Allerdings treten bei Dauerkonsumenten der Droge eine psychische Abhängigkeit und weitere Veränderungen auf. Die körperliche Aktivität und das Interesse im Umgang mit anderen Menschen lassen nach, die Urteilsfähigkeit wird eingeschränkt und häufig kommt es zu Konzentrations- und Gedächtnisstörungen. Besonders intensiv wirkt die Droge bei Jugendlichen in der Pubertät. Speziell in dieser Lebensphase reagiert das Gehirn sehr empfindlich. Es entwickelt schneller ein *Suchtgedächtnis* und die Drogenabhängigkeit tritt schneller ein.

Obwohl in Deutschland der Besitz von Cannabispflanzen und -produkten verboten ist, steigt die Zahl jugendlicher Konsumenten seit Jahren an.

Aufgaben

① Nenne Gründe, die Jugendliche zum Konsum von Cannabis-Produkten verleiten können.

② Beschreibe die Gefahren, die sich besonders für Jugendliche aus dem Konsum von Haschisch und Marihuana ergeben können, wenn sie in der Schule oder in der Ausbildung sind und regelmäßig lernen müssen.

Zettelkasten

Kokain ist in den Blättern des **Coca-Strauches** *(Erythoxylum coca)* enthalten. In der Medizin wurde es als oberflächenwirksames Betäubungsmittel der Schleimhäute verwendet. Die Indianer der Anden kauen die Cocablätter wegen der euphorisierenden Wirkung des Kokains. So ertragen sie leichter Kälte, Hunger und schwere Arbeit. Dabei wird allerdings der Körper durch Überlastung auf Dauer ausgezehrt.

Außerdem kann Kokain zu Verfolgungswahn und Nervenschäden führen. Vor rund 100 Jahren nutzte man Kokain als Arzneimittel. Es gab Kokain in Drogerien und Apotheken frei zu kaufen, bis man die abhängig machende Wirkung erkannte. Zahlreiche Getränke wurden mit Kokain zubereitet. So enthielt das 1886 entstandene Coca Cola-Getränk außer Wein auch Kokain. Der Wein wurde später durch Mineralwasser ersetzt, das Kokain im Jahre 1906 durch Koffein.

Die unreifen Früchte des **Schlafmohns** *(Papaver somniferum)* werden angeritzt. Den austretenden Milchsaft lässt man trocknen. Das so gewonnene *Opium* ist ein Stoffgemisch. Es enthält verschiedene medizinisch interessante Stoffe, *Opiate* genannt, z. B. *Morphium* (10 %), *Narkotin* (5 %) und *Papaverin* (0,5 %). Diese Stoffe wirken schmerzlindernd, einschläfernd und narkotisierend. Im 17. Jahrhundert wurden die Opiate zur „Linderung der menschlichen Leiden" eingesetzt, wie es damals ein Arzt formulierte.

Erst zu Beginn des 20. Jahrhunderts wurde die Gefahr erkannt und richtig eingeschätzt: Bei Einnahme von 0,1 bis 0,2 g Morphium treten starke Vergiftungserscheinungen auf, wie langsames Atmen, tiefer Schlaf und Abschwächung der Herztätigkeit. Ab 0,3 g tritt der Tod durch Lähmung der Atemmuskulatur ein. Mithilfe einer chemischen Reaktion wurde im Jahr 1898 erstmals aus Morphium *Heroin* hergestellt. Es kam ursprünglich als „nicht süchtig machendes" Hustenmittel auf den Markt.

Drogen – ohne mich!

Mit den folgenden Experimenten wird die Wirkung von Alkohol und Zigarettenrauch auf Lebewesen untersucht. Im Unterricht bieten sich Kresse oder Senf dafür an.

Zigarettenrauch auf Kresse

Material:
5 Schraubdeckelgläser (ca. 200 ml), Filterpapier, Samen von Kresse oder Senf, Zigarette, Kolbenprober

Durchführung:
- Beschrifte die Gläser mit mit den Ziffern 1 bis 5. Gib in jedes Glas 2 Lagen Filterpapier, feuchte es mit Wasser an und streue etwa 20 Kressesamen darauf. Lege die Deckel auf die Gläser. Ziehe mit einem Kolbenprober Luft durch eine brennende Zigarette, sodass er sich mit Rauch füllt. Drücke dann in die Gläser 2 bis 5 jeweils 20, 50, 100 bzw. 150 ml des Rauchs. Hebe dazu die Deckel nur leicht an, damit möglichst wenig Rauch entweicht, und schraube sie anschließend sofort fest zu. Glas 1 dient als Kontrollansatz ohne Rauch. Stelle die Gläser an einen hellen Ort, z. B. auf das Fensterbrett.
- Beobachte die Keimung und das Wachstum der Kressepflanzen. Bestimme nach etwa 5 Tagen, den Anteil der Samen, die gekeimt sind, sowie die Länge der Keimlinge in den verschiedenen Ansätzen.

Alkohol auf Kresse

Material:
7 Schraubdeckelgläser (ca. 200 ml), Filterpapier, Samen von Kresse (Senf), Alkohollösungen der Konzentrationen: 0,1%, 0,2%, 0,3%, 0,4%, 0,5% und 1%.

Durchführung:
- Beschrifte die Gläser mit den Zahlen 1 bis 7. Gib in jedes der 7 Gläser 2 Lagen Filterpapier, feuchte es in Glas 1 mit 5 ml Leitungswasser, in den Gläsern 2 bis 7 jeweils mit 5 ml der unterschiedlich konzentrierten Alkohollösungen an. Streue etwa 20 Kressesamen in jedes Glas und schraube die Deckel zu. Stelle die Gläser an einen hellen Ort, z. B. auf das Fensterbrett.
- Beobachte das Wachstum der Kressepflanzen. Bestimme nach etwa 5 Tagen die Keimungsrate und die Länge der Keimlinge in den verschiedenen Ansätzen.

Inhaltsstoffe des Zigarettenrauchs

Durchführung:
- Eine Zigarette wird in ein 3 cm langes Schlauchstück gesteckt. Ein 5 cm langes Glasrohr wird mit Kochsalz gefüllt, an den Enden mit Watte verstopft und in das Schlauchstück geschoben. Das andere Ende des Glasrohrs ist mit einer Saugpumpe verbunden. Die Zigarette wird angezündet und der Rauch durch das Glasrohr gesaugt. Betrachte das Salz und notiere deine Beobachtungen. Welcher Stoff im Zigarettenrauch kann die Veränderungen hervorgerufen haben?

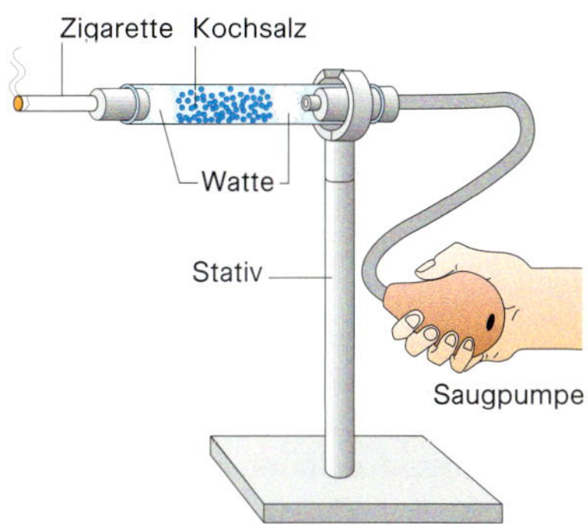

- Nimm das Glasrohr aus der Versuchsanordnung, entferne die Wattepfropfen mit einer Pinzette (nicht in die Hand nehmen). Fülle etwas Wasser in ein 200-ml-Becherglas und schütte das Salz aus dem Glasröhrchen hinein. Rieche an der Wasseroberfläche und beschreibe den Geruch.

Wo lagern sich diese Stoffe im Körper des Rauchers ab? Welche Auswirkungen oder Folgen hat dies für den Organismus des Rauchers?

Raucher in der Werbung

In Rundfunk und Fernsehen darf seit 1974 nicht mehr für Tabakwaren geworben werden. Doch mit Kinospots, auf Plakatwänden und in Zeitschriften wird für Zigaretten geworben.

Aufgaben

① Sammle entsprechende Werbeanzeigen aus Zeitschriften. Wie werden Raucher dort gezeigt?
Achte auf folgende Gesichtspunkte:
a) Welche Stimmung vermitteln die dargestellten Szenen?
b) Welchen Typ Mensch verkörpern die dargestellten Raucher?

② Wie einprägsam Werbung ist, könnt ihr leicht testen. Klebt die Produktnamen in den Anzeigen ab und testet an euren Mitschülern, ob ihnen die entsprechende Marke zu der Werbebotschaft einfällt.

③ Entwirf ein Werbeplakat gegen den Zigarettenkonsum.

Coole Drinks ohne Promille

Piña Colada (ganz ohne)

Zutaten: 16 cl Ananassaft; 4 TL Cream of Coconut oder 4 cl Kokossirup, 2 cl Sahne, Eiswürfel (1 cl = $^{1}/_{100}$ l = 10 ml)
Dekoration: 1/4 Ananasscheibe, 1 Cocktailkirsche
Zubereitung: Die Eiswürfel in ein Cocktailglas geben, die übrigen Zutaten gut mixen und darüber gießen. Die Ananasscheibe an den Glasrand stecken und die Cocktailkirsche mit einem Spieß daran stecken.

Dragonheart

Zutaten: 12 cl Kirschsaft; 4 cl Maracujanektar, 2 cl Zitronensaft, 2 cl Grenadinesirup, Eiswürfel (1 cl = $^{1}/_{100}$ l = 10 ml)
Zubereitung: Alle Zutaten zusammen mit den Eiswürfeln in einem Shaker kräftig schütteln und danch in ein Cocktailglas gießen.

Bananagirl

Zutaten: 8 cl Bananensaft, 8 cl Orangensaft, 4 cl Mineralwasser mit Kohlensäure, 2 TL Zucker
Zubereitung: Fruchtsäfte mit dem Zucker gut verrühren und mit Mineralwasser auffüllen.

Probiere die Rezepte auf der nächsten Fete aus. Versuche dich doch mal an eigenen Kreationen!

Computersüchtig ist, wer...

- mehr Zeit mit dem Computer verbringt, als er eigentlich will.
- wiederholt erfolglos versucht hat, die Zeit vor dem Computer zu reduzieren und
- stattdessen immer länger vor dem Computer sitzt.
- gereizt, unruhig und unzufrieden wird, wenn ihm der Zugang zum Computer verwehrt wird.

1 Auch der Computer kann süchtig machen

Sucht ohne Drogen

Nicht nur Cannabis, LSD, Crack, Heroin, Ecstasy, Alkohol, Nicotin und Medikamente machen süchtig. Auch alltägliche, harmlose Verhaltensweisen, wie etwa Essen, Spielen, Arbeiten, Joggen, Einkaufen oder Putzen können zur Sucht werden. Sie können einen Menschen so gefangen nehmen, dass er nicht mehr frei entscheiden kann, wie er seine Freizeit gestaltet. Er verspürt einen unwiderstehlichen Drang, sich in bestimmte Situationen zu begeben oder bestimmte Handlungen auszuführen – ohne Rücksicht auf die Folgen für sich und oft auch andere.

Wann ist ein Verhalten Sucht? Der Übergang von Gewohnheiten zur *Abhängigkeit* ist fließend. Nicht jedes intensiv ausgeübte Verhalten muss gleich Sucht sein. Süchte entwickeln sich meist aus ausweichendem Verhalten, etwa dem Ausweichen vor der Auseinandersetzung mit Alltagsproblemen, vor Konflikten und Stresssituationen. Auch Langeweile, Unsicherheit und belastende Ereignisse können durch diese Verhaltensweisen verdrängt oder vertuscht werden.

Esssüchtige müssen essen, um sich zu beruhigen oder zu trösten. Sie können ihr Essverhalten nicht durch das Gefühl von Hunger und Sättigung steuern. Durch extremes Übergewicht schädigen sie sich körperlich. *Magersüchtige* verweigern die Nahrung und verfolgen ihr Ziel, immer schlanker zu werden, mit unerbittlicher Härte gegen sich selbst – bis zu lebensbedrohendem *Untergewicht*. Nicht stoffgebundene Abhängigkeiten sind auf den ersten Blick oft nicht als Süchte zu erkennen. Aber auch sie können ebenso zur „Krücke" für die Lebensbewältigung werden wie stoffliche Suchtmittel. So ist z. B. *Computerspielen* an sich keine schädigende Freizeittätigkeit. Sie kann sich aber dazu entwickeln. Vor allem dann, wenn der Computer dazu benutzt wird, sich vor Hausaufgaben oder Lernen zu drücken oder um Problemen aus dem Weg zu gehen, anstatt sich ihnen zu stellen.

Etwa drei Stunden, die Hälfte seiner Freizeit, sitzt jede(r) Deutsche im Mittel täglich vor dem Fernseher; für keine andere Tätigkeit, außer Arbeiten und Schlafen, wird mehr Zeit aufgebracht. *Fernsehsüchtige* fliehen aus der Realität in den angenehm passiven Zustand des Zuschauers. Sie werden nervös, wenn es um sie herum still ist, oft haben sie Angst, mit ihren Gedanken allein zu sein.

Spielsüchtige nehmen jede Gelegenheit zum Glückspiel in Spielbanken und -hallen wahr. Und oft ruinieren sie sich finanziell.

Aufgaben

① Vergleiche die Kriterien für die Computersucht mit denen für die klassischen Drogensüchte wie Heroin oder Alkohol.
② Nenne gesundheitliche Schäden, die durch stundenlanges Rumhängen vor dem Computer entstehen können.
③ Welche weiteren Gefahren siehst du?
④ Gib Ratschläge, wie man sich das Computerspielen abgewöhnen oder zumindest reduzieren kann.

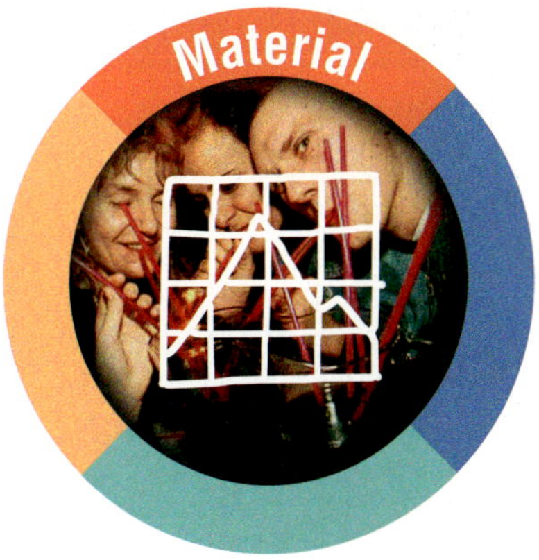

Gefährdung durch Drogen

Blutalkoholkonzentration

Die *Aufnahme* von Alkohol ins Blut erfolgt zu 20 bis 30 % im Magen und zu 70 bis 80 % im Dünndarm. Der *Abbau* des Alkohols erfolgt in der Leber, pro Stunde verringert sich bei Erwachsenen die Alkoholkonzentration im Blut um etwa 0,1 Promille, bei Jugendlichen liegt dieser Wert noch niedriger.

Getränk	Alkoholgehalt	Trinkmenge	Energiegehalt
Bier	ca. 5 %	0,5 l	900 kJ
Wein	ca. 10 %	0,25 l	830 kJ
Sekt	ca. 10 %	0,1 l	350 kJ
Weinbrand	ca. 40 %	2,0 cl	180 kJ
Alkopop	ca. 6 %	0,2 l	???
Likör	ca. 20 %	2,0 cl	250 kJ

Aufgaben

① Nimm an, du würdest die in der Tabelle aufgeführten alkoholischen Getränke zu dir nehmen. Berechne die Blutalkoholkonzentration, die bei dir jeweils auftreten würde (s. S. 108). Vergleiche mit den Werten eines etwa 75 kg schweren Erwachsenen.

② Wie lange würde es mindestens dauern, bis du danach wieder nüchtern wärst?

Alkohol im Straßenverkehr

Ab einem *Blutalkoholgehalt* von 0,5 Promille darf man kein Kraftfahrzeug mehr steuern. Kommt es zu einem Unfall oder einer gefährlichen Verkehrssituation, kann bereits ab 0,3 Promille eine Verurteilung wegen Trunkenheit am Steuer oder Gefährdung des Straßenverkehrs ausgesprochen werden.

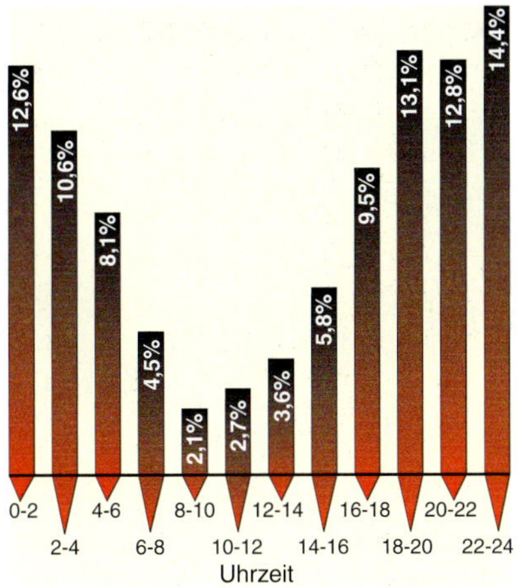

Unfälle mit Personenschaden unter Alkoholeinfluss der beteiligten PKW-Fahrer

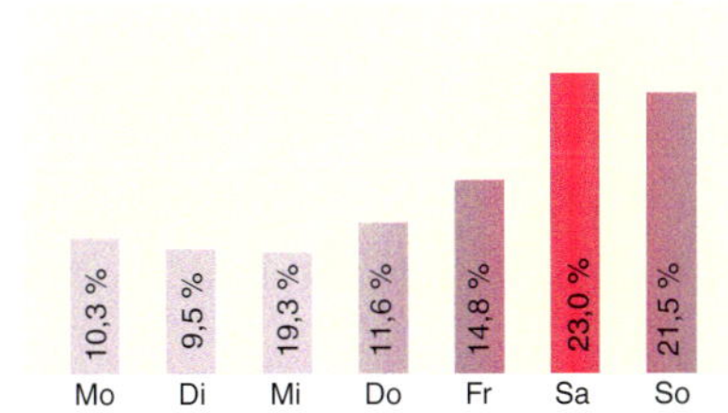

Unfälle mit Personenschaden unter Alkoholeinfluss auf Wochentage verteilt

③ Zum 1. 4. 2001 wurde die „Promille-Grenze" von 0,8 auf 0,5 Promille abgesenkt. Nenne Gründe dafür.

④ Was hältst du von der in manchen Ländern praktizierten 0-Promille-Regelung?

⑤ Werte die Unfallstatistiken aus. Gib mögliche Erklärungen.

So manches Speckröllchen war mal flüssig!

Der Energiegehalt alkoholischer Getränke wird häufig unterschätzt. Überschüssige Energie legt der Körper als Reserve in Fettdepots an. Zum Ausgleich weniger zu essen, ist aber keine Lösung, da der Körper neben Kohlenhydraten auch Eiweiß, Fett, Vitamine und Mineralstoffe in ausgewogenen Mengen benötigt.

⑥ Wer 10 Minuten joggt, verbraucht dabei rund 400 kJ. Wie lange musst du jeweils joggen oder dich auf andere Weise sportlich betätigen, um die Energie, die in einem Glas der genannten alkoholischen Getränke steckt, abzuarbeiten.

⑦ Auf Alkoholflaschen findet man in der Regel keine Angaben über den Energiegehalt. Gib mögliche Erklärungen.

Tabakpreis und Konsum

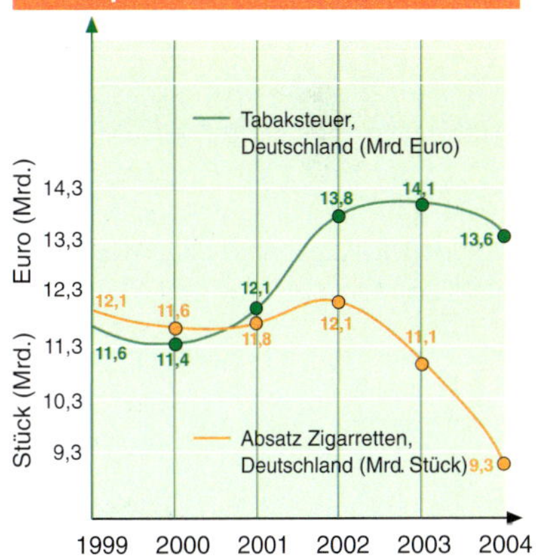

Die Abbildung zeigt die Entwicklung der Tabaksteuer und des Tabakabsatzes in Deutschland zwischen 1999 und 2004.

⑧ Beurteile anhand der Grafik, welche Auswirkungen Erhöhungen der Tabaksteuer auf den Absatz hatten.

Drogen – ohne mich?!

Auf den vorangegangen Seiten erfährst du viel über Drogen.

⑨ Suche nach Gründen, warum manche Menschen in für sie schwierigen Situationen zu Drogen greifen.

⑩ Welche Handlungsweisen wären deiner Meinung nach besser geeignet, um Probleme zu lösen?

⑪ Warum besteht eine Abhängigkeit? Erläutere den Unterschied zwischen Drogenabhängigkeit und dem verantwortungsvollen Gebrauch von Drogen.

Keine Macht den Drogen

Neugier, cool sein, dazu gehören, mithalten können oder einfach die Lust am Risiko – alles mögliche Antworten auf die Frage:
„Warum nehmen Menschen Drogen?"

Keine Macht den Drogen

Ob man will oder nicht! – kaum jemand kommt heute an Drogen vorbei: Hast du schon mal Zigaretten oder Alkohol probiert?

Ergebnisse einer Umfrage unter über 11 000 Schülerinnen und Schülern der Jahrgangsstufen 9 und 10:

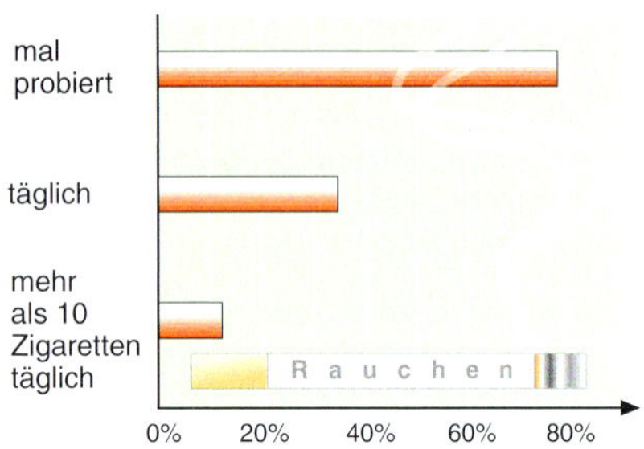

Welches Ergebnis erwartest du bei einer Umfrage an eurer Schule?
Welche Schlüsse ziehst du daraus?

Alkohol am Steuer – eine Gefahr für alle

6477 Unfallbeteiligte standen in Bayern im Jahr 2006 unter Alkoholeinfluss.

1045 Menschen wurden dabei schwer verletzt.

122 Menschen sind bei Alkoholunfällen im Straßenverkehr zu Tode gekommen.

Samstagabends auf Sylvias Geburtstagsparty: „Komm' schon, trink mal was. Wir haben groß eingekauft!" „Nee Danke, ich bleibe lieber beim Saft." „Wieso das denn?"...

Wie wird das Gespräch weitergehen?

Rauchen hält jung ...

Nachmittags, auf dem Bolzplatz: „Willst du auch 'ne Kippe?", „Nee Danke, ich rauche nicht.", „Ja, ich höre auch schon lange auf."...

Wie könnte das Gespräch weitergehen?
Warum wollen viele mit dem Rauchen aufhören?
Was macht Aufhören so schwer?

... wer täglich eine Schachtel *Zigaretten* raucht, verkürzt seine Lebenserwartung im Schnitt um mehr als 8 Jahre.

7 Gründe für das Rauchen

- Rauchen beruhigt und entspannt.
- Rauchen regt an.
- Rauchen hilft, die Zeit zu vertreiben.
- Rauchen hilft, schlank zu bleiben.
- Rauchen erhöht die Lebensfreude.
- Rauchen ist doch harmlos.
- Mit anderen zu rauchen verbindet.

Gute Gründe?

Aber es ist doch rein pflanzlich?!

Etwa ein Drittel der Schülerinnen und Schüler der Klassenstufe 9 und 10 hat schon einmal irgendeine *illegale Droge* probiert. *Cannabis* ist mit 31 % die am häufigsten konsumierte Substanz.

Was ist Sucht?

„Sucht ischt:
Z'erscht probiert mr's,
no gfallt's oim,
no ka mr's nemme lasse,
no isch mr sichtig."

Suchtdefinition eines Neunjährigen aus Baden-Württemberg

Starke Typen sagen Nein!

Ob du dich auf Drogen einlässt oder nicht die Verantwortung für die Entscheidung trägst du! Du allein entscheidest, ob du mitmachen willst oder nicht.

Sei stark, auch gegen den Gruppendruck Nein zu sagen!

Verlasse dich auf richtige Freunde, mit denen du auch ohne Drogen tolle Erlebnisse haben kannst.

Erkenne deine Stärken!

Ich sehe mich, du siehst mich!
Hast du dir schon einmal überlegt, welche Eigenschaften du hast? Wie würdest du dich beschreiben? Kannst du dir vorstellen, wie dich andere, z. B. deine Banknachbarin bzw. dein Mitschüler, sehen?

Schreibe deinen Vor- und Zunamen senkrecht auf ein Blatt Papier. Ergänze nun in der Waagrechten, wie in einem Kreuzworträtsel, deinen Namen mit Eigenschaften, die zu dir passen. Bitte deine Nachbarin, ebenso zu verfahren.

BE SMART

Be smart ...

Ab und zu mal kiffen ist doch nicht so schlimm? Das dachten auch alle diejenigen, die heute nicht mehr davon loskommen!

... don't start!

Weitere Eigenschaften

kameradschaftlich, aufgeschlossen, lebhaft, langsam, kess, freundlich, ungeduldig, ernsthaft, verlässlich, launisch, chaotisch, ängstlich, fröhlich, geduldig, ordentlich, hilfsbereit, selbstständig, selbstbewusst, zuverlässig, glücklich, langweilig, unnahbar, unzufrieden, zufrieden, souverän, ruhig, launisch, nachdenklich, brav, sensibel, empfindlich, ...

Vergleicht danach eure Ergebnisse und besprecht, warum Unterschiede bestehen. Wiederhole nun umgekehrt mit deinem Banknachbarn.

Wie kommen die unterschiedlichen Sichtweisen wohl zustande?

Drogenprobleme?

Hilfe gibt es bei Beratungslehrern, Jugend- und Drogenberatungsstellen und Ärzten. Sie sind zur Verschwiegenheit verpflichtet.

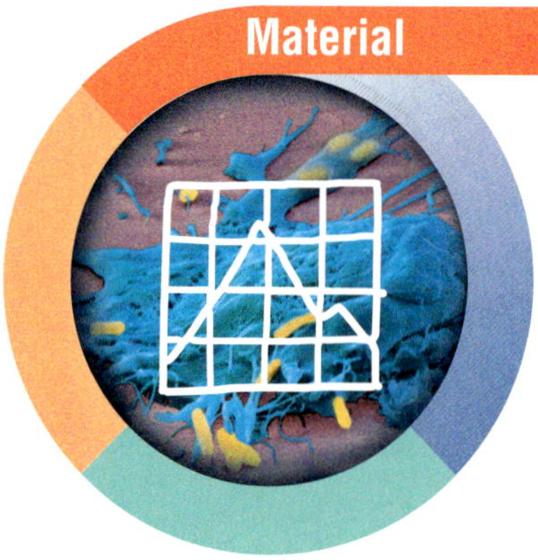

Gesundheit – Krankheit

Der menschlichen Organismus kann sich gegen Eindringlinge von außen, wie *Bakterien* und *Viren*, meist erfolgreich zur Wehr setzen. Durch Einnahme von Medikamenten kann der Heilungsprozess unterstützt werden. Bestimmte Stoffe, die auch als *Drogen* bezeichnet werden, schädigen den Körper oder führen zur Sucht.

Viren

① Ergänze im Vermehrungszyklus eines Virus die fehlenden Begriffe. Schreibe in dein Heft.

Virus befällt Wirtszelle. ______ des Virus wird in Wirtszelle eingeschleust. Wirtszelle bildet ______ und ______. Die ______ lagern sich zu ______ zusammen. Die Wirtszelle setzt ______ frei. Die neuen Viren befallen neue ______.

② Interpretiere das Diagramm. Gemessen wurde die Viruskonzentration im Blut!

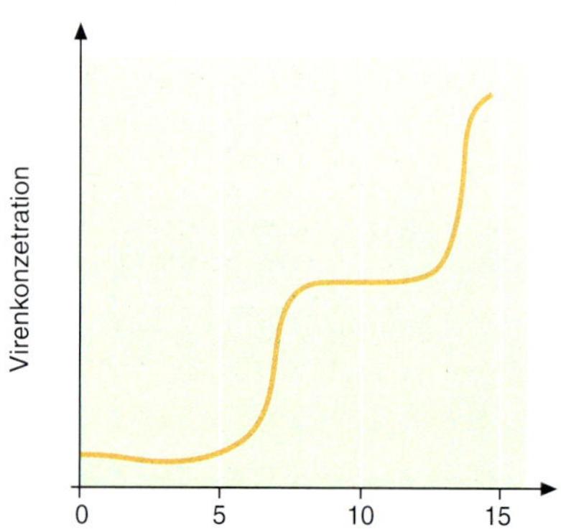

1 Virenkonzentration im Blut in Abhängigkeit von der Zeit

HIV und Immunsystem

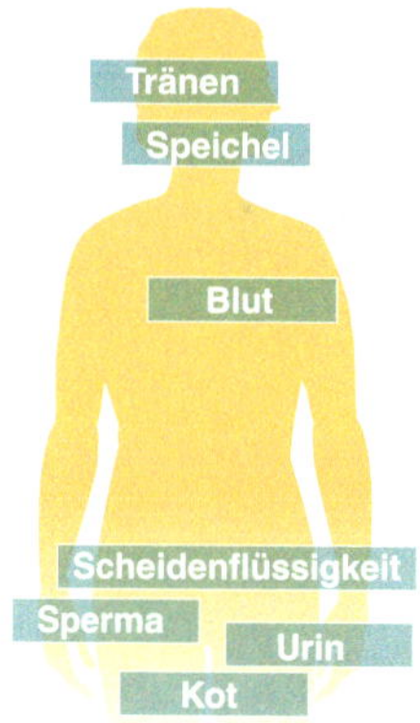

2 Körperflüssigkeiten im menschlichen Körper

③ Die Zeichnung zeigt Körperflüssigkeiten beim Menschen.
a) Gib an, in welchen Flüssigkeiten die HIV-Konzentrationen bei Infizierten niedrig, wo hoch ist.
b) Welche Auswirkungen ergeben sich auf ein HIV-Infektionsrisiko?

④ Die untenstehende Abbildung zeigt eine Immunreaktion. Die Pfeile beschreiben die ablaufenden Vorgänge.
a) Ordne den Buchstaben eine Bezeichnung und den Ziffern die Abläufe der Immunreaktion zu.
b) Beschreibe die Auswirkungen einer HIV-Infektion.
c) Welche Vorgänge gehören zur unspezifischen Abwehr, welche zur spezifischen Abwehr?
d) Wo spielt das Schlüssel-Schloss-Prinzip bei der Immunabwehr eine Rolle?

Sucht

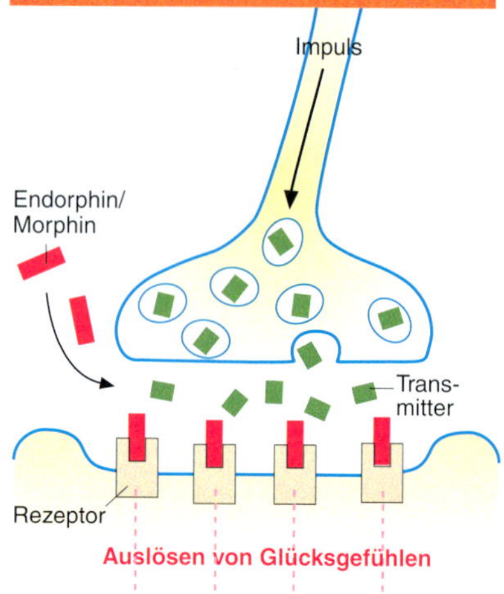

4a Synapse bei Beginn des Drogenkonsums

⑤ Menschen, die sich extremen Bedingungen, z. B. einem Marathon-Lauf aussetzen, berichten von Schmerzunempfindlichkeit und anschließenden Glücksgefühlen. Diese werden durch Ausschüttung von sog. *Glückshormonen*, den *Endorphinen*, im Hirnstamm und im *limbischen* System des Gehirns ausgelöst. Die Endorphine besetzen die Rezeptoren der Nervenzellen und blockieren die Weiterleitung des Schmerzsignals und lösen zusätzlich Glückgefühle aus. Bestimmte Drogen, wie z. B. *Morphium* und *Heroin*, wirken wie die körpereigenen Endorphine, indem sie die Rezeptoren an den Schmerzsynapsen besetzen. Sie führen so zu Glücksgefühlen und

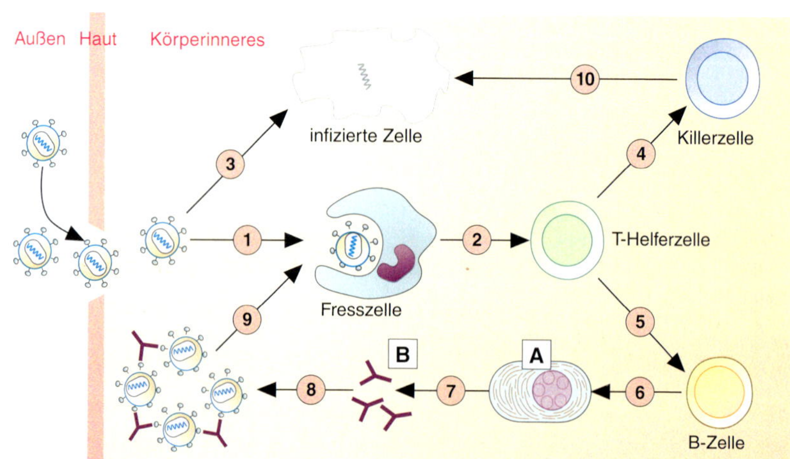

3 Vorgänge bei der Immunreaktion

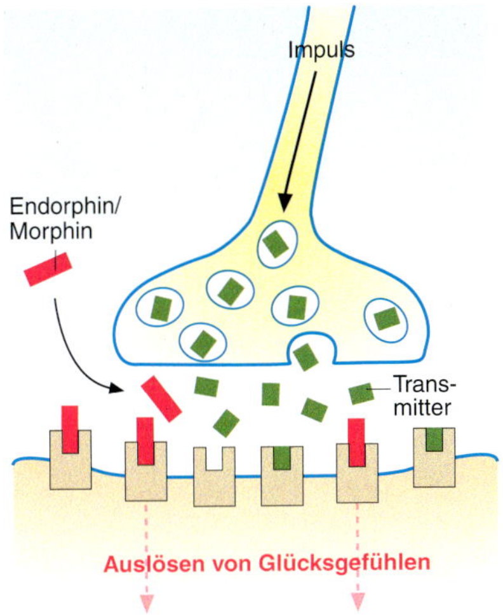

4b Synapse nach längerem Drogenkonsum

Euphorie. Da durch die Droge die Rezeptoren an der Membran besetzt werden, passt sich der Körper bei längerer Drogeneinnahme an, indem er weitere Rezeptoren in die Membran einbaut. Dadurch wird eine Weiterleitung von Schmerzsignalen an der *Synapse* erneut ermöglicht. Die Abbildung zeigt eine Synapse im Hirnstamm und dem limbschen System des Gehirns bei Beginn des Drogenkonsums (Abb. 4a) und nach längerem Dogenkonsum (Abb. 4b).
a) Erkläre, wieso es zu einem Teufelskreis des Drogenkonsums kommt.
b) Stelle den Aufschaukelungskreis in Form eines Pfeildiagramms dar.
c) Wird nach einem längeren Konsum die Droge abgesetzt reagiert der Körper mit Entzugserscheinungen. Nimm zur Erklärung die Abbildung 4b zu Hilfe.

⑥ Ordne den folgenden Pflanzen jeweils ein oder mehrere Drogen zu, die aus der Pflanze gewonnen werden. Welche Drogen werden synthetisch hergestellt? Coca-Strauch, Schlafmohn, Indischer Hanf, Tabak.

Vergleich Bakterienzelle – Virus

⑦ Vergleiche die Strukturen von Bakterien und Viren.

⑧ Begründe mithilfe der Kennzeichen des Lebens (▶ S. 142), warum Viren keine Lebewesen sind.

Allergien

⑨ Übertrage das Grundgerüst der Mind-Map in dein Heft und ergänze mit den folgenden Begriffen: Asthma, Bindung des Histamins, Hausstaub, Hauttest, Hautauschlag, Hautrötung, Heuschnupfen, Histaminfreisetzung, Insektengift, Pollen, Quaddeln, Schimmelpilzsporen, Tierhaare, Verengung der Bronchien, Verhinderung der Freisetzung von Histamin

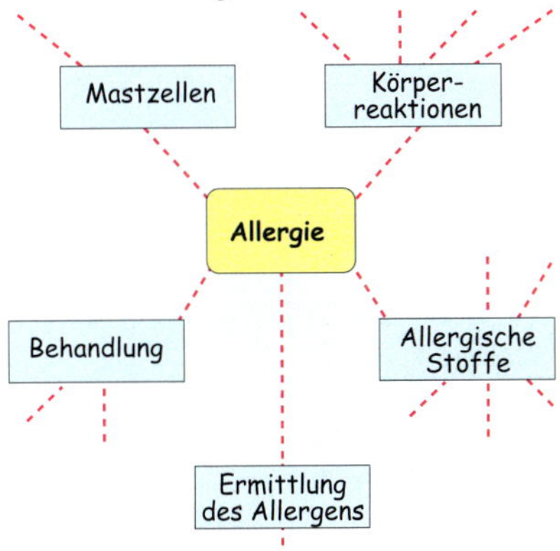

5 Mind-Map Allergie

Alkohol

⑩ Harald, der 75 kg wiegt, hat auf einer Party innerhalb von 4 Stunden 2 Gläser Sekt (je 125 ml und 12 % Alkohol) sowie 1 Bier (0,5 l, Alkoholgehalt 5 %) getrunken. Pro Stunde wird etwa 1 Promille des Blutalkohols abgebaut.
a) Berechne den Blutalkoholgehalt im Blut von Harald!
b) Welche Wirkungen sind bei dieser Alkoholkonzentration zu erwarten?
c) Ist Harald noch fahrtüchtig?

⑪ Erstelle eine Liste mit den durch längeren Alkoholkonsum geschädigten Organen sowie deren Auswirkungen?

Rauchen und Gesundheit

⑫ Erstelle eine Mind-Map zum Thema Rauchen mit den folgenden Begriffen: Abhängigkeit, Absinken der Hauttemperatur, Bindung an Hämoglobin, Behinderung des Sauerstofftransports, Bronchitis, Durchblutungsstörungen, Entzugserscheinungen, Husten, Infarktrisiko, Lungenkrebs, Nervosität, Nikotin, Raucherbein, Schädigung im Mutterleib, Kohlenstoffmonoxid, Teer, Unterversorgung mit Sauerstoff, Verengung der Blutgefäße.

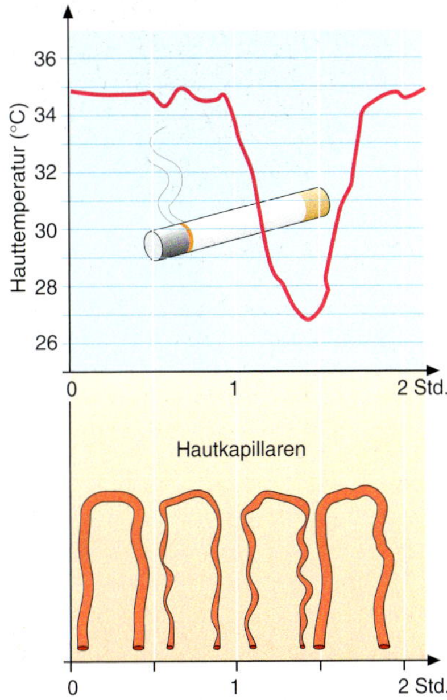

6 Hauttemperatur und Form der Hautkapillaren nach Konsum einer Zigarette

⑬ Interpretiere den in der Abbildung 6 dargestellten Zusammenhang

⑭ 1990 schätzte das Robert-Koch-Institut die Zahl der Neuerkrankungen an Lungenkrebs bei Frauen auf ca. 7 000. Für das Jahr 1998 wurde bereits von ca. 9 000 Fällen ausgegangen. Die Überlebensaussichten sind bei Lungenkrebs gering, so dass die Erkrankungsfälle etwa den Todesfällen entsprechen. Als alarmierend muss es angesehen werden, dass die Zahl der Raucherinnen, insbesondere auch in den neuen Bundesländern, nach wie vor zunimmt. Die in den Jahren 1990 und 1998 durchgeführten Gesundheitsuntersuchungen ergaben einen Anstieg der Zigarettenraucherinnen in der Altersgruppe zwischen 30 und 40 Jahren in Ostdeutschland von 33,7 % auf 43,8 %, in der Altersgruppe von 40 bis unter 50 Jahren sogar um fast das Doppelte von 14,3 % auf 27 %.

Erstelle eine Grafik, die den Zusammenhang zwischen Lungenkrebs und Zunahme der Raucherinnen aufzeigt.

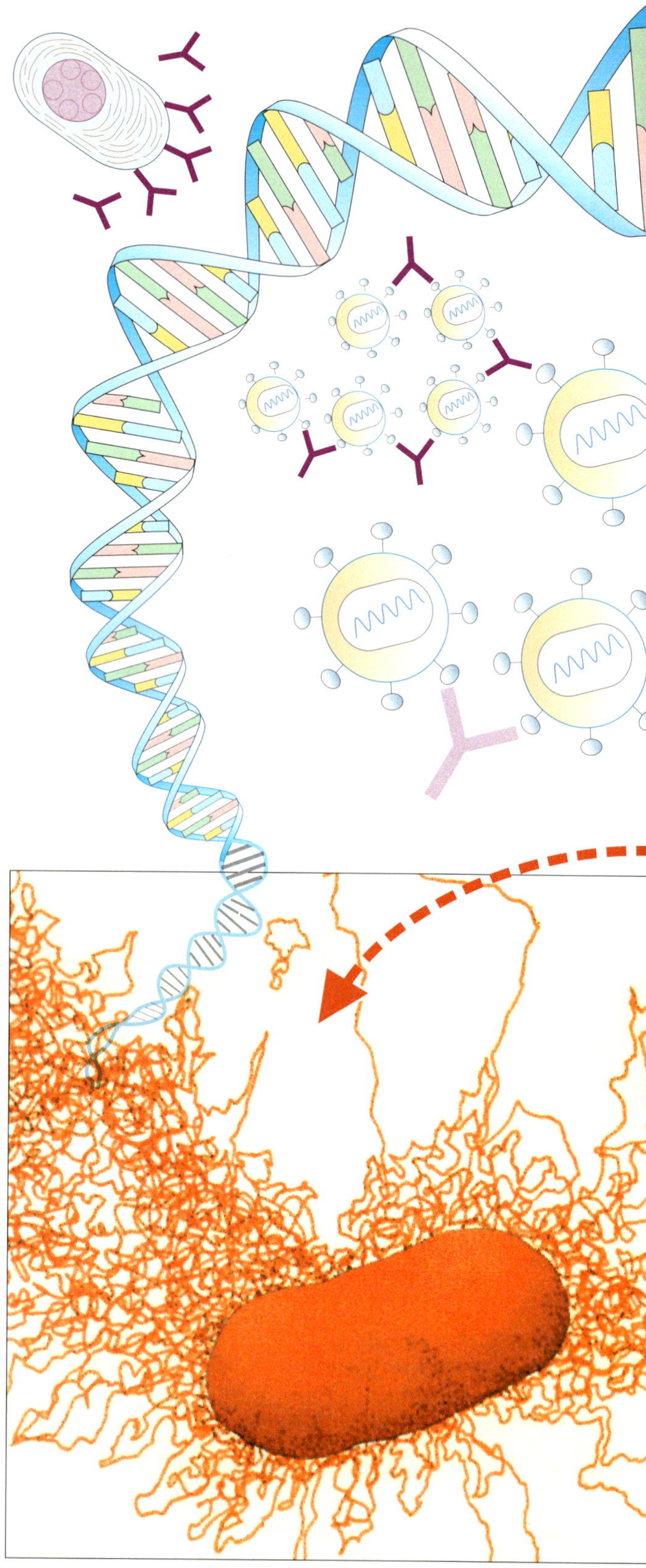

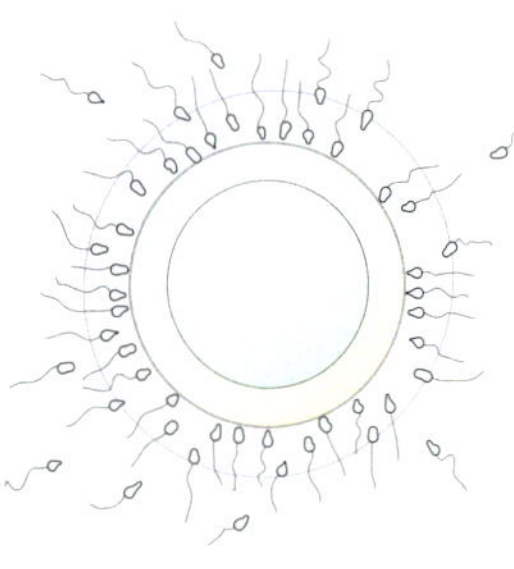

Genaue Kenntnisse der Natur waren für den Menschen eine wesentliche Voraussetzung für sein Überleben. Schon früh lernte er, die Natur zu beeinflussen, z. B. hielt und züchtete er Nutztiere und Nutzpflanzen als seine wichtigsten Ernährungsgrundlagen.

Auch die Erkenntnisse der modernen Biologie, speziell der Genetik, waren lebensnotwendig: Die Tier- und Pflanzenzucht, um die Weltbevölkerung zu ernähren, die **Gentechnik** für die Synthese von Medikamenten, für die Diagnose von Krankheiten, aber auch für die Aufklärung von Verbrechen. Die **Reproduktionsbiologie** ist durch Themen wie Klonen oder Embryotransfer in das öffentliche Interesse gerückt. Daneben aber hat die klassische Humangenetik nicht an Bedeutung verloren, Diagnose und ggf. Therapie von erblich bedingten Krankheiten sind für die betroffenen Menschen nach wie vor existentiell wichtig. Allerdings werfen viele Erkenntnisse der angewandten Genetik ethische Fragen auf, die durch Zusammenarbeit von Wissenschaftlern, Theologen und Politikern gelöst werden müssen.

Bakterium *Escherichia coli* mit „ausgelaufener" DNA

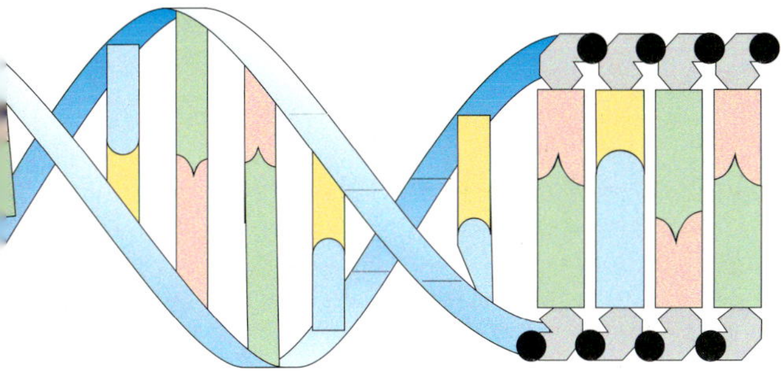

Angewandte Biologie

„Dolly“ mit ihrem ersten Nachwuchs

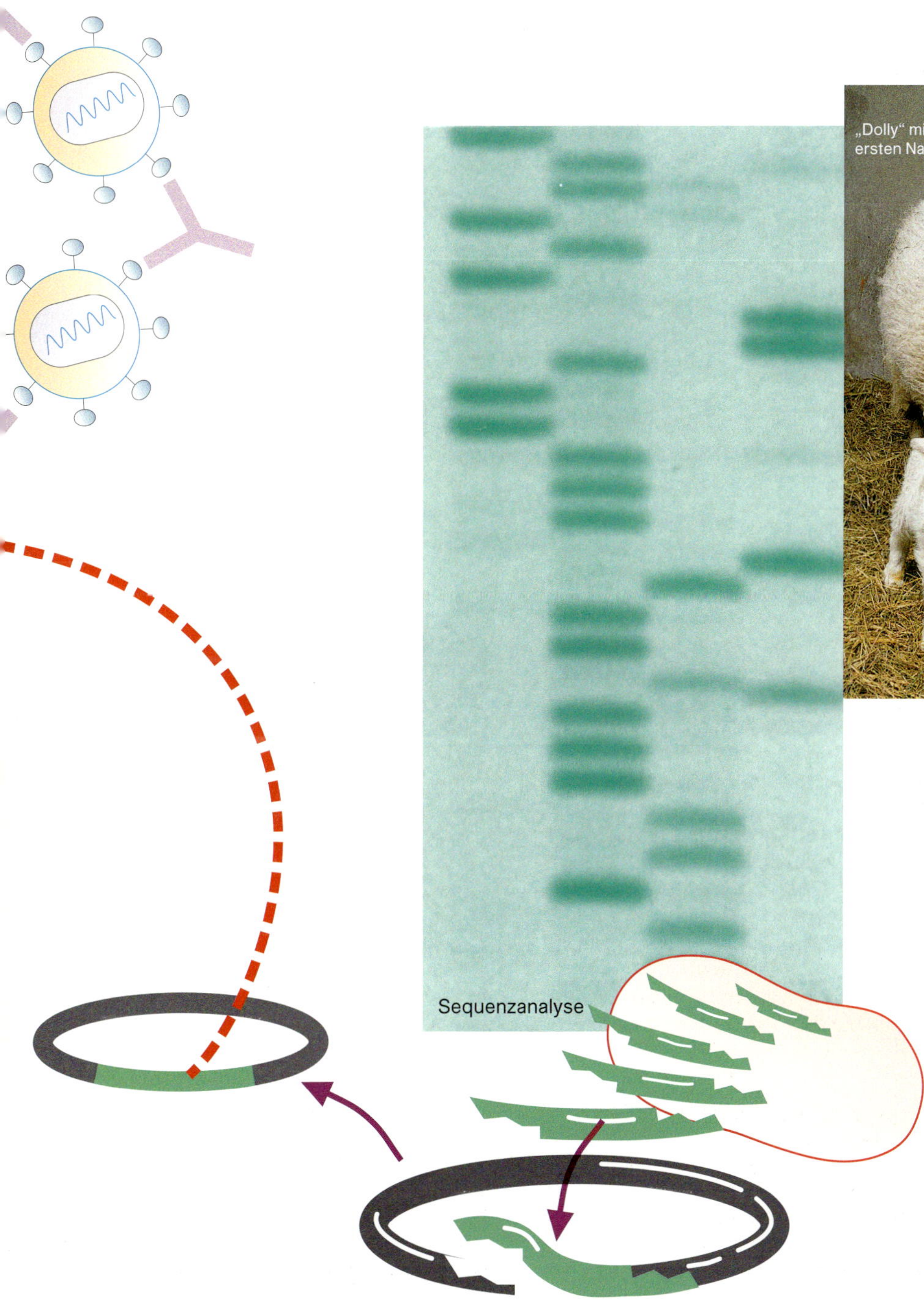

Sequenzanalyse

Biotechnologie – Gentechnik

Plasmide:
kleine ringförmige DNA-Moleküle, welche neben dem Bakterien-Chromosom häufig in der Bakterienzelle vorkommen

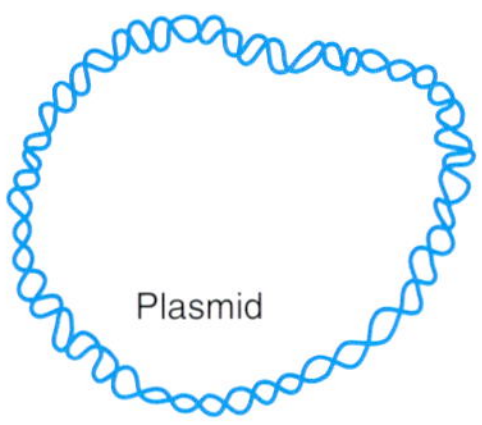

Mit Hilfe von Hefe wurden schon vor etwa 5000 Jahren Nahrungsmittel wie Bier oder Brot hergestellt. Diese ersten Anwendungen der Biotechnologie (▶ S. 146), also dem Einsatz lebender Organismen mit dem Ziel der Herstellung und Veredelung von Produkten, sind heute durch die Methoden der Gentechnik (▶ S. 146) stark erweitert worden. Lebewesen können gezielt verändert werden, um z. B. Käse noch schmackhafter und haltbarer zu machen. Doch wie ist das möglich?

Die Amerikaner Cohen und Boyer schafften 1973 zum ersten Mal, wovon vor ihnen schon viele Forscher geträumt hatten. Sie erschufen einen Organismus, indem sie DNA-Stücke von verschiedenen Bakterien neu verbanden und anschließend in das Bakterium Escherichia Coli einschleusten. Der dadurch entstandene Mikroorganismus wies neue Widerstandsfähigkeiten gegen bestimmte Antibiotika auf. Mit ihren Versuchen waren die beiden Forscher die Wegbereiter der Gentechnik. Unter diesem Begriff versteht man die Isolierung von DNA, den Zusammenschluss dieser DNA-Stücke im Reagenzglas und den Transfer der DNA in Zellen bzw. Organismen.

Restriktionsenzyme:
(lat. *restrictio* – Zurückbindung) bakterieneigene Enzyme, die normalerweise dazu dienen, bakterienfremde DNA zu erkennen und diese zu zerschneiden; in der Gentechnik als Schneidewerkzeuge benutzt

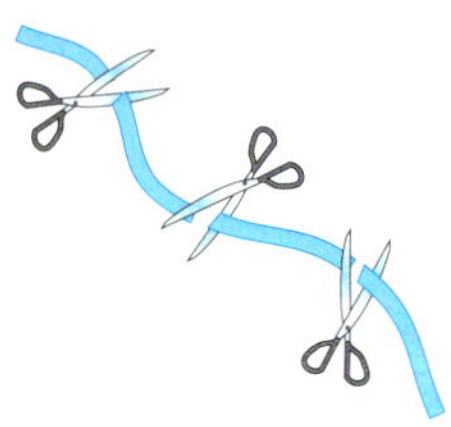

Gentechnische Verfahren werden heutzutage nicht nur dazu benutzt, Bakterien zu entwickeln, welche eine künstlich zusammengestellte DNA besitzen, sondern sie dienen auch der Produktion von Pflanzen und selbst Tieren mit wünschenswerten Eigenschaften.

Damit die Forscher aus der DNA eines Organismus die Gene, welche sie in den neuen Organismus einbauen möchten, herausholen können, benötigen sie Schneidewerkzeuge. Diese Aufgabe übernehmen sog. Restriktionsenzyme. Das sind Enzyme, welche kurze, definierte Abschnitte der DNA erkennen und die DNA somit an bestimmten Stellen zerschneiden. Wird auch diejenige DNA, in welche das herausgeschnittene DNA-Stück eingeführt werden soll, mit dem gleichen Restriktionsenzym geschnitten, so kann eine aus unterschiedlichen Quellen bestehende DNA erzeugt werden. Nun möchten die Forscher jedoch die neu zusammengestellte DNA auch in einen Organismus, z. B. ein Bakterium einführen. Dazu werden Vektoren benutzt. Um die Funktionsweise von Vektoren zu verstehen, ist es wichtig, über *Plasmide*, also DNA-Ringe, die in Bakterien vorkommen, Bescheid zu wissen. Bakterien können sehr schnell auf eine Bedrohung mit Antibiotika reagieren und resistent dagegen werden. Der Grund für ihre Anpassungsfähigkeit liegt in den Plasmiden. Diese ringförmigen DNA-Moleküle kommen in der Bakterienzelle neben dem eigentlichen Bakterien-Chromosom vor und enthalten nur wenige Gene, die jedoch manchmal auch für eine Resistenz gegen ein Antibiotikum codieren. Da Bakterien Plasmide austauschen (und somit die Resistenz in ihrer Kolonie verbreiten), können die Gentechniker diese DNA-Ringe dazu benutzen, neue DNA in die Bakterien einzuführen.

Vektor:
(lat. *vehere* = fahren) Genfähre, z. B. ein Plasmid oder ein Virus, das dazu dient, Fremd-DNA einzuschleusen

Ein biotechnologisches Ziel ist die Produktion von menschlichen Hormonen. Mit Wachstumshormonen beispielsweise kann Menschen, die an Zwergwuchs leiden, geholfen werden. Dazu wird das Gen für das Hormon und das Plasmid mit dem gleichen Restriktionsenzym geschnitten. Die DNA-Stücke werden mit dem Enyzm Ligase aneinander geklebt. Das fertige Plasmid dient als Transportsystem für die Hormon-DNA und wird wieder in das Bakterium eingeschleust. Die so veränderten Bakterien produzieren nun menschliche (!) Wachstumshormone.

Aufgabe

① Erkläre die Begriffe Biotechnologie und Gentechnik!

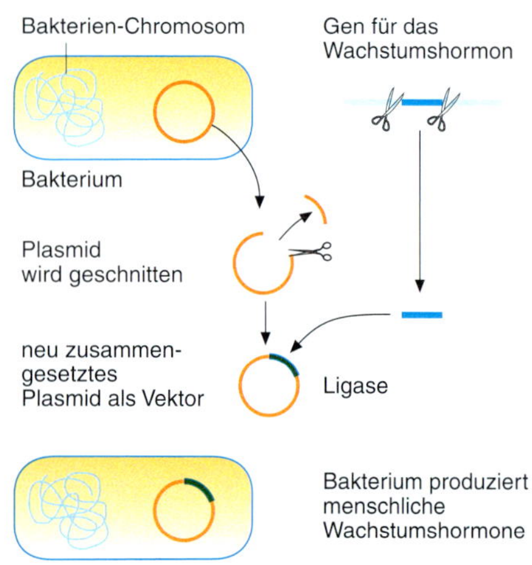

1 gentechnische Veränderung von Bakterien

Produktion von Humaninsulin

Produziert die *Bauchspeicheldrüse* zu wenig *Insulin*, leidet der betroffene Mensch unter der *Zuckerkrankheit*, auch *Diabetes mellitus* genannt. Von dieser Krankheit sind in Deutschland 300 000 Menschen betroffen. Nach einer kohlenhydratreichen Mahlzeit steigt die Zuckerkonzentration im Blut durch das Fehlen des Peptidhormons Insulin so stark an, dass die überschüssige Glucose wieder über die Niere ausgeschieden wird. Betroffene scheiden sehr große Mengen Harn aus und haben ständig Durst. Auch fehlt den Körperzellen Glucose als Energiequelle, so dass der Organismus Proteine und Fett zur Energiegewinnung benutzt. In Folge dessen magern Diabetes-Kranke ab und würden ohne eine Insulin-Behandlung sogar sterben.

Diabeteskranken kann durch nicht menschliches Insulin geholfen werden. Bis 1982 wurde Insulin aus den Bauchspeicheldrüsen von Schlachttieren, z. B. von Schweinen oder Rindern, extrahiert. Damit ein Zuckerkranker mit ausreichend Insulin versorgt werden konnte, wurden 50 Drüsen pro Jahr benötigt. Heute jedoch wird ein großer Teil des Hormons mithilfe gentechnisch veränderter Escherichia coli Bakterien hergestellt. Das Hormon Insulin besteht aus zwei Teilen. Für jede Einheit existiert ein Genabschnitt. Jeweils ein Genabschnitt wurde in ein bakterielles Plasmid eingebaut. Die Plasmide werden in E. coli Bakterien eingeschleust. Die so veränderten Mikroorganismen produzieren nun die beiden Insulineinheiten. Die Genprodukte werden anschließend gereinigt, von unerwünschten Resten befreit und miteinander verbunden (Abb. 1). Das dabei entstehende Humaninsulin weist Vorteile gegenüber dem tierischen Insulin auf: Während das aus Schweinen und Rindern gewonnene Insulin sich im Aufbau vom menschlichen Insulin in einigen Aminosäuren unterscheidet und dieser Unterschied eine mögliche Ursache für unerwünschte Immunreaktionen darstellt, ist das biotechnologisch in großem Maßstab produzierte Humaninsulin für die Patienten verträglicher und wirkt effektiver, da es genau die gleiche Struktur hat wie das menschliche Insulin.

Aufgaben

① Unter welchen Symptomen leidet ein Diabetiker?

② Warum ist Humaninsulin besser geeignet als Schweineinsulin?

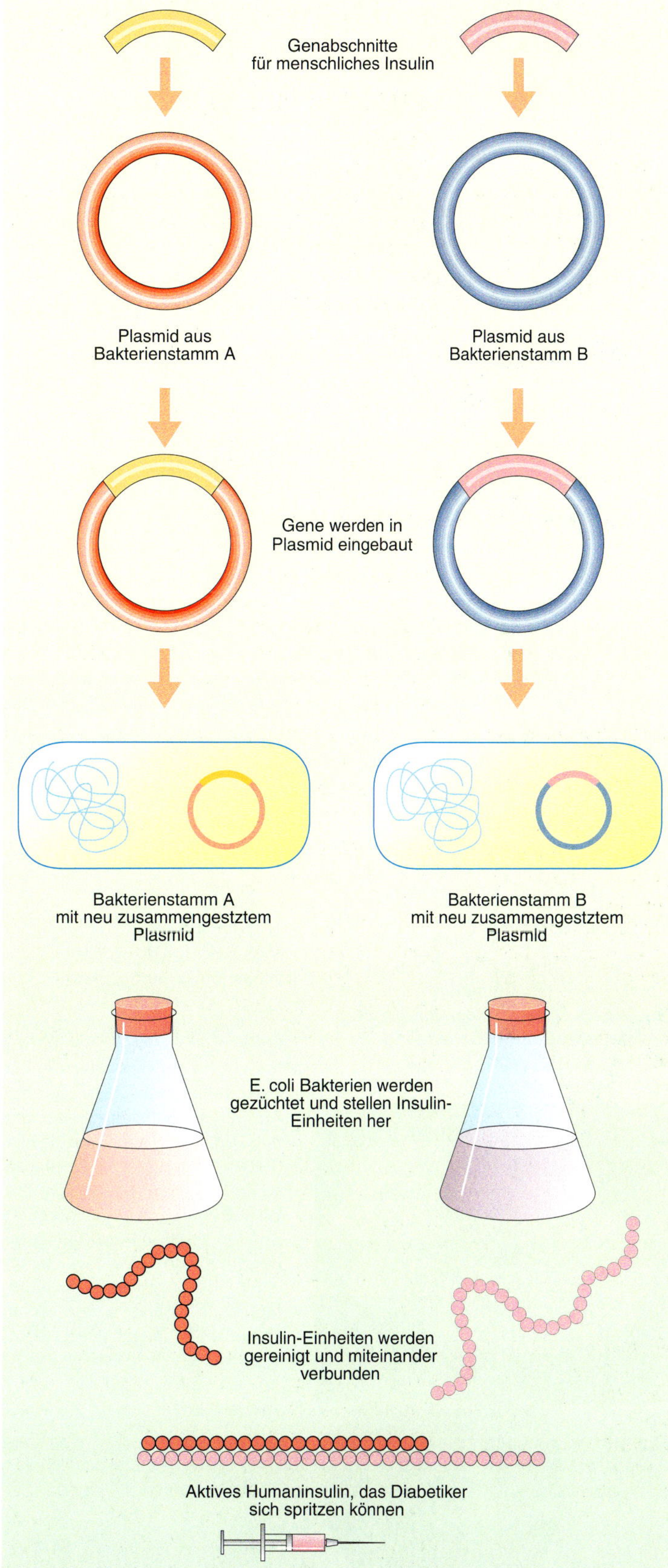

1 Herstellung von Humaninsulin

Gentechnik

Gentechnik bei Pflanzen

1. Gentechnische Veränderung von Kartoffelpflanzen

Mitte der 1980er Jahre wurde begonnen, mithilfe gentechnischer Verfahren die Resistenz von Kulturpflanzen gegenüber Viren zu verbessern. Gerade bei Kartoffeln bestanden Virusprobleme, die weder über Züchtung noch durch den Einsatz von Pflanzenschutzmitteln bekämpft werden konnten. Das *Potato virus Y* (*PVY*) ist das für die Kartoffel weltweit gefährlichste Virus. Wissenschaftlern jedoch ist es gelungen, die Kartoffelpflanzen erfolgreich vor einer Infektion mit den Viren zu schützen: In das Erbgut der Kartoffeln wird ein Gen eingeschleust, dessen Genprodukt von den Pflanzen ständig ausgebildet wird. Dringt das Virus nun in die Pflanzenzelle ein, bemerkt es das bereits vorhandene virale Protein und beendet die Infektion. Die Pflanze ist dadurch vor weiteren Kartoffelviren geschützt.

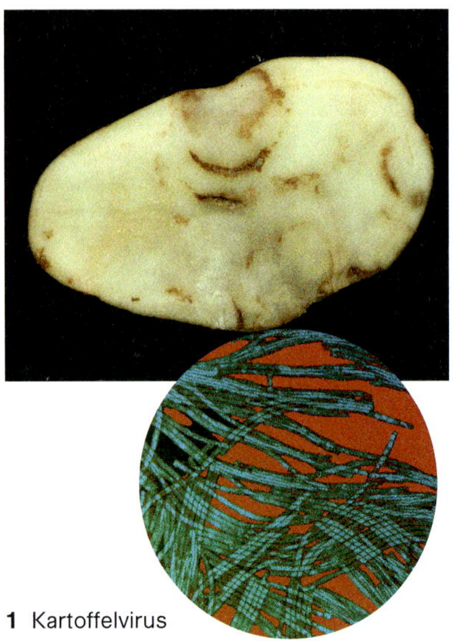

1 Kartoffelvirus

Aufgaben

① Stelle eine Infektion einer gegen das PV Virus immunisierten Kartoffel grafisch dar!
② Notiere Argumente für die gentechnische Veränderung von Pflanzen.
③ Stelle mögliche Gegenargumente zusammen.
④ Informiere dich über die Kennzeichnung von gentechnisch veränderten Lebensmitteln. Wie kannst du selber erkennen, ob du gentechnisch veränderte Lebensmittel gekauft hast?

2. Aussagekraft von Freilandversuchen

Nach eingehenden Tests in Gewächshäusern wurden die gegen das PVY resistent gemachten Kartoffelpflanzen im Freiland getestet. Ziel war die Überprüfung der Standhaftigkeit der Resistenz und möglicher biologischer Risiken.
Zu den zu untersuchenden biologischen Risiken zählten das erneute Auftreten (Anzahl, Arten) der Kartoffelschädlinge sowie die erneute Besiedlung der Kartoffeln mit anderen Kartoffelviren.

2 gesunde Kartoffelpflanze

Folgende Tabelle gibt den Anteil der (gentechnisch veränderten) resistenten Kartoffelpflanzen in Prozent für zwei Anbaujahre an, welche sich erneut mit den Potato Viren infizierten. Erstbefall (EB) bedeutet, dass die Pflanzen bereits im Freiland infiziert wurden, Zweitbefall (ZB) heißt, dass die eingelagerten Knollen von den Viren befallen wurden. Für die Kontrolldaten wurden Kartoffeln einer Linie verwendet, die nicht gentechnisch verändert wurden und daher keine Resistenz gegen das Potato Virus Y aufweisen.

Anbaujahr	2004		2005	
Kartoffellinien	EB	ZB	EB	ZB
Linie 1	70	30	24	20
Linie 2	90	30	50	15
Linie 3	80	20	40	0
Kontrolle	90	100	40	100

⑤ Wie beurteilst du unter Berücksichtigung der oben dargestellten Versuchsergebnisse die Resistenz der gentechnisch veränderten Kartoffelpflanzen gegenüber den PVY- Erregern?
⑥ Welche der oben dargestellten Kartoffellinien würdest du als Landwirt einsetzen? Begründung!
⑦ Finde mögliche Ursachen für die in den beiden Anbaujahren unterschiedlich ausfallenden Versuchsergebnisse!
⑧ Wo infizieren sich die Kartoffelpflanzen mit den Potato Viren: im Freiland oder im Kartoffellager?
⑨ Gegner derartiger Freilandversuche nennen häufig die unkontrollierte Verbreitung gentechnisch veränderter Pflanzen als Argument gegen derartige Experimente. Wie beurteilst du die Freilandexperimente mit den Kartoffeln unter diesem Gesichtspunkt?
⑩ Würdest du selber gentechnisch veränderte Lebensmittel kaufen? Begründe ausführlich!
⑪ Informiere dich über die häufigsten Argumente von Gentechnikgegnern und notiere diese nach Wichtigkeit geordnet!

Gentechnik bei Säugetieren

Bei Tieren wird die gentechnische Veränderung ihres Erbguts häufig so vorgenommen, dass manipulierte DNA mittels einer Spritze in den Zellkern einer Eizelle eingeführt wird. Diese Methode ist jedoch in einem Großteil der Versuche nicht von Erfolg gekrönt, da die zugeführte DNA nur mit einer geringen Wahrscheinlichkeit eingebaut wird und das Gen in Abhängigkeit vom Einbauort häufig nicht „zu arbeiten" beginnt. Trotzdem wird das Verfahren in der landwirtschaftlichen Tierzüchtung eingesetzt, um Nutztiere zu erschaffen, welche aufgrund ihrer neuen genetischen Ausstattung besser und schneller wachsen, welche eine erhöhte Widerstandsfähigkeit gegenüber Krankheiten oder Stress aufweisen oder welche Medikamente herstellen und diese über die Milch abgeben.

Das Verfahren, Medikamente durch Veränderung des Erbgutes in Tieren herzustellen, wird auch *Gene Pharming* genannt. Bis 2006 wurde jedoch noch keiner der von den Nutztieren zum Beispiel über die Milchdrüsen abgegebenen Wirkstoffe als Medikament zugelassen. Zu den aussichtsreichsten Kandidaten für einen Einsatz als Arzneimittel zählt

1 gentechnisch verändertes Schaf Tracy

momentan wohl das *Alpha-1-Antitrypsin* (*AAT*). Ein AAT-Mangel ist eine der häufigsten, potenziell tödlich verlaufenden Erbkrankheiten in Europa. Insgesamt 100000 Europäer leiden darunter, dass ihr Blut eine zu geringe Konzentration an Alpha-1-Antitrypsin aufweist. Das in der Leber produzierte Enzym schützt das Körpergewebe davor, von anderen Enzymen abgebaut zu werden. Ein Mangel an AAT führt vor allem zu einer Zerstörung der Lungenbläschen, was unweigerlich zum Tode der Patienten führen würde, wenn es gar keine Behandlungsmöglichkeit gäbe. Bisher konnten Betroffene nur mit aus Spenderblut isoliertem AAT behandelt werden, doch die vorhandene Menge reicht nicht für eine Behandlung aller an AAT-Mangel Erkrankten weltweit aus. Im Rahmen des Gene Pharmings haben es schottische Forscher geschafft, ein Schaf gentechnisch so zu verändern, dass es das menschliche Gen für das AAT in sich trägt.

Das Schaf, welches sie „*Tracy*" tauften, hat eine Milchleistung von 100 Liter pro Jahr. Aus dieser Milchmenge können 3,5 kg Alpha-1-Antitrypsin gewonnen werden. Könnte man nach dem Vorbild von Tracy eine Schafherde erzeugen, die 2000 Tiere umfasst, so wäre damit der weltweite Bedarf an AAT zu decken.

Das Schaf „Tracy" wurde inzwischen für 15 Millionen Euro von einem deutschen Chemiekonzern gekauft.

⑫ Warum sind gentechnische Verfahren bei Bakterien wesentlich einfacher und erfolgreicher anzuwenden als bei Tieren?
⑬ Wie beurteilst du die Erfolgsrate der gentechnischen Veränderung von Nutztieren?
⑭ Beschreibe in eigenen Worten die Wirkungsweise des Proteins AAT und die Folgen eines AAT-Mangels beim Menschen!
⑮ Welche Vorteile hat das „Gene Pharming" für den Menschen?
⑯ Die Abbildung 2 zeigt schematisch die Produktion von AAT. Beschreibe die einzelnen Schritte dieser Produktion anhand der Abbildung in deinen eigenen Worten!

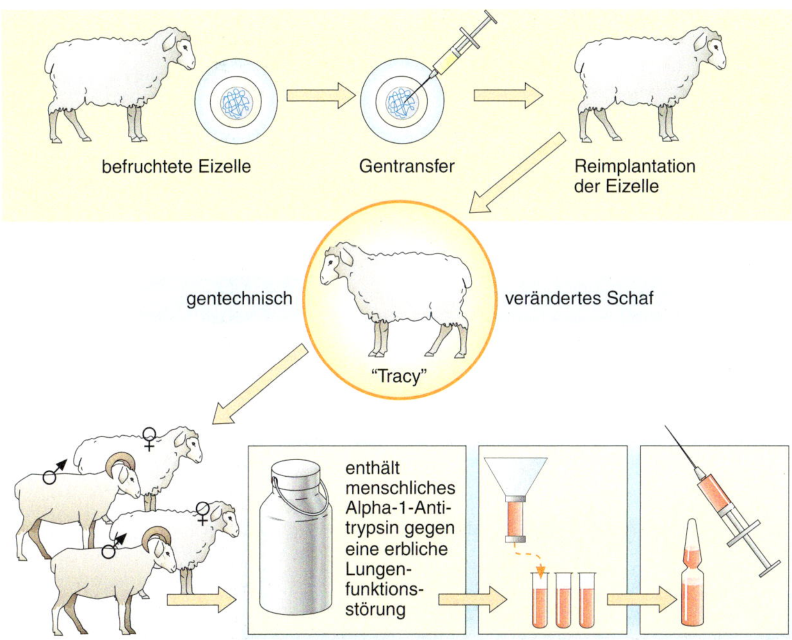

2 Produktion von Alpha-1-Antitrypriss (AAT)

Gentechnik beim Menschen

Mit dem Fortschritt der Gentechnik (▶ S. 146) ist auch die Hoffnung verbunden, genetisch bedingte Krankheiten des Menschen besser zu verstehen und sogar heilen zu können.
Liegt in den Zellen des Betroffenen eine angeborene oder erworbene Mutation vor, kann versucht werden, die defekten Gene durch intakte Varianten auszutauschen. Dieses Verfahren wird als *somatische Gentherapie* bezeichnet.
Als Genfähren, das sind Plasmidringe, welche die neuen Genvarianten transportieren, werden häufig Viren benutzt. Selbstverständlich muss beim Einsatz dieser Vektoren ausgeschlossen werden können, dass sie sich in den Zellen des Patienten vermehren oder ihm sogar schaden könnten.
Einer der ersten gentherapeutischen Versuche wurde 1990 an einer Patientin vorgenommen, die an der sehr seltenen ADA-Mangelkrankheit litt. Der *Adenosin-Desaminase-Mangel* (*ADA*) ist eine tödliche Erkrankung, bei der das Immunsystem (▶ S. 145) des Betroffenen sehr stark geschwächt ist. ADA-kranke Menschen verbringen ihr Leben unter einem sterilen Plastikzelt, um sie vor Krankheitserregern, die für sie tödlich wären, zu schützen. Normalerweise werden sie mit dem Enzym (Adenosin-Desaminase) behandelt, um den Mangel auszugleichen.
Im Rahmen einer Gentherapie wird den Patienten Knochenmark mit Blutbildungszellen entnommen. Diese Blutbildungszellen werden im Reagenzglas gezüchtet und dort mit Viren infiziert, in deren Erbgut zuvor das Gen für ein gesundes ADA-Enzym eingeschleust wurde. Die *Viren* haben die Fähigkeit, ihre eigene Erbinformation zusammen mit dem Gen in das Erbgut der Blutbildungszellen zu übertragen. Die so veränderten Blutbildungszellen werden dem Patienten vermehrt wieder zurück in das Knochenmark übertragen und wachsen hier wieder an. Läuft alles planmäßig, produzieren die therapierten Zellen nun das Enzym, der Patient wäre geheilt.
Zu diesem beschriebenen Verfahren, wie zu verschiedenen anderen gentherapeutischen Ansätzen ist zu sagen, dass bis jetzt nur sehr wenige Versuche einen dauerhaften Erfolg gebracht haben.

⑰ Als Genfähren werden Retro- und Adenoviren benutzt. Informiere dich im Internet über solche Viren.
⑱ Welche Gefahren weist eine Gentherapie auf?
⑲ Informiere dich über aktuelle gentherapeutische Verfahren!

Ethische Fragen der Gentechnik

Gentechnik in der Diskussion

1. Risiken der Gentechnik

Will eine Gesellschaft sich weiterentwickeln und für ihr Wohlergehen vorsorgen, wird sie zu diesem Zweck Risiken eingehen. Häufig besteht die größte Unsicherheit bei dieser Vorgehensweise darin, wie groß die damit verbundenen Gefahren sein dürfen. Während gentechnische Verfahren zur Verbesserung der medizinischen Versorgung der Bevölkerung meistens breite Zustimmung erfahren, wird die *grüne Gentechnik*, also die gentechnische Veränderung von Pflanzen, z. T. sehr kontrovers diskutiert. Die Diskussion bezieht sich dabei v. a. auf die zufällige oder sogar planmäßige Freisetzung gentechnisch veränderter Organismen:

Aufgaben

1. Wieso sind deutsche Verbraucher gegenüber der sog. grünen Gentechnik häufig sehr skeptisch?
2. Ordne folgende Gefahrenquellen nach steigendem Risiko (beginnend mit der Gefahrenquelle, welche für dich am ungefährlichsten erscheint) und begründe deine Einschätzung für die beiden riskantesten Gefahrenquellen: Mikrowelle, Fahrrad, Kernkraftwerk, Heroin, Nervengas, Gentechnik, Auto.
3. Stelle die Argumente der Gentechnikgegner und der Gentechnikbefürworter in einer Tabelle gegenüber. Unterstreiche die Argumente, welche für dich am wichtigsten sind und begründe deine eigene Position zur Gentechnik!
4. Informiere dich über weltweite Projekte zur Bekämpfung von Hunger und Unterernährung. Welche Rolle spielen dabei gentechnisch veränderte Lebensmittel?
5. Stelle die Chancen und Risiken der Grünen Gentechnik in einer Tabelle einander gegenüber. Recherchiere z. B. im Internet.

Hier entwickelt sich eine evolutionäre Katastrophe. Die aus dem Labor stammenden Superpflanzen werden ihre natürlichen Konkurrenten verdrängen oder sogar auslöschen!"

„Die Erbinformationen der künstlichen Pflanzen werden sich mit denen der natürlichen Pflanzen vermischen!"

„Gentechnisch veränderte Pflanzen können krankmachende Proteine herstellen".

„Laien können das Risiko eines gentechnischen Verfahrens gar nicht einschätzen!"

„Gentechnik-Gegner halten die Experimente deswegen für so gefährlich, weil sie diese nicht kontrollieren und die Herstellung der Organismen nicht verstanden haben!"

„Genpflanzen liefern bessere Erträge und brauchen weniger Spritzmittel!"

„Gentechnisch veränderte Pflanzen ermöglichen eine gesündere Ernährung, da sie mehr Vitamine und Spurenelemente enthalten!"

„Mit den neuen Pflanzen können endlich Hunger und Unternährung in der 3. Welt wirksam bekämpft werden!"

2. Informationsmängel

Werden gentechnische Verfahren öffentlich diskutiert, dienen nicht immer sachliche Argumente als Grundlage. Während von Befürwortern häufig extreme Folgen gentechnischer Experimente wie das Überspringen von einzelnen Genen zwischen verschiedenen Arten bewusst aus der Diskussion heraus gehalten werden, nutzen Kritiker das Unwissen oder Befürchtungen der Bevölkerung aus, um auf emotionaler Ebene Stimmung gegen die Gentechnik (▶ S. 146) zu machen. Daraus entstehen Fehlvorstellungen, die uns im Nachhinein sogar lächerlich vorkommen mögen. Ende der 1990 Jahre glaubte beispielsweise nur rund ein Drittel der Europäer, dass alle Tomaten Gene enthalten. Genauso viele waren der Meinung, dass nur gentechnisch veränderte Tomaten Gene enthalten, während „normale" Tomaten frei von Genen sind. Der in den Medien gebräuchliche Begriff „Gen-Tomate" hatte somit die Bevölkerung in die Irre geführt.

Aufgaben

6. Stelle an deiner Schule eine Umfrage an, um herauszufinden, inwieweit deine Mitschüler über die Aufgaben von Genen und gentechnisch veränderte Lebensmittel Bescheid wissen!
7. Gestalte ein Plakat, welches über die aktuellen Projekte der Gentechnik informiert. Benutze für deine Recherche verschiedene Medien (z. B. Wochenzeitungen, Bibliothek und Internet)!
8. Finde heraus, welche im Supermarkt erhältlichen Lebensmittel bereits gentechnisch veränderte Rohstoffe enthalten und fasse diese in einer Liste zusammen!

Ethische Fragen der Gentechnik

1. Verschiedene Ethiken

Was ist richtig und was ist falsch? Antworten auf diese Fragen kann uns die *Ethik* (gr. ethos = das Sittliche) geben. Sie basiert auf einem allgemein anerkannten Wertesystem.
Zwei verschiedene ethische Prinzipien bilden die Grundlage für die Wertefindung: Die personalistische Ethik steht

für absolute Ge- oder Verbote wie „die Würde des Menschen ist unantastbar“. Dieser Ethik folgend hat jeder Organismus bestimmte Tugenden und Pflichten.

Pflanzen oder gar Tiere dürfen nicht gentechnisch verändert werden, da sie per Definition eine Würde besitzen.

prädiktiver Gentest: Genveränderungen, welche im späteren Leben eine Krankheit auslösen können, werden untersucht.

Genetisches Screening: eine größere Gruppe von Menschen wird mit Gentests untersucht; Ziel: Volkskrankheiten können besser verstanden werden.

diagnostischer Gentest: genetische Ursache einer Krankheit wird untersucht.

Anhänger der naturalistischen Ethik sind der Meinung, dass Gentechnik an Pflanzen und Tieren erlaubt ist, wenn sie z. B. Krankheiten heilen kann oder die Ernährungsprobleme der dritten Welt lösen helfen kann. Solange also gentechnische Verfahren dem Einzelnen und der Gesellschaft nutzen, dürfen sie gemäß dieser Ethik auch angewendet werden.

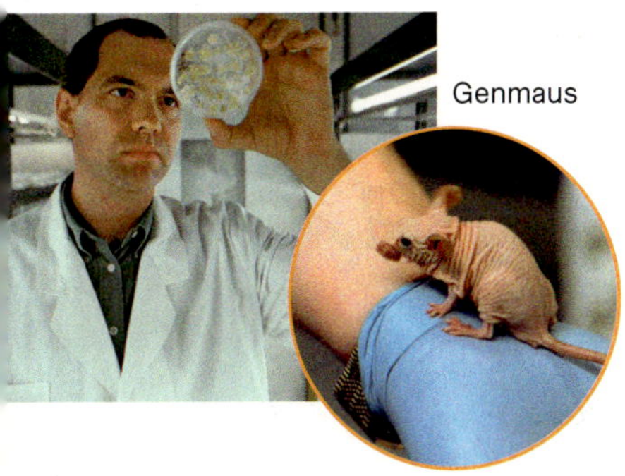

Genmaus

„Einer jungen Frau wird zum August 2003 die Einstellung in den hessischen Schuldienst als Beamtin auf Probe angeboten. Unter Berufung auf ein amtsärztliches Gutachten zur Eignung der Bewerberin kommt das Oberschulamt jedoch zu dem Schluss, die Einstellung zu verwehren. Die Bewerberin hatte angegeben, dass ihr Vater an Morbus Huntington erkrankt sei. Die Frau besitzt somit ein Risiko von 50 %, die Krankheit auszubilden. Das Oberschulamt argumentiert, dass es mit erhöhter Wahrscheinlichkeit in den nächsten Jahren zum Eintritt vorzeitiger Dienstunfähigkeit kommen wird. Die Frau könnte sich Klarheit mithilfe der genetischen Diagnostik schaffen und auf diese Weise gegebenenfalls in den Schuldienst aufgenommen werden.“

Aufgaben

⑨ Erkläre die Begriffe personalistische und naturalistische Ethik!
⑩ Welcher Ethik würdest du folgen? Begründe deine Meinung!

2. Der Nationale Ethikrat

Um Regeln zu begründen, welche der Bevölkerung als Richtschnur bzgl. der Beurteilung neuer biotechnologischer, gentechnischer oder medizinischer Verfahren dienen können, wurde ein Rat gegründet, der aus Naturwissenschaftlern, Medizinern, Theologen, Philosophen und aus Sozial- und Geisteswissenschaftlern besteht. Seit dem 8. Juni 2001 gibt es auf Beschluss der Bundesregierung den Nationalen *Ethikrat*.

Aufgaben

⑪ Informiere Dich über die aktuellen Mitglieder und Betätigungsfelder des Nationalen Ethikrates!
⑫ Definiere den Begriff „Gentest“! Welche Arten von Gentests gibt es?
⑬ Wozu dient eine prädiktive Untersuchung?
⑭ Stelle Dir vor, du müsstest vor dem Übertritt an das Gymnasium zu einem Gentest gehen. Wie stehst Du zu der modernen Gendiagnostik? Welche Chancen und Risiken siehst Du in Gentests?
⑮ Informiere dich über die Sicherheitsmerkmale, welche Organismen erfüllen müssen, damit sie in gentechnischen Experimenten eingesetzt werden dürfen!

Versicherungen fordern Gentests für Ihre Kunden!

Sollte ein Mensch einen Gentest durchführen und möglicherweise Tatsachen erfahren, die er nicht wissen möchte, zumal bei einem positiven Befund nicht genau vorhergesagt werden kann, wann die Krankheit ausbricht und wie schwer sie dann sein wird?

Gentechnische Versuche – Gefahren

Damit mögliche Schäden infolge gentechnischer Experimente möglichst gering gehalten oder besser völlig ausgeschlossen werden können, sind sowohl bestimmte technische Voraussetzungen wie besonders sichere Laboranlagen als auch die Verwendung biologisch sicherer Organismen notwendig. Diese dürfen außerhalb des Versuchs nicht überlebensfähig sein und es muss ihnen unmöglich sein, ihre eigene Erbsubstanz auf andere Organismen zu übertragen.

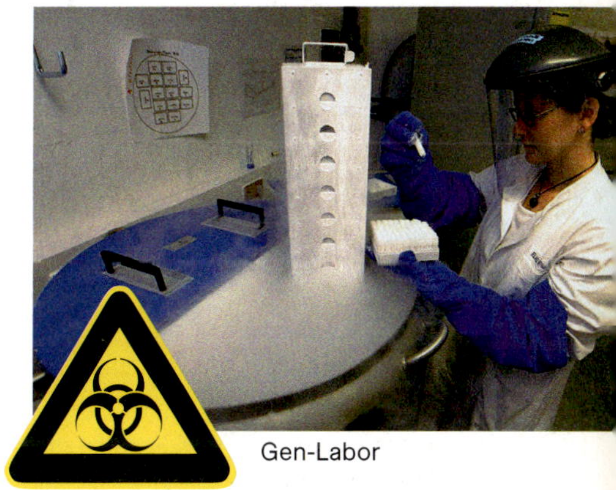

Gen-Labor

Bakterien werden aufgrund ihrer hohen Vermehrungsrate und ihres „übersichtlichen“ Erbguts häufig in der Gentechnik (▶ S. 146) eingesetzt. Während der normale Lebensraum von symbiontischen Escherichia coli Bakterien der Darm von Wirbeltieren ist, können diese Bakterien, wenn sie außerhalb des Darms vorkommen, beim Menschen Infektionen hervorrufen. Deshalb werden E. coli Bakterien auch als fakultativ pathogen eingestuft.
Der künstliche Bakterienstamm Escherichia coli K12 kann sich im Darm von Säugetieren nicht festhalten. Diese Bakterien werden für verschiedenste gentechnische Experimente benützt, da sie den Menschen nicht infizieren können, also nicht pathogen sind.

Geschlechtliche und ungeschlechtliche Fortpflanzung

Embryo
Organismus, der aus der befruchteten Eizelle entsteht und von Embryohüllen geschützt wird

Embryonalentwicklung
Entwicklung des Embryos von der Befruchtung der Eizelle über die Anlage der Organe bis zur äußeren Gestalt des Embryos

Begattung
(Kopulation)
Übertragung der Spermien in den weiblichen Geschlechtsapparat

Besamung
Kontakt und Eindringen eines Spermiums

Befruchtung
Kernverschmelzung, die Erbinformationen der elterlichen Geschlechtszellen werden vereint

In den letzten Jahren ist ein weiteres Forschungsgebiet der Biologie in das öffentliche Interesse gerückt: die Reproduktionsbiologie, speziell das so genannte *Klonen*. Die teilweise recht komplexen biologischen Probleme der Reproduktionsbiologie werden erst durch Grundkenntnisse über die Fortpflanzung und die Embryonalentwicklung bei Mensch und Tier verständlich.

Anfang März kann man in der Umgebung von Tümpeln und Teichen ein vielstimmiges Quaken hören. Es ist der Lockruf, der Grasfroschmännchen und -weibchen zusammenführt. Beim Zusammentreffen klettert ein Männchen auf ein Weibchen und lässt sich von ihm zum Laichgewässer tragen. Dort geben sie gleichzeitig Eier bzw. Spermien ins Wasser ab. Wasser ist ein ideales Übertragungsmedium für die eigenbeweglichen Spermien. Eine Vielzahl von Tieren entlässt ihre Eier und Spermien frei ins Wasser. In diesen Fällen findet eine äußere Besamung statt. Unter Besamung versteht man Kontakt und Eindringen einer Spermienzelle in eine Eizelle. Sie führt normalerweise zur Befruchtung (*Kernverschmelzung*), ist mit dieser jedoch nicht gleichzusetzen.

Land bewohnende Tiere haben – sofern sie sich nicht zur Fortpflanzung wieder ins Wasser begeben – neue Strategien entwickelt. Löwenweibchen z. B. haben weder eine bestimmte Fortpflanzungszeit im Jahr, noch haben sie eine regelmäßig auftretende Paarungsbereitschaft. Sie werden in unregelmäßigen Abständen von einigen Wochen bis mehreren Monaten für einige Tage brünstig, d. h. empfangsbereit für die Spermien der Männchen. Diese Phase wird durch Sexualhormone gesteuert und äußert sich oft durch besondere Verhaltensweisen, Paarungsrufe oder in der Produktion stark duftender Locksubstanzen. Zu dieser Zeit liegen die Keimzellen in den Keimdrüsen im befruchtungsbereiten, reifen Zustand vor.

Notwendige Voraussetzung für die *sexuelle Fortpflanzung* ist, dass sich die Geschlechtspartner finden, als solche erkennen und ihre Paarungsbereitschaft synchronisiert ist. Bei den meisten Landbewohnern hat sich eine direkte Übertragung der Spermien in den weiblichen Geschlechtsapparat als vorteilhaft erwiesen. Man spricht dann von Begattung oder Kopulation. Kopulation und Besamung bzw. Befruchtung können direkt aufeinander folgen oder zeitlich mehr oder weniger weit auseinander liegen, wie es z. B. bei Bienen der Fall ist. Auf ihrem Hochzeitsflug paart sich die junge Königin mit ca. sieben Drohnen, deren Spermien sie in einer dafür vorgesehenen Tasche speichert. Dieser Vorrat reicht für ein vier- bis fünfjähriges Leben, in dem die Königin während des Sommers täglich bis zu 2000 Eier ablegt.

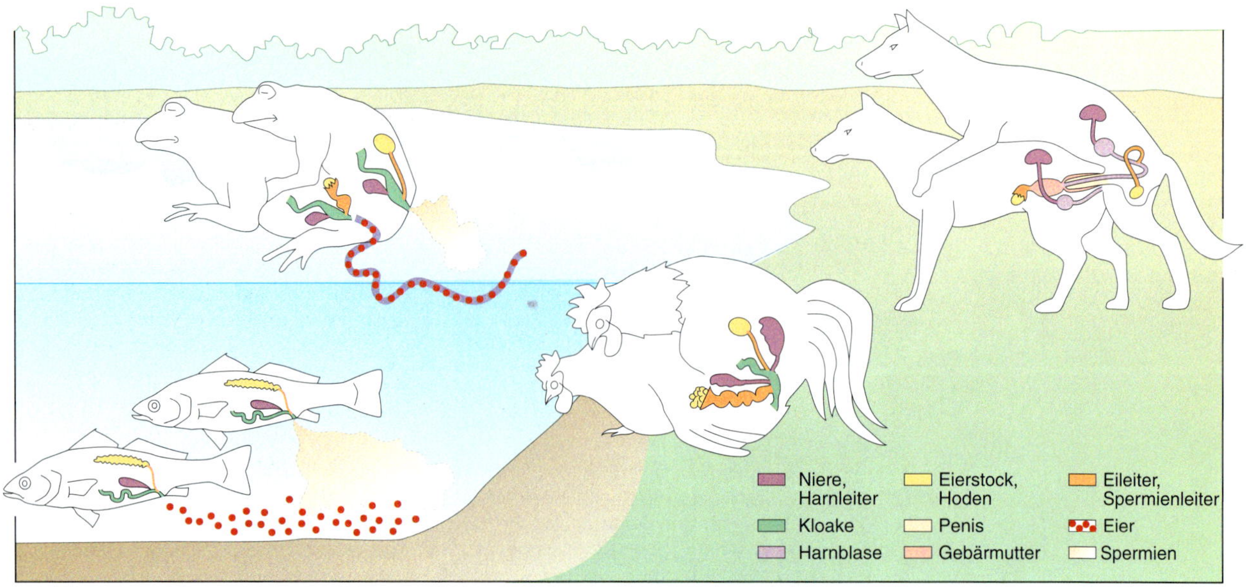

Da Spermien sich nur in einer feuchten Umgebung fortbewegen können, haben viele Landbewohner hoch spezialisierte Begattungswerkzeuge entwickelt (z. B. Penis bei Säugern, Insekten und Schnecken). Andere pressen lediglich ihre Genitalöffnungen oder *Kloaken* zur Spermienübertragung aufeinander (z. B. Vögel). In all diesen Fällen kommt es zu einer inneren Besamung. Die empfindlichen Keimzellen werden so vor dem Austrocknen geschützt und der Verlust wird klein gehalten.

Hydra mit Knospe

Süßwasserpolypen bilden häufig seitliche *Knospen*, die sich bereits nach wenigen Tagen ablösen und sich zu selbstständigen Tieren entwickeln. Voraussetzung für die Knospenbildung ist, dass einzelne Zellen eines ausgewachsenen *Polypen* noch wenig spezialisiert (d. h. undifferenziert) sind. Sie können wieder beginnen, sich zu teilen. Man bezeichnet solche Zellen als embryonal. Durch stets wiederholte Teilungen werden sie zum Ausgangspunkt für eine neue Generation, die eine erbgleiche Kleinausgabe des Stammpolypen darstellt. Da in diesem Fall keine Keimzellen gebildet werden und keine Befruchtung in den Lebenszyklus eingeschlossen ist, spricht man von ungeschlechtlicher Fortpflanzung, beim Vorhandensein mehrerer Knospen auch von ungeschlechtlicher Vermehrung.

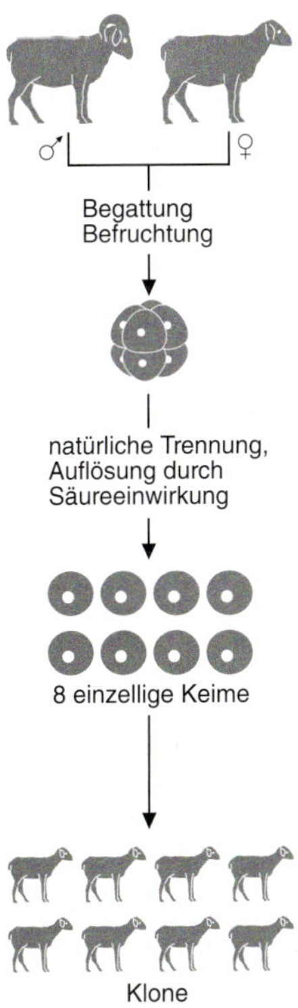

Bei den meeresbewohnenden Verwandten der Süßwasserpolypen kann man ungeschlechtliche Fortpflanzung und Vermehrung durch Quereinschnürungen beobachten. Die tellerartig gestapelten Tochterindividuen entwickeln sich nach der Loslösung zu frei schwimmenden *Medusen* (*Quallen*). Der Polyp ist hier nicht zur Keimzellenbildung in der Lage. Diese Funktion übernimmt die ausgewachsene Meduse. Sie stellt die Geschlechtsgeneration dar, die die Keimzellen frei ins Wasser entlässt. Ungeschlechtlich und geschlechtlich entstandene Generation wechseln in regelmäßiger Folge, was man als *Generationswechsel* bezeichnet.

Ungeschlechtliche Fortpflanzung kommt im Tierreich bei weitaus weniger Arten vor als im Pflanzenreich. Je einfacher der Bauplan eines Tieres organisiert ist, desto eher können einzelne Zellen auch im erwachsenen Tier embryonalen Charakter bewahren. Vorwiegend sesshafte Wirbellose oder Endoparasiten, die nur schwer einen Geschlechtspartner finden, wie beispielsweise der Bandwurm, nutzen diese Art der schnellen Vervielfachung neben der *geschlechtlichen Fortpflanzung*. Eine genetische Neukombination ist allerdings auf diesem Wege nicht möglich. Wirbeltiere sind im erwachsenen Zustand nicht in der Lage, erbgleiche Nachkommen abzugliedern. Die Körperzellen sind so weit differenziert, dass sie diese Fähigkeit verloren haben. Vergleicht man allerdings die Stadien ihrer Embryonalentwicklung, so lässt sich feststellen, dass sie sich in den frühen Teilungsstadien noch relativ problemlos voneinander trennen können und zu eigenständigen, genetisch identischen Individuen heranwachsen. Während diese eineiige Mehrlingsbildung beim Menschen die Ausnahme darstellt, tritt sie z. B. bei Gürteltieren regelmäßig auf.

In der Nutztierzüchtung können diese Erkenntnisse praktische Anwendung finden. Im Achtzellenstadium sind beispielsweise beim Schaf und beim Kaninchen noch alle Zellen zur eigenständigen Entwicklung fähig, wenn man sie künstlich voneinander trennt. Die Tiere, die auf diesem Wege entstehen, bezeichnet man als Klone. Unter dem Begriff „*Klonen*" versteht man das Herstellen von identischen Kopien eines Lebewesens aus seinen noch nicht ausdifferenzierten Stammzellen.

Ein Schaf mit züchterisch ausgewählten Eigenschaften könnte so als Spender eines Achtzellenstadiums dienen. Jede einzelne der acht Zellen kann nun auf je ein „Empfängerschaf" übertragen werden und sich zu einem Lamm entwickeln. Alle acht Lämmer sind erbgleich, besitzen also alle die gleiche Kombination aus väterlichen und mütterlichen Merkmalen.

Aufgaben

① Welche Vorteile hat die geschlechtliche im Vergleich zur ungeschlechtlichen Fortpflanzung?

② Vergleiche die Fortpflanzung des Süßwasserpolypen Hydra mit derjenigen bei Löwen!

③ Ordne folgende Organismen in eine Tabelle ein: Stubenfliege, Pantoffeltierchen, Blattlaus, Amsel, Karpfen, Rotbauchunke, Bachplanarie, Wasserläufer, Taubenschwänzchen, Seewespe, Geweihkoralle, Ameisenbär, Igel! Trage ein, ob diese Tiere sich geschlechtlich oder ungeschlechtlich fortpflanzen.

④ Informiere dich im Internet über die aktuelle Klonforschung. Erstelle einen Vortrag zum Thema „Chancen und Risiken der Klonforschung".

Eingriffe in die Fortpflanzung – Reproduktionstechniken

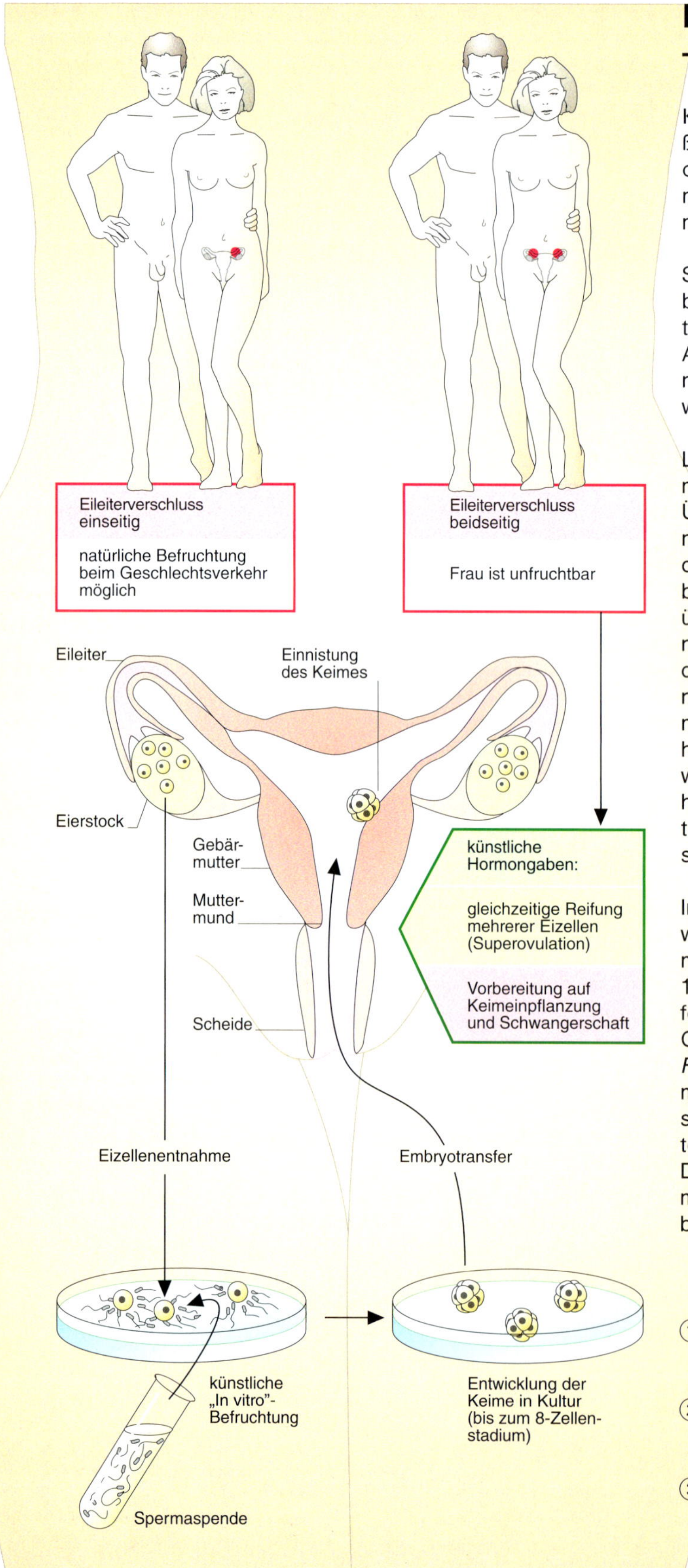

Kinderlosigkeit stellt für viele Paare eine große Belastung dar. Sofern Eltern aufgrund organischer Probleme keine Kinder bekommen können, kann ein sog. Reproduktionsmediziner ihnen evtl. helfen.

Sind z. B. die Eileiter der Frau nicht passierbar oder liegt bei dem Mann eine verminderte Beweglichkeit der Spermien vor, kann der Arzt durch geeignete Methoden diese Störungen umgehen und dem Paar bei der Verwirklichung ihres Kinderwunsches helfen.

Lägen bei der Frau keinerlei Sterilitätsprobleme vor, so könnte der Arzt eine künstliche Übertragung der Spermien des Ehemannes nach einer chemischen Aufbereitung versuchen. Führt diese Methode zu keinem Erfolg, bleibt die Möglichkeit eines Fremdspenders übrig. Verhält es sich so, dass bei der Frau irreparable organische Störungen im Bereich der Eileiter vorliegen, muss der Arzt auch ihre Eizellen künstlich gewinnen. Nach einer, mehrere Wochen andauernden, Hormonbehandlung reifen in den Eierstöcken der Frau während eines Zyklus 10 oder mehr Follikel heran, welche der Arzt mit speziellen Geräten im Bauch der Mutter erkennen und absaugen kann.

In einem Glasschälchen werden die so gewonnenen Zellen mit ein paar Tropfen Spermaflüssigkeit zusammengebracht. Nach ca. 18 Stunden lässt sich mit dem Mikroskop feststellen, ob und wie viele der Eizellen im Glasschälchen befruchtet wurden („*In-vitro-Fertilisation*"). Sind beispielsweise zwei Keime außerhalb des mütterlichen Körpers entstanden, so können beide in die Gebärmutter eingepflanzt werden (= *Embryotransfer*). Die Gebärmutter wurde zuvor durch Hormongaben auf die Einnistung des Keims vorbereitet.

Aufgaben:

1. Informiere dich über aktuelle Reproduktionstechniken und stelle mithilfe deiner Informationen ein Plakat zusammen!
2. Erkläre den Begriff „In-vitro-Fertilisation"! Was hat der Arzt bis du diesem Schritt schon unternommen?
3. Mehrlingsschwangerschaften sind häufig eine Folge einer künstlichen Befruchtung! Gib dazu eine Erklärung; recherchiere gegebenenfalls!

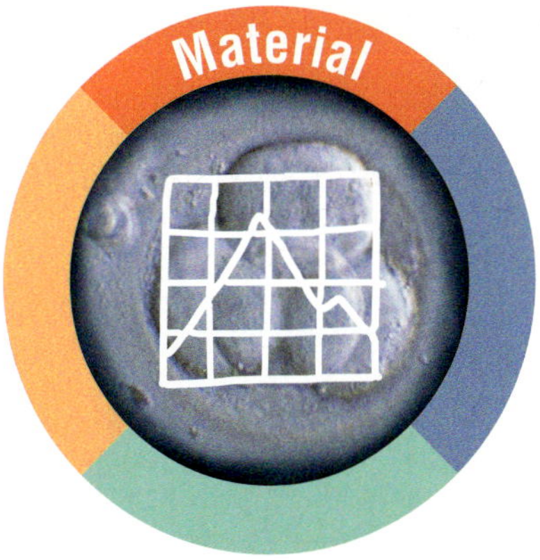

Informationen zur Reproduktionstechnologie

Das erste Retortenbaby

Am 25. Juli 1978 wurde in England ein 2600 gr. schweres Mädchen - Louise Joy Brown - geboren. Dieses Ereignis machte weltweit Schlagzeilen, denn neben dem leiblichen Vater darf sich das kleine Mädchen noch zwei weiterer „Väter" rühmen. Dies sind der Gynäkologe Patrick Steptoe und sein Kollege, der Physiologe Robert Edwards. Sie waren die Ersten, deren Experiment einer In-vitro-Fertilisation (= künstliche Befruchtung einer menschlichen Eizelle mit einem Spermium, beispielsweise in einem Reagenzglas) zu einer ungestörten Entwicklung des Embryos bis zur Geburt des Kindes führte. In Deutschland kam 1982 das erste „künstlich" gezeugte Baby zur Welt.

Aufgaben

① Informiere dich über den Ablauf einer sog. In-vitro-Fertilisation und charakterisiere diesen stichpunktartig!

② Welche gesundheitlichen und psychischen Probleme sind mit einer In-vitro-Fertilisation verbunden?

③ Wieso sind in einigen Ländern Eizellspenden verboten?

Geschlechtsauswahl in der Retorte

(FAZ, 2.5. 1990)

„Bei menschlichen Embryonen, die im Reagenzglas gezeugt wurden, ist britischen Wissenschaftlern jetzt eine rasche und zuverlässige Geschlechtsbestimmung gelungen. Man entnahm dazu jedem Embryo eine Zelle und fahndete in deren Erbgut nach dem männlichen Y-Chromosom. Grund dafür war die Befürchtung, bei diesen Embryonen könnte eine bestimmte, praktisch nur beim männlichen Geschlecht auftretende Erbkrankheit vorliegen. Die Untersuchung war offenbar so schonend, dass sich die Embryonen normal weiterentwickelten. Die beiden Frauen, denen sie anschließend übertragen wurden, sind jedenfalls schwanger geworden. Sie erwarten Zwillinge - lauter Mädchen."

Aufgaben

④ Stelle eine Liste mit Erbkrankheiten zusammen, welche bei Männern besonders häufig auftreten.

⑤ Bewerte den Vorschlag, Embryonen bereits kurz nach der Zeugung auf Erbkrankheiten zu untersuchen und nur gesunden Embryos ein weiteres Wachstum zu ermöglichen!

Streit um eingefrorene Embryonen

(AP-Meldung, 1989)

In den USA muss ein Gericht bei einem Scheidungsprozess klären, was mit eingefrorenen Embryonen geschehen soll. Das Ehepaar hatte sich nach langjähriger Kinderlosigkeit aus medizinischen Gründen zu einer In-vitro-Fertilisation entschieden. Von den zehn Embryonen, die auf diese Weise entstanden waren, wurden der Frau drei eingesetzt und sieben eingefroren. Die Frau wurde nicht schwanger. Das Paar war den psychischen Belastungen dieser Zeit nicht gewachsen und ließ sich scheiden. Die Frau möchte sich auch nach der Scheidung ihren Kinderwunsch erfüllen. Sie möchte sich die eingefrorenen Embryonen einpflanzen lassen. Der Mann möchte die Übertragung gerichtlich verhindern.

Aufgabe

⑥ Welche Argumente sprechen für bzw. gegen die Einstellung der Frau?

Altersgrenzen für Mutterglück

(aus Physis, 1993)

Die meisten Kliniken setzen für eine In-vitro-Fertilisation als obere Altersgrenze bei der Frau 40 Jahre an. Aus den USA wird berichtet, dass drei Frauen im Alter von 50 Jahren, zwei von ihnen waren bereits Großmutter, Kinder zur Welt gebracht hätten. Vier weitere Frauen dieser Altersgruppe seien schwanger. Die Mediziner entnahmen dazu einer jungen Spenderin Eizellen und befruchteten sie mit den Spermien des Partners der älteren Frau, in deren Gebärmutter sie die Embryonen übertrugen. Es wurden immer gleichzeitig 4 bis 5 Embryonen übertragen.

In Deutschland dürfen im Hinblick auf die Gefahr von Mehrlingsgeburten nicht mehr als 3 Embryonen gleichzeitig übertragen werden.

Aufgaben

⑦ Welche Risiken siehst du darin, dass der technische Fortschritt auch älteren Ehepaaren dabei hilft, sich ihre Kinderwünsche zu erfüllen?

⑧ Worin bestehen die Gefahren von Mehrlingsgeburten? Informiere dich und beschreibe mindestens drei unterschiedliche Gefahren!

Der geklonte Mensch

(AP-Nachricht, Washington, 1993)

Dem amerikanischen Forscher Jerry Hall gelang es erstmalig, menschliche Embryonen zu klonen. Um ethische Probleme zu vermeiden, verwandte er abnorme Embryonen, die nicht lebensfähig gewesen wären. Insgesamt 17 Embryonen mit 2 bis 8 Zellen teilte er in 48 einzelne Zellen und umgab sie mit einer schützenden künstlichen Hülle. Die so geschaffenen neuen Einzellstadien teilten sich im Durchschnitt dreimal. Keiner lebte nach seinen Angaben länger als 6 Tage.

Der italienische Arzt Dr. Severino Antinori behauptete im Jahr 2002, dass es ihm gelungen sei, Embryonen zu klonen. Er hätte es sogar geschafft, dass drei Frauen mit dem von ihm geklonten Embryonen schwanger seien.
Diese Behauptung wurde von dem Arzt bis heute weder bestätigt noch entkräftet.

Aufgaben

⑨ Welche Beweggründe treiben die Forscher an, das Klonen von menschlichen Embryonen zu erforschen?

⑩ Welche Risi'ken können beim Klonen von Menschen, beziehungsweise von menschlichen Embryonen auftreten?
Recherchiere in einer Bibliothek und im Internet. Stelle deine Ergebnisse in einer Liste dar.

Biomedizin und Reproduktionsmedizin

In-Vitro-Fertilisation
künstliche Befruchtung einer Eizelle mit einer Spermienzelle außerhalb des Körpers

Embryotransfer
Übertragung künstlich befruchteter Embryonen „zurück" in die Gebärmutter, z. B. mithilfe eines Katheters, meistens nicht schmerzhaft

Präimplantationsdiagnostik (PID)
Untersuchungsmethoden, welche an künstlich befruchteten Embryonen angewandt werden, um Erbkrankheiten zu erkennen, bevor die Embryonen in die Gebärmutter eingepflanzt werden

Stammzellen
Zellen, welche sich in unterschiedlichste Körperzellen spezialisieren können

Muskeldystrophie Duchenne
Erbkrankheit, die bei Jungen auftritt; Symptome: tödlicher Muskelschwund, meistens vor dem 25. Lebensjahr

Leukämie
Der normale Reifeprozess weißer Blutkörperchen ist durch genetische Veränderungen der Stammzellen gestört. Daher treten auch „funktionslose" weiße Blutkörperchen in den Blutkreislauf über und vermehren sich unkontrolliert. Genetisch veränderte Stammzellen verdrängen allmählich die gesunden Stammzellen im Knochenmark. „Funktionslose" weiße Blutkörperchen überschwemmen den Körper.

Die Biomedizin ist ein neues Fachgebiet, das die experimentelle Medizin mit der Zell- und Molekularbiologie verbindet. Die Reproduktionsmedizin beschäftigt sich speziell mit der Anwendung biologischer Erkenntnisse auf die Fortpflanzung des Menschen. Biomedizin und Reproduktionsmedizin befassen sich sowohl mit der Diagnose als auch mit der Therapie von Krankheiten. Dazu gehören seit vielen Jahren etablierte Methoden, wie die künstliche Befruchtung und der Embryotransfer, aber auch umstrittene, in der Entwicklung befindliche Techniken, wie die Erzeugung von Klonen, die Präimplantationsdiagnostik und der Einsatz von Stammzellen.

Präimplantationsdiagnostik (PID)

PID kann sinnvoll eingesetzt werden, wenn der Embryo mit hoher Wahrscheinlichkeit Träger einer schweren, genetisch bedingten Krankheit ist. Diese Vermutung besteht, wenn in der Familie der künftigen Eltern bereits eine genetisch bedingte Krankheit aufgetreten ist oder wenn die Eltern bereits ein krankes Kind haben. Bei der PID werden einem durch In-vitro-Fertilisation (= *künstliche Befruchtung*) entstandenen Embryo in einem sehr frühen Entwicklungsstadium (8-Zell-Stadium) eine oder zwei Zellen entnommen. Die DNA dieser Zellen kann dann auf genetische Defekte untersucht werden. Viele genetisch bedingte Krankheiten, z. B. Muskeldystrophie Duchenne, können so erkannt werden. Ergibt die Untersuchung, dass der Embryo genetisch gesund ist, kann er in die Gebärmutter eingepflanzt werden. Weist er einen genetischen Defekt auf, müssen die potentiellen Eltern entscheiden, ob er in die Gebärmutter eingesetzt wird oder ob er absterben soll.

Im Gegensatz zur *PID* werden bei der Pränataldiagnostik (*PND*) Zellen eines Embryos im Mutterleib gewonnen und genetisch untersucht. Ergeben sich dabei Hinweise auf genetische Defekte, ist ein Abbruch der Schwangerschaft möglich. Derzeit ist die PID durch das Embryonenschutzgesetz verboten. PND mit einer anschließenden Abtreibung ist dagegen rechtlich zulässig.

Stammzellen

Stammzellen sind Körperzellen, welche noch keine spezielle Funktion im Organismus übernommen haben. Vielmehr besitzen sie die Fähigkeit, sich zu verschiedensten Körperzellen zu spezialisieren. Während sie ganz spezielle Tochterzellen, z. B. Hautzellen, erzeugen, können sie sich selber weiter erhalten. In welche Zelle eine Stammzelle sich verwandelt, ist abhängig von der Umgebung, in der sie sich befindet.

Ziel der Stammzellforschung ist es, ansonsten nicht heilbare Krankheiten therapieren zu können. Dies bietet sich bei Krankheiten an, die mit einem Funktionsverlust oder einem Absterben lebenswichtiger Zellen verbunden sind. Bei der *Leukämie* beispielsweise können die entarteten Zellen des Patienten abgetötet und durch Stammzellen eines Spenders ersetzt werden. Langfristig besteht auch die Chance, defekte Nervenzellen zu ersetzen. Im Tierversuch ist es bereits gelungen, aus embryonalen Stammzellen Nervenzellen zu erhalten.

Bei der In-vitro-Fertilisation werden die Embryonen häufig von der Gebärmutterschleimhaut nicht akzeptiert und sterben ab. Deshalb werden in Ländern wie USA oder Australien Embryonen „auf Vorrat" erzeugt und tief gefroren, bis sie für eine erneute Übertragung in die Gebärmutter benötigt werden. Wenn die potentiellen Eltern erklären, diese Embryonen nicht mehr zu benötigen, müssten die Keime getötet werden. Aus solchen Embryonen lassen sich aber Stammzellen gewinnen.

Stammzellen können auch aus der Nabelschnur Neugeborener isoliert werden. Derartige Zellen werden vom Empfänger, zum Beispiel einem an Leukämie Erkrankten, weniger heftig abgestoßen. Adulte („erwachsene") Stammzellen kommen in erwachsenen Organismen vor. Zu ihnen gehören u. a. die neuronalen Stammzellen und Stammzellen aus dem Knochenmark, die zur Bildung von Blutzellen dienen.

„Totipotente" Stammzellen sind zu jeder Differenzierung fähig, d. h. sie können sich zu jedem der über 200 verschiedenen Zelltypen des Körpers entwickeln. Dabei handelt es sich um embryonale Stammzellen, das sind Stammzellen, die aus Embryonen gewonnen werden. „Pluripotente" Stammzellen können sich nur noch zu einigen bestimmten Zelltypen entwickeln, aus „unipotenten" Stammzellen kann nur noch ein bestimmter Zelltyp entstehen. Adulte Stammzellen sind uni- oder pluripotent.

Klonen

Was ist ein Klon?

Als Klon bezeichnet man eine Gruppe erbgleicher Individuen, welche durch ungeschlechtliche Vermehrung entstehen. Bei ihrer Entwicklung laufen nur *Mitosen* ab, jedoch keine *Meiosen*. Damit sind alle Nachkommen eines einzigen Individuums sowohl in ihren Erbinformationen als auch in ihrem Aussehen völlig identisch.

Aufgaben

① Beschreibe die Entstehung eineiiger Zwillinge. Vergleiche diese mit zweieiigen Zwillingen. Begründe, ob es sich dabei um Individuen eines Klons handelt!

② Welche Möglichkeiten der geschlechtlichen und der ungeschlechtlichen Fortpflanzung gibt es? Beschreibe je zwei Beispiele aus dem Pflanzen- bzw. Tierreich!

③ Stelle in einer Tabelle Vor- und Nachteile der geschlechtlichen und ungeschlechtlichen Fortpflanzung einander gegenüber!

④ Informiere dich über die Fortpflanzung bei Bakterien. Beschreibe die Bedeutung der Konjugation der Bakterien!

1

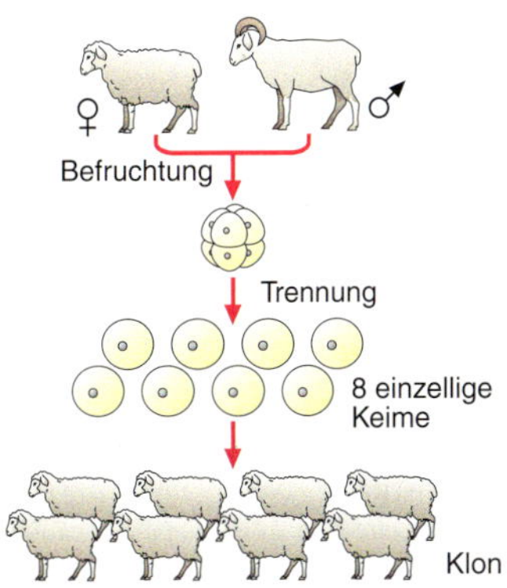

⑤ Die Abbildung 1 zeigt eine Methode zur Teilung von Embryonen in der Nutztier-Züchtung. Beschreibe die Methode des Klonens durch Teilen des Embryos.

⑥ Stelle tabellarisch die Möglichkeiten und Risiken des Nutztierklonens gegenüber!

⑦ Bei der Züchtung neuer Nutzpflanzensorten oder Nutztierrassen legen Züchter großen Wert darauf, möglichst schnell eine hohe Zahl genetisch verschiedener Individuen zu erhalten. Warum? Begründe ausführlich!

⑧ Wieso versuchen Züchter, eine optimale Rasse bzw. Sorte erst einmal ungeschlechtlich weiter zu vermehren?

⑨ Beschreibe die Unterschiede zwischen mitotischen Zellteilungen und meiotischen Zellteilungen. Erkläre, warum es diese zwei Zellteilungsmechanismen gibt.

Methoden der Klonierung

2

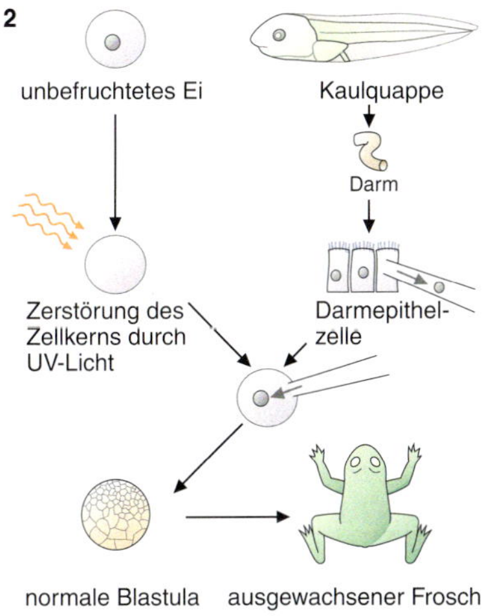

⑩ Welchen evolutionären Vorteil bietet es, dass sich sehr viele Lebewesen geschlechtlich fortpflanzen?

⑪ Abbildung 2 zeigt einen Versuch zum Klonen von Krallenfröschen (1950er Jahre). Erkläre anhand der Abbildung die Vorgehungsweise der Forscher!

⑫ Vergleiche die Abbildung 2 mit der in Abbildung 1 beschriebenen Methode!

⑬ Ian Willmut und seine Mitarbeiter erzeugten 1996 das Klonschaf Dolly mithilfe einer neuen Technik (Abbildung 3). Vergleiche diese mit den Vorgehensweisen aus Abbildung 1 und 2. Was ist das Besondere an Dolly?

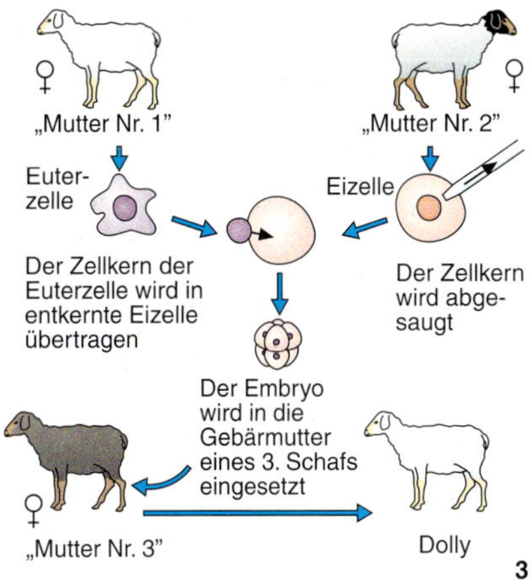

3

Therapeutisches Klonen

„Wissenschaftler versuchen zurzeit, gesunde Zellen zu züchten, mit deren Hilfe es möglich sein soll, zerschlissenes Gewebe zu ersetzen. Alzheimer- und Parkinsonpatienten, aber auch Diabetikern oder Menschen mit verkümmerten Leberzellen soll so geholfen werden. Geforscht wird unter anderem an folgendem Verfahren: Therapeutisches Klonen mit embryonalen Stammzellen. Wissenschaftler wollen dabei neues Gewebe mit dem Erbgut eines Patienten züchten. Es dürfte von seinem Immunsystem nicht abgestoßen werden. Mit dem im Tierversuch gelungenen Verfahren soll Erbmaterial aus gesunden Zellen eines Patienten in eine zuvor entkernte Eizelle gespritzt werden. Diese teilt sich mehrfach und reift im Labor zu einem frühen Embryo-Stadium heran. Zu dieser Zeit sind die so genannten embryonalen Stammzellen nicht ausdifferenziert, sondern können sich noch in viele Gewebe des Körpers entwickeln. Die Grundlagen des Verfahrens hatten die „Väter" des Klonschafs Dolly entwickelt. Forscher suchen nun jedoch „Schalter" in diesen Zellen, damit sie nur zu bestimmen Geweben, etwa zu Insulin produzierenden Zellen heranwachsen."
(www.wissenschaft.de, 21. 12. 2000)

⑭ Informiere dich über die im Text erwähnten Krankheiten bezüglich Ursache, Verlauf, Prognose und Therapie.

⑮ Vergleiche das therapeutische Klonen unter besonderer Berücksichtigung der Durchführung und der Zielsetzung mit den verschiedenen Möglichkeiten des Klonens zur Erzeugung von Nachkommen (= reproduktives Klonen). Bewerte die Chancen und die Risiken des therapeutischen Klonens?

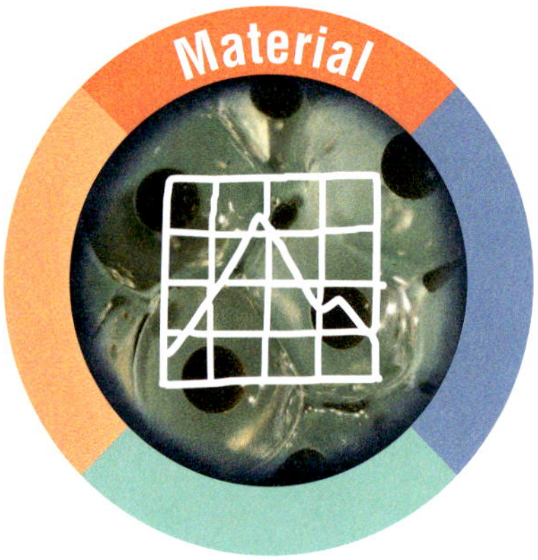

Ethische Aspekte der Biomedizin

Hinweise zu den Quellen
Die Texte wurden so ausgewählt, dass die komplexe Problematik zur Erforschung und dem Einsatz biomedizinischer Techniken aus verschiedenen Sichtweisen deutlich wird.

Bericht einer Betroffenen

Es handelt sich um einen im Internet veröffentlichten Bericht einer Betroffenen bzw. deren Angehörigen und Freunde. Dieser Bericht wurde anonymisiert, die Fakten wurden dabei nicht verändert.

„16.07.: Nach langem Hoffen und Beten erreicht uns nun doch endlich die frohe Botschaft: Laura wurden heute die neuen Stammzellen übertragen! Alle weiteren Tests (bei dem Stammzellenspender) verliefen positiv, so dass ihm heute Vormittag unter Vollnarkose Knochenmark aus dem Beckenknochen entnommen werden konnte. Daraus wurden dann die Stammzellen herausgefiltert, sodass um 18.45 Uhr die eigentliche Transfusion stattfinden konnte. Lauras Reaktion nach der Übertragung: „Was, das war schon alles?"

Laura hat die Übertragung gut überstanden und es geht ihr den Umständen entsprechend gut. Jetzt heißt es Daumen drücken, dass Lauras Körper die neuen Stammzellen annimmt und selbsttätig anfängt, weiße Blutzellen zu bilden und dass Laura die Zeit, in der sich ihr Immunsystem, das für die Übertragung völlig zerstört wurde, wieder neu bilden muss, gut übersteht. Sie liegt jetzt in der Transplantationsabteilung der Medizinischen Uni-Klinik in einem Reinstraum, der nur von den Eltern, den Ärzten und dem Pflegepersonal in speziellen keimfreien Schutzanzügen betreten werden darf, um eine Infektionsgefahr weitgehend auszuschließen.

04.08.: Heute hat Lauras Körper begonnen, selbstständig weiße Blutzellen zu bilden und somit wieder ein eigenes Immunsystem aufzubauen.

01.10.: Laura ist inzwischen seit gut einem Monat nicht mehr dauerhaft in der Klinik, sondern lebt wieder zuhause. Ihr Immunsystem ist noch immer schwach und sie muss bei Infektionen noch ins Klinikum zur Behandlung, aber sie ist eindeutig auf dem Weg der Besserung und auch ihr Lebensmut kehrt wieder zurück. Als Faustregel für die Dauer der kritischen Phase nach der Transplantation gilt allgemein ein Zeitraum von 100 Tagen. Aus Anlass des Endes dieses Zeitraums findet am 27.10. ein Dankeschön-Fest in der Krankenhaus-Mehrzweckhalle statt."

Aufgaben

① Beschreibe die Ursache und die Auswirkungen von Lauras Krankheit!
② Erkläre in eigenen Worten, wie Laura mithilfe einer Stammzellenspende geholfen werden kann.
③ Informiere dich z. B. im Internet, worin die Gefahren einer Stammzellentransplantation liegen!

Stammzellen ersetzen Nervenzellen

(Veröffentlichung der DMSG - Deutsche Multiple Sklerose Gesellschaft - 2001)

„Der Differenzierungsprozess der embryonalen Stammzellen kann unter experimentellen Bedingungen beeinflusst werden. So ist es gelungen, aus embryonalen Stammzellen gezielt verschiedene Zellen des Körpers herzustellen, u. a. auch die Hauptbestandteile des Gehirns, die Glia- und Nervenzellen. Im Tierexperiment hat man dabei bemerkenswerte Erfolge erzielt. Aus embryonalen Stammzellen der Maus gewonnene Vorläufer von Gliazellen führten nach Implantation in das Gehirn von Mäusen mit einer erblichen Form des Verlustes von Nervenfaserscheiden zum Aufbau ordnungsgemäßer und funktionsgerecht wirkender Nervenfaserscheiden."
„Mittlerweile konnte man aber bereits nachweisen, dass adulte Stammzellen, das sind Stammzellen aus dem Knochenmark erwachsener Menschen, auch ins Gehirn einwandern und dort Zellen mit Nervenzelleigenschaften bilden können. Obschon damit das Potential der adulten Stammzellen höher ist, als noch vor einigen Monaten angenommen wurde, erscheinen die Arbeiten mit menschlichen embryonalen Stammzellen als ein wichtiger und notwendiger Zwischenschritt, um wesentliche Erkenntnisse für die wahrscheinlich sehr schwierigen Methoden der gezielten Reprogrammierung und Differenzierung adulter Stammzellen zu gewinnen."

Aufgaben

④ Nenne tabellarisch Unterschiede zwischen embryonalen und adulten Stammzellen.
⑤ Welche Krankheiten könnten laut diesem Forschungsbericht durch Stammzellen geheilt werden?

Feten als Stammzellenspender

„Die britische Firma ReNeuron hat bereits ein Verfahren entwickelt, wie aus wenigen embryonalen Stammzellen ein „unsterblicher" Vorrat gezüchtet werden kann. Das Verfahren der „Immortalisierung", also das „Unsterblich-Machen" von Zellen, habe man entwickelt, um die moralischen und praktischen Einschränkungen zu umgehen, die mit der Entnahme von frischen Gehirnzellen aus menschlichen Feten verbunden sind. Angeblich genügen die Zellen von einem einzelnen, abgetriebenen Fetus, um damit nach Vermehrung 1000 Patienten behandeln zu können. Zellen von abgetriebenen Feten könne man nach John Sinden von ReNeuron unbedenklich benutzen:
„Das ist Gewebe, das ansonsten verloren ginge oder weggeworfen würde. Wir brauchen wirklich nur sehr wenige Zellen. Außerdem züchten wir Zellen von einem einzigen Embryo, was genug ist, um eine sehr große Zahl von Menschen zu behandeln."

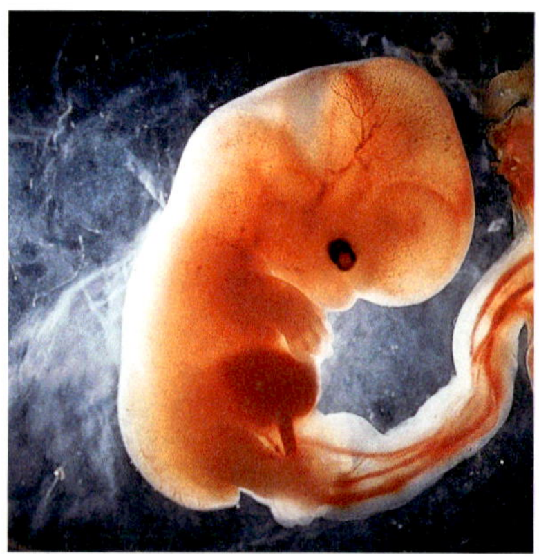
Fetus in Fruchtblase und mit Nabelschnur

(Pressemitteilung der Diözese Rottenburg-Stuttgart vom 11.6.2001.)

„Den Äußerungen des nordrheinwestfälischen Ministerpräsidenten Wolfgang Clement, der für die Forschung an embryonalen Stammzellen votiert und dies mit dem christlichen Gebot der Nächstenliebe und der „Ethik des Heilens" begründet hatte, hat jetzt Bischof Gebhard Fürst nachdrücklich widersprochen. „Mit dem Gebot der Nächstenliebe und einer Ethik des Heilens und Helfens kann die Forschung an embryonalen Stammzellen nicht begründet werden", erklärte der Bischof.

„Clement habe das Gebot der Nächstenliebe offenbar nicht recht verstanden. Er solle jedenfalls nicht versuchen, die moralischen Überzeugungen der Christen forschungs- und wirtschaftspolitisch zu instrumentalisieren. Aus seiner Sicht, so der Bischof, käme Clement als Heiliger der Nächstenliebe durchaus nicht in Frage. Der Nationale Ethikrat solle sich in keiner Weise von Wolfgang Clements unverantwortlichem Vorstoß unter Druck setzen lassen. Wer eine Politik der vollendeten Tatsachen versuche, entmündige die Öffentlichkeit, die gerade begonnen habe, sich über die Gentechnik (▶ S. 146) ein unabhängiges ethisches Urteil zu bilden."

„Wer soll denn einem Forscher oder Politiker glauben, dass er menschliches Leben heilen will, wenn dieser dazu erst einmal menschliches Leben missbraucht und vernichtet?" Es sei nicht erlaubt, menschliches Leben zu opfern, um andere zu heilen. Der Bischof warf Clement Augenwischerei vor. Es werde immer wieder so getan, als sei die Forschung selbst schon eine Therapie. Tatsächlich sei es immer noch zweifelhaft, ob die Forschung an embryonalen Stammzellen jemals zu Therapien führe.

Verwendung von menschlichen Embryos – Recht oder Unrecht?

(Empfehlungen der Deutschen Forschungsgemeinschaft zur Forschung mit menschlichen Stammzellen, 03. 05 2001)

„Die Entscheidung über diese Frage läuft auf einen Abwägungsprozess zwischen dem verfassungsrechtlichen Lebensschutz des Embryos einerseits und der ebenfalls verfassungsrechtlich geschützten Forschungsfreiheit andererseits heraus. Der ethische und rechtliche Schutz der Forschungsfreiheit ist nicht absolut; genauso wenig wie das Lebensrecht des Embryos. Indem der Gesetzgeber bestimmte Verfahren der Empfängnisverhütung gestattet und auch den Schwangerschaftsabbruch unter bestimmten Bedingungen von der Strafverfolgung ausnimmt, ist auch der Schutz des menschlichen Embryos nicht uneingeschränkt gewährt."

„Die DFG ist sich – auch vor dem Hintergrund der jüngsten deutschen Geschichte – der Problematik bewusst, einerseits frühes menschliches Leben zu Forschungszwecken zwar nicht explizit herzustellen, andererseits aber doch zu verwenden. Sie ist der Meinung, dass der Rubikon in dieser Frage mit der Einführung der künstlichen Befruchtung überschritten wurde und dass es unrealistisch wäre zu glauben, unsere Gesellschaft könne in einem Umfeld bereits bestehender Entscheidungen zum Lebensrecht des Embryos (Einführung von Nidationshemmern = Schwangerschaftsabbruch) zum status quo zurückkehren. Sie ist jedoch davon überzeugt, dass die vorliegenden Empfehlungen einerseits unserem Verfassungsverständnis und Rechtsempfinden, andererseits aber auch einem Menschenbild entsprechen, das der wissenschaftlichen Forschung an sich wie auch den berechtigten Interessen kranker Menschen gerecht wird."
(Rubikon: Fluss in Italien. Sinnbildlich: Den Rubikon überschreiten = sich unwiderruflich auf eine riskante Handlung einlassen.)

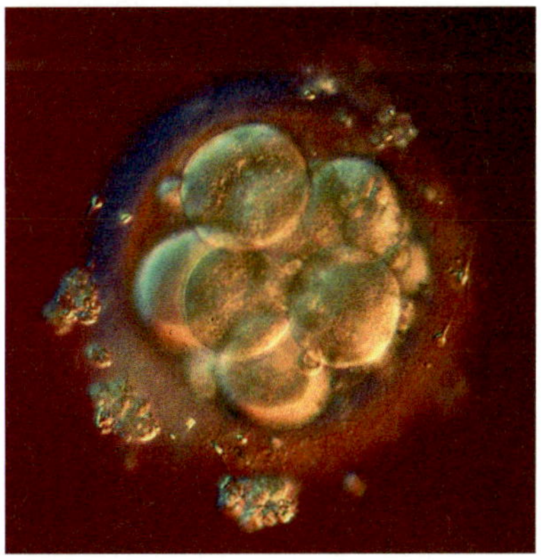

So sieht ein Embryo ganz am Anfang seiner Entwicklung aus.

Stellungnahmen aus dem Internet

„Im *Keimbläschen-* oder *Blastocysten-*Stadium, wenn der geklonte Organismus üblicherweise zerlegt wird, um eine Stammzell-Linie daraus zu gewinnen, ist der Embryo nur ein hohlkugelförmiger Zellhaufen von der Größe dieses Punktes. (In diesem Stadium heften sich Embryonen normalerweise auch noch nicht an die Gebärmutterwand - was viele Menschen als den Beginn der eigentlichen Embryonalentwicklung ansehen.) Die Blastocyste hat keine Organe, kann unmöglich denken oder fühlen und verfügt über keine der typisch menschlichen Eigenschaften."

„Die Notwendigkeit, größere Mengen an menschlichen Eiern zu beschaffen, wirft eine der heikelsten ethischen Fragen im Zusammenhang mit der Klonforschung auf. In jedem Menstruationszyklus produziert eine Frau in der Regel nur ein bis zwei reife Eier. Für die Forschung werden jedoch wesentlich mehr benötigt. Deshalb erhält die potenzielle Spenderin eisprungfördende Medikamente, ähnlich wie für eine Reagenzglasbefruchtung. In seltenen Fällen können diese Arzneimittel ein so genanntes Hyperstimulationssyndrom auslösen – mit Leberschäden, Nierenversagen oder Schlaganfall als möglichen Folgen."

Aufgaben

① Befürworter und Gegner des Einsatzes biomedizinischer-Techniken nehmen für sich in Anspruch, aus ethischen Beweggründen zu handeln. Vergleiche deren Argumentation und setze dich damit kritisch auseinander.
② Versuche die weltanschaulichen bzw. religiösen Grundlagen für die Argumentation der Befürworter und Gegner zu beschreiben und zu vergleichen.
③ Sammle Informationen zu den beschriebenen Erkrankungen bzgl. Ursachen, Symptomen sowie zu Möglichkeiten und zu seinen herkömmlichen Therapien. Informiere dich mit Fachliteratur und durch Internet-Recherche über weitere Erkrankungen, die mithilfe von Stammzellen geheilt werden könnten.
④ Stelle in einem Mindmap die Zusammenhänge zwischen Stammzellenforschung, PID (Präimplantationsdiagnostik), Klonen und Gentechnik dar.
⑤ Führe mit deinen Klassenkameraden eine Diskussion zum Thema Stammzellenforschung durch. Dabei sollte je ein Schüler die Position eines entschiedenen Gegners, eines Befürworters und eines Betroffenen einnehmen.

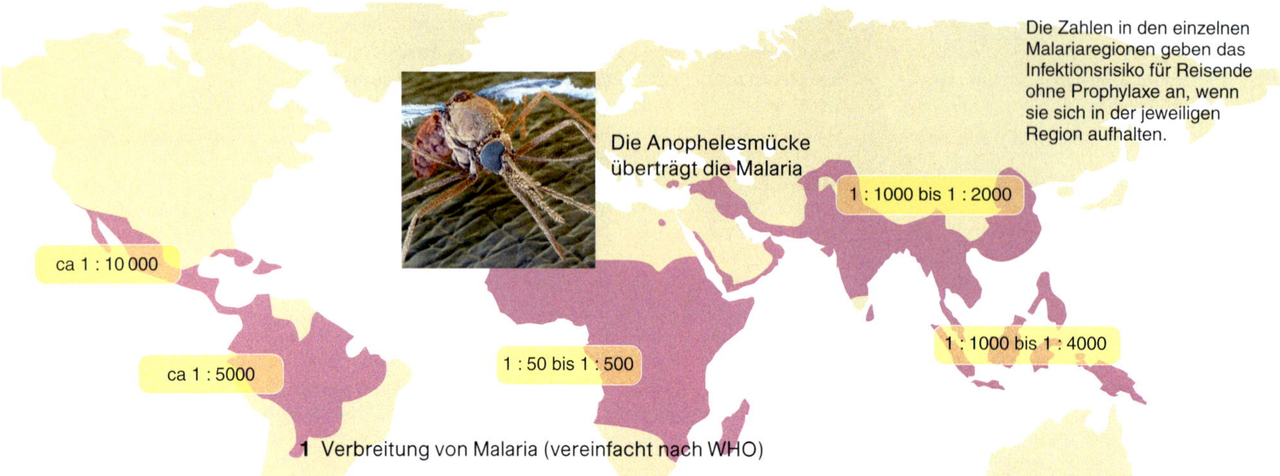

1 Verbreitung von Malaria (vereinfacht nach WHO)

Mücken und Zecken übertragen Krankheitserreger

In Deutschland eingeschleppte Malariafälle (1993 – 1999)

Kenia	964
Indien	205
Indonesien	127
Thailand	64
Dom. Republik	59
Brasilien	26
Mexiko	16

Malaria

Reisen in ferne Länder rangieren ganz oben auf der Hitliste der Ferienwünsche. Mancher Urlauber jedoch bringt Unerwünschtes aus der „schönsten Zeit des Jahres" mit: Jährlich gibt es über 1000 Malariainfektionen beim Urlaub im Ausland. Man schätzt, dass 300 Millionen Menschen infiziert sind und 2 Millionen jedes Jahr an dieser Krankheit sterben. Abb.1 zeigt die heutigen Malariagebiete.

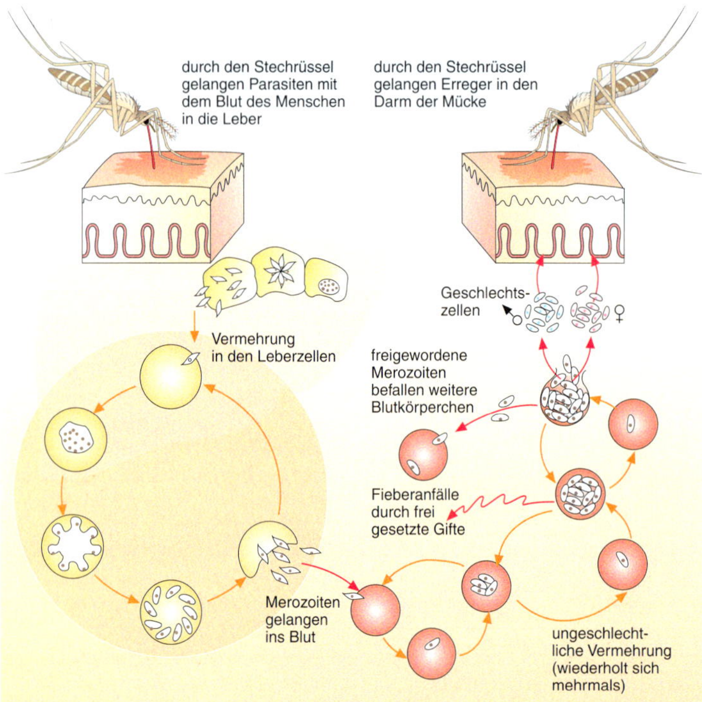

2 Entwicklungszyklus der Malariaerreger

Viele Touristen suchen keine Informationen über vorbeugende Maßnahmen oder Heilungschancen. Vor Fernreisen sollte man sich bei einem Arzt über die notwendigen Medikamente informieren. Einen absolut sicheren Schutz vor Malaria gibt es nicht, jedoch können Medikamente das Risiko einer Infektion stark herabsetzen. Die beste Prophylaxe ist jedoch immer noch, sich in Malariagebieten vor Mückenstichen zu schützen. Da die weiblichen Mücken nur in der Dämmerung oder nachts stechen, schläft man unter Moskitonetzen; am Tag genügt es, sich die Haut mit Insekten abwehrenden Lotionen einzureiben.

Malaria wird ausgelöst durch Einzeller der Gattung *Plasmodium*. Für ihre Entwicklung sind sie auf zwei Wirte angewiesen, den Menschen und die *Fiebermücke Anopheles*. Die Entwicklung läuft folgendermaßen ab: Eine infizierte Mücke sticht einen Menschen. Dabei gelangen Parasiten, die Plasmodien, mit dem Speichel der Mücke in das menschliche Blut. Über die Blutbahn wandern sie bis zur Leber und dringen in die Leberzellen ein. In den Leberzellen vermehren sie sich durch Zellteilung. Die entstandenen Zellen werden *Merozoiten* genannt. Diese wandern zurück ins Blut und dringen in die roten Blutzellen ein. Dort teilen sie sich erneut mehrmals. Es entsehen viele neue, kleine Merozoiten. Diese Mehrfachteilungen erfolgen bei allen befallenen Blutzellen im gleichen Rhythmus, sodass auch das Aufplatzen der Zellen gleichzeitig erfolgt (bei der häufigsten Malariaform alle drei Tage).

Pro Zelle werden etwa 32 Merozoiten frei, die wiederum neue Blutzellen befallen. Gleichzeitig mit dem Zerfall der roten Blutzellen werden Stoffwechselgifte *(Toxine)* freigesetzt, die zu heftigen Fieberanfällen führen *(Dreitagefieber)*.

Ist das Blut mit Merozoiten überschwemmt, bilden sich Vorstufen geschlechtlicher Zellen, die sich nur in der Fiebermücke Anopheles weiterentwickeln können. Sticht Anopheles einen Infizierten, gelangen Erreger mit dem aufgesaugten Blut in den Darm der Mücke. Dort entwickeln sich *Geschlechtszellen*. Verschmelzen eine männliche und eine weibliche Geschlechtszelle, entsteht eine *Zygote*. Sie dringt in die Darmwandzellen der Mücke ein und bildet dort durch Zellteilung *Sporozoiten*. Sie wandern in die Speicheldrüsen und werden beim nächsten Stich wieder auf Menschen übertragen – der Entwicklungskreislauf ist geschlossen.

Zecken

Zecken sind Spinnentiere und ernähren sich von Blut, welches sie für ihre Entwicklung benötigen. Ein Weibchen saugt in 2 bis 3 Tagen so viel Blut, dass es von 2 mm auf 4 mm anschwillt. Mit ihren Mundwerkzeugen sägen sie eine Öffnung in die Haut und geben dabei ein Betäubungsmittel und Sustanzen, die eine Blutgerinnung verhindern, in das Blut ihrer „Opfer“ ab. Während des Saugens nehmen die Zecken auch Krankheitserreger auf und können sie auf andere „Opfer“ übertragen.

In Mitteleuropa übertragen die Zecken zwei für den Meschen gefährliche Krankheiten:

FSME ist die Abkürzung für die **F**rüh-**S**ommer-**M**eningo-**E**nzephalitis, eine Erkrankung des Nervensystems, die zu Entzündungen der *Hirnhaut (Meningo)* und des *Gehirns (Enzephalon)* führen kann. Die Krankheitserreger sind Viren, die im Frühsommer durch die Zecken eine weite Verbreitung finden. 2 bis 28 Tage nach dem Zeckenbiss kann es zu einem Fieberanstieg kommen. Bei 60 % der Erkrankten kommt es zu schwerwiegensten Folgen im Nervensystem, die zu langdauernden Kopfschmerzen und vereinzelt auch zu Lähmungen führen können.

Die *Borreliose* wird durch Bakterien ausgelöst. Zwischen dem Zeckenbiss und den ersten Erscheinungen können bis zu 12 Wochen vergehen. Bei 50 % der Infizierten entsteht um die Bissstelle eine sich ringförmig ausbreitende Hautrötung, begleitet von Fieber, Lymphknotenschwellungen, Gelenk- und Kopfschmerzen. Häufig heilt die Erkrankung in diesem Stadium von alleine aus. Es kann jedoch zu Komplikationen im Bereich des Nervensystems bzw. des Herzens kommen.

Bei der Gartenarbeit, bei Wanderungen im Wald oder beim Spielen auf einer Wiese sind Kontakte mit Zecken möglich. Deshalb sollte man sich danach gründlich auf Zecken absuchen. Kleidung mit langen Ärmeln oder lange Hosen können zusammen mit einer Insekten abwehrende Lotion einen gewissen Schutz bieten. In gefährdeten Gebieten kann man sich gegen FSME impfen lassen. Die Borreliose kann nur mit *Antibiotika* behandelt werden.

Aufgaben

① Erstelle anhand des Textes und mit der Abbildung 2 auf S. 136 eine beschriftete Skizze zum Entwicklungszyklus des Malaria-Erregers!

② Vergleiche in einer Tabelle die Borreliose mit der FSME hinsichtlich Vorkommen, Inkubationszeit, befallene Organe, Symptome und Therapie!

③ Stelle vier Verhaltensregeln zur Abwehr von Borreliose bzw. FSME auf!

④ Fertige eine nach Ländern gegliederte Liste über weitere Krankheiten an, welche durch Mücken und Zecken übertragen werden!

Borreliose:
- 5 – 35 % der Zecken sind befallen
- nach Zeckenbiss: 3 – 6 % ige Wahrscheinlichkeit, dass die gebissene Person an Borreliose erkrankt
- 0,5 Mio. Menschen: in Deutschland von chronischer Borreliose betroffen
- ca. 60 000 neue Fälle pro Jahr in Deutschland.

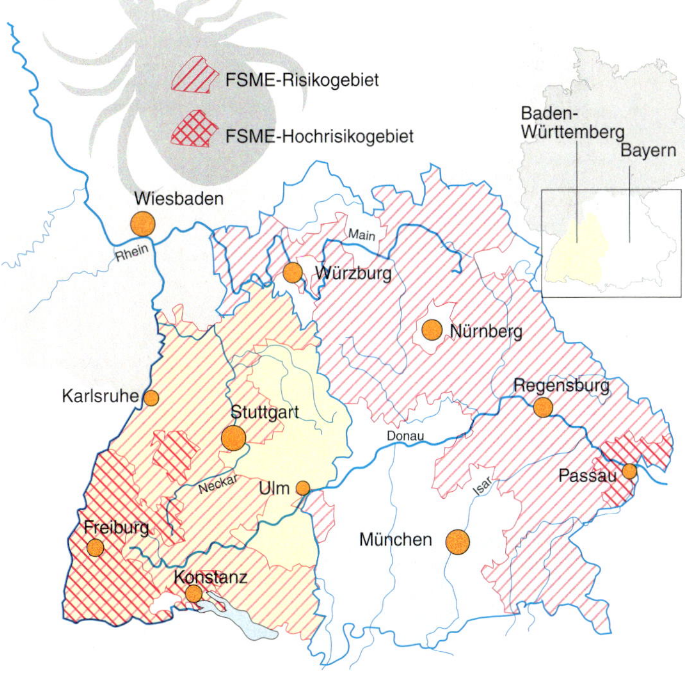

1 Verbreitung des Erregers der Hirnhautentzündung

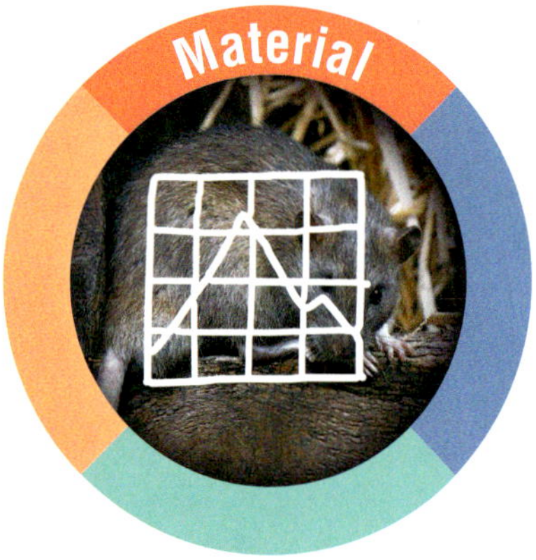

Krankheiten beeinflussen die Welt

Pest

Der Begriff Pest stammt von dem lateinischen Wort *pestilentia* = Seuche, Pest, ungesunde Luft.
Die Pest ist eine extrem ansteckende Infektionskrankheit (▶ S. 145) , die sowohl als Beulen- als auch als Lungenpest auftritt.
Ursprünglich kommt sie bei wild lebenden Nagetieren wie Ratten vor. Der Erreger der Pest ist ein unbegeißeltes, stäbchenförmiges Bakterium, welches 1894 entdeckt wurde. Dieses Bakterium wird durch Parasiten, wie Flöhe übertragen. Rattenflöhe infizieren sich an erkrankten Ratten. Suchen die Flöhe den Menschen als Ersatzwirt auf, infizieren sie ihn mit den Krankheitserregern. Die Erkrankung wird auch von Mensch zu Mensch weitergetragen: Eine Ansteckung ist über infizierte Gegenstände und als Tröpfcheninfektion über die Atemwege möglich.

Zwischen 1347 und 1352 breitete sich der „schwarze Tod" bis nach Island aus und forderte ca. 25 Millionen Tote, etwa ein Drittel der damaligen Bevölkerung.
Die Pest hatte ihren Ausgangspunkt im Orient. Über das Mittelmeer kamen Handelsschiffe nach Italien, Frankreich und Spanien. 1347 kamen in Genua zwölf Galeeren an, deren Matrosen bereits auf der Überfahrt verstorben oder schwer krank waren. Viele dieser Schiffe trieben als Geisterschiffe vor der Küste.

Infizierte Ratten von diesen Schiffen verbreiteten die Pest in den Hafenstädten des Mittelmeers und weiter ins Landesinnere, da die Waren – und damit auch die Ratten – mit Schiffen auf den Flüssen weitertransportiert wurden.

„In den Städten ist die Zahl der Beerdigten größer als die der Lebenden", schrieb ein Geschichtsschreiber. Die Menschen flohen vor der Krankheit in andere Orte, in denen noch keine Pestfälle aufgetreten waren. Auch Kriege wurden von der Pest beeinflusst, da Stadtbelagerungen unabhängig von der militärischen Stärke durch das Sterben der Belagerten oder der Belagerer endeten.

Im Mittelalter stellte man sich vor, die Luft sei mit krankmachenden Stoffen befleckt, die der Menschennatur feindlich sind. Auf Pestbildern findet man in den Straßen der Städte Scheiterhaufen, die angezündet wurden, um die Luft mit Holzrauch von krankmachenden Stoffen zu befreien. Auch die Doktoren in der Pestkleidung hatten in der Schnabelnase der Gesichtsmaske Riech- und Räuchermittel, welche die Atemluft von den schädlichen Stoffen der Luft reinigen sollten. Die Doktoren glaubten, dass weniger der Rauch, sondern das Feuer eine Rolle spielt, in dem es den Infektionstierchen in der Luft Flügel und Beine verbrannte und sie so unschädlich mache. Es herrschten verschiedene Begründungen über die Herkunft der Pest. Man beschuldigte Juden, Zigeuner, fremde Handelsreisende und Hexen.

Aufgaben

① Beschreibe anhand der Texte, welche Vorstellungen die Menschen im Mittelalter von der Ausbreitung der Pest hatten. Weshalb konnten sie noch keine sinnvolle Erklärung für das Auftreten der Pest haben?
② Beschreibe anhand der Karte, wie sich die Pest in Europa ausbreitete und wie es dazu kommen konnte.
③ Erläutere, wie man heute die Pest bekämpfen würde.

„Der Tod" von A. Rethel

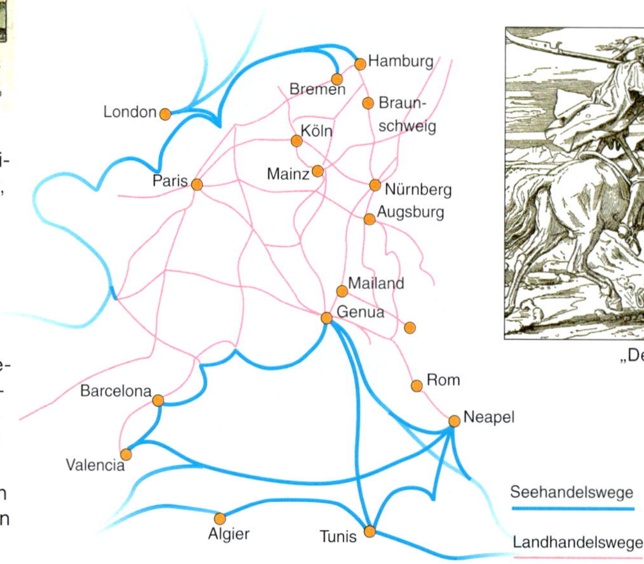

Cholera

Cholera in Hamburg
1831 trat die Cholera in Deutschland auf. Immer wieder kehrte diese Krankheit in die Städte zurück. In Hamburg starben 1892 innerhalb von sechs Wochen 8605 Menschen an der Cholera.
Die Stadt Hamburg hatte nach dem Großen Brand im Jahre 1842 ein Wasserversorgungsnetz errichtet, indem man das Wasser mit einer dampfgetriebenen Pumpenanlage aus der Elbe in ein Rohrsystem saugte und verteilte. Die großen Mengen Abwässer mit dem Kot und Unrat gelangten in die Elbe zurück. Erst nach 1892 führte man Abwasserkanäle ein und filterte das Trinkwasser durch Kiesfilteranlagen.

Der Cholera-Erreger wurden 1883 von Robert Koch identifiziert. Es ist ein Bakterium, das sich mithilfe von Geißeln fortbewegt. Die Bakterien gelangen durch verunreinigte Lebensmittel und Trinkwasser in den menschlichen Körper und verursachen die Krankheit, indem sie im Dünndarm des Menschen ein Gift ausscheiden. Die Inkubationszeit beträgt ca. 3 Tage.

Ein Bericht aus einer großen Stadt um 1860: „In den Stadtteilen der armen Leute sind keine Kloaken und Abtritte (Toiletten); und daher wird aller Unrat, Abfall und Exkremente von wenigstens 50 000 Menschen jede Nacht in die Rinnsteine geworfen, sodass trotz allen Straßenkehrens eine Masse angetrockneter Kot und ein stinkender Dunst entsteht. Alle, die diesen Zustand der Bewohner näher kennen, werden Zeugnis geben, welchen hohen Grad Krankheiten und Elend hier erreicht haben."

Erstes Anzeichen der Krankheit ist das Schrumpfen des Gesichtes und anderer weicher Körpergewebe aufgrund des großen Wasserverlustes. Dieser wird durch massiven Durchfall hervorgerufen, bei dem man innerhalb eines Tages ca. 20 Liter Wasser verliert. Es kommt zu einem Kreislaufkollaps, die Gliedmaßen werden blau und der Körper ist allgemein unterkühlt. Die Krankheit dauert 2 bis 7 Tage. Der erste Choleraanfall ist für 70 % der Erkrankten tödlich.

Aufgaben

④ Kläre die Bedeutung der Begriffe Hygiene, Prophylaxe und Diagnose. Verwende sie bei der Beantwortung der folgenden Fragen.
⑤ Nenne Gründe, weshalb in den größer werdenden Städten des 19. Jahrhunderts die Gefahr einer Choleraepidemie sehr groß war.
⑥ Welche Veränderungen hat diese Epidemie ausgelöst, sodass die Cholera in den Großstädten der Industriestaaten heute nicht mehr auftritt?
⑦ In den Ländern der 3. Welt kommen immer wieder Choleraepidemien vor, besonders in den Slums und Flüchtlingslagern. Welche Ursachen spielen dabei eine Rolle? Erläutere, welche Möglichkeiten es gibt, den Menschen dort zu helfen.

Slums in der Dritten Welt

⑧ Deutsche Touristen haben sich in Kenia mit Cholera infiziert. In manchen Ländern besteht ein Cholera-Risiko auch für Personen, die sich nur in Hotels aufhalten. Durch welche Vorsichtsmaßnahmen können sich Touristen schützen?

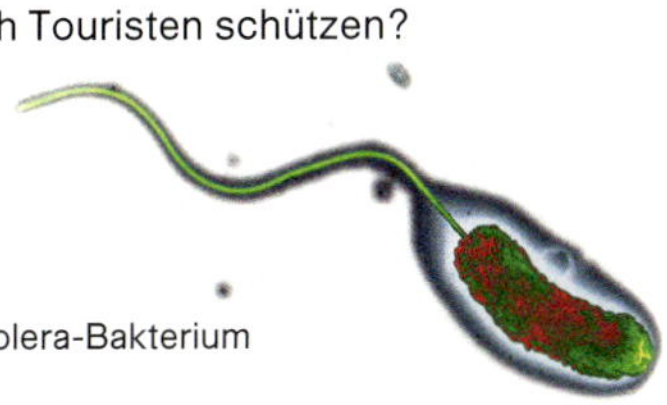

Cholera-Bakterium

Die Tuberkulose (TBC)

Vorkommen

„Die Tuberkulose ist weltweit verbreitet. Nach Schätzungen der Weltgesundheitsorganisation (WHO) erkrankten im Jahr 2000 etwa 8,4 Millionen Menschen neu an Tuberkulose. 80 % aller neuen Fälle treten in nur 23 Ländern auf. Es wird befürchtet, dass die Zahl der Tuberkulosefälle in den nächsten Jahren weltweit um durchschnittlich 3 % pro Jahr ansteigen wird. Nur in den Industrienationen gehen die Neuerkrankungen zur Zeit um 2 – 3 % pro Jahr zurück.
In ganz besonderem Maße betroffen sind die Entwicklungsländer; dort treten etwa 95 % aller Tuberkulosefälle weltweit auf.
Etwa zwei Millionen Menschen sterben jährlich an der Tuberkulose."
(Quelle: Robert-Koch-Institut, www.rki.de)

Ansteckung, Symptome und Therapie

An Tuberkulose (TBC) erkranken vor allem Menschen mit geschwächtem Immunsystem. Die Infektion erfolgt durch Tröpfchen, welche z. B. über den Husten von Erkrankten ausgestoßen werden. Dabei sind die Bakterien sehr widerstandsfähig und können über Stunden in der Luft überleben.
Zu den Krankheitssymptomen zählen neben grippeähnlichen Symptomen vor allem ein Husten mit blutigem Auswurf sowie Kopfschmerzen, Brustschmerzen und Rückenschmerzen.
Mit Antibiotika können die Betroffenen geheilt werden, wobei heutzutage das Problem multiresistenter Bakterien immer häufiger auftritt. Dabei handelt es sich um Bakterienstämme, die inzwischen gegen nahezu alle Antibiotika immun sind. Einer der wichtigsten Gründe dieser Immunität ist die falsche Einnahme des Medikamentes. Entweder wird das Antibiotikum bereits abgesetzt, wenn die Symptome nachlassen, oder die Dosierung ist zu gering. In beiden Fällen werden nicht alle Bakterien abgetötet. Die Überlebenden vermehren sich und sind „Antibiotikaimmun".

Aufgabe

⑨ Informiere dich im Internet oder mithilfe von Fachliteratur über die Gründe für den weltweiten Anstieg der TBC-Fälle und zeige mögliche Gegenmaßnahmen auf.

Antibiotika

Schimmelpilze wehren sich

Die Wirkung von Antibiotika wurde zum ersten Mal von Alexander Flemming im Jahr 1928 beobachtet und veröffentlicht. Er stellte fest, dass Brotschimmel eine Substanz abgibt, welche das Wachstum von Bakterien hemmt und nannte diesen Stoff *Penicillin*. Heute sind mit dem Begriff Antibiotika Stoffe gemeint, welche auch von Lebewesen erzeugt werden und schon in geringen Konzentrationen das Bakterienwachstum hemmen bzw. Mikroorganismen sogar abtöten können. Im Gegensatz zu den in der Mitte des 20. Jahrhunderts verwendeten Antibiotika werden heute gebräuchliche antibiotische Substanzen häufig vollständig synthetisch hergestellt.

Beispiel Penicillin

Das Antibiotikum Penicillin verhindert bei bestimmten Bakterien die Synthese der Zellwand, indem es die Quervernetzung des Baustoffes Murein unterbindet. Da Murein nur bei Prokaryoten vorkommt, hat Penicillin bei den behandelten Patienten meistens – bis auf die Gefahr einer allergischen Reaktion – keine Nebenwirkungen. Mandel- und Rachenentzündungen, also Infektionen der oberen Atemwege, welche durch das Bakterium *Streptococcus pyogenes* ausgelöst werden, können beispielsweise mit Penicillin behandelt werden.

Angriffsorte der Antibiotika

Antibiotika können Bakterien auf verschiedenen Wegen beeinflussen:

- Wachstum wird gehemmt.
- Bakterien werden abgetötet.
- Bakterien werden abgetötet, wobei sich auch ihre Zellwand auflöst.

1. Zellwand der Bakterien

Gemäß des Aufbaus der Bakterienaußenhülle werden zwei verschiedene Gruppen von Bakterien unterschieden. *Gram(+)-Bakterien* besitzen eine dicke (äußere) Zellwand, *Gram(-)-Bakterien* haben nur eine dünne Zellwand. Aufgrund dieses Unterschiedes wirken Antibiotika oftmals nur bei bestimmten Bakterien. Viele Antibiotika sind bei Gram(-)-Bakterien wirkungslos, weil sie über die speziell gestaltete Zellwand nicht in die Bakterienzelle eintreten können.

ß-Lactam Antibiotika wie Penicilline und Cephalosporine hemmen die Quervernetzung der Mureinbausteine. Dadurch entstehen beim Wachstum der Bakterien Löcher in der Zellwand, durch welche Wasser eindringt und die Bakterienzellen zum Platzen bringt. Glycopeptide fügen sich direkt in die Bakterienzellwand ein, wirken ansonsten jedoch genauso wie die ß-Lactam Antibiotika.

2. Hemmung der bakteriellen Proteinbiosynthese

Die meisten Antibiotika wirken auf den genetischen Apparat der Mikroorganismen. Dort hemmen sie beispielsweise den Zusammenbau von Proteinen an den Ribosomen, die Replikation der DNA oder die Synthese von Folsäure (welche wiederum sehr wichtig zum Aufbau von DNA oder RNA ist).

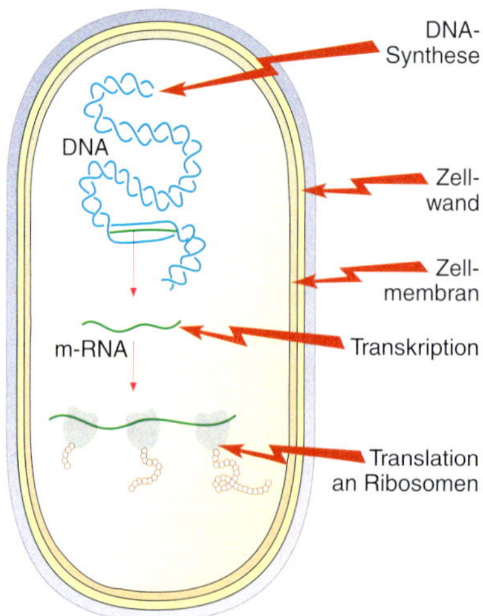

1 Wirkorte verschiedener Antibiotika in der Bakterienzelle

Tetracyclin-Antibiotika lagern sich an die Ribosomen der Bakterien an und verhindern dabei die Anlagerung von t-RNA. Dadurch können keine Proteine gebildet werden. Andere Antibiotika wirken am gleichen Ort, veranlassen dort jedoch die Bildung von funktionslosen Proteinen. Auch dadurch wird die Vermehrung des Bakteriums gestört. Eine weitere Gruppe von Antibiotika blockiert ein bakterielles Enzym, welches Spannungen in der DNA abbauen kann. Dadurch reißt die bakterielle DNA, die Bakterien sterben.

Aufgaben

① Ordne die im Text genannten Antibiotika den in der Abbildung dargestellten Wirkorten zu. Übertrage dazu die Grafik in dein Heft!

② Erkläre, wie die Antibiotika an den verschiedene Stellen im Bakterium wirken. Fertige dazu eine Tabelle mit den Spalten „Wirkort" und „Erklärung" an!

③ Viele Medikamente haben zwar unterschiedliche Namen, enthalten jedoch die gleichen Wirkstoffe. Informiere dich und stelle eine Liste mit Antibiotika-Medikamenten zusammen, die gleiche Wirkstoffe besitzen!

④ Recherchiere und erkläre anschließend die Wirkung von Aminoglycosid und Chinolon-Antibiotika!

⑤ Recherchiere:
- Woher kommt der Begriff „Penicillin"?
- Welche Funktion hat der Baustoff „Murein" in der Zellwand genau?

Nebenwirkungen von Antibiotika

Antibiotika gelten als gut verträgliche Medikamente. Zu den am häufigsten beschriebenen Nebenwirkungen zählen allergische Reaktionen und die Antibiotikaassoziierte *Diarrhöe*, also eine *Durchfallerkrankung* infolge einer Antibiotikaeinnahme. Die Ursache für das Auftreten von Durchfall liegt darin, dass das Antibiotikum einen Teil der den Darm besiedelnden Symbionten abtötet. Resistentere Mikroorganismen wie *Clostridium difficile* können sich nun rasch vermehren und verursachen die Antibiotikaassoziierte Diarrhöe. Der Patient muss den Verlust von Flüssigkeit und Salzen ausgleichen, prophylaktisch hilft auch das Essen von probiotischem Joghurt.

Antiboitika-Resistenz

1. Entstehung

Schon in der Mitte des letzten Jahrhunderts gab es Berichte über Patienten, welche an der sog. Bakterienruhr litten — einer bakteriellen Durchfallerkrankung — und die mit dem Antibiotikum Ampicillin nicht geheilt werden konnten. Normalerweise ist dieses Antibiotikum bei einer Infektion mit *Shigella* (so wird die Gattung von Bakterien genannt, welche die Bakterienruhr auslösen) wirksam. Was war passiert? Erst viele Jahre später, durch verbesserte Untersuchungsmaßnahmen, konnten die Forscher eine Erklärung für diese *Resistenz* finden. Die Bakterien enthielten Enzyme, welche die Antibiotika zerstören konnten. Die Gene für die diese Enzyme liegen auf Plasmiden (R-Plasmiden, wobei R für Resistenz steht). Wird nun eine Population von *Shigella*-Bakterien mit Ampicillin behandelt, sterben alle Bakterien ab, welche das R-Plasmid mit den für sie lebenswichtigen Genen nicht haben. Die R-Plasmidtragenden Bakterien jedoch überleben und bilden bald die gesamte Bakterienpopulation. Wie immer haben sich somit die unter diesen Bedingungen stärksten Vertreter der Population durchgesetzt. Solche Resistenzen können u. U. schon im Erbgut der Mikroorganismen lauern. Da die DNA der Bakterien bei jeder Zellteilung vervielfältigt wird und zusätzlich verschiedensten äußeren Einflüssen (wie z. B. UV-Strahlung) ausgesetzt ist, kommt es zu Fehlern im Aufbau der DNA, auch Mutationen genannt. Solche Mutationen treten zufällig auf und sind oft tödlich für den Organismus. Einige dieser DNA-Fehler jedoch wirken sich vorerst gar nicht auf das Bakterium aus. Erst wenn auf den Mikroorganismus ein äußerer Druck — z. B. in Form eines für das Bakterium lebensbedrohlichen Antibiotikums — ausgeübt wird, ergeben die von den zufällig veränderten Genen produzierten Enzyme einen Sinn. Das Bakterium kann sich jetzt mit ihrer Hilfe gegen das Antibiotikum zur Wehr setzen. Zufällige Mutationen, welche die Resistenz des Bakteriums gegen das Antibiotikum zur Folge haben, finden in einer Größenordnung von 10^{-7} im bakteriellen Erbgut statt. Anders ausgedrückt vergrößert die mit dem Antibiotikum behandelte Zahl an Bakterien auch das Auftreten einer zufälligen Antibiotikaresistenz infolge einer Mutation.

2. Verbreitung

Die Eindämmung antibiotikaresistenter Bakterien wird dadurch erschwert, dass Bakterien die Fähigkeit besitzen, R-Plasmide an andere Bakterien weiterzugeben. Diesen Vorgang nennt man Konjugation. Nach Abschluss der *Konjugation* besitzen beide Bakterien die gleiche Plasmid-Ausstattung, und somit. auch die gleichen Resistenzgene.
Es gibt noch zwei weitere Möglichkeiten, wie nicht resistente zu resistenten Bakterien werden können. Einerseits können Bakterien Resistenzgene aus der Umgebung aufnehmen. Dieser Vorgang heißt *Transformation*. Andererseits können *Phagen*, das sind Viren, welche sich in Bakterien vermehren, die Resistenzgene von einem zum nächsten Bakterium übertragen (*Transduktion*).

3. Folgen

Antibiotika zählen zu den weltweit am häufigsten verschriebenen Medikamenten, mit dreizehn Prozent Marktanteil bilden sie den größten Einzelbereich im gesamten Arzneimittelverbrauch. In Deutschland waren 2005 laut Bundesinstitut für Arzneimittel und Medizinprodukte insgesamt 2775 Antibiotika-Präparate zugelassen. Außerdem werden weltweit Antibiotika in allen Formen der *Massentierhaltung* eingesetzt.

Dieser prophylaktische Antibiotikaeinsatz zur Förderung des tierischen Wachstums führt in Verbindung mit der therapeutischen Verschreibung von Antibiotika beim Menschen zu einer verstärkten Konfrontation der Bakterien mit den Antibiotika und somit auch zu einer vergrößerten Wahrscheinlichkeit der Resistenzbildung. Gerade in medizinischen Einrichtungen ist die Gefahr der Infektion mit resistenten Bakterien hoch, wie Zahlen aus den USA verdeutlichen. Hier sind 70 % der in den Krankenhäusern erworbenen Bakterien resistent gegen mindestens ein Antibiotikum. Auch infizieren sich Patienten immer öfters mit Bakterien, die multiresistent sind, also verschiedensten Antibiotika widerstehen können. Schätzungen gehen davon aus, dass im Jahr 2004 insgesamt 90 000 Menschen infolge einer Infektion mit multiresistenten und somit schwer bis gar nicht behandelbaren Keimen gestorben sind. Bestimmte *Staphylococcus aureus* Stämme sind, wie aus den USA berichtet, gegen nahezu alle Antibiotika resistent.

1 Schweinemast

Aufgaben

① Beschreibe stichpunktartig die Entstehung einer „Antibiotikaassoziierten Diarrhöe"!

② Befrage deinen Hausarzt, wie man sich bei der Einnahme und nach der Einnahme eines Antibiotikums richtig verhält.

③ Antibiotika sind sehr „beliebte" Medikamente! Plane an deiner Schule eine Umfrage um herauszufinden, welche Antibiotika deine Mitschüler in welcher Häufigkeit gegen welche Krankheit eingenommen haben oder immer noch einnehmen.

④ Wieso fordert sogar die Weltgesundheitsorganisation WHO ein Verbot des Einsatzes von Antibiotika in der Tierzucht? Recherchiere dazu, z. B. im Internet!

⑤ Warum setzen Landwirte Antibiotika in der Massentierhaltung ein? Liste mögliche Gründe auf!

⑥ Einige Menschen setzen — auch aufgrund der Nebenwirkungen — das Antibiotikum sofort nach dem Verschwinden der Krankheitssymptome ab. Wie beurteilst du dieses Verhalten? Informiere dich dazu auch im Internet oder bei einem Arzt!

⑦ Erkläre, ausgehend von einem Bakterium, wie alle Bakterien einer Kolonie resistent gegen ein Antibiotikum werden können.

⑧ Wie können multiresistente Bakterien entstehen? Welche Gefahren sind mit diesen Mikroorganismen verbunden?

⑨ Liste verschiedene Möglichkeiten der Resistenzbildung auf und zeige dazu passende Vermeidungsstrategien auf!

Dieses Grundwissen aus den Klassen 5 – 8 solltest du unbedingt für die 9. Klasse „draufhaben“:

Kennzeichen der Lebewesen
Ein Lebewesen besitzt gleichzeitig folgende Kennzeichen: Bewegung aus eigener Kraft, Wachstum, Stoffwechsel, Reizbarkeit, Fortpflanzung und den Aufbau aus Zellen.

Zellen
Lebewesen sind aus Zellen aufgebaut.

Prokaryoten
Einzellige Lebewesen, deren Hauptmerkmal das Fehlen eines echten, von einer Membran umschlossenen Zellkerns ist.

Eukaryoten
Organismen, deren Zellen durch den Besitz eines echten, von einer Membran umgebenen Zellkerns gekennzeichnet sind.

Organellen

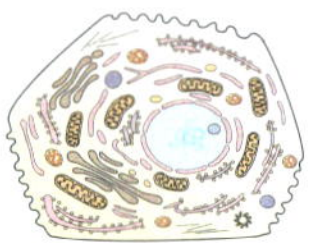

Untereinheiten der Zelle, denen ganz bestimmte Funktionen zugeordnet werden können.
Bei Eukaryoten sind die meisten Organellen von Membranen umgrenzt, z. B.

- Endoplasmatisches Retikulum
  Membransystem zum Transport von Stoffen
- Mitochondrium
  Ort der Zellatmung zur Energiegewinnung
- Ribosom
  Ort der Eiweißproduktion
- Vakuole
  Speicher des Zellsaftes in Pflanzenzellen
- Chloroplast
  Ort der Fotosynthese in Pflanzenzellen; enthält Chlorophyll
- Chromosomen
  Im Lichtmikroskop durch Anfärbung sichtbare, fädige Strukturen der Zelle.

Unterschied Pflanzenzelle – Tierzelle

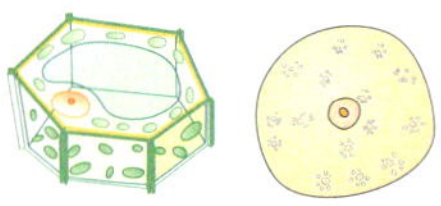

Pflanzenzellen sind neben der Zellmembran zusätzlich von einer Zellwand umgeben, häufig ist ein Zellsaftraum vorhanden. In grünen Pflanzenteilen sind in den Zellen die Chloroplasten enthalten. Das Zellplasma der Tierzellen ist nur von der dünnen Zellmembran umhüllt.

Fotosynthese

Lichtenergie wird mithilfe des in den Chloroplasten enthaltenen Chlorophylls genutzt, um aus Wasser und Kohlenstoffdioxid Traubenzucker aufzubauen. Sauerstoff wird frei. Die Energie des Lichtes wird als chemische Energie im Traubenzucker gespeichert. Aus Traubenzucker kann der Speicherstoff Stärke hergestellt werden.

Zellatmung

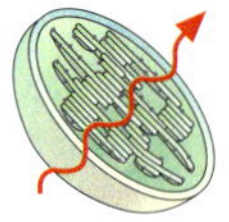

Alle Lebewesen gewinnen lebensnotwendige Energie aus Nährstoffen. Die Energie wird durch die in den Mitochondrien ablaufende Zellatmung bereitgestellt. Unter Verbrauch von Sauerstoff wird Traubenzucker in Wasser und Kohlenstoffdioxid umgewandelt. Die frei werdende Energie wird für die Lebensvorgänge genutzt.

Stoffwechsel
Alle Lebewesen nehmen Stoffe aus der Umgebung auf. Sie werden in den Zellen umgewandelt. Sie dienen der Energiegewinnung (*Betriebsstoffwechsel*) sowie dem Aufbau und Erhalt des Körpers (*Baustoffwechsel*). Umgewandelte Stoffe können wieder an die Umgebung abgegeben werden.

Autotrophe Ernährung
Ernährungsweise von grünen Pflanzen und manchen Bakterien, bei der nur mineralische Stoffe, z. B. Wasser, zum Aufbau körpereigener Materie benötigt werden. Man unterscheidet die Formen Fotosynthese und Chemosynthese.

Heterotrophe Ernährung
Ernährungsweise von Lebewesen (Tiere, Pilze, viele Bakterien und einfache Eukaryoten), die auf energiereiche organische Verbindungen, z. B. Zucker, zum Aufbau eigener Stoffe und als Energiequelle angewiesen sind.

Aerober Stoffwechsel
Heterotrophe Ernährung, die Sauerstoff benötigt.

Anaerober Stoffwechsel
Heterotrophe Ernährung ohne Beteiligung von Sauerstoff.

Die 5 Reiche der Lebewesen
Die Organismen werden in fünf Reiche eingeteilt:
- Bakterien
- Einfache Eukaryoten
- Pflanzen
- Pilze
- Tiere

Wirbeltiere

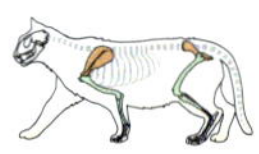

Zu den Wirbeltieren zählen alle Tiere, die eine Wirbelsäule aus einzelnen Wirbeln besitzen. Diese ist ein Teil des Innenskeletts aus Knochen.
Die Wirbeltiere werden in 5 Klassen unterteilt: Fische, Amphibien, Reptilien, Säugetiere und Vögel.

Gliederfüßer

- Sie besitzen ein Außenskelett meist aus Chitin
- Der Körper und Beine sind gegliedert. Sie umfassen die Klassen: Insekten, Spinnentiere, Krebstiere und Tausendfüßer

Innere Organisation der Insekten

Insekten besitzen:
- ein Strickleiter-Nervensystem mit Ganglien
- ein Röhrenherz am Rücken
- einen offenen Blutkreislauf
- Atmungsorgan aus fein im Körper verzweigten Röhren (Tracheensystem)
- Ausscheidungsorgane, die in den Darmtrakt münden (Nierenschläuche)

Art, Rasse

Alle Lebewesen, die sich miteinander fortpflanzen und dabei fruchtbare Nachkommen hervorbringen, gehören zu einer Art. Angehörige einer Art, die sich konsequent in einem oder mehreren Merkmalen unterscheiden, sind eine Rasse.

Bau der Blütenpflanze

Eine Blütenpflanze gliedert sich in Wurzel und Spross. Der Spross besteht aus dem Stängel, der die Blätter und Blüten trägt.

Blüte

Eine einzelne Blüte besteht von außen nach innen aus Kelchblättern, Kronblättern, Staubblättern und dem Stempel. Der obere Teil des Stempels trägt die Narbe. Den unteren verdickten Bereich nennt man Fruchtknoten. In diesem liegen die Samenanlagen mit der Eizelle. Die Staubblätter enthalten in den Staubbeuteln den Pollen. Der Stempel ist der weibliche, das Staubblatt der männliche Teil dieser Zwitterblüte.

Früchte und Samen

Nach der Befruchtung entwickelt sich beim Reifen aus dem Fruchtknoten die Frucht. Aus der Samenanlage mit der darin enthaltenen Eizelle wird der Samen gebildet. Im Samen entwickelt sich aus der befruchteten Eizelle der Keimling (Embryo).

Funktion der Pflanzenorgane

Wurzeln verankern die Pflanze im Boden. Außerdem nehmen sie mit ihren Wurzelhaaren das lebenswichtige Wasser mit den Mineralstoffen aus dem Boden auf. Der Spross trägt die nach der Sonne ausgerichteten Blätter und die Blüten. Er leitet in seinen Leitbündeln Stoffe durch die Pflanze: Wasser und gelöste Mineralsalze von der Wurzel zu den Blättern (Wasserleitungsbahnen) und in Nährstoffleitungsbahnen von der Pflanze hergestellte Stoffe zu anderen Pflanzenorganen.
Das Blatt verdunstet durch die Spaltöffnungen Wasser . Durch diesen Verdunstungssog wird Wasser aus Spross und Wurzel zu den Blättern transportiert. Über die Spaltöffnungen werden Sauerstoff und Kohlenstoffdioxid abgegeben oder in das Blatt aufgenommen.

Evolution

Allmähliche Entwicklung von ursprünglichen Arten von Lebewesen zu weiter entwickelten. Ansatzpunkt der Evolution ist die innerartliche Variabilität einer Art. Ein weiterer wichtiger Faktor der Evolution ist die Selektion (natürliche Auslese) die dazu führt, dass sich die besser angepassten Lebewesen häufiger fortpflanzen als die wenig gut angepassten. Evolution vollzieht sich im Laufe von vielen Generationen.

Geschichte des Lebens

Die ältesten Lebewesen sind wahrscheinlich Bakterien und einfache Einzeller. Aus ihnen gingen vielzellige Pflanzen, zum Beispiel Algen, und einfach gebaute Tiere hervor. Die ersten Wirbeltiere finden sich in den Ablagerungen der Urmeere. Alle Wirbeltiere entwickelten sich aus Fischen. Quastenflosser und Urlurch bilden den Übergang zu den Amphibien. Aus den Lurchen gingen die Reptilien hervor, die damit in ihrer Entwicklung vom Wasser unabhängig wurden. Im Erdmittelalter erscheinen erste Eier legende Ursäugetiere und Urvögel. In der Erdneuzeit konnten sich die Säugetiere und Vögel zu einer großen Formenvielfalt entwickeln. Aus affenartigen Vorfahren entwickelten sich der Jetztmensch: Homo sapiens.

Sexualität

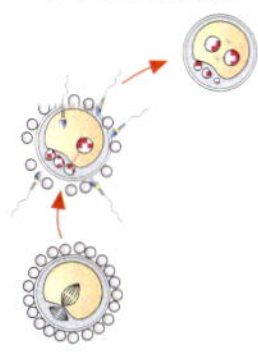

Sexualität bedeutet Geschlechtlichkeit. Das Auftreten von zwei Geschlechtern innerhalb einer Art findet man bei praktisch allen Organismen. Männliche und weibliche Individuen kombinieren bei der Befruchtung ihr jeweiliges Erbmaterial bzw. das ihrer Keimzellen (Sexuelle Fortpflanzung).

Geschlechtsorgane

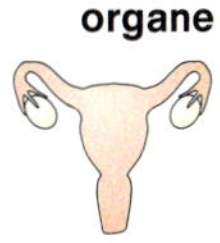

Bei den Geschlechtsorganen unterscheidet man die inneren und äußeren Geschlechtsorgane und die Keimdrüsen. Die Keimdrüsen der Frau sowie aller weiblichen Tiere sind die Eierstöcke. Der Mann bzw. die männlichen Tiere besitzen dagegen Hoden.

Keimzellen

In den Eierstöcken werden die Eizellen, in den Hoden die Spermien produziert. Sie stellen die weiblichen bzw. männlichen Geschlechtszellen dar.

Befruchtung

Unter Befruchtung versteht man die Verschmelzung der Zellkerne von Spermium und Eizelle.

Bau und Funktion des Auges

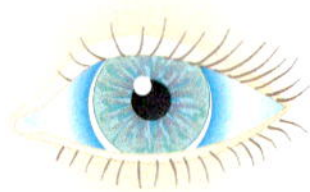

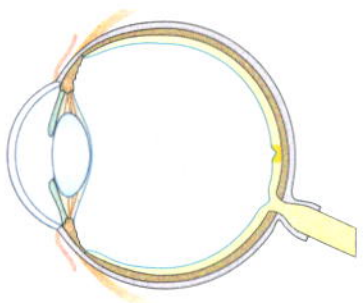

Das *Auge* ist ein **Sinnesorgan**, das auf den Reiz Licht reagiert. Der *Augapfel* wird durch eine *Hornhaut* geschützt, die auch als *Lederhaut* bezeichnet wird. Es folgen die *Aderhaut* und die *Netzhaut*. Licht gelangt durch die kreisförmige *Pupille* ins Auge. Die Lichtstrahlen werden durch eine *Linse* gebündelt. Auf der **Netzhaut** entsteht ein seitenverkehrtes und auf dem Kopf stehendes Bild. Die Netzhaut besteht aus lichtempfindlichen *Sinneszellen*, den *Stäbchen* und *Zäpfchen*. Werden diese gereizt senden sie über den *Sehnerv* Signale ins Gehirn. Das **Farbensehen** wird durch drei verschiedene Zapfensorten ermöglicht. Durch *additive Farbmischung* von drei Grundfarben können alle anderen Farben erzeugt werden. Da beide Augen einen Gegenstand etwas anders wahrnehmen, ist ein **räumliches Sehen** möglich.

Bau und Funktion des Ohrs

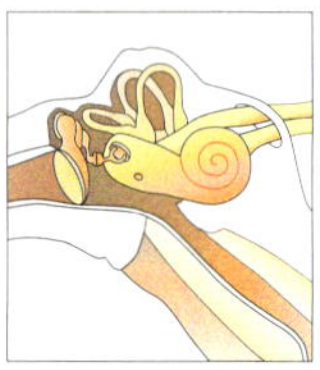

Schallwellen sind Luftdruckschwankungen. Das *Ohr* besteht aus dem *Außenohr*, dem *Mittelohr* und dem *Innenohr*. Das Innenohr beginnt mit dem *Trommelfell*. Die Schallwellen versetzen das Trommelfell in Schwingungen, die auf die *Gehörknöchelchen*, *Hammer*, *Amboss* und *Steigbügel* übertragen werden. Im Innenohr liegt die mit *Ohrlymphe* gefüllte *Hörschnecke*, die den *Schneckengang* mit den Sinneszellen enthält. Der Steigbügel überträgt die Schwingungen auf die Hörschnecke, wodurch bestimmte Sinneszellen erregt werden und über den *Hörnerv* Signale zum Gehirn weiterleiten. Hohe Töne werden im vorderen, tiefere im hinteren Bereich der Hörschnecke wahrgenommen.

Das Nervensystem

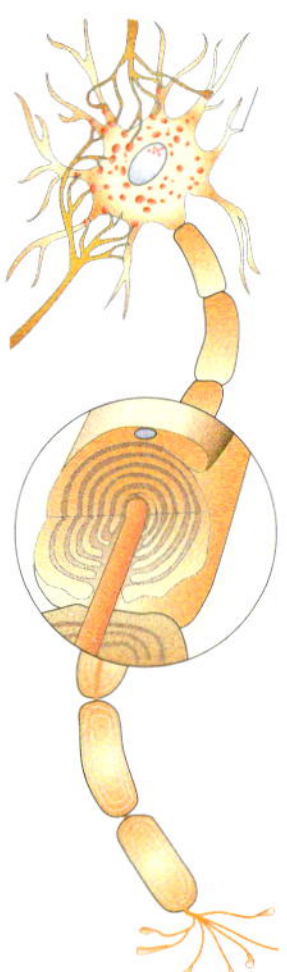

Grundeinheit des *Nervensystems* sind die **Nervenzellen**. Sie bestehen aus dem Zellkörper der in die verzweigten *Dendriten* ausläuft und einem langen Fortsatz, dem *Axon*, das in einem *Endknöpfchen* endet. Das Axon kann von Nervenhüllzellen umschlossen sein.
Die Hauptmassen an Nervenzellen ist im **Zentralnervensystem** konzentriert, das aus Gehirn und *Rückenmark* besteht. In *Nerven* sind viele Nervenzellen gebündelt. *Sensorische Nerven* leiten Meldungen von den Sinneszellen zum Gehirn, *motorische Nerven* senden Befehle zu den Muskeln. Das **vegetative Nervensystem** steuert die Funktion der inneren Organe. Es besteht aus zwei Gegenspielern (Antagonisten) dem *Sympathicus* der meist anregend wirkt und dem *Parasympathicus* welcher der Erholung dient.

Synapse

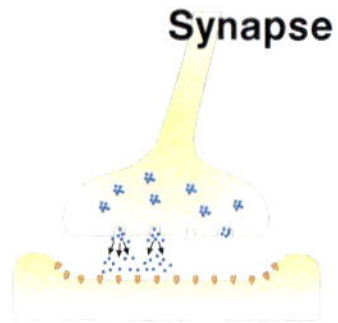

Die *Synapse* ist die Verbindungsstelle zwischen Endknöpfchen einer Nervenzelle und einer anderen Nervenzelle oder einer Muskelzelle. In den schmalen Zwischenraum, den *synaptischen Spalt*, wird aus Bläschen im Endknöpfchen ein Überträgerstoff abgegeben.

Das Gehirn

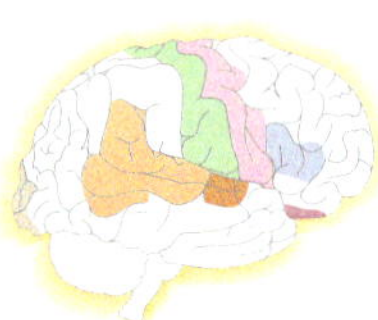

Das empfindliche *Gehirn* liegt gut geschützt im knöchernen Schädel und wird von *Gehirnflüssigkeit* umspült. Das **Großhirn** ist das Zentrum des Bewusstseins, Denkens und Handelns. In der *Großhirnrinde* liegen Bezirke in denen Informationen von den Sinnesorganen (*sensorische Felder*) verarbeitet werden. *Motorische Felder* steuern die Bewegungen. Daneben existieren Gedanken- und Antriebsfelder.
Das *Kleinhirn* koordiniert Bewegungsabläufe. *Zwischenhirn*, *Mittelhirn* und *Nachhirn* (= *verlängertes Rückenmark*) werden als *Stammhirn* zusammengefasst. Es steuert lebenswichtige, meist unbewusste Körperfunktionen.

Das Rückenmark

Im *Rückenmark* sind viele Nervenfasern gebündelt. Die *Rückenmarksnerven* verlassen den *Wirbelkanal* jeweils zwischen zwei Wirbeln. *Reflexe* werden im Rückenmark umgeschaltet und laufen daher rasch ab.

Hormone

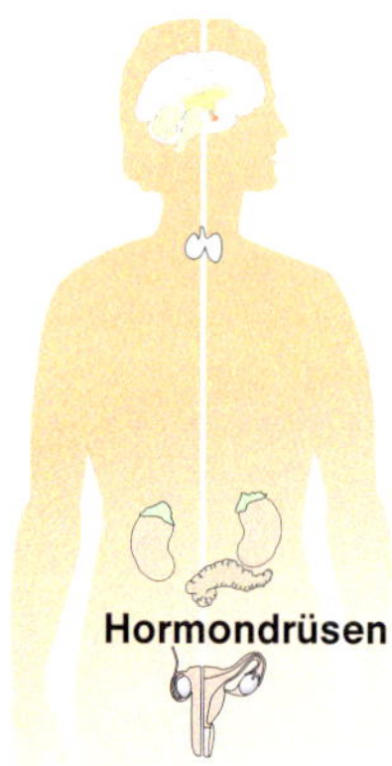

Hormone sind *Botenstoffe*, die von *Drüsen* in den Blutkreislauf abgegeben werden und Informationen übermitteln. Auch in Pflanzen spielen Hormone als Botenstoffe, z.B. als Wuchsstoffe eine wichtige Rolle. Hormone wirken nur an **Zielzellen** bestimmter Organe, da sie nur dort nach dem *Schlüssel-Schloss-Prinzip* an *Rezeptoren* gebunden werden. Die Hormonkonzentrationen werden meist über Regelvorgänge konstant gehalten.

Hormondrüsen

Wichtigste *Hormondrüse* des Körpers ist die *Hypophyse*. Sie schüttet Steuerhormone aus, die wiederum andere Hormondrüsen z.B. die Schilddrüse zur Hormonproduktion anregen. Weitere Hormondrüsen sind: Die Nebenniere mit Mark und Rinde sowie die Geschlechtsorgane (Hoden und Ovarien).

Regelung des Blutzuckerspiegels

Der *Blutzuckerspiegel* soll innerhalb bestimmter Grenzen geregelt werden. In der *Bauchspeicheldrüse* werden die Hormone *Insulin* und *Glucagon* gebildet, die als Gegenspieler wirken. Insulin senkt den Blutzuckerspiegel, Glucagon erhöht ihn.

Stress

Zusammenarbeit Nerven-Hormon-system

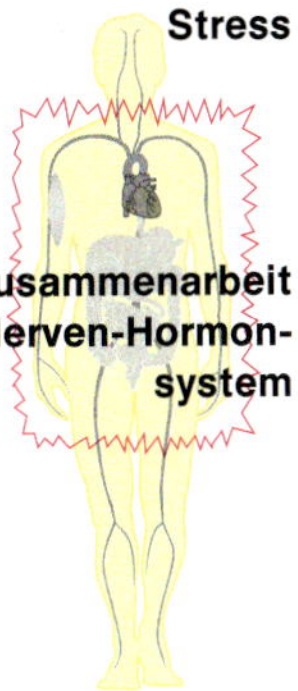

Stress wird auch als *Fight-or-Flight-Syndrom* bezeichnet und soll den Körper in den Zustand höchster Leistungsbereitschaft versetzen.

Bei Stress reagiert der *Sympathicus* und stimuliert das Nebennierenmark zur Ausschüttung von *Adrenalin*. Der Herzschlag wird beschleunigt, Zucker und Fette werden ins Blut freigesetzt.
Die *Hypophyse* schüttet das Steuerhormon *ACTH* aus und bewirkt so eine Anregung der Nebennierenrinde, die *Cortisol* freisetzt. Rote Blutzellen werden frei.

Infektionskrankheiten

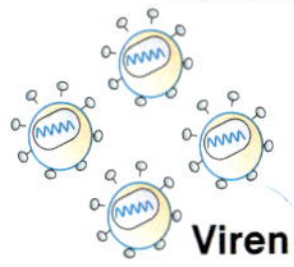

Infektionskrankheiten werden durch Erreger z.B. *Bakterien* und *Viren* ausgelöst. Die *Inkubationszeit* ist die Zeit von der Infektion bis zum Ausbruch der Krankheit.

Viren

Viren bestehen nur aus Erbsubstanz und Eiweiß. Sie haben keinen eigenen Stoffwechsel und sind zur Vermehrung auf eine Wirtszelle angewiesen.

Immunsystem

Krankheitserreger können durch das **unspezifische Abwehrsystem** unschädlich gemacht werden. Eingedrungene Erreger werden durch *Riesenfresszellen* verdaut. Durch die **spezifische Abwehr** werden T-Helferzellen informiert, die Ihre Information an B-Zellen weitergeben, die Antikörper freisetzen. Diese verklumpen mit den Krankheitserregern (*Schlüssel-Schloss-Prinzip*) und können dann von Riesenfresszellen beseitigt werden. *Gedächtniszellen* erkennen bei wiederholter Infektion den gleichen Erreger und veranlassen eine schnelle Produktion der *Antikörper*.

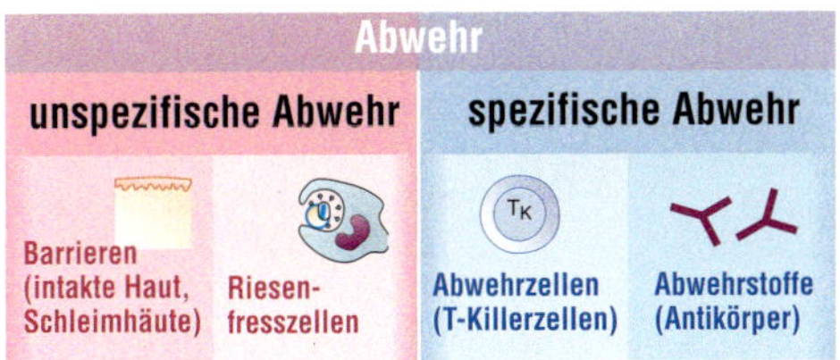

Impfungen beruhen auf dem Prinzip, unschädliche Erreger ins Blut zu bringen und so die Bildung von Gedächtniszellen zu veranlassen (*aktive Immunisierung*). Bei der *passiven Immunisierung* werden lediglich Antikörper ins Blut gebracht. HI-Viren befallen die T-Helferzellen und vermindern dadurch die Produktion von Antikörpern.

Drogen und Sucht

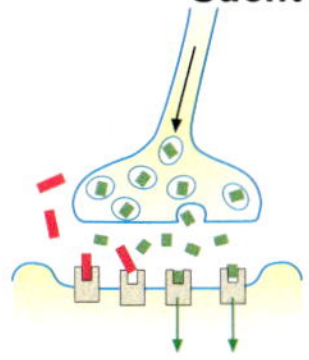

Legale Suchtmittel sind *Nikotin* und Alkohol, **illegale Drogen** sind *Haschisch*, *Heroin*, Kokain oder *Ecstasy*. Bei regelmäßigem Konsum kommt es zu einer psychischen Abhängigkeit (zwanghaftes Verlangen), die schließlich zur körperlichen Abhängigkeit (Körper leidet ohne Drogeneinnahme unter Entzugserscheinungen) führt.

Erbanlagen (Gene)

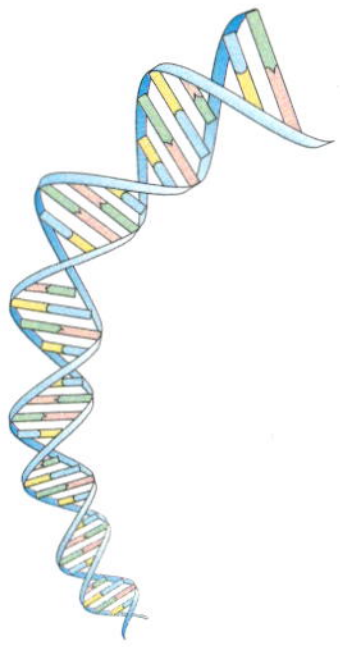

Im Zellkern findet man beim Menschen in der Regel 46 Chromosomen. Jedes Chromosom ist doppelt vorhanden (diploider Chromosomensatz). Chromosomen bestehen aus Proteinen und Erbsubstanz. Sie sind Träger der Erbanlagen (Gene).

Das Erbmolekül ist die DNA (Desoxyribonucleinsäure). Sie besteht aus einem leiterähnlichen Doppelstrang. Phosphorsäure und Zucker bilden die beiden Holme , die nach innen gerichteten Basen die Sprossen. Zwei dieser Sprossen nämlich Adenein A und Thymin T, sowie Guanin G und Cytosin C passen jeweils wie Bild und Spiegelbild zusammen und bilden ein komplementäres Basenpaar. Ein Gen ist ein bestimmter Abschnitt auf der DNA.

Proteinsythese

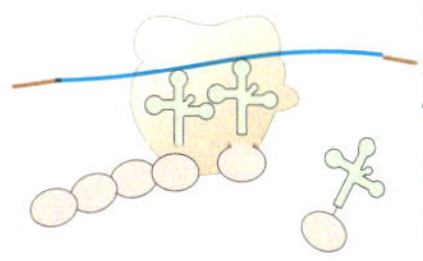

Transkription: Von einem Genabschnitt der DNA wird eine einsträngige Kopie gefertigt: die Boten- RNA.
Translation: Die Information der Boten-RNA wird an den Ribosomen in eine Proteinstruktur umgeschrieben. Proteine können als Enzyme Prozesse im Stoffwechsel der Zelle steuern.

Mitose

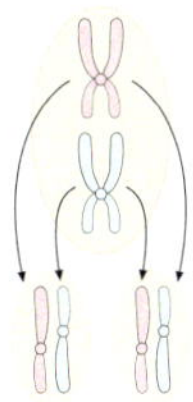

Bei der Zellteilung müssen die 46 Chromosomen verdoppelt werden. Dies geschieht durch Verdoppelung der DNA sämtlicher Chromosomen, die dann als Doppelchromosomen oder Zweichromatid-Chromosomen vorliegen. In der Mitose werden die verdoppelten Chromosomen wieder getrennt und auf die Tochterzellen verteilt, so dass jede Zelle wieder den ursprünglichen diploiden Chromosomensatz von 46 Chromosomen besitzt. Die beiden Tochterzellen sind erbgleich.

Meiose

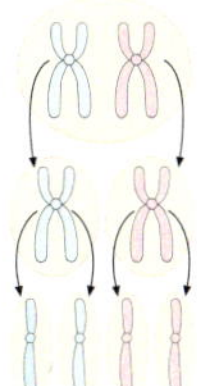

Keimzellen entstehen durch Meiose. Dabei wird der diploide Chromosomensatz auf die Hälfte reduziert (haploider Chromosomensatz = 23 Chromosomen). Die entstandenen Keimzellen sind erbungleich.

Gentechnik

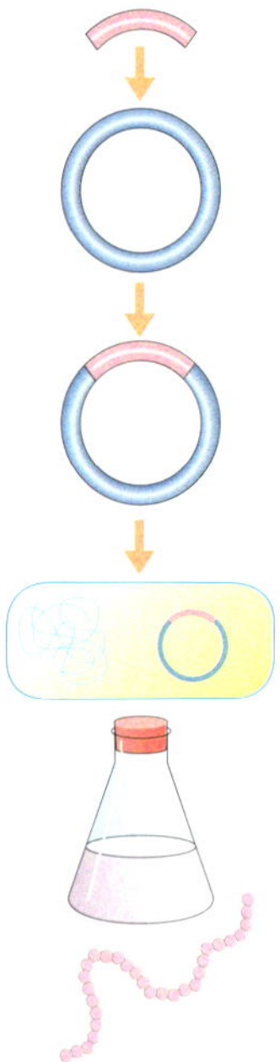

Verfahren, bei dem DNA aus einem Organismus entnommen und in das Genom eines anderen eingeschleust wird. Um Gene gezielt in einen anderen Organismus einbringen zu können, müssen die folgenden Schritte mit den genannten Enzymen („Werkzeugen") ablaufen:

1. Lebewesen A: Herausschneiden des DNA-Stücks, das das gewünschte **Gen** enthält. Werkzeug: **Restriktionsenzym**.

2. Einbringen dieses DNA-Abschnitts in einen **Vektor**, z.B. ein *Plasmid*. Dazu muss das Plasmid mit dem gleichen Restriktionsenzym geschnitten werden. Das Fremd-Gen wird in den Plasmidring eingefügt. Mithilfe von **Ligasen** wird der Plasmidring geschlossen.

3. Vektor mit eingefügtem Gen wird in Lebewesen B, z.B. ein Bakterium eingeschleust.

4. Bakterien, die das Plasmid mit dem Fremdgen aufgenommen haben, werden vermehrt (*Klonierung*). Das Gen codiert für ein bestimmtes Genprodukt des Organismus A. Dieses wird nun von den Bakterien hergestellt.

Biotechnologie

Lebewesen oder biologische Verfahren werden zur Produktion von Stoffen benutzt. Beispiele sind: Bierherstellung mithilfe von Hefen, Produktion von Humaninsulin oder Penicillin durch transgene Bakterien.

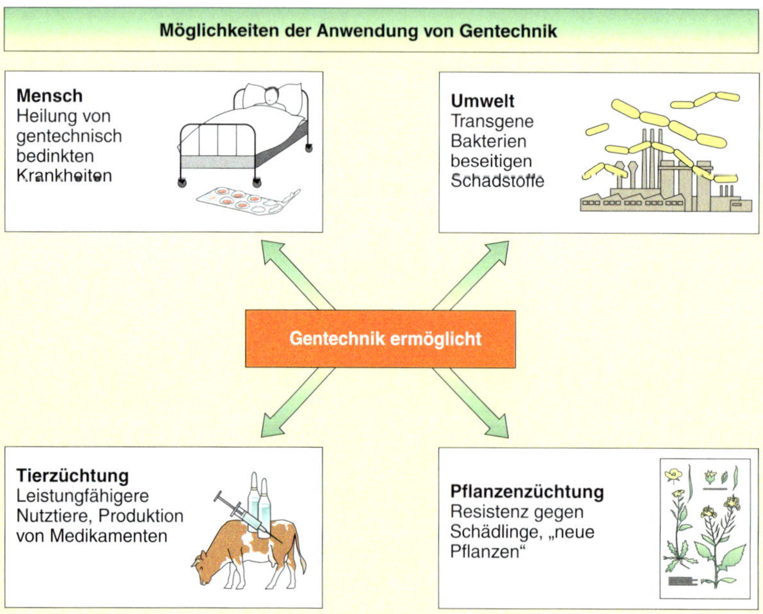

Auch die folgenden Begriffe aus den Klassen 5 – 8 sollten dir etwas sagen:

Chromosomen

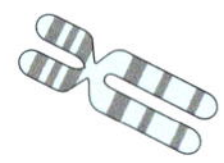

Im Lichtmikroskop durch Anfärbung sichtbare, fädige Strukturen der Zelle. Sie bestehen aus Erbsubstanz und Eiweißen. Bei Eukaryoten findet man sie im Zellkern.

Stoffwechsel

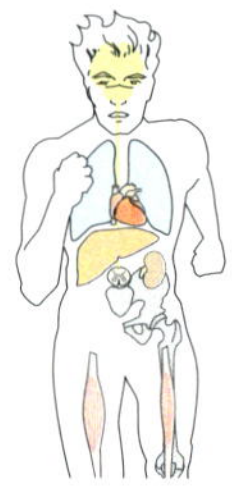

Der eingeatmete *Sauerstoff* und der über die Verdauung aufgenommene *Traubenzucker* werden über das Blut z. B. zu den Muskeln transportiert. Sie werden dort zur *Energiegewinnung* benötigt und dabei in *Kohlenstoffdioxid* und *Wasser* umgewandelt. Das Kohlenstoffdioxid wird über die Lunge wieder ausgeatmet. Die anderen mit der Nahrung aufgenommenen Stoffe dienen hauptsächlich zum Aufbau und Erhalt des Körpers.

Befruchtung

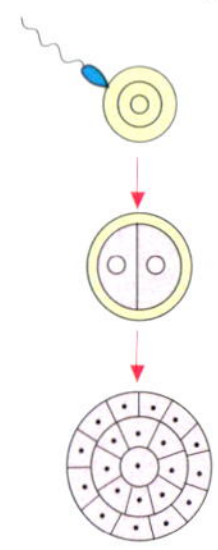

Unter Befruchtung versteht man die Verschmelzung der Zellkerne von Spermium und Eizelle.

- *äußere Befruchtung:* Bei den meisten Wassertieren werden die Keimzellen bei der Paarung in das umgebende Wasser abgeben. Dort treffen Spermien und Eizellen aufeinander und deren Zellkerne verschmelzen.
- *innere Befruchtung:* Die Spermien treffen zur Befruchtung im Körper des weiblichen Tieres auf die Eizellen.

Das **Ei** ist eine Fortpflanzungseinheit, die bei vielen Tierarten vorkommt. Es besteht aus einer (meist befruchteten) *Eizelle*, einem Nahrungsvorrat, dem *Dotter*, und einer *schützenden Hülle*. Im Ei vollzieht sich ein Teil der Entwicklung des Tieres.

Unsere Nahrung enthält **Nährstoffe**. Zu ihnen gehören *Kohlenhydrate* (Zucker und Stärke), *Eiweiße* und *Fette*. Hauptenergieträger sind Fette und Kohlenhydrate. Eiweiße werden hauptsächlich als Baustoffe verwendet. Zusätzlich benötigt der Körper Wasser und in kleineren Mengen *Mineralstoffe* und *Vitamine*.

Vorgänge im Körper einer geschlechtsreifen Frau, mit einem Rhythmus von 28 Tagen. Der **Zyklus** beginnt mit dem Heranreifen einer Eizelle im *Follikel* eines *Eierstockes*. Mit dem *Eisprung* wird die fruchtbare Phase eingeleitet, in der ein Kind gezeugt werden kann. Der Follikel wird zum *Gelbkörper*. Erfolgt keine Befruchtung, wird am Ende des Zyklus die aufgebaute Gebärmutterschleimhaut abgebaut, was zur *Menstruation* führt.

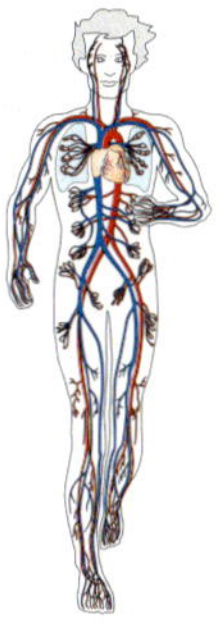

Skelett
Muskeln
Ernährung
Zähne
Verdauung
Atmung
Blutkreislauf
Blut
Nieren
Sinnesorgane
Auge
Haut

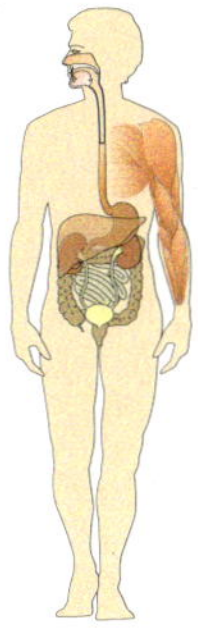

Kennzeichen der Säugetiere
Fortbewegung der Säugetiere
Brutpflege
Überwinterung

Kennzeichen der Vögel
Vogelflug
Nestflüchter/Nesthocker
Revier
Schmarotzer
Überwinterung der Vögel

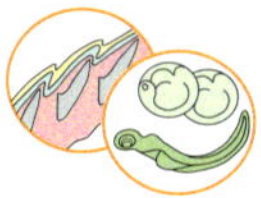

Kennzeichen der Fische
Kennzeichen der Amphibien

Kennzeichen der Reptilien
Saurier

Gleichwarm – Wechselwarm

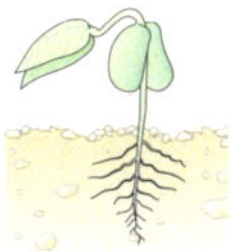

Stromlinienform

Bestäubung

Früchte und Samen

Keimung

Wichtige Pflanzenfamilien

Natürliches System

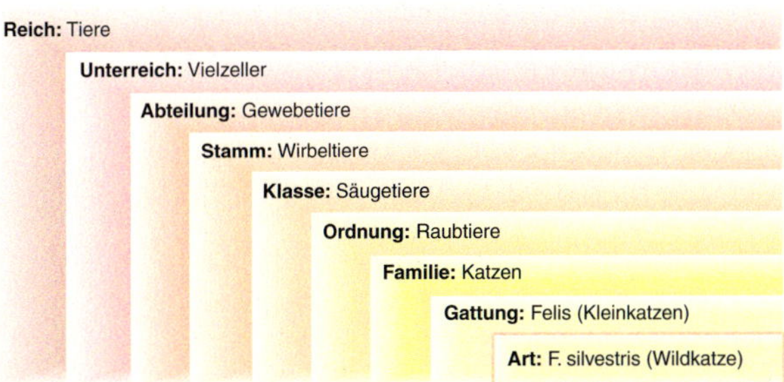

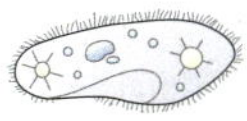

Einzeller

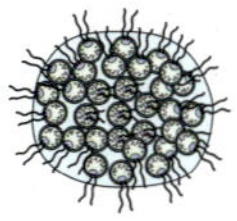

Zellkolonie

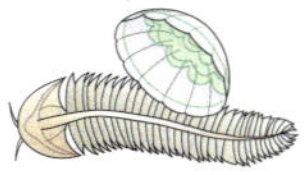

Vielzeller

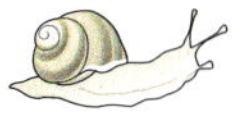

Wirbellose Tiere

Fossilien

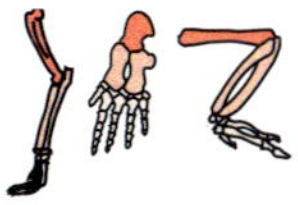

Homologie

Analogie

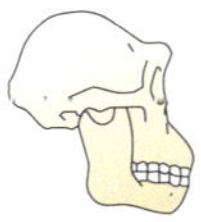

Australopithecus

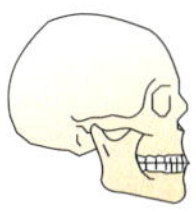

Gattung Homo

Pubertät

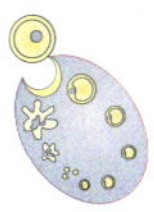

Hormone
Fetus

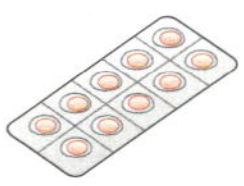

Empfängnisverhütung

Basiskonzepte

Im Biologieunterricht begegnet dir eine Vielzahl sich wiederholender Phänomene. Diese werden auch als Basiskonzepte bezeichnet. Auf den Leitthemenseiten werden solche wiederkehrenden Prinzipien behandelt. Die Abbildung zeigt acht Basiskonzepte. Im Folgenden werden diese definiert und jeweils zwei typische Beispiele dazu aufgeführt.

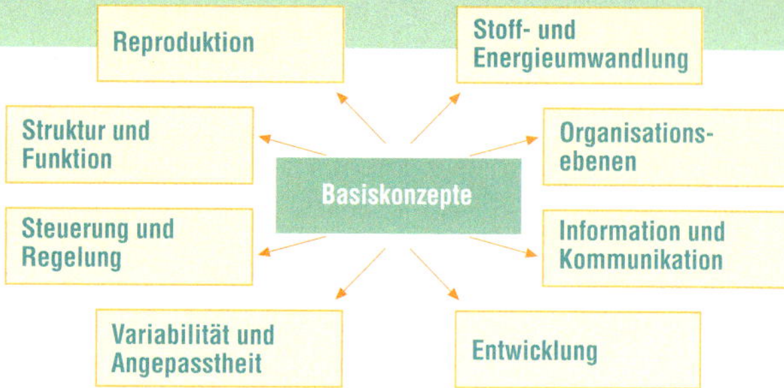

Reproduktion

Nur Lebewesen können ihre eigenen Nachkommen hervorbringen, sie sind zur Reproduktion fähig. In der Biologie ist Reproduktion ein Synonym für Fortpflanzung, d. h. Leben erzeugt wieder Leben, indem Lebewesen ihre Erbinformation weitergeben.

Ungeschlechtliche Vermehrung

Kennzeichnend für die ungeschlechtliche Vermehrung ist das Fehlen spezieller *Keimzellen*, wie *Eizellen* oder *Spermien*. Eine Zelle teilt sich in zwei identische Tochterzellen, die genau die gleiche Erbinformation wie die Mutterzelle haben. Dieser Vorgang kann sich oftmals wiederholen, ohne dass es zur Bildung von Geschlechtszellen kommt. Bei ungeschlechtlicher Vermehrung ist das Lebewesen „potentiell unsterblich“, es lebt in Form seiner Tochterzellen immer weiter.

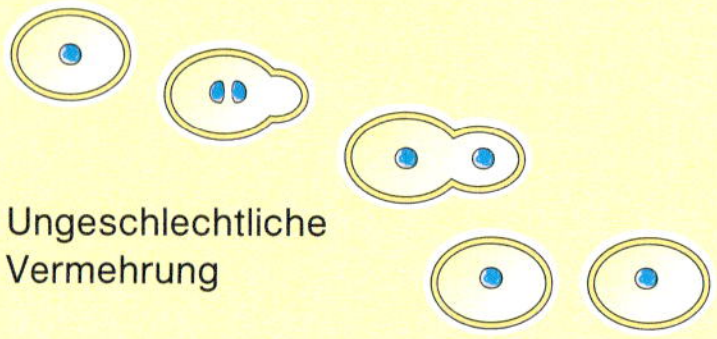

Ungeschlechtliche Vermehrung

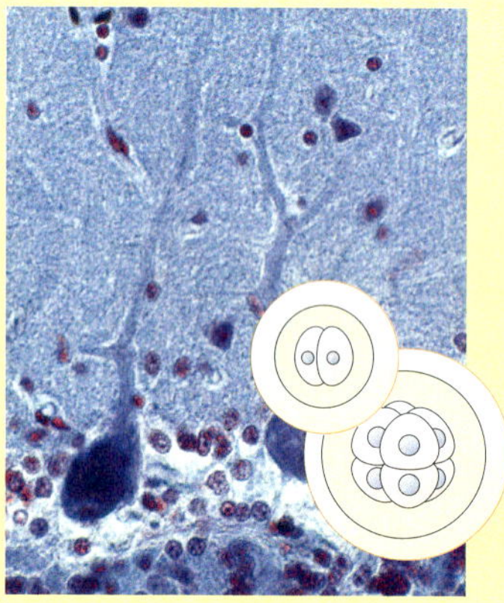

Geschlechtliche Fortpflanzung

Geschlechtliche Fortpflanzung

Typisch für die geschlechtliche Fortpflanzung ist die Bildung von hoch spezialisierten Keimzellen. Männliche Keimzellen (Spermien) sind klein und beweglich, sie werden in großer Zahl gebildet. Weibliche Keimzellen (Eizellen) sind wegen ihres Vorrats an energiereichen Stoffen unbeweglich und größer, sie werden im Allgemeinen in geringer Zahl gebildet. Zur geschlechtlichen Fortpflanzung gehört die *Befruchtung*, die Verschmelzung von weiblicher und männlicher Keimzelle. Dabei entstehen durch die Kombination der Erbsubstanz von Ei- und Spermienzelle Nachkommen mit neuen Eigenschaften.

Stoff- und Energieumwandlung

Ein Kennzeichen der Lebewesen ist ihr Stoffwechsel. Er ist Voraussetzung für alle Lebensvorgänge. Stoffe werden vom Organismus aufgenommen, und in andere Stoffe umgewandelt, die als Baustoffe oder Energieträger dienen oder ausgeschieden werden. Bei jedem Stoffwechselvorgang wird auch Energie umgewandelt. Deshalb gilt allgemein: Alle Lebensprozesse laufen unter Energieumwandlung ab. Bei Bewegungen spricht man von mechanischer Energie. Beim Wachstum werden neue Baustoffe gebildet, die wieder chemische Energie enthalten. Bei jeder Energieumwandlung wird ein Teil der Energie in Form von Wärme abgegeben.

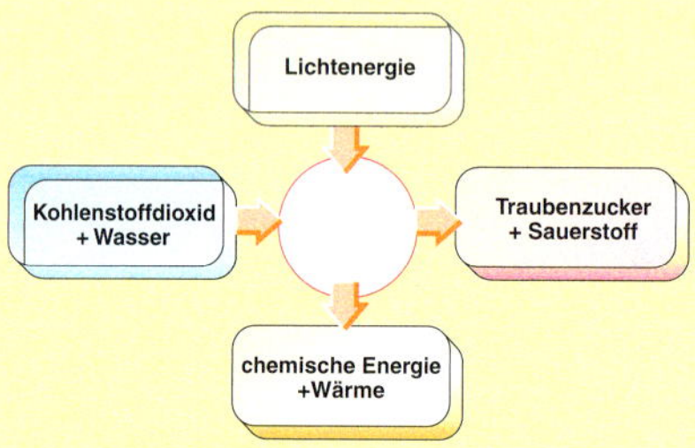

Fotosynthese

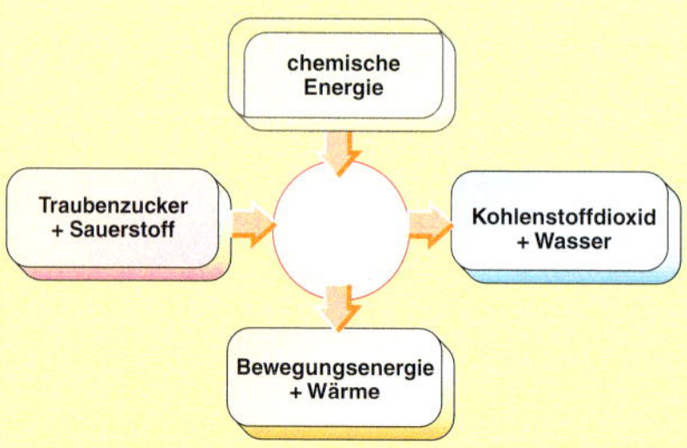

Zellatmung

Fotosynthese

Die *Energie* des Sonnenlichts ermöglicht, dass grüne Pflanzen Nährstoffe aufbauen können. Dabei wird Lichtenergie in chemische Energie umgewandelt. Beim Abbau der Nährstoffe wird diese Energie wieder frei und wird in andere Energieformen umgewandelt.

Zellatmung

Ein Leben lang schlägt unser Herz und pumpt bei einem Erwachsenen pro Minute etwa fünf Liter Blut durch den Kreislauf. Die Energie für diese Leistung bezieht der Herzmuskel aus den Nährstoffen, die mit der Nahrung aufgenommen werden. Bei der Zellatmung in den *Mitochondrien* wird Traubenzucker zu Kohlenstoffdioxid und Wasser abgebaut. Ein Teil der dabei freigesetzten Energie ermöglicht die Bewegung des Herzmuskels, ein anderer Teil entweicht als Wärme in die Umgebung.

Struktur und Funktion

Lebewesen und deren Organe oder Zellen besitzen einen bestimmten Bau, eine bestimmte Struktur. Die Struktur übernimmt aufgrund ihres spezifischen Baus eine ganz bestimmte Funktion. Es gibt also einen Zusammenhang zwischen dem Bau und der Funktion.

Transport

Kleine, einfach gebaute Organismen weisen keine speziellen Transportsysteme auf, hier genügt die Wärmebewegung der Teilchen durch ihre Zellen oder Gewebe. Höher entwickelte Pflanzen und Tiere verfügen über z. T. sehr komplexe *Transportsysteme*, wie Leitbündel, Tracheen, Blutgefäße, Lymphgefäße, Därme und Harnwege. Diese röhrenförmigen Transportwege erreichen extreme Längen, z. B. sind alleine die Kapillaren um die Lungenbläschen insgesamt 13 km lang, alle *Kapillaren* eines Menschen würden, aneinander gereiht, von Stuttgart bis Hamburg und wieder zurück reichen.

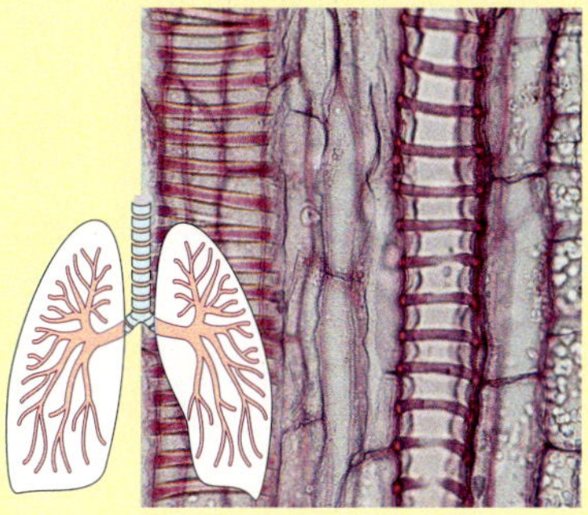

Transportsysteme

Schutz

Der *Oleander* ist bei uns eine beliebte, sorgfältig gepflegte Kübelpflanze. An seinen natürlichen Standorten ist er Hitze, Sonneneinstrahlung und Trockenheit ausgesetzt. Die Abbildung zeigt im Querschnitt den besonderen Bau seiner Laubblätter: Die Cuticula ist dick, Epidermis und Palisadengewebe sind mehrschichtig. Die Spaltöffnungen sind tief in das Schwammgewebe eingesenkt. Haare füllen die so entstandenen Hohlräume aus.

Kakteen leben in extremer Hitze und Trockenheit. Ihre Blätter bilden die charakteristischen Dornen.

Schutz

Organisationsebenen

Alles Leben ist durch verschiedene Organisationsebenen gekennzeichnet. Im System Organismus existieren wiederum kleinere Einheiten bzw. Untersysteme deren Zusammenwirken aufeinander abgestimmt ist. Dieses Zusammenspiel ist auf verschiedenen Organisationsebenen erkennbar, die sich auch durch die Größe ihrer Bestandteile unterscheiden. Die unterste Ebene beginnt mit kleinsten Teilchen, den Atomen, die sich zu Molekülen zusammenschließen, und führt bis zu Organismen.

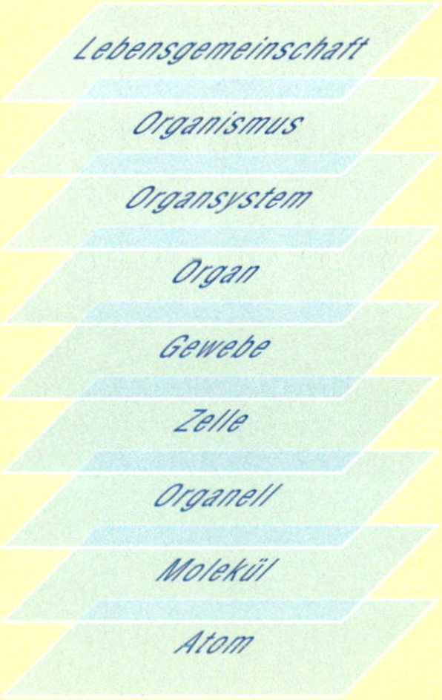

Organelle – Zellen – Gewebe

Die *Zelle* ist die unterste Organisationsebene, die alle Lebensvorgänge zeigt. Untereinheiten der Zelle sind die *Organelle*. Sie arbeiten so zusammen, dass die Zelle als Grundeinheit eines Lebewesens funktionieren kann. Gleichartige Zellen wiederum bilden Gewebe. Je nach ihrer Funktion im Organismus zeigen sich Unterschiede in der Gestalt und der Leistung der Gewebe.
Beispielsweise dienen die dünnwandigen, lang gestreckten und chloroplastenreichen Zellen des *Palisadengewebes* eines Blattes der Fotosynthese.

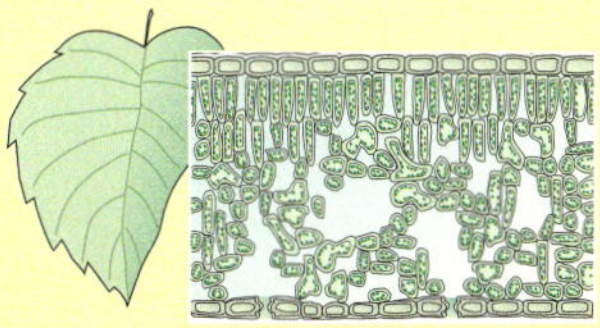

Blattquerschnitt

Organe – Organsysteme – Organismus

Durch das Zusammenspiel mehrerer Gewebe wird ein *Organ* gebildet. Bei den Pflanzen übernehmen die Laubblätter als besonders ausgebildete Organe die Fotosynthese. Tiere nehmen Nahrung auf und verdauen sie. Diese Vorgänge laufen in Organen wie Magen und Darm ab.

Neben dem Magen sind Organe, wie Mund, Speiseröhre, Dünndarm und Dickdarm, an der Verdauung beteiligt. Sie bilden zusammen das *Verdauungssystem*.

Ein *Organismus* funktioniert durch das Zusammenwirken seiner Organe.

Die Blätter einer *Löwenzahnpflanze* sind für die Fotosynthese auch auf die Wurzel angewiesen, die Wasser und Mineralsalze aus dem Boden aufnimmt.

Der Organismus *Schermaus* ernährt sich von den Wurzeln der Wiesenpflanzen. Die Maus nimmt Stoffe auf, die in Magen und Darm verdaut werden. Das Herz und die Organe des Blutkreislaufs sorgen für den Transport der Nährstoffe im Organismus, während die Abfallprodukte über die Ausscheidungsorgane den Körper verlassen. Das Nervensystem überträgt und speichert Informationen, die von den Sinnesorganen aufgenommen werden.

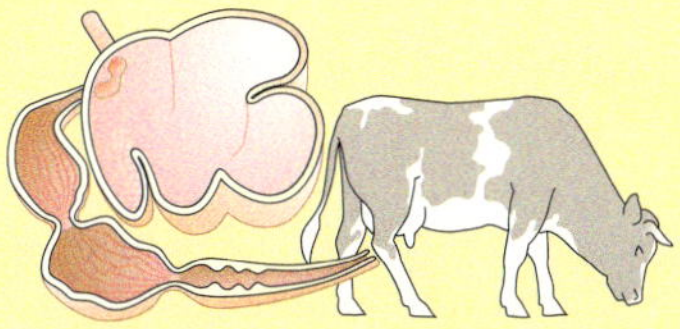

Rindermagen

Steuerung und Regelung

Steuerungs- und Regelungsvorgänge spielen in allen Lebewesen eine wichtige Rolle. Aber auch in der Technik werden viele Prozesse gesteuert und geregelt. Um die Vorgänge darzustellen verwendet man Kästen, Kreise und Pfeile. Ein Kasten stellt ein System, z. B. ein Organ dar. Ein Pfeil bedeutet die Einwirkung einer Größe auf eine andere. Ist der Pfeil dünn, wird Information übertragen, ist er dick handelt es sich um Stoffströme.

Steuerung: Einwirkung einer Größe auf eine andere.

Regelung: Über einen Informationsstrom erfolgt eine Rückmeldung über den Zustand der Größe, die geregelt werden soll (Regelgröße).

Körpertemperatur

Vögel und Säugetiere sind in der Lage ihre Körpertemperatur in engen Grenzen konstant zu halten. An dieser Regelung sind zwei verschiedene Stellglieder beteiligt: Die Muskulatur zur aktiven Erwärmung und Schwitzen bzw. Hecheln zur aktiven Abkühlung. Bei wechselwarmen Tieren übernehmen Verhaltensänderungen teilweise die Stellgliedfunktion: Reptilien im Hochgebirge oder in der Steppe regulieren ihre Körperwärme durch Sonnenbäder am Tag bzw. das Aufsuchen geschützter Höhlen in der Nacht.

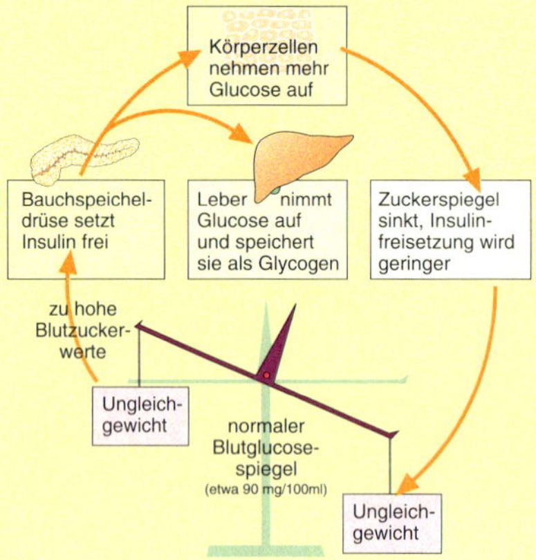

Blutzuckerspiegel

Blutzuckerspiegel

Zur Regelung des Blutzuckerspiegels greifen mehrere Regelkreise ineinander (vernetzte Systeme). Der Zuckergehalt des Blutes wird ständig gemessen und in einem Bereich von 60 – 120 mg Traubenzucker pro 100 ml Blut gehalten. Daran sind hauptsächlich zwei Hormone der Bauchspeicheldrüse (Insulin, Glukagon) beteiligt. Deren Aktivität wird wiederum von weiteren Organen, Nervensignalen und Hormonen, z. B. dem Adrenalin beeinflusst. Faktoren wie Stress, Nahrungsaufnahme, Muskeltätigkeit oder Ruhe wirken als Störgrößen.

Information und Kommunikation

Als Kommunikation bezeichnet man in der Biologie jede Form der Verständigung. Dazu tauschen Lebewesen, aber auch Organe oder Zellen innerhalb eines Organismus, untereinander Informationen aus. Als Information bezeichnet man eine Mitteilung, die aus einer Folge von Signalen besteht. Diese Signale gehen von einem Sender an einen Empfänger, müssen von diesem verstanden werden und lösen dort eine Reaktion aus.

Nur wenn sich Lebewesen, Organe oder Zellen untereinander verständigen können, ist ein Zusammenwirken möglich.

Kommunikation und Sinnesorgan

Kommunikation findet beim Menschen in der Regel durch Sprechen statt. Das gesprochene Wort wird über das Sinnesorgan Ohr im Gehirn wahrgenommen. Bei der *nonverbalen Kommunikation* (*Mimik* usw.) wird die Information über das Sinnesorgan Auge dem Gehirn zugänglich. Viele Insekten tauschen Informationen über Gerüche aus. So hat ein männlicher Nachtfalter namens Mondfleck Tausende von Riechsinneszellen auf seinen Fühlern. Erreichen die Geruchsstoffe eines Weibchens das Männchen, so folgt es dieser Geruchsspur über viele Kilometer, bis es das Weibchen gefunden hat.

Mondfleck

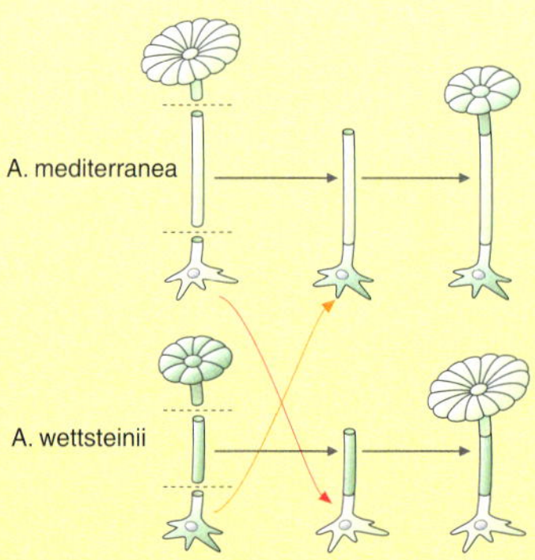

Erbinformation

Erbinformation

Schirmalgen bestehen aus nur einer bis zu 10 cm großen Zelle. Mit ihrem unteren wurzelartigen Teil ist die Zelle im Boden verankert. Daraus entspringt ein Stiel, der oben hutförmig verbreitert ist. Der Zellkern liegt im „Wurzelbereich". Die verschiedenen Arten unterscheiden sich durch Form und Größe der Hüte. Trennt man den Schirm einer Alge ab, so ist die Zelle in der Lage, diesen wieder nachzubilden. Wird z. B. ein Stielstück einer Art mit großem Schirm auf ein kernhaltiges Wurzelstück einer anderen Art mit kleinerem Schirm aufgesetzt, so bildet sich am Stiel ein neuer, kleiner Hut (oben). Dieses Experiment belegt, dass der Zellkern die Erbinformation der Zelle enthält.

Variabilität und Angepasstheit

Unter Variabilität versteht man, dass Individuen einer Art eine Verschiedenheit in der Ausbildung bestimmter Eigenschaften aufweisen. Diese sind durch unterschiedliche Erbanlagen (genetische Variabilität) und durch unterschiedliche Umwelteinflüsse (modifikatorische Variabilität) bedingt.
Anpassungen bilden sich heraus, weil im Verlauf der Evolution schlechter angepasste Lebewesen einer Art geringere Überlebenschancen besitzen.

Variabiliät unter Umwelteinfluss

Eine Löwenzahnpflanze im Gartenbeet bildet es größere Blätter und höhere Blütenstiele aus als eine im Hochgebirge. Eine Pflanze im Gebirge besitzt dagegen viel längere Wurzeln und einen dichten Haarfilz auf den Blättern. Gräbt man die Form aus dem Hochgebirge aus und pflanzt sie in den Garten, treibt auch sie große unbehaarte Blätter und lange Blütenstiele. Die Variabilität der Pflanzengestalt ist also durch verschiedenartige Umwelteinflüsse bedingt.

Löwenzahn

Polarfuchs

Wüstenfuchs

Variabilität in den Erbanlagen

Junge Katzen eines Wurfes zeigen unterschiedliche Fellfarben. Die Variation in der Fellfarbe ist in den Erbanlagen festgelegt. Weiße Katzen sind in der Natur schlecht getarnt. Sie hätten weniger Jagderfolg und würden leichter Räubern zum Opfer fallen. Sie könnten damit im Vergleich zu tarnfarbenen, Katzen ihre Erbanlagen seltener weitergeben.

Anpassung an die Umgebungstemperatur

Während der Polarfuchs ein dickes Fell hat, insgesamt gedrungen ist und kleine Körperanhänge (Ohren, Schwanz) trägt, hat der Fennek ein dünnes Fell, einen schlanken Körper und große Ohren. Es handelt sich um Angepasstheiten an die Umgebungstemperatur. Der Polarfuchs verhindert eine schnelle Auskühlung seines Körpers. Der Fennek kann in der Wüste gut Körperwärme an die Umgebung abgeben.

Entwicklung

Lebewesen verändern sich im Verlauf der Zeit, sie entwickeln sich. Man unterscheidet die Individualentwicklung von der evolutionären bzw. stammesgeschichtlichen Entwicklung.
Individualentwicklung: Aus dem einzelligen Keim, der Zygote, entwickelt sich ein vielzelliger Organismus. Der Bauplan für den Organismus ist in den Genen festgelegt.

Stammesgeschichtliche Entwicklung: Durch kleine Veränderungen in der Erbinformation kommt es zu Variationen der Merkmale der Lebewesen einer Art.

Die Individualentwicklung des Grasfrosches

Die Entwicklung des Grasfrosches vom Ei bis zum Frosch zeigt verschiedene Entwicklungsphasen. Die im Wasser lebende Larve wandelt sich zum landlebenden Frosch. Da sich die Gestalt der Larve sehr stark von der des erwachsenen Frosches unterscheidet spricht man von einer *Metamorphose*. Die Schilddrüsenhormone wie z. B. das Thyroxin steuern die Umwandlung.

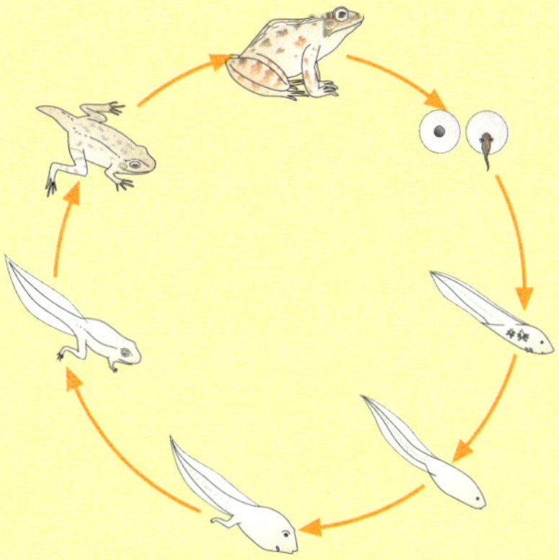

Entwicklung Grasfrosch

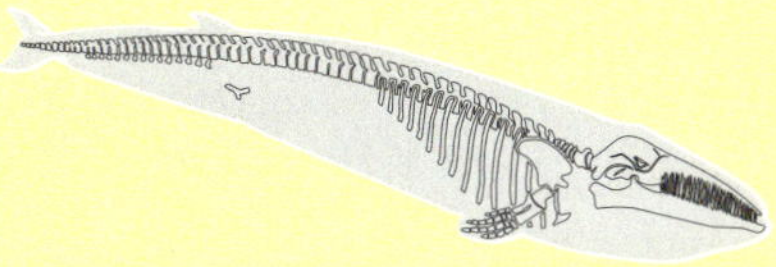

Skelett vom Blauwal

Die stammesgeschichtliche Entwicklung der Wale

Wie alle im Wasser lebenden Säugetiere stammen auch die Wale von Landsäugern ab. Auf einem langen entwicklungsgeschichtlichem Umweg über ein Leben auf dem Land haben sie Eigenschaften entwickelt, die sie von primären Wasserbewohnern unterscheiden. Sie sind warmblütig und damit unabhängig von der Umgebungstemperatur. Anders als bei echten Fischen entwickeln sich die Jungen im Mutterleib und werden gesäugt.
Beim Übergang zum Wasserleben entwickelten die Wale jedoch auch eine Reihe neuer Merkmale, wie die Stromlinienform des Körpers. Die Hinterextremitäten sind bis auf kleine Knochenreste verschwunden. Die wärmeisolierende Behaarung wurde durch eine dicke Speckschicht ersetzt.

Register

AAT 125
Abhängigkeit 104, 114
Abhängigkeit, körperliche 105
Abhängigkeit, psychische 104, 105
Abwehr, spezifische 145
Abwehr, unspezifische 100
Abwehrkraft 81
Abwehrsystem, unspezifisches 145
Abwehrzelle, spezifische 87
ACTH 51, 145
ADA 125
Adaptation 31
Adenin 60, 69
Adenosin-Desaminase-Mangel 125
Aderhaut 30, 32, 144
Adrenalin 44, 48, 51, 145
Agarplatte 82
AIDS 88, 99
Akkommodation 31
Aktin 59
Albinismus 75
Alkohol 104, 108, 115, 116, 119, 145
Alkoholrausch 108
Allergen 96
Allergie 96, 119
allergisch 81
allogen 100
Alpha-1-Antitrypsin 125
Altersschwerhörigkeit 41
Alterszucker 49
Alzheimer 28
Alzheimer, Alois 28
Amboss 38, 144
Ameisensäure 82
Amphetamin 105
Amygdala 26
Angepasstheit 151
Anopheles 136
Antagonist 48
Antagonismus 50
Antibiotika 82, 84, 137, 140
Antibiotikum 81
Antiboitika-Resistenz 141
Anticodon 63
Antikörper 59, 86, 90, 145
Arbeitsform 69
Arbeitsgedächtnis 26
Aristoteles 102, 103
Armindex 66
Arteriosklerose 51, 75
Assoziationsfeld 54
Aufnahme 115
Aufputschmittel 105
Augapfel 144
Auge 42, 54, 55, 144
Augenhöhle 30
Augenlid 30
Augenwand 30
Außenohr 38, 144
autolog 100
Autosom 67
Auxin 45
Avery, Oswald 60
Axon 22, 94, 144

B-Zelle 87, 90
Bacillus subtilis 82
Bakterie 24, 80, 118, 145
Bakterien 83
Bakterieninfektion 92
Bakteriologie 80
Balken 22
Barbiturat 105
Barnard, Christian 103
Base 62, 146
Basen 60, 69
Basenpaar, komplementäres 60, 146
Basentriplett 63
Basiliarmembran 38
Bauchmark 24
Bauchspeicheldrüse 48, 108, 123, 145
Baustoff 148
Baustoffwechsel 142
Bazillus 80
Befehlsnerven 17
Befragung 6
Befruchtung 128, 148
Befruchtung, künstliche 132
Begattung 128
Behring, Emil von 92, 102
Benzoesäure 82
Beruhigungspillen 105
Besamung 128
Betriebsstoffwechsel 142
Bindehaut 30
Bläschen, synaptisches 19
Blastocyste 135
Blutalkohol 108
Blutalkoholgehalt 108, 115
Blutgefäß 108
Blutgruppe 98
Blutgruppenbestimmung 98
Blutkreislauf 53
Blutspende 99
Bluttransfusion 98
Blutzucker 48
Blutzuckerregulation 48
Blutzuckerspiegel 48, 52, 145
Bombyx mori 64
Borreliose 137
Boten- RNA 146
Botenstoff 44, 145
Botenstoffe 44
Boyer 122
Boysen-Jensen, Peter 45
Brennpunkt 31
Brieftaube 43
Brown, Louise Joy 131
Brücke 23

Cannabis 117
Chargaff, Erwin 61
Chloroplast 94
Chorea Huntington 75
Chromatid 61
Chromosom 60, 62, 66, 68, 70, 76, 146
Chromosom, homologes 66, 67
Chromosomen, Transportform der 68
Chromosomensatz 66
Chromosomensatz, diploider 146
Chromosomensatz, haploider 146
Ciliarmuskel 30
Clark, Gabrielle Jane 73
Clement, Wolfgang 135
Clostridium difficile 140
Coca-Strauch 112
Code 64
Code, genetischer 63
Codon 63
Cohen 122
Colchicin 77
Colchizin 66
Computerspiel 114
Cortex 22
Cortex, visueller 34
Cortisol 51, 145
Cortison 100
Crick, Francis 60, 61
Cromer, Ruth 73
Cyclosporin A 100
Cytoplasma 62
Cytosin 60

Dämmerungssehen 32
Darmflora 81
Darwin, Charles 45
Darwin, Francis 45
da Vinci, Leonardo 37
debattieren 8
Deckmembran 38
Demenz 29
Demenzerkrankung 28
Dendrit 22, 94, 144
Depression 29
Desoxyribonucleinsäure 60, 146
Desoxyribose 60, 62
Detektor 42
Diabetes 54
Diabetes mellitus 49, 123
Diarrhoe 92, 140
Diphtherie 92, 102
diploid 66, 70
Disposition, genetische 75
DNA 59, 60, 65, 76, 146
DNA-Replikation 69
DNA-Verpackung 61
Doping 105
Doppelhelix 60
Down, Langdon 72
Down-Syndrom 72, 73
Drehsinn 38
Dreitagefieber 137
Droge 104, 112, 113, 115, 116, 118, 145
Droge, illegale 117, 145
Drüse 145
Duchenne 75
Duchenne Muskeldystrophie 75
Duft 43
Duftmarke 43
Durchblutungsstörung 110
Durchfall 92
Durchfallerkrankung 140

Ecstasy 104, 145
Edwards, Robert 131
Eierstock 108
Eigenreflex 20
Ein-Chromatid-Tochterchromosom 68
Einzeller 24
Eizelle 66, 70, 148
Elektroortung 43
Embryo 128
Embryonalentwicklung 128
Embryotransfer 130, 132
Empfänger 64
Endknöpfchen 144
Endorphin 118
Energie 148
Entzugserscheinung 104
Enzephalon 137
Enzym 59
Epidemie 84
Epiphyse 23
Erbanlagen 146
Erbgut 69
Erbinformation 150
Erbkrankheit 74, 75
Erbsubstanz 146
Erdmagnetfeld 43
Erfolgsorgan 44
Escherichia coli 82
essentiell 58
Esssüchtiger 114
Ethik 126
Ethikrat 127
Eustachische Röhre 38
Experte 6
Expertenbefragung 6
Expertensuche 6

Faktor, genetischer 75
Farbenblindheit 33
Farbensehen 32, 33, 144
Farbmischung 33
Farbmischung, additive 33, 144
Farbspektrum 33
Farbwahrnehmung 33
feed back 47
Fehlgeburt 110

Feld, ,motorisches 54, 145
Feld, sensorisches 54, 145
Fenster, ovales 38
Fenster, Rundes 38
Fernsehsüchtiger 114
Fett 48
Fibrinogen 59
Fiebermücke 136
Fight-or-Flight-Syndrom 145
Flamingo 95
Fleck, blinder 30
Fleck, gelber 30
Fledermaus 42
FLEMING, ALEXANDER 81, 140
Fluchtreflex 20
formulieren 12
Fortpflanzung, geschlechtliche 129
Fortpflanzung, sexuelle 70, 128
Fortpflanzung, ungeschlechtliche 128
Fotosynthese 148
Fototropismus 45
FRANKLIN, ROSALIND 61
Frequenz 39
Fruchtwasseruntersuchung 74
Früh-Sommer-Meningo-Enzephalitis 137
FSH 23, 46
FSME 137
Führungsglied 52
FÜRST, GEBHARD 135

Gang, oberer 38
Gang, unterer 38
Gedächtnis, episodisches 26
Gedächtnis, perzeptuelles 26
Gedächtnis, prozedurales 26
Gedächtnis, sensorisches 26
Gedächtniszelle 87, 90, 145
Gehirn 14, 18, 22, 26, 54, 108, 137, 145
Gehirnflüssigkeit 145
Gehör 38, 40
Gehörgang 38
Gehörknöchelchen 38, 144
Gehörlosigkeit 41
Gehörnerv 38
Gehörschutz 39
Geiger-Müller-Zähler 42
Gelber Fleck 32
Gelbsucht 89, 99
Gen 146
Generationswechsel 129
Gene Pharming 124
Genotyp 59
Gentechnik 120, 124, 126
Gentechnik, grüne 126
Gentherapie, somatische 125
Geschlechtshormon 53
Geschlechtskrankheit 99
Geschlechtszelle 137
Gewebe 94, 149
Glaskörper 30
Gliederfüßer 24
Gliederung 12
Glucagon 145
Glückshormon 118
Glucose 48
Glukagon 48
Glykogen 48
Gonosom 67
Gram(+)-Bakterien 140
Gram(-)-Bakterien 140
Greifvogel 95
Grippe 84
Grippeepidemie 84
Grippeerkrankung 90
Großhirn 22, 25, 54, 145
Großhirnrinde 145
Grundfarbe 33
Grundumsatz 44
Guanin 60
Gudernatsch 44

Haarsinneszelle 38
Hakenschnabel 95
HALL, JERRY 131
Hammer 38, 144
Hämoglobin 58
Hanf 112
haploid 67, 70
HARVEY, WILLIAM 102
Haschisch 104, 112, 145
Hauptteil 12
Hausstauballergie 96
Hauttest 97
Hebelwirkung 38
Heilimpfung 90
Hell-Dunkel-Sehen 32
Hemisphäre 22
Hemmstoff 81
Hepatitis B 89
Heroin 104, 112, 118, 145
Herrentiere 42
Hertz 39
HERTZ, HEINRICH 39
Herz 108
Herzverpflanzung 103
heterozygot 75
Heuschnupfen 96
Himbeerzunge 92
Hippocampus 23
Hirnhaut 137
Hirnrinde 22
Hirnstamm 118
Hirntod 101
Histamin 97
HIV 88
HIV-Impfung 89
Hoden 108
Hohltier 24
homozygot 75
Höreindruck, räumlicher 39
Hören 38–41
Hörgrenze 39
Hörminderung 40
Hormon 23, 44, 45, 50, 65, 100, 145
Hormon, Follikel stimulierendes (FSH) 23, 46
Hormon, stimulierendes 23, 46
Hormondrüse 145
Hormonprotein 59
Hörnerv 144
Hornhaut 30, 144
Hörschädigung 40
Hörschnecke 38, 144
Hörschwelle 40
Hörsturz 41
Hörwelt 42, 43
Hühnercholera 102
Humaninsulin 123
Hund 43
Huntington 75
Hydra 129
Hypophyse 23, 46, 145
Hypophysenhormon ACTH 51
Hypothalamus 23, 46

Immunabwehr 90
Immunabwehr, spezifische 86
Immunisierung 90
Immunisierung, aktive 90, 91, 145
Immunisierung, passive 90, 91, 145
Immunität 87
Immunsupressionsbehandlung 100
Immunsystem 145
Impfung 90, 102, 145
In-vitro-Fertilisation 9, 130, 132
Individualentwicklung 151
Infekt, grippaler 84
Infektion 80
Infektionskrankheit 80, 136, 145
Information 14, 64, 150
Inkubationszeit 84, 145
Innenohr 38, 144
Insekt 24
Insulin 48, 123, 145
Interphase 68
Interview 10
Iris 30
Istwert 52

JENNER, EDWARD 102
Jochbein 30
Jod 47
Jugendschutzgesetz 108

Kaninchen 43
Kapillare 149
Kaposisarkom 88
Karies 83
Kartoffelvirus 124
Karyogramm 66, 72
Kehlkopf 38
Keimbläschen 135
Keimzahl 92
Keimzelle 66, 70, 146, 148
Keratin 59
Kernsäure 60
Kernteilung 68
Kernverschmelzung 128
Keuchhusten 92
Kinderkrankheit 91
Kinderlähmung 90, 93
Kleinhirn 23, 25, 54, 145
Kloake 129
Klon 128
Klonen 129, 133
Klonen, therapeutisches 133
Klonierung 147
Kniesehnenreflex 20
Knochenleitung 40
Knospe 129
KOCH, ROBERT 80, 103
Kokain 104, 112, 145
Kollagen 59
Kommunikation 64, 150
Kommunikation, nonverbale 64, 150
Kommunikation, verbale 64
Kondom 89
Konjugation 141
Konservierungsstoff 83
Körperzelle 66, 70
Krankheitserreger 136
Kropf 47
Kulturpflanze 112
Kurzfassung 12
Kurzzeitgedächtnis 26

Lagesinnesnerv 38
LANDSTEINER, KARL 98
Langerhans'sche Inseln 48
Langzeitgedächtnis 26
Lärm 39
Lebensmittelvergiftung 92
Leber 108
Lederhaut 30, 144
Lernen 26
Leukämie 132
Licht 14, 32, 54
Lichtsinneszelle 32
Lichtstrahlen, parallele 31
Ligase 147
limbisch 118
Limbisches System 23
Linse 30, 31, 144
LOEWI, OTTO 19
Löwenzahnpflanze 149
LSD 104
Luftleitung 40
Lungenentzündung 85
Lungenkrebs 110

m-RNA 62
Magen 108
Magersüchtig 114
Magnetkompass 43
Makrophage 86
Malaria 99, 136
Malariagebiet 136
Mandelkern 23, 26
Marihuana 112
Mark, verlängertes 23
Masern 93
Massentierhaltung 141

Mastzelle 97
Medikament 104, 105
Medikament, rezeptfreies 105
Meduse 129
Meiose 70, 72, 76, 133, 146
Meiosefehler 72
Melatonin 23
Membran, präsynaptische 19
Meningo 137
Menstruation 53
Merozoit 136
MESELSON, MATTHEW 77
messenger-RNA 62
Messfühler 52
Metamorphose 44, 151
MHC-Protein 100
Mikrobiologie 80
Mikroorganismus 80
Milbe 96
Milzbrand 80
Mimik 150
Mischgetränk 108
Missbrauch 105
Mitochondrium 148
Mitose 68, 76, 133, 146
Mittelhirn 23, 54, 145
Mittelohr 38, 144
Mittelohrentzündung 41
Mittelpunkt 31
Molekül 94
Mona Lisa 37
Morphium 112, 118
motorisch 16
Multiple Sklerose 28
Mumps 93
Murein 140
Muskel 54
Muskeldystrophie Duchenne 132
Muskelspindel 54
Mutation 69, 75
Myosin 59

Nachhirn 23, 54, 145
Nährboden 81
Narkotin 112
Nase 43
Nasenbein 30
Natriumbenzoat 82
Nebennierenmark 48, 51
Nebennierenrinde 51
Nebenwirkung 81, 105
Nerv 32, 33, 108, 144
Nerven, motorische 17, 144
Nerven, sensorische 17, 54, 144
Nervensystem 15, 18, 20, 55, 65, 144
Nervensystem, autonomes 23, 50
Nervensystem, peripheres 25
Nervensystem, Vegetatives 25, 50, 144
Nervensystems, Erkrankungen des 28
Nervenzelle 14, 18, 22, 32, 144
Nervenzellen 26
Netzhaut 30, 32, 33, 144
Neurodermitis 97
Neurohormon 47
Nichtraucher 110
Nikotin 104, 110, 145
Noradrenalin 50
Nucleinsäure 60, 65
Nucleotid 60, 68

Ohr 38–41, 54, 144
Ohrlymphe 38, 144
Ohrmuschel 38
Ohrtrompete 38
Oleander 149
Opiat 112
Opium 112
opportunistisch 88
opportunus 88
Organ 94, 149
Organelle 149
Organisationsebene 149
Organismus 95, 149
Organspende 100, 101
Organsystem 149
Organtransplantation 100, 103
Organverpflanzung 100

Palisadengewebe 149
Papaverin 112
Parasympathicus 25, 50, 144
Passivrauchen 110
PASTEUR, LOUIS 102
Penicillin 81, 140
Pflanze 124
Pflanzenhormon 45
Phagen 141
Phänotyp 59
PID 8, 132
Piercen 89
Pineta, Palbo 73
Plasmid 122, 146
Plazentaschranke 99
PND 132
Pocken 93, 102
Polio-Impfung 28
Poliomyelitis 28
Pollen 96
Pollenallergiker 96
Polyp 129
Pons 23
Potato virus Y 124
Präimplantationsdiagnostik (PID) 8, 132
Pränataldiagnostik 74
Primaten 42
Priming 26
Prion 85
Prisma 33
Promille 108
Protein 58, 59, 60, 62, 76, 146
Protein, faserartiges 59
Protein, globuläres 59
Protein, körpereigenes 58
Proteinbiosynthese 65, 76
Proteinsythese 146
Pupille 30, 144
PVY 124

Quaddel 97
Qualle 24, 129
Quarantäne 92

Radiowelle 42
Rauchen 110, 116, 119
Raucherbein 110
Raucherhusten 110
Reaktion 20
Reflex 23, 145
Regelgröße 52
Regelung 150
Regelungstechnik 52
Regenbogenhaut 30
Regenwurm 24
Regler 52
Regulation 15, 52
Reh 43
Reiz 14, 16, 20, 26, 35, 42
Reiz-Reaktion 20, 54
Reiz-Reaktionskombinationen 17
Replikation 69
Reproduktion 148
Reproduktionsbiologie 120, 128
Reproduktionsmedizin 132
Reptil 25, 52
resistent 81
Resistenz 141
Restriktionsenzym 122, 146
Retina 30, 94
Retinal 32
Retortenbaby 131
Rezeptor 16, 43, 44, 46, 145
Rhesusunverträglichkeit 99
Rhodopsin 59
Ribonucleinsäure 62
Ribose 62
Ribosom 62, 63, 146
Riechsinneszelle 43
Riechwelt 43
Riesenfresszelle 86, 88, 145
Rindenfeld 25
Risiko, genetisches 74
RNA 62
Röhre, eustachische 38
Röntgenstrahlung 42
Rot-Grün-Blindheit 33
Röteln 93
Rotkehlchen 43
Rötung 97
ROUX, ÉMILE 102
Rückenmark 18, 20, 50, 144, 145
Rückenmark, verlängertes 50, 145
Rückenmarksnerv 20, 145

Salmonelle 92
Salmonellose 92
Satelliten 66
Sättigung 33
Säugetier 52, 124
Schädel 30
Schall 14, 54
Schalldruck 38, 42
Schalldruckpegel 40
Schallwelle 38
Schaltzelle 32
Scharlach 92
Schermaus 149
Schilddrüse 46, 65
Schilddrüsenwucherung 47
Schimmelpilz 140
Schlafmittel 105
Schlafmohn 112
Schlafstörung 105
Schlüssel-Schloss-Prinzip 44, 86, 94, 145
Schlussteil 12
Schmerz 55
Schneckengang 38, 144
Schutzimpfung 89
Schwangerschaftsabbruch 74
Schwänzeltanz 64
Schwerhörigkeit 39, 40
Schwindsucht 80
Schwingung 38
Sehen 42
Sehen, räumliches 34, 42, 144
Sehfarbstoff 33, 59
Sehnerv 30, 32, 33, 144
Sehschärfe 32
Sehwelt 42
Sekundärinfektion 85
Sender 64
sensorisch 16
Sequenz 58
Seuche 136
Shigella 141
Sichelzellanämie 58, 75, 94
Signal 14, 32, 33, 42
SINDEN, JOHN 134
Sinne 14, 42
Sinneseindruck 35
Sinnesnerven 17
Sinnesorgan 14, 22, 30, 42, 43, 54, 144
Sinnesorgan, magnetisches 43
Sinneszelle 144
Sollwert 52
SPALLAZANI, LAZZARO 42
Spalt, synaptischer 19, 145
Spektralfarben 33
Spektrum 33
Spermienzelle 70
Spermium 66, 148
Spielsüchtiger 114
Spindelfasern 68
Sporozoite 137
Sprache 64
Spritze 88
Stäbchen 32, 94, 144
STAHL, FRANK 77
Stammhirn 23, 145
Stammkultur 83
Stammzellen 132
Stammzellen, embryonale 132

Staphylococcus aureus 141
Steigbügel 38, 144
Stellglied 52
Stellgröße 52
Stellwert 52
STEPTOE, PATRICK 131
Sterilität 93
Steuerhormon 46
Steuerung 52, 150
Stimmbänder 38
Stirnbein 30
Stockente 95
Störgröße 52
Strahlung, radioaktive 42
Streptococcus
pyogenes 140
Streptococcus
salivarius 83
Stress 51, 55, 105, 145
Stressreaktion 50, 51
Stressor 51
Stressoren 50
Struktur, faserartige 59
Struktur, globuläre 59
Sucht 104, 114, 118, 145
Suchtmittel, legales 145
Süßwasserpolyp 129
Sympathicus 25, 50,
144, 145
Symptom 84
Synapse 19, 119, 145
Syndrom 72, 88
System, Limbisches 26

T-Helferzelle 88,100
T-Killerzelle 87
T-Zelle 87
Tätowierung 89
Taube 43
Taubheit 39
Teer 110
Tetanus 92
Tetrahydrocannabinol 112
Thalamus 23
THC 112
Thymin 60, 69
Thyrosinase 75
Thyroxin 44, 46, 47, 65
Tinnitus 41
Tochterzelle 69, 146
Tollwut 93
Totimpfstoff 90
Toxin 137
Tracy 125
Tränenflüssigkeit 30
Transduktion 141
Transfer-RNA 63
Transformation 141
Transkription 62, 146
Translation 63, 146
Transmitter 19
Transplantat 100
Transplantation 100
Transportform 68
Transportsystem 149
Traubenzucker 48
Trisomie 21, 72
Trommelfell 38, 144
Tröpfcheninfektion 80, 84, 92
Tuberkulose 80
Typhus 92

Übernachtkultur 82
Überträgermoleküle 63
Ultraschall 42
Ultraschalluntersuchung 74
Umwelteinfluss 14
Untergewicht 114
Unterzuckerung 49

Variabilität 151
Variabilität, genetische 151
Variabilität, modifikatorische
151
Vektor 122, 146
Verdauungssystem 149
Vermehrung, ungeschlechtliche 148
Verständigung 64
Viroid 85
Virus 84, 86, 118, 125, 145
Viruserkrankung 74, 85
Virusinfektion 93
Vogel 52
Vogelzug 43

WALDEYER, WILHELM 61
Wärme 14, 148
WASHKANSKY, LOUIS 103
WATSON, JAMES 60, 61
WHO 28
Widerspruchslösung 101
WILKINS, MAURICE 61
Wimpern 30
Wirbelkanal 20, 145
Wirbeltier 25
Wirtszelle 84, 88

xenogen 100

Zahnbelag 83
Zäpfchen 144
Zapfen 32, 33, 94
Zellatmung 148
Zelle 94, 149
Zellkern 146
Zellteilung 69, 146
Zellzyklus 71
Zentralnervensystem 48, 144
Zentralnervensystem (ZNS) 25
Zentromer 61, 68, 69
Ziegenpeter 93
Zielzelle 44, 145
Zigarette 116
Zigarettenrauch 110
Zirbeldrüse 23
Zuckerkrankheit 49, 123
Zugvogel 43
Zustimmungslösung 101
Zwei-Chromatid-Chromosom
61, 70, 146
Zwischenhirn 23, 46, 54, 145
Zygote 70, 72, 137

Bildnachweis

Fotos: 4.1 Klett-Archiv (Peter Nierhoff), Stuttgart – 4.2 FWU, Grünwald – 5.1 Okapia (S. Camazine, NAS), Frankfurt – 5.2 Okapia (Manfred P. Kage), Frankfurt – 5.3 Okapia (Daniel J. Cox/OSF), Frankfurt – 5.4 Greiner & Meyer (Meyer), Braunschweig – 6.2 Intro (Greta Flohe), Berlin – 7.1 Visum (Martin Leissl), Hamburg – 7.2 Das Fotoarchiv (Klaus Rose), Essen – 8.1 ullstein bild (Europress), Berlin – 8.3 Okapia (Hank Morgan/Rainbow), Frankfurt – 9.1 FOCUS (CC Studio/SPL), Hamburg – 9.2 Okapia (Hank Morgan/Rainbow), Frankfurt – 9.4 Klett-Archiv (Peter Nierhoff), Stuttgart – 14.1 M.C. Escher's „Waterfall" © 2007 The M.C. Escher Company-Holland. All rights reserved. www.mcescher.com – 14.2 Okapia (G. I. Bernard/OSF), Frankfurt – 14.3 Corbis (Chuck Keeler), Düsseldorf – 16.1a Okapia (Hans Reinhard), Frankfurt – 16.1b Corel Corporation, Unterschleissheim – 16.1c Reinhard-Tierfoto, Heiligkreuzsteinach – 16.1d Dr. Georg Meister, Bad Reichenhall – 27.1 Prof. Jürgen Wirth, Dreieich – 27.2 MEV, Augsburg – 27.3 Corbis (Digital Art), Düsseldorf – 27.4 Avenue Images GmbH (Thinkstock), Hamburg – 27.5 Prof. Jürgen Wirth, Dreieich – 27.6 Corbis (Tom & Dee Ann McCarthy), Düsseldorf – 27.7 Reinhard-Tierfoto, Heiligkreuzsteinach – 27.8 Prof. Jürgen Wirth, Dreieich – 27.9 Corbisı(Tom & Dee Ann McCarthy), Düsseldorf – 27.10 Avenue Images GmbH (Brand X Pictures), Hamburg – 28.1 Caro Fotoagentur (Stefan Trappe), Berlin – 29.1 Picture-Alliance (dpa/Jens Büttner), Frankfurt – 29.2 Corbis (Peter Turnley), Düsseldorf – 31.1 Picture-Alliance (Bildagentur Huber), Frankfurt – 31.2 Georg Trendel, Unna – 32.1 Johannes Lieder, Ludwigsburg – 34.3 M. Montkowski – 36.2 Christa Winkler, Stuttgart – 41.1 Helga Lade (BAV), Frankfurt – 41.2 Mauritius (Habel), Mittenwald – 41.3 Okapia (NAS/Blair Seitz), Frankfurt – 42.1 Mauritius (Arthur), Mittenwald – 42.2 Wildlife (P. Ryan), Hamburg – 42.3 Okapiaı(NAS, Tim Davies), Frankfurt – 43.1 Mauritius (Rauschenbach), Mittenwald – 48.1 Okapia (Manfred P. Kage), Frankfurt – 49.2 Mauritius (C. Bayer), Mittenwald – 53.1 Klett-Archiv (Aribert Jung), Stuttgart – 56.1 Silvestris (Roger Wilmshurst), Dießen – 56.2 FOCUS (SPL/A. Barrington Brown), Hamburg – 57.1 Werner und Kerstin Layer (Werner Layer), Mannheim – 57.2 Okapia (Biophoto/NAS), Frankfurt – 57.3 Silvestris (Usher), Dießen – 58.1 Kage Mikrofotografie, Lauterstein – 58.2 Okapia (P. Harrington), Frankfurt – 60.1 FOCUS (Adrian Sumner/SPL), Hamburg – 61.1 Picture-Alliance (KPA/HIP), Frankfurt – 61.2 ullstein bild (Peter Arnold Inc.), Berlin – 61.3 Corbis (Bettmann), Düsseldorf – 64.1 Corbis (zefa/Tim Garcha), Düsseldorf – 64.2 Bilderberg (Nomi Baumgartl/Alete/BB), Ham-burg – 64.3 aus „Heribert Schmid, Wie Tiere sich verständigen", Otto Maier Verlag, Ravensburg – 64.4, 5 Angermayer (Hans Pfletschinger), Holzkirchen – 64.6 Intro (Peter Himsel), Berlin – 66.1 FWU, Grünwald – 67.1 Okapia (Stefan Meyers), Frankfurt – 67.2 FOCUS (SPL), Hamburg – 68.1-5 Johannes Lieder, Ludwigsburg – 70.1 Albert Bonniers Förlag AB (Lennart Nilsson), Stockholm – 71.1-5 Johannes Lieder, Ludwigsburg – 72.1 Marlies Grieb-Bubbel, Düsseldorf – 73.1 Aktion Mensch, Bonn – 73.2 Visum (Andreas Reeg), Hamburg – 74.1 Mauritius (Phototake), Mittenwald – 75.1 STUDIO X (Gamma, Barritt), Limours – 75.2 Bert Leidmann, Nagold – 77.1 blickwinkel (Jagel), Witten – 77.2 Panther Media GmbH (Landgraf), München – 78.1 Okapia (M. Cooper, P. Arnold), Frankfurt – 78.2, 3 Prof. Jürgen Wirth, Dreieich – 79.1 Corbis (W.Cody), Düsseldorf – 79.2 MEV, Augsburg – 79.3 Okapia (S. Camazine, NAS), Frankfurt – 79.4 Okapia (Manfred P. Kage), Frankfurt – 79.5 Okapia (NAS J. Nettis), Frankfurt – 80.1 AKG, Berlin – 81.1 E. Merck, Darmstadt – 81.2 Deutsches Museum, München – 82.1, 83.1 Helmut Moßner, Weißenhorn – 85.1 Kage Mikrofotografie, Lauterstein – 90.1 Medina, Hamburg – 92.1 Okapia (Institut Pasteur, CNRI), Frankfurt – 92.2 FOCUS (SPL/Moredun Animal Health Ltd), Hamburg – 92.3 FOCUS (CNRI/Science Photo Library), Hamburg – 92.4 Okapia (J. L. Carson, CMSP), Frankfurt – 93.1 Mediacolor's (Musier), Zürich – 93.2 Okapia (L. Georgia, PR Science Source), Frankfurt – 93.3 Okapia (Hans Reinhard), Frankfurt – 94.1 FOCUS (SPL), Hamburg – 95.1 Okapia (Scott Leonhart/Positive Images), Frankfurt – 95.2 Still Pictures (Mike Lane/WWI), Berlin – 95.3 f1 online digitale Bildagentur (Dieter Hoell), Frankfurt – 96.1 Okapia (Manfred P. Kage), Frankfurt – 97.1 Das Fotoarchiv (Klaus Rose), Essen – 97.2 Okapia (Ulrich Zillmann), Frankfurt – 98.1 ullstein bild, Berlin – 99.1 Picture-Alliance (ZB/Patrick Pleul), Frankfurt – 101.1 ullstein bild (Peter Arnold Inc.), Berlin – 101.2 Picture-Alliance (dpa/Jan-Peter Kasper), Frankfurt – 101.3 Bundeszentrale für gesundheitliche Aufklärung, Köln – 102.1-3 AKG, Berlin – 103.1 Medizinhistorisches Institut, Zürich – 103.2, 3 AKG, Berlin – 103.4 Picture-Alliance (dpa), Frankfurt – 103.5 AKG, Berlin – 104.1a ullstein bild (ecopix), Berlin – 104.1b ullstein bild (Welters), Berlin – 104.1c Mauritius (Springle), Mittenwald – 104.1d Mauritius (Habel), Mittenwald – 104. 1e Imago Stock & People (Schellhorn), Berlin – 104.1f Okapia (Walter Geiersperger), Frankfurt – 104.1g Okapia Christian Decout), Frankfurt – 105.1 FOCUS (SPL/Michael Donne), Hamburg – 105.3 Inmagine (Brand X Pictures), Houston TX – 109.1 Bilderberg (Stefan Enders), Hamburg – 109.2 Mauritius (age fotostock), Mittenwald – 109.3, 4 Ruth Hammelehle, Kirchheim/Teck – 109.5 Mauritius (Ley), Mittenwald – 110.1 Bundeszentrale für gesundheitliche Aufklärung, Köln – 111.1 B. Brill – 112.1 MEV, Augsburg – 112.2 Mauritius (K. Paysan), Mittenwald – 112.3 AKG, Berlin – 114.1 Caro Fotoagentur (Kaiser), Berlin – 115.1 Richard Wagner – 116.1 AP (Ferdinand Ostrop), Frankfurt am Main – 116.2 Helga Lade (D. Rose), Frankfurt – 116.3 ullstein bild (Sylent Press), Berlin – 116.4 Picture-Alliance (Jan-Peter Kasper/ZB), Frankfurt – 117.1 MEV, Augsburg – 117.2 Getty Images (The Image Bank/Todd Davidson PTY LTD), München – 117.3 IFT-Nord, Kiel (das Logo „Be Smart – Don't Start" ist im Besitz des Transport for London und ein eingetragenes Warenzeichen) – 117.4 Silvestris (TH Foto-Werbung), Dießen – 120.1 AKG, Berlin – 120.2 Bayer AG, Leverkusen – 121.2 Picture-Allianceı(dpa), Frankfurt – 124.1 Okapia (Nigel Cattlin/Holt Studios), Frankfurt – 124.2 FOCUS (SPL), Hamburg – 124.3 Stockphoto (Martina Berg), Calgary, Alberta – 125.1 Interfotoı(Science Museum/SSPL), München – 126.1 Picture-Alliance (ZB/Ralf Hirschberger), Frankfurt – 126.2 Conrad Höllerer, Stuttgart – 127.1 Picture-Alliance (dpa/Lehtikuva Oy Vänska), Frankfurt – 127.2 laif (Ronald Frommann), Köln – 127.3 Picture-Alliance (dpa/Gambarini Mauricio), Frankfurt – 129.1 Okapia (Roland Birke), Frankfurt – 134.1, 135.1 Albert Bonniers Förlag AB (Lennart Nilsson), Stockholm – 136.1 FOCUS (EOS/Meckes), Hamburg – 137.1 Okapia (Lond. Sc. Films/OSF), Frankfurt – 137.2 FOCUS (Oliver Meckes), Hamburg – 138.1 AKG, Berlin – 138.2 Naturfotografie Frank Hecker (Dr. Frieder Sauer), Panten-Hammer – 139.2 Mauritius (Torino), Mittenwald – 141.1 Action Press (Axel Kirchhof), Hamburg – 148.1 Okapia (Manfred P. Kage), Frankfurt – 149.1 Johannes Lieder, Ludwigsburg – 149.2 Creativ Collection Verlag GmbH, Freiburg – 150.1 FOCUS (T. Deketelaere, A. Vandystadt), Hamburg – 150.2 Greiner & Meyer (Schrempp), Braunschweig – 151.1 Armin Opherden, Monheim am Rhein – 151.2 Corbis (Patrick Ward), Düsseldorf – 151.3 Okapia (Daniel J. Cox/OSF), Frankfurt – 151.4 Greiner & Meyer (Meyer), Braunschweig

Nicht in allen Fällen war es möglich, den Rechteinhaber der Abbildungen ausfindig zu machen. Berechtigte Ansprüche werden selbstverständlich im Rahmen der üblichen Vereinbarungen abgegolten.